주택설계

건축설계과정 및 사례

허병이 윤천근 신동성 정광호 공저

기문당

머 리 말

건축이란 인간의 효용요구에 의해 인위적인 공간을 형성하는 일련의 과정이며, 인간의 육체적 · 정신적 생활을 쾌적하고 안락하게 영위할 수 있는 장소를 마련해 준다. 그리고 건축은 사회 및 경제적 요소, 공학적 요소, 예술적 요소가 내포되는 복합적 존재이다.

이와 같은 건축을 설계하는 일, 즉 설계행위는 단순히 건축의 기술적인 것뿐만 아니라 인간의 생활공간을 어떻게 생각하는가? 하는 인간생존의 공간원리를 추구하는 데 있다. 따라서 설계자는 인간의 사회적, 경제적 요구 및 공학적 기술, 미적 감각에 이르는 광범위한 문제에 대처하지 않으면 안 된다.

건축설계는 흔히 주택에서 시작하여 주택으로 끝난다는 말이 있다. 이 말은 주택이 많은 건축물 중에서도 우리의 일상생활과 가장 밀접한 관련이 있을 뿐만 아니라 가장 기본이 되는 것으로서 설계시 오묘하고 변화무쌍한 것이기도 하기 때문일 것이다.

본 서의 내용 및 특징은 다음과 같다.

[1] 건축설계를 진행하는 방법이 어렵다고 생각하는 건축학도가 건축설계 과정을 단계별로 쉽게 이해하고 접근할 수 있도록 체계적으로 구성하였다.

[2] 제1장에서는 '건축설계란 무엇인가?' 하는 '건축설계에 관한 기본적인 내용'을 살펴보았으며, 제2장에서는 '주택설계란 무엇인가?' 하는 '주택설계를 위한 개요'를 살펴보았다. 그리고 제3장에서는 '건축의 계획 및 설계의 진행과정(PROCESS)'을 살펴보았다.

[3] 제4장에서는 건축의 계획 및 설계과정을, 주택을 사례(CASE STUDY)로 들어 설계과정을 알기 쉽게 하나하나 설명을 곁들여 진행하였다. 그리고 제5장에서는 실제로 설계 및 시공된 주택설계도면 사례를 가능한 많이 소개하여 도움이 되도록 하였다.

[4] 주택을 대상으로 하여 설계과정을 소개하였지만, 다른 건축설계 PROJECT를 진행할 때에도 활용될 수 있다. 왜냐하면 건축설계란 일정한 프로세스를 통해 진행되는 것으로서 그 과정은 유사하기 때문이다.

본 서에서 살펴본 내용 중 실제 주택설계업무에서는 생략될 수 있는 부분이 다소 있다. 그러나 여기서는 가능하면 많은 내용을 다루어 주거건축이 아닌 다른 건축물의 설계시에도 참고할 수 있도록 하였다.

본 서의 내용 중에는 미비한 점이 다소 있을 것으로 생각된다. 부족한 점이 있더라도 독자의 넓은 아량으로 이해를 당부하며, 차후에 보완할 것을 약속하는 바이다.

끝으로, 본 서가 출간되기까지 많은 사람들의 도움이 있었다. 귀중한 자료를 제공해주신 많은 분들과 자료를 정리하고, 도면 작성에 도움을 주신 여러 분들에게 이 자리를 빌어 감사의 말씀을 전하고자 한다. 그리고 도서출판 기문당의 강해작 사장님 외 임직원의 노고에 감사드린다.

저 자

차 례

제 1 장 건축설계의 개요

제 2 장 주택설계의 개요

제 3 장 계획설계의 과정

제 4 장 주택설계 진행 사례

제1장

건축설계의 개요

제1장 건축설계의 개요

1 건축의 생산과정

하나의 건축물이 완성되기까지는 수많은 사람들이 관련되지만 그 생산과정에서의 주요 관련자를 살펴보면 건축주 · 설계자 · 시공자 등으로 크게 나눌 수 있다. 여기에서 건축주란 집을 지을 사람이고, 설계자는 설계도를 만드는 사람이며, 시공자란 공사를 하는 사람이다.

설계는 건축주의 의뢰로부터 시작된다. 즉 설계자는 건축주의 설계 의뢰를 받아 설계도면을 만들게 되는데, 각종 도면이 완성되면 시공자는 이 설계도면에 따라 현장에서 실제로 공사를 진행함으로써 건축물이 탄생되는 것이다. 이때 건축공사 전후에 시(군 · 구)청과 같은 관청에서 건축허가신청, 착공신청, 사용승인신청 등의 절차를 밟아야 한다.

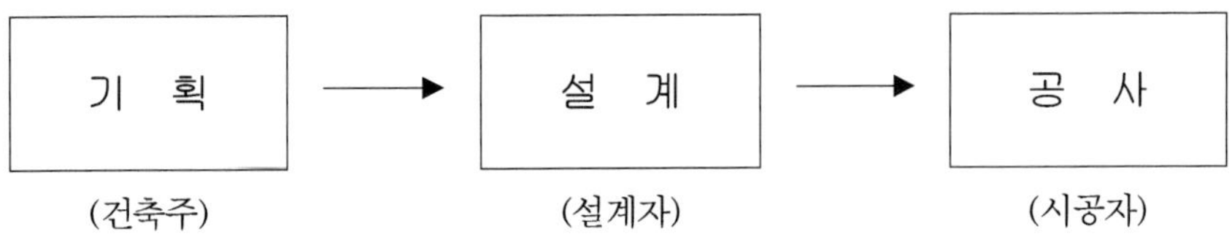

그림 1-1 건축생산의 주요행위

건축주는 설계를 의뢰하기 전에 그 나름대로 설계의 필요성 등을 검토하는 기획을 하게 되는데 건축의 목적 · 의도 · 방향설정, 예산, 규모, 대지선정, 건물 운영방법, 경영가능성, 제약사항, 설계에 대한 희망 및 요구사항 등을 검토한다. 이때 규모가 큰 건축물인 경우, 설계지침서를 별도로 만들기도 하는데, 이는 설계의 전제조건이 되는 것이다.

설계자는 이와 같은 건축주가 기획한 내용 및 제약사항, 건축주의 희망사항, 요구사항 등을 충분히 듣고 설계에 임해야 하며, 훌륭하고 충실한 설계도면이 완성되도록 노력해야 한다.

규모가 큰 건축물은 일반적으로 설계업무도 분업적으로 이루어져, 의장 · 구조 · 설비 등으로 각 전문 분야의 담당자가 맡아서 하는 경우가 많다. 설계책임자(보통 건축사가 담당)가 의도하는 기본적인 설계에 따라 의장담당자는 건축물의 성격에 조화되는 조형적 표현에 섬세한 노력을 기울이고, 구조담당자는 구조계산을 행하여 건축물의 골조를 설계하며, 설비 분야는 전기 · 급배수 · 냉난방 · 공기조화 등 각 분야의 전문기술자가 분담하여 설계도를 작성한다. 그러면 설계책임자가 다시 이러한 모든 설계를 상세히 검토하고 종합함으로써 하나의 건축물에 대한 총체적인 설계도면이 완성되는 것이다.

이와 같이 건축설계자는 단순히 건축물의 설계도를 작성하는 것에 그치지 않고 하나의 건축물이 탄생되기까지의 전반에 걸쳐 관계하게 된다.

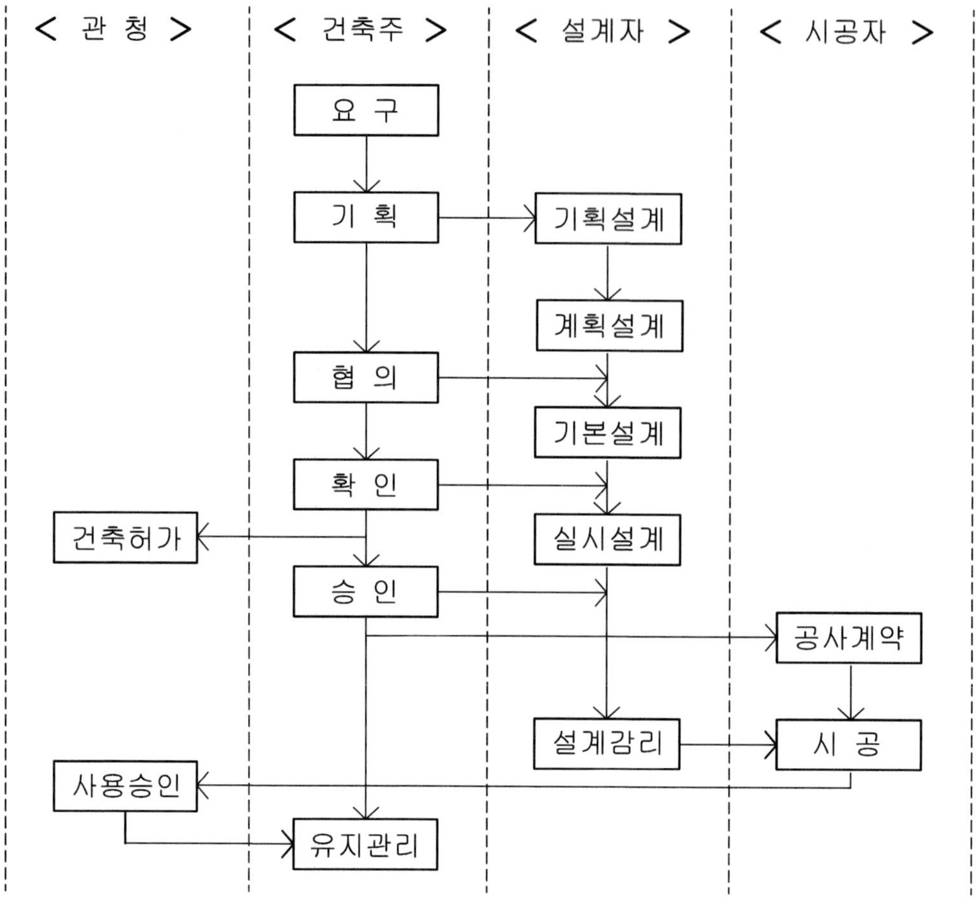

그림 1-2 건축의 생산과정

2 건축의 설계과정

1) 건축설계

건축설계란 그 의미가 매우 광범위하다. 건축설계는 일반적으로 건축의 기획, 계획, 설계, 제도를 총칭한다고 할 수 있다. 그 개별적인 의미를 간략하게 살펴보면 다음과 같다.

① 기획 : 계획 및 설계를 진행하기 위하여 사전에 방안을 마련하는 것이다. 사전답사 및 조사, 자료수집 등과 병행하기도 한다.

② 계획 : 기획 · 조사 · 자료수집 등을 거쳐, 건축물의 개요(기본안)를 스케치도로 마련하기까지의 단계를 말한다.

③ 설계 : 계획한 결과를 바탕으로 하여 건축물의 기능적 검토, 형상, 재료, 치수 등을 구체적으로 결정하는 단계이다.

④ 제도 : 설계의 의도에 따라 내용을 정확하고, 알기 쉽게 표현하는 단계를 말한다.

이상과 같은 작업들에 대하여 각각 그 의미를 개략적으로 살펴보았지만 건축설계를 진행함에 있어서 이것들은 일련의 연속적인 행위로서 그 범위가 명확하게 구분되는 것은 아니다.

건축설계의 결과물로서 도면을 포함한 건축설계도서가 얻어진다. 건축의 설계도면은 평면(2차원)적인 것이며, 건축물은 입체(3차원)적인 것이다. 즉 건축설계에 의하여 2차원적인 도면에 3차원적인 건축물을 형상화하는 작업 행위를 건축설계라고 할 수 있다.

따라서 건축설계를 잘 하기 위해서는 2차원적인 도면 위에 건축물을 효과적으로 표현하는 방법을 익힘과 동시에 3차원적인 공간 및 형태를 감지할 수 있는 능력을 길러야 한다.

2) 주요 설계과정

(1) 기획설계(조건파악 ; Pre-design Service)

설계의 조건을 파악하기 위한 조사 · 분석 · 검토 · 정리 등의 단계를 말한다. 기획설계는 본격적인 설계를 착수하기 위한 조건파악의 단계라고 할 수 있다. 조사내용으로는 다음과 같다.

① 내부조건 : 건축주, 사용자의 희망, 요구사항, 예산 등

② 외부조건 : 대지의 제반상황, 기상조건, 법규제, 기술적 제약사항 등이 있다.

그리고 조사방법으로는 다음과 같은 것이 있다.

① 현지조사 : 자연환경, 인문사회환경 등

② 사례조사 : 기존 건축물의 선례 등

③ 자료조사 : 연구논문, 보고서, 참고도서, 도면 등

④ 기타조사

이와 같은 조사를 통하여 기획안을 종합적으로 검토하고 그 결과를 정리한다. 그 결과로서 기획서, 계획개요서를 작성하기도 한다.

건축주가 제시하는 요구나 조건에 있어서 건축물의 기능이 단순하고, 규모가 작을 경우에는 그대로 설계조건이 될 수도 있겠으나, 대개의 경우 그 중에는 막연하거나 애매한 것 또는 모순된 것 등도 있을 수 있다. 따라서 설계자는 건축주와 의사소통을 정확히 도모하면서, 건축물에 대한 요구나 조건을 명확히 분석하고, 종합해서 설계조건으로 정리하여야 한다. 즉 설계조건은 단순히 주어지는 것이 아니라 최종적으로는 설계자 자신이 설계의 목표로서 설정하여야 할 것이다. 설계조건으로 다음과 같은 항목을 정리하여 명확히 하도록 한다.

① 건축물의 목적 : 영리 목적 또는 비영리 목적 등

② 건축물의 성격 : 공공성, 상업성, 기념성 등

③ 건축물의 용도 : 사용용도, 단일기능, 복합기능 등

④ 건축물의 규모 : 사람 · 물품 수용량, 층수, 높이, 연면적 등

⑤ 장래의 구상 : 증축, 용도변경, 내용연수 등

⑥ 부지조건 : 장소, 면적, 지형, 지역환경, 기후, 교통사정 등

⑦ 공사일정 : 설계기한, 공사착공, 완성시기, 사용개시일 등

⑧ 발주방식 : 시공방식, 계약방식, 시공자선정 등

⑨ 공사비 : 지출한도액, 자금조달방법, 지불방법 등이다.

(2) 계획설계(기본계획 ; Schematic Design Service)

위의 조사를 통하여 정리된 결과를 토대로 하여 부지의 구체적인 분석 및 이용방법, 건축물의 형상, 크기, 층수, 공간의 기능배분 등 구체적인 건축물의 개요를 스케치도로 간략하게 표현하는 단계이다. 각종 아이디어 스케치나 이미지 스케치 등을 표현하기도 하며, 이어 건축물의 초기적 계획안인 배치 · 평면 · 입면 · 단면 · 외관 등에 대하여 개략적으로 스케치를 표현하기도 한다. 이 때, 보통 방안지(Section Paper)에 프리핸드로 구상을 도형화하여 표현한다.

각종 계획안을 러프한 스케치로 표현하는 것을 에스키스(Esquisse)라고도 하는데, 에스키스란 프랑스어로 계획 · 설계의 구상을 위한 스케치 혹은 초안을 의미하지만, 개략적인 투시도도 포함된다. 에스키스는 우선 평면적인 공간 구성의 스케치로부터 시작해서 입면 및 단면의 구성, 형태의 검토 등으로 진행되며, 그 상호관계를 충분히 검토하고 다시 수정하는 등 이러한 과정을 몇 번이고 반복해서 그려봄으로써 점차 구상된 형태로 발전하게 된다. 또한 모형을 만들어 고찰하는 일도 필요하다. 이 단계의 모형을 스터디 모델(Study Model)이라 한다. 스터디 모델을 통해 볼륨 스터디, 공간구성 형태의 검토, 그리고 구조계획 등을 포함한 보다 종합적인 공간계획이 가능해지기 때문에 입체적인 에스키스라고 할 수 있다.

계획설계에서 배치 · 평면 · 입면 · 단면 · 외관에 대한 계획안을 마련하면서 상호간의 관계를 수없이 검토하고 수정하는 작업을 반복한다. 즉, 계획설계의 과정에서는 몇 번이고 피드백(Feed Back)하여 되돌아가 앞의 조건 및 내용과 합치되는지 또는 더 좋은 대안은 없는지 등을 재점검하고 수정 및 보완하는 작업을 수없이 되풀이한다.

건축물의 계획설계를 진행함에 있어서, 현재의 여러 조건을 검토하여 반영하는 것은 물론 장래의 환경변화를 예측하면서 건축물의 용도, 도로와 출입구, 실내공간의 배치, 건축주의 요구조건 등 설계에 필요한 조건을 검토하며 계획해나가야 한다.

(3) 기본설계(약설계 ; Design Development Service)

앞의 계획설계에서 개략적으로 정리된 건축물의 개요(스케치)를 바탕으로 하여 건축물의 구조, 규모, 형태, 치수, 사용재료 등을 기능적인 면에서 결정하고, 구체적인 도면으로 정리하는 단계를 말한다. 이 단계에서는 건축주 및 일반인이 알아보기 쉽게 도면이 표현된다.

기본설계에서는 건축주의 요구와 설계자의 의도가 명확히 표현되는데 건축주에게 설계내용을 확실하게 전달하기 위한 설계도면을 포함한 기본설계도서가 작성된다. 이것을 약설계도서라고도 하며, 다음과 같다.

① 기본설계도 : 배치도, 평면도, 입면도, 단면도, 투시도, (모형) 등

② 설계설명서 : 건물개요, 구조방식, 건축재료, 설비계통도 등

③ 공사개산서 : 공사비 예정액 등

작성된 설계도서는 건축주와 협의하고 절충하여 수 차례 변경되거나 수정되기도 하여 결정된다. 최종적으로 건축주의 확인 및 승인이 이루어지면 다음 단계인 실시설계로 넘어간다.

(4) 실시설계(본설계 ; Contract Documents Service)

기본설계에서 결정된 건축물의 설계내용을 바탕으로 하여 시공자에게 정확하고 알기 쉽게 전달하기 위한 도면을 상세하게 작성하는 단계이다.

기본설계도서가 건축주를 비롯하여 일반인이 쉽게 알아볼 수 있게 그려지는 것에 비하여, 실시설계도서는 설계자의 의도를 시공자에게 정확하게 전달하는 것을 목적으로 그려지는 것이기 때문에 보다 전문적, 기술적인 내용을 지니게 된다.

여기서는 실제 현장에서 공사를 하기 위한 각종 상세도면, 구조도면, 설비도면 등 수많은 도면이 작성된다. 실시설계도서(본설계도서)에는 다음과 같은 것이 있다.

① 실시설계도 : 배치도, 평면도, 입면도, 단면도, 각종 상세도, 구조설계도, 급배수 · 공조 · 전기 기타의 설비설계도, 옥외시설 · 조경설계도 등
② 계산서 : 구조계산서, 열부하 · 조명조도 등의 설비계산서 등
③ 시방서 : 시공자에 대한 지시사항(설계도에 표현할 수 없는 부분을 글자나 표로 나타냄)
④ 공사비계산서 : 표준이 되는 공사비로서 설계자가 산출한 조서

실시설계를 할 때에는 기본설계에 입각하여 나타내고자 하는 감각이나 이상을 어떻게 충실히 표현하며, 실제로 실현될 수 있는지를 고려하여 도면작성의 기법이나 상세도의 연구, 재료의 선택, 구조상의 특성 등에 유의한다. 또한, 도면은 신속하고 정확하게 그리고, 지시사항에 대해서는 애매하여 오해하는 일이 없도록 유의하며, 도면을 세밀한 부분까지 명확하게 나타내 세부마감까지 표시한다. 그리고 재료와 구조, 시공방법도 충분히 연구하여 이에 대한 책임 있는 설계를 하여야 한다.

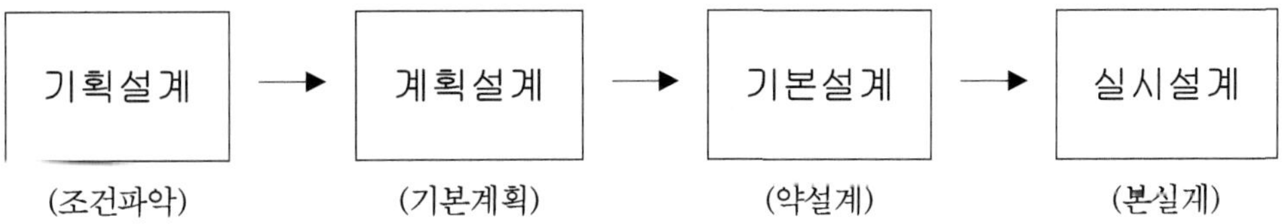

그림 1-3 건축설계의 진행순서

(5) 설계감리

설계작업이 완료된 후 시공을 통하여 건축물이 완성된다. 즉 시공은 설계도서에 표현된 내용을 실제의 건물로 만드는 건설공사의 과정으로서 이는 건설업(시공)자에 의하여 행하여진다.

설계자는 시공자가 설계도면에 입각하여 올바르게 시공하는지를 확인하기 위하여 공사의 감리 의뢰를 받고 현장에 나가 공사를 감독 및 지도하기도 하는데 이를 말한다.

〈표 1-1〉은 건축설계진행표로서 건축설계가 기획조사, 계획설계, 기본설계, 실시설계의 순으로 단계별로 진행되며, 각 단계마다 수행해야 할 작업내용 및 결과물이 무엇인지를 총괄하여 세부적으로 잘 나타내고 있다. 이어서 감리의 경우, 수행해야 할 업무에 관해서도 표시하고 있다.

■ 건축설계진행표

구 분	MASTER PLAN		설 계						공 사	
단 계	기 획 조 사		계 획 설 계		기 본 설 계		실 시 설 계		감 리	
PHASE	1		2		3		4		5	
진 행	BASIC STUDY		SCHEMATIC PLANNING		PRELIMINARY DESIGN		WORKING DRAWINGS		SUPER VISION	
LEVEL	작업착수	기초연구	자료수집	개념계획	기본계획	기본설계	도면작성	총 정 리	감 리	
내 용	과업내용의 제시	개념 STUDY	과업내용의 분석	목표의 설정	계획방향의 확정	DESIGN DEVELOP	각도면의 작성			
	기초 조사	분석•검토	대지분석	개념의 설정	계획요소의 선정	배치도 작성		각도서의 검토		
			주위현황의 분석	개념도 작성	계획의 원칙확정			각도서의 수정		도면보완 및 수정작업
	기능•목표의 제시	사업성 검토	요구조건의 분석		배치방향의 확정					
	현황의 제시	자금계획	기능의 분석	배치개념의 설정	건물의 각부계획	DETAIL원칙작성				
			SPACE PROGRAM 분석	설계기준의 설정	평면•입면•단면	평면•입면•단면		시방서의 작성		시방서의 보완
	일정표 작성			FACTOR의 선정		디자인 디테일				공사진행상의 문제점 검토
			VOLUME CHECK	VOLUME STUDY	STUDY MODEL					감리일정표의 보완/검토
										감리일지의 작성
			구조자료의 분석	구조해석 STUDY	구조계획	구조계산서 작성	구조계산서 작성			준공도의 CHECK
				각부분별SYSTEM STUDY	설비 SYSTEM	용량•부하 계산	설비도면의 작성			
							용량•부하 계산서	감리일정 작성		감리자료의 정리
					토목조경 CHECK	조경개념 CHECK	조경도면의 작성			
			법규의 분석	법규의 적용한계	법규의 재검토	법규의 재확인	토목도면의 작성			
										중간설계변경협의
					개략예산산출	대안작성		내역서의 작성		
	O 작업방향확정을 위한 STUDY O 요구조건확정 O 설계준비작업		O 전체규모 기능의 확정	O 목표설정을 위한 STUDY	O 방향과 목표의 설정	O 대안들의 작성 -확정	O 실시설계도면 작성	O 최종도면의 작성	O 시공중의 문제점검토 보완•수정	
행 정	O 계약		O 대지조건에 대한 서류의 구비	O 법규에 의한 범위 CHECK		O 심의도면의 작성	O 심의사항의 분석	O 허가도면의 제출 시공준비	O 중간검사	O 준공검사
성과품	O MASTER PLAN 보고서			O 이미지 CHECK	O 구조계산서 O 개략예산서 O 기본설계도서	O 설비 전기계산서 O STUDY MODEL O 청사진 O 심의도서	O 투시도 O 시방서 O 구조계산서	O 보고서 O MODEL 사진 O 내역서 O 허가도서 O 설계설명서	O 감리일지	
비 고										

표 1-1 건축설계진행표

3 건축의 설계도서

1) 계획설계도서

① 구상도 : 방안지나 스케치북 등에 프리핸드로 그리는 가장 기초적인 도면으로서 설계에 대한 초기의 발상이나 아이디어를 개략적으로 표현한 것이다.
② 조직도 : 평면계획을 할 때 초기의 단계에서 각 실이나 공간의 크기, 형태를 결정하기 전에 용도나 내용 등에 대한 관련성을 정리하여 조직화한 것이다.
③ 구역도 : 대지분석에 의해 토지이용계획을 세우거나 어떤 공간을 몇 개의 기능으로 활용하기 위하여 성질이 유사한 권역별로 크게 나누어보는 것이다. 조닝(Zoning)이라고도 한다.
④ 기능도 : 각 단위공간의 상호관계 또는 건물 전체에서의 위치관계 등을 틀(Frame)과 선(Line)으로 구성하여 시각적으로 구분이 용이하게 한 것이다. 공간상호간의 연결 및 통합을 시각적으로 나타낸다.
⑤ 동선도 : 사람, 차량 또는 물건의 반출입 등의 흐름을 도식화한 것으로 조직도, 기능도 등을 바탕으로 관찰하거나 검토하여 동선의 이론에 따라 작성한 것이다. 공간구성이 대충 정리되면 동선도를 그려봄으로써 공간배치가 적합한지를 파악할 수 있다.
⑥ 면적도표 : 숫자로 주어진 면적표를 정리하기 위한 예비행위로서 전체면적 중의 각 소요실의 비율이나 공통부분의 비율을 산출한다. 또한, 축척을 정하여 일정한 크기의 바닥을 만들고, 각 실을 나누어가면서 관련성을 검토하거나 방의 크기를 산출한다.

2) 기본설계도서

(1) 기본설계도

① 배치도

건축물의 1층 또는 지붕 평면도를 기준으로 하여 보통 축척 1/100~1/600의 범위 내에서 그린다. 여기에는 대지의 형상, 고저, 치수 등과 건축물의 위치, 대지경계선까지의 거리 및 대지에 접한 도로의 위치와 폭 등을 나타낸다. 그리고 대문, 담장, 주차장, 정화조 등 부대시설의 위치와 건물 출입구의 위치 및 조경계획 등과 함께 방위도 표시한다.

② 평면도

도면 중에서 가장 기본이 되는 중요한 도면이다. 이것은 건축물의 각 층의 일정한 높이(보통 바닥에서 창문의 중간 정도까지의 1~1.5m 높이)를 수평으로 절단하여 그것을 위에서 아래로 내려다 본 수평투영도이다. 평면도는 보통 축척 1/50~1/300의 범위 내에서 그리는데 여기에는 기둥, 벽, 창, 출입구, 부대설비, 계단, 바닥 마무리 등을 나타내고 실명, 치수 등을 기입한다.

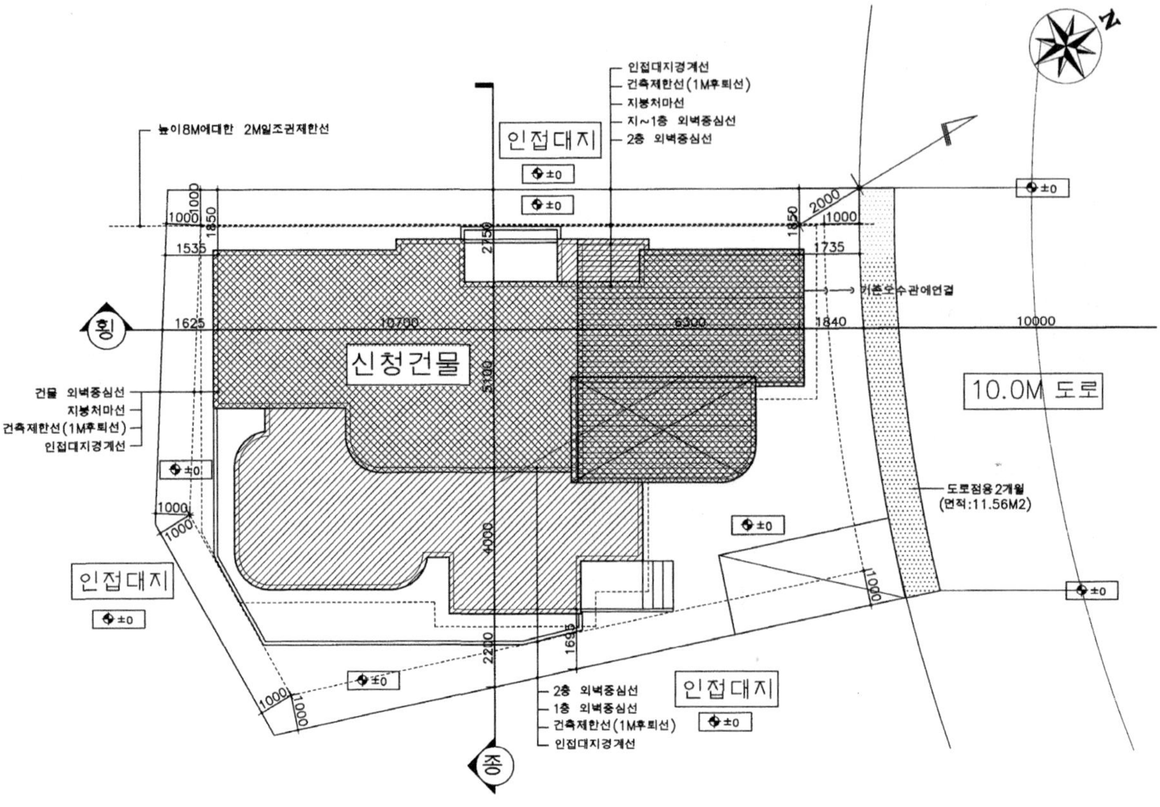

그림 1-4 배치도의 예

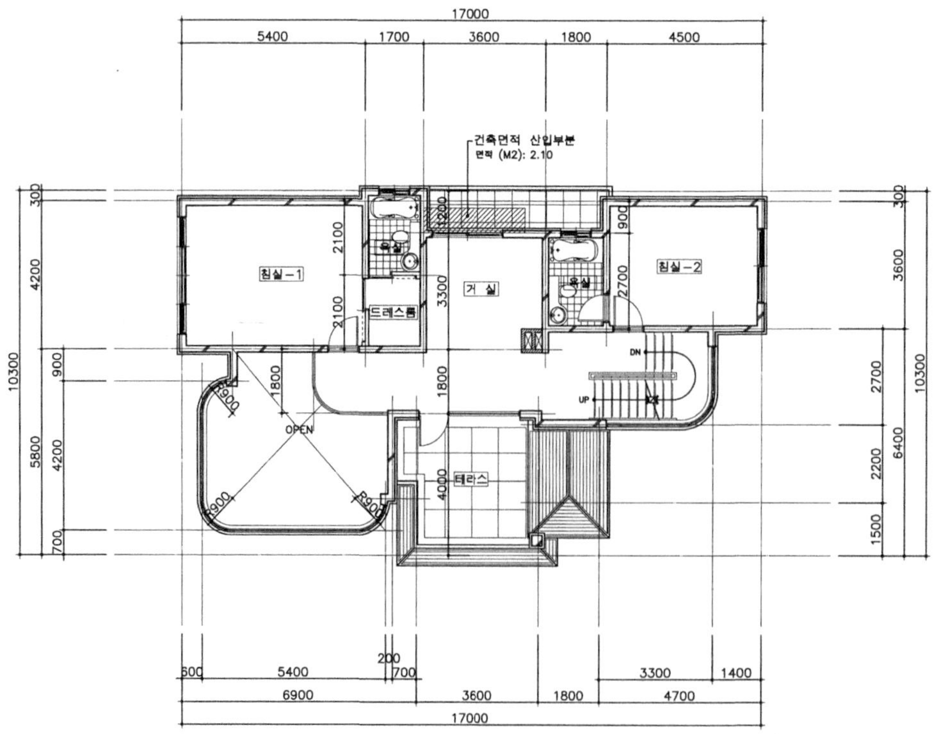

그림 1-5 평면도의 예

③ 입면도

건축물의 외관을 표현하기 위한 도면이다. 일반적으로 방위에 따라 남측·동측·서측·북측 등 4면의 입면도를 그리는데 방위가 애매한 경우 정면도, 좌측면도, 우측면도, 배면도 등으로 나타내기도 한다. 입면도는 건축물 외부의 표정을 나타내는 도면이므로 외벽의 마감재와 개구부, 돌출된 기둥이나 발코니, 지붕, 난간 등의 모습 등이 그대로 표현된다.

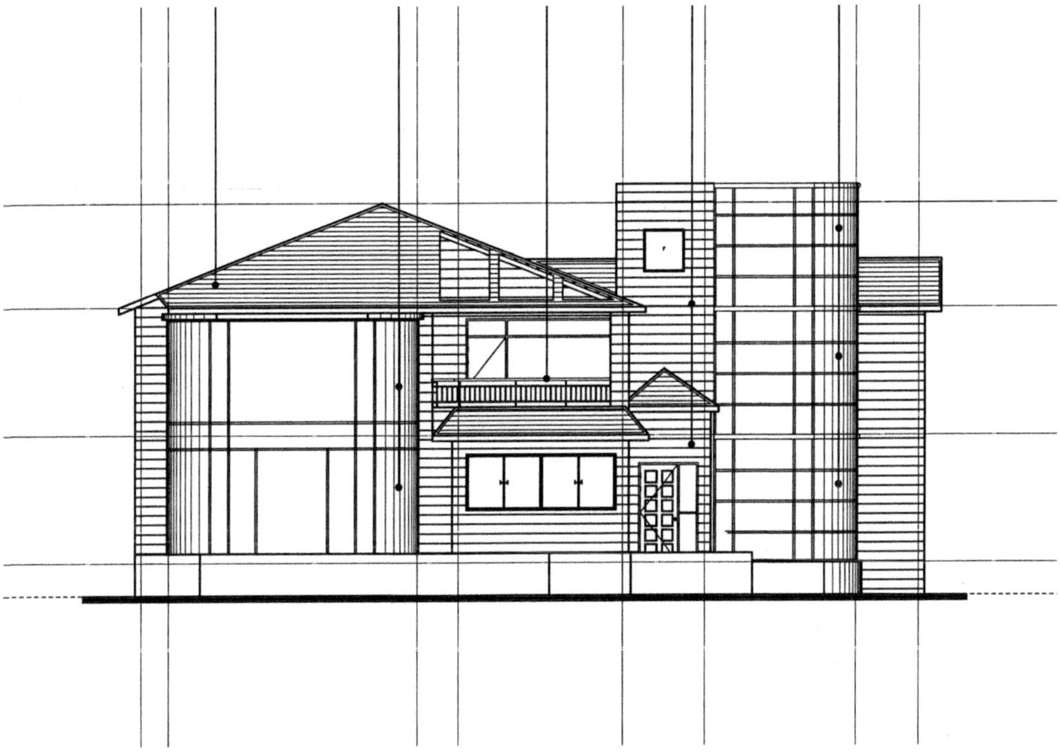

그림 1-6 입면도의 예

④ 단면도

건축물을 수직으로 절단하고 그 절단한 면을 바라본 도면이다. 일반적으로 단면도는 평면도, 입면도와 함께 검토해야 하므로 같은 축척으로 작성한다. 단면계획은 보통 입면계획과 병행하여 진행하는데 건물의 구조, 실내공간, 기능성 등과의 관련성을 고려하여 건축물 높이의 기준을 설정하고 이것에 맞춰 각 구조재의 높이를 정해야 한다. 일반적으로 건물의 특징을 가장 잘 나타낼 수 있는 부분에서 종·횡의 두 방향으로 절단한다.

⑤ 투시도

건축물의 입체적(3차원적)인 모습을 표현한 도면으로서 이해하기가 쉽다. 배치도, 평면도, 입면도, 단면도 등의 2차원적인 모습의 건축 디자인 결과를 일반인이 쉽게 이해하도록 하는 도면이다. 또한, 설계자 스스로가 디자인을 검토하고 조정하기 위한 도면으로서의 역할을 한다.

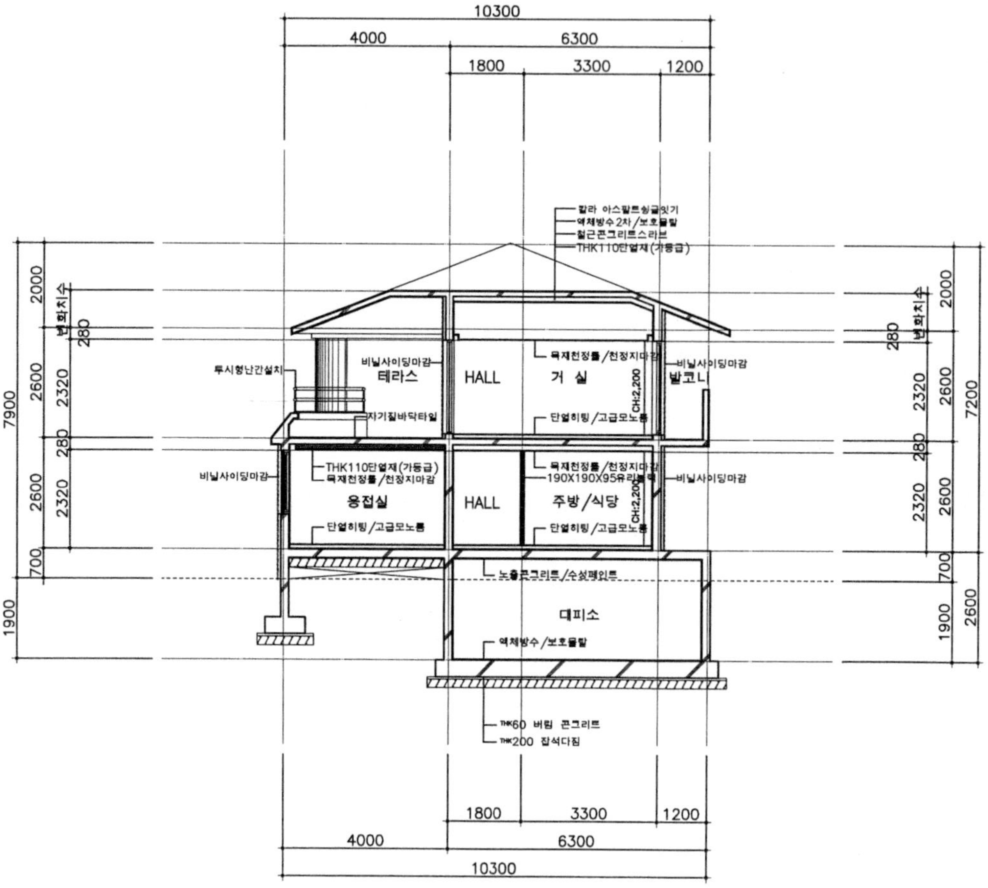

그림 1-7 단면도의 예

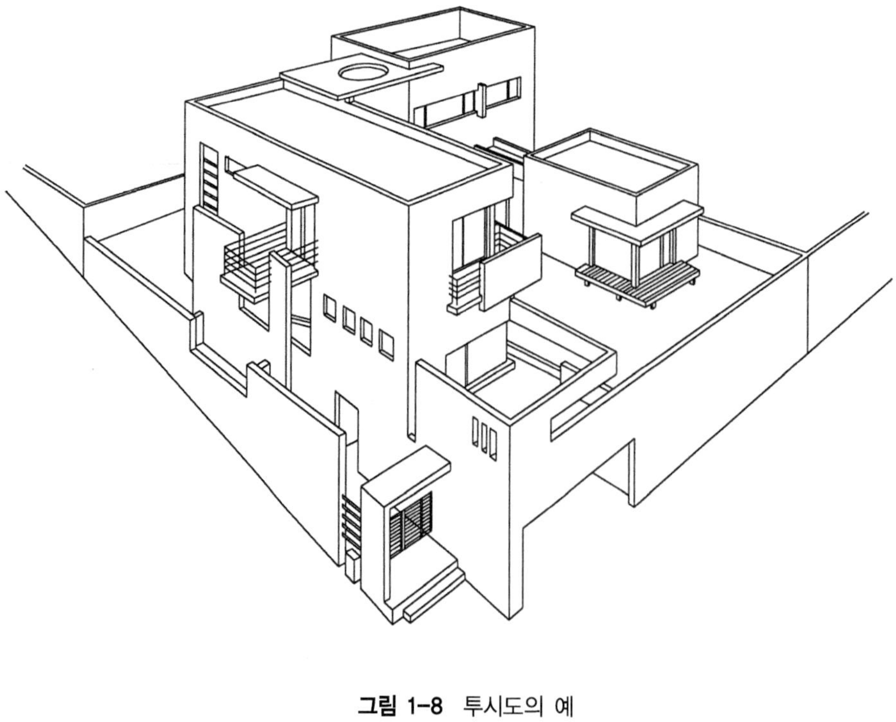

그림 1-8 투시도의 예

⑥ 모형

건축물에 대한 2차원적인 도면으로는 이해가 부족할 수 있는 점을 실제의 모습과 같은 축소된 3차원적인 모형을 통해 제시함으로써 일반인에게도 설계안을 쉽게 이해시킬 수 있으며, 도면효과에 의해 현혹되는 위험을 벗어나 설계안을 정확하게 파악하게 할 수 있다. 모형은 보통 생략되기도 한다.

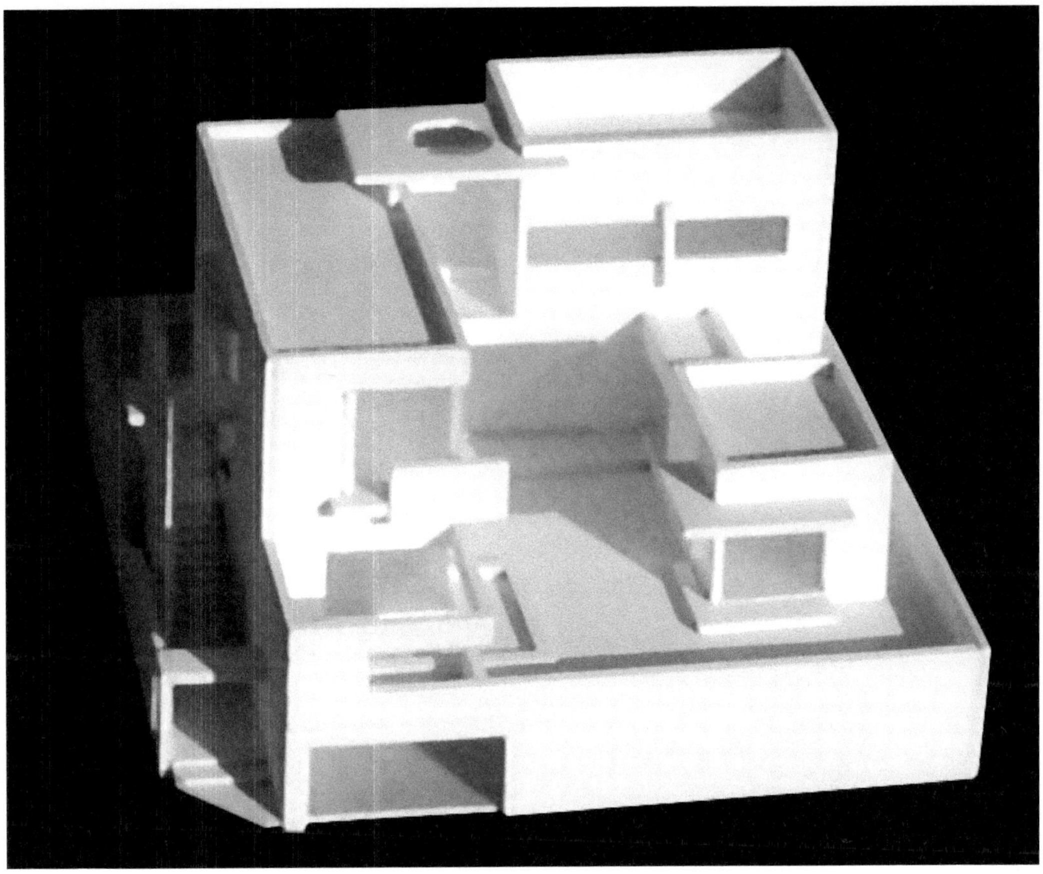

그림 1-9 모형의 예

(2) 설계설명서

① 건축개요 : 건축물의 용도, 규모, 층수 등의 일반적인 사항은 물론 입지조건, 부지의 이용방법, 설계방향, 디자인의 개념 등 설계의 개요를 설명한다.

② 구조방식 : 건축에 사용되는 각부의 주요 구조재의 종류, 형상, 규격, 구법 등에 관하여 설명한다.

③ 설비계통도 : 전기, 급배수 · 위생, 공조 · 환기 등의 각종 주요 설비에 대한 계통도 및 설비기기와 그 설치방식 등을 설명한다.

3) 실시설계도서

(1) 의장 도서

① 부지 안내도 : 건축 부지의 위치를 나타내는 도면으로 표적이 되는 건축물을 기준으로 하여 그 위치를 표시한다.
② 배치도 : 부지 안에 건축물과 부대시설을 배치한 도면으로 부지에 접하는 도로 및 부지 경계선을 그리고 위치 · 간격 · 방향 · 축척 등을 나타낸다. 보통 축척은 1/100~1/600로 한다.
③ 면적표 : 대지면적, 건축면적, 각 층의 바닥면적, 연면적 등을 산출하여 기입한다.
④ 실내외 마감표 : 건축물 내외의 마감재료의 종류 및 내용을 나타낸다.
⑤ 평면도 : 건축물을 각 층마다 창틀 위에서 수평으로 절단한 면의 수평 투상도로서 실의 형상, 크기, 치수 등을 나타낸 도면이다. 일반적으로 축척은 1/50~1/300로 한다.
⑥ 입면도 : 건축물의 외관을 나타낸 직립 투상도로서 건축물의 입면을 정면도, 측면도, 배면도 등으로 또는 동서남북의 4면에서 나타낸다. 축척은 평면도와 같은 1/50~1/300로 한다.
⑦ 단면도 : 건축물의 주요한 부분을 수직으로 잘라 그 단면을 투영 묘사한 도면으로서 건축물의 높이(기초, 지반, 바닥, 천장, 층, 처마 등의 높이)와 지붕의 물매, 추녀 길이 등을 나타낸다. 축척은 평면도, 입면도와 같게 한다.
⑧ 단면 상세도 : 건축물의 구조상 주요한 부분의 수직으로 자른 절단면을 그리고 각부의 높이, 부재의 형상, 크기, 접합 및 마감 등에 대하여 상세를 명시한다. 축척은 1/20~1/50로 한다.
⑨ 부분 상세도 : 시공상 명시하지 않으면 안 될 주요 구조부의 일정 부분을 끄집어내어 상세하게 그린다. 축척은 보통 1/5~1/30로 한다. 아주 세밀한 부분은 축척 1/1의 실척도 또는 그 이상의 축척으로 나타내기도 한다.
⑩ 전개도 : 건축물 실내의 입면(4면)을 전개하여 그린 도면으로 벽면의 형상, 치수, 마감 등을 나타낸다.
⑪ 각종 평면도 : 기초 평면도, 바닥틀 평면도, 천장 평면도, 지붕틀 평면도 등이 있으며, 각각 구성재의 종류, 배치, 치수, 형상, 마감 등을 나타낸다.
⑫ 창호도 : 그 건물에 사용되는 창호의 개폐방법, 재료, 형상, 치수, 마감, 창호용 철물, 유리 등을 도표로 나타낸다. 축척은 주로 1/30~1/50로 한다.
⑬ 외구도 : 대문, 담장, 포장 등 부대 공사의 형상, 치수, 재료, 끝마감 등을 나타낸다.
⑭ 시방서 : 설계도에 표현할 수 없는 공법의 기준을 문서로 보완한 것으로서 일반적인 경우 표준시방서를 사용한다. 특기시방서도 있다.

(2) 구조설계도서

① 기초, 기둥, 벽, 보, 바닥 평면도 : 각각의 위치, 형상, 치수 등을 표시한다.
② 기초, 기둥, 벽, 보, 바닥판 일람표(list) : 각각의 형상, 치수, 배근 등을 상세하게 명시한다.
③ 골조도 : 건축물의 기둥, 보, 개구부 등의 입면을 나타내고, 각각의 위치, 크기 등에 대하

여 기입한다.

④ 골조 상세도 : 골조 각부 구조재의 치수 및 재질 등에 대해서 상세를 명시한다.

⑤ 각부 상세도 : 계단, 기타 중요한 각 부분의 구조에 대해서 재료, 형상, 치수 등의 상세를 명시한다.

⑥ 구조 계산서 : 주요 구조부의 응력을 산정하고 각부의 주요 구조재의 형상, 치수 등을 결정한다.

⑦ 특기 시방서 : 도면을 보는 방법 및 주요 재료의 시방(示方), 기초 공법, 부재의 접합법 등의 시방을 문서로 나타낸다.

(3) 설비설계도서

① 전기 설비도 : 동력, 전등, 콘센트, 조명기구, 통신, 방송(전화, 인터폰, 확성 장치 등), 화재경보기 등의 설비에 대해서 각각의 배관, 배선에 필요한 계통도, 기구 배치도 등을 그린다.

② 위생 설비도 : 급수, 배수, 정화조, 옥내 소화전 등의 설비에 대해서 각각의 배관, 계통도 및 기기 배치도 등을 나타낸다.

③ 냉난방 설비도 : 냉난방에 필요한 배관 계통도를 그린다.

④ 가스 설비도 : 가스 설비를 위한 배관 계통도를 그린다.

⑤ 공조 설비도 : 공기조화 설비를 위한 배관 계통도, 기기 설치도 등을 나타낸다.

⑥ 승강기 설비도 : 승강기, 에스컬레이터 등의 기기 배치도 및 설치도 등을 그린다.

⑦ 기타 설비도 : 배연 설비, 피뢰침 설비, 굴뚝 등에 대해서 필요한 도면을 그린다.

⑧ 특기 시방서 : 각 설비에 대해서 특별한 시방을 필요로 하는 경우 시방서를 첨부한다.

(4) 기타 도서

① 허가 신청용 도면 : 해당 관청에 건축허가를 얻기 위하여 건축법에 의한 허가신청서와 함께 작성하는 도면을 말한다.

② 시공도면 : 현장에서 건축의 시공을 명확하게 하기 위하여 그리는 도면이다.

제2장

주택설계의 개요

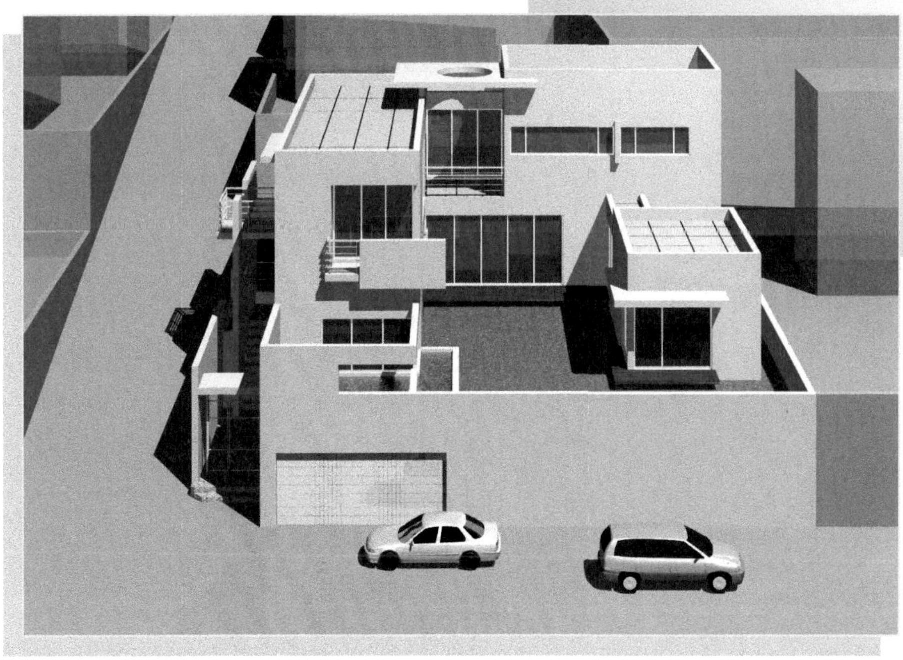

제2장 주택설계의 개요

1 개 설

1) 주택(주거)의 개념

주택이란 인간이 일상적인 주생활을 영위하는 가족단위의 보금자리로서, 1차적인 육체적 욕구와 2차적인 정신적 욕구 및 간접적인 생활을 보조하기 위한 부대시설을 갖춘 공간이다.

여기에서 인간의 1차적 욕구란 휴식, 수면, 영양섭취, 배설, 생식 등의 육체적 욕구를 의미하며, 2차적 욕구는 단란, 유희, 독서, 사색, 취미활동 등의 정신적 욕구를 말한다.

가족에 따라 그들의 가족구성과 생활양식, 기호 등이 모두 다르므로 요구되는 주택의 양상은 제각기 차이가 많다. 따라서 설계자는 그들의 요구를 정확히 파악한 후, 대지의 규모와 형상, 그리고 공사비 등을 종합적으로 검토하여 주택을 설계하여야 한다.

2) 주거의 기능

주거의 기능은 여러 가지이지만 그 중 주요한 기능을 살펴보면 다음과 같다.

① 외부로부터의 보호 기능 : 풍우, 혹서, 혹한 등 기후적 조건의 완화 및 침입자, 맹수의 위협으로부터의 보호 기능이다.

② 생업 장소로서의 기능 : 농경사회에서는 중요한 기능이었으며, 오늘날에도 상업 · 공장 병용 주택 등에서 요구되는 기능이다.

③ 교육의 장 기능 : 교육은 각종 교육기관에서 이루어지기도 하지만 기본적으로 올바른 가정교육은 매우 중요한 일이다.

④ 부부생활 및 자녀양육의 기능 : 부부생활을 통하여 자녀를 임신하고 출산하며, 양육하는 일은 거의 주거에서 이루어진다.

⑤ 가사노동 장소의 기능 : 가정생활은 대부분 주부의 노동에 의해 주거 내에서 이루어진다. 주부의 가사 노동량을 경감하기 위한 노력이 필요하다.

⑥ 휴식처로서의 기능 : 오늘날 사회가 발전하고 복잡해져감에 따라 휴양생활과 여가생활의 비중이 점차 높아지고 있는 실정이다.

⑦ 가족 단란의 기능 : 가족이 사랑과 애정으로 연결되고 화목한 가정을 이루어 서로의 발전을 위한 밑받침이 되도록 하는 중요한 기능이다.

3) 주택의 분류

주택의 종류는 분류하는 방법에 따라 다음과 같이 여러 가지로 나눌 수 있다.

(1) 용도별 분류

① 전용주택 : 단독주택, 공동주택 등
② 병용주택 : 상업 병용 주택, 공업 병용 주택 등
③ 겸용주택 : 상점 겸용 주택, 공장 겸용 주택 등

(2) 지역별 분류

① 도시주택 : 도시 안에 밀집되게 짓는 주택(도심, 근교, 교외 주택)
② 농(어)촌주택 : 농촌이나 어촌에 짓는 주택
③ 전원주택 : 전원 속의 넓은 대지에 짓는 주택

(3) 집합 정도별 분류

① 단독주택 : 1세대만을 위한 주택이다.
② 다세대주택 : 2세대 이상의 주호가 하나의 주택처럼 유기적으로 조합된 주택이다.
③ 연립주택 : 지상에 접한 주호가 수평으로 나란히 연결된 공동주택이다. 일반적으로 3층 이하이다.
④ 아파트 : 여러 세대의 주호가 수평과 수직으로 조합된 공동주택이다. 일반적으로 4층 이상을 말한다.

〈참고〉 건축법규상의 다세대주택은 1개동 연면적이 660m^2 이하인 4개층 이하인 주택이고, 연립주택은 1개동 연면적이 660m^2를 초과하는 4개층 이하인 주택이며, 아파트는 주택으로 쓰이는 층수가 5개층 이상인 주택이다.

(4) 양식별 분류

① 한식 주택 : 우리나라의 전통적인 생활양식에 적합한 주택으로 좌식생활 양식이다.
② 양식 주택 : 서구식 생활 양식에 적합한 주택으로 입식생활 양식이다.
③ 일식 주택 : 일본식 주택으로서 아직도 우리나라에 일부 남아 있다.
④ 절충식 주택 : 두 가지 이상의 양식을 절충하여 만든 주택이다.

(5) 기타 분류

① 시대적 분류 : 원시 주택, 현대 주택, 미래 주택 등
② 소유별 분류 : 개인 주택, 임대 주택, 사택, 관사 등

③ 구조별 분류 : 목조 주택, 조적조 주택, 철근콘크리트조 주택, 철골조 주택, 조립식 주택 등
④ 사용형태별 분류 : 보통주택, 주말주택, 별장주택 등
⑤ 구성형태별 분류 : 독립주택, 집합주택(공동주택) 등
⑥ 공급별 분류 : 민간 주택, 공공 주택, 회사 주택, 조합 주택 등
⑦ 세대별 분류 : 1세대 주택, 2세대 주택, 3세대 주택 등
⑧ 높이별 분류 : 저층 주택, 중층 주택, 고층 주택, 초고층 주택 등
⑨ 지붕재료별 분류 : 초가집, 기와집, 함석집, 슬레이트집, 슬래브집, 아스팔트 싱글집 등

그 외에도 주거의 종류와 관련된 용어를 살펴보면, 다중주택, 농가주택, 상가주택, 맨션(저택), 주상복합건물, 생태주택, 복토주택, 빌라, 빌라트, 세컨드 하우스, 타운 하우스, 솔라 하우스, 주거형 오피스텔 등이 있다.

표 2-1 한식 주택 및 양식 주택 비교

구 분	한식 주택	양식 주택
생활 양식	좌식	입식(의자식)
평면 구성	조합, 폐쇄적, 분산식	분화, 개방적, 집중식
공간 성격	융통성이 높고, 다용도적 독립성이 낮음(문으로 구획)	융통성이 낮고, 기능적 독립성이 높음(벽으로 구획)
실의 구분	위치별 구분 (안방, 건너방, 사랑방 등)	용도별 구분 (거실, 침실, 식당 등)
구조 방식	목조 가구식, 가연성, 바닥이 높음	조적조, 철근콘크리트조, 난연성, 바닥이 낮음
난방 방식	복사식 난방(온돌, 개별식)	대류식 난방(집중식)

4) 주택의 형식

(1) 평면형식

① 편복도형 : 한쪽 방향에 복도를 설치하여 여러 실을 연결하는 형이다. 각 실의 환경조건은 균등하지만 동선이 길다. 보통 복도는 북쪽에 설치한다.
② 중복도형 : 가운데에 복도를 설치하고 양쪽에 각 실을 배치하는 형이다. 동선은 짧지만, 각 실의 환경조건이 균등하지 못하다.
③ 중앙홀형(거실중심형) : 홀 또는 거실을 중심으로 그 주위에 각 실을 배치하는 형이다. 거실의 경우, 통로 구실을 하므로 독립성을 잃게 되는 단점이 있다.

④ 코어형 : 보통 설비 관련 부분을 건물의 중심으로 집결시키고 각 실을 외기에 접하도록 배치하는 형이다. 개방적인 공간을 얻을 수 있다.

⑤ 중정형 : 건물의 한가운데에 정원을 두고, 그 주위에 각 실을 배치하여 각 실이 중정을 향하게 하는 형식이다.

⑥ 일실형 : 주택 전체를 하나의 공간에 포함시켜 각 실을 독립된 공간으로 구획하지 않는 형식이다. 소주택에 적합하다.

⑦ 분리형 : 주생활의 행동내용에 따라 공간을 집합적으로 분리하는 방식으로 동종의 사용공간은 집약시키고 이종의 것은 분리하는 것이다. 공용 블록과 개인용 블록을 명확히 분리하여 홀이나 복도에 연결시킨다.

⑧ 회랑복도형 : 여러 실의 외측에 복도를 두루 설치하는 형식이다. 외곽에 복도를 설치하므로 복도면적의 비율이 매우 크다.

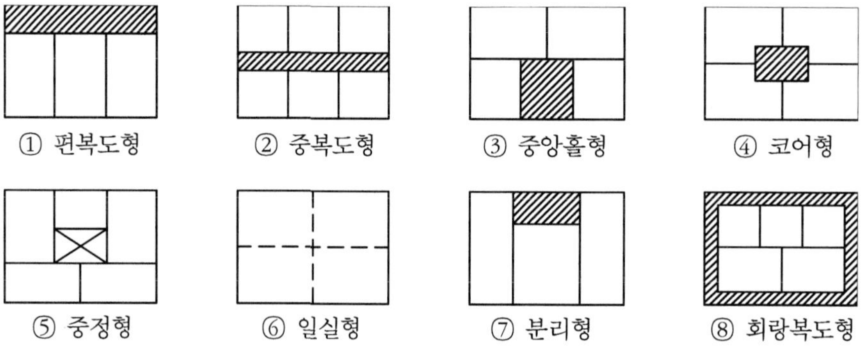

그림 2-1 주택의 평면형식

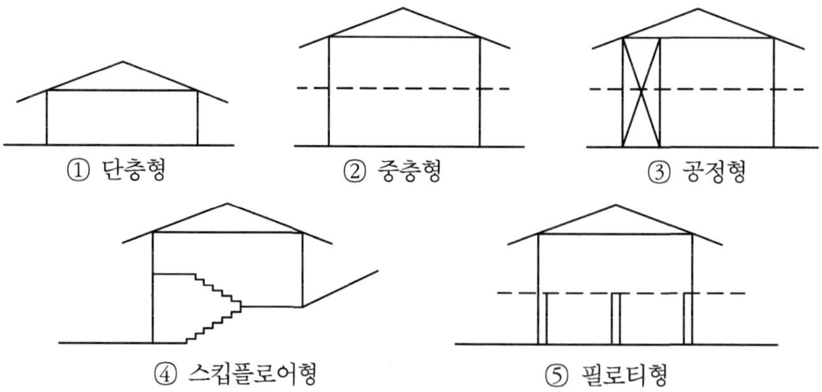

그림 2-2 주택의 입면형식

(2) 입면(단면, 입체)형식

① 단층형 : 주택이 1개 층으로 구성된 형식이다.

② 중층형 : 주택이 2~3개 층으로 구성된 형식이다. 보통 하부에는 공용공간을, 상부에는 사적 공간을 배치한다.
③ 공정형(Void type) : 같은 지붕 아래에서 일부는 단층, 일부는 중층의 형식이다.
④ 스킵플로어형(Skip Floor Type) : 바닥의 레벨이 고저차가 있는 형(반층 정도)이다. 보통 대지가 경사진 경우에 채택한다.
⑤ 필로티형(Piloties) : 1층은 기둥만을 두어 개방적인 공간으로 하고, 2층 이상에 실을 설치한 형식이다.

5) 주생활 공간 구분

주생활 공간은 다음과 같이 여러 가지로 구분할 수 있다.

(1) 생활권역별 분류

① 개인권 : 침실, 욕실, 서재 등 사생활 영역
② 사회권 : 거실, 식당, 응접실, 현관 등 공동생활 영역
③ 노동권 : 부엌, 세탁실, 다용도실 등 가사작업 영역

(2) 공간성격별 분류

① 동적공간 : 거실, 식당, 부엌, 다용도실 등
② 정적공간 : 침실, 서재, 취미실 등

(3) 사용시간별 분류

① 주간사용 공간 : 거실, 응접실, 부엌, 식사실, 세탁실 등
② 야간사용 공간 : 부부침실, 아동침실 등
③ 주야사용 공간 : 욕실, 화장실 등

(4) 기능별 분류

① 공용공간 : 거실, 식사실, 응접실 등
② 개인공간 : 부부침실, 노인실, 아동실, 서재 등
③ 작업공간 : 부엌, 세탁실, 가사실, 다용도실 등
④ 위생공간 : 세면실, 욕실, 화장실 등
⑤ 연결공간 : 현관, 홀, 복도, 계단 등
⑥ 수납공간 : 창고, 반침 등
⑦ 기타공간 : 테라스, 베란다, 발코니, 차고, 카포트 등

(5) 주행동별 분류

① 주부의 행동공간 : 조리, 세탁, 육아 등을 위한 공간
② 주인의 행동공간 : 직업, 여가 등을 위한 공간
③ 아동의 행동공간 : 학습, 놀이 등을 위한 공간

(6) 옥내외별 분류

① 옥내공간 : 거실, 침실, 부엌, 식당, 욕실 겸 화장실 등
② 옥외공간 : 테라스, 베란다, 발코니, 데크, 포치, 서비스야드, 대문, 정원(전정, 중정, 후정), 주차장, 연못, 화단 등

※ 조닝(Zoning)시 상기와 같이 여러 가지로 분류하여 구분할 수 있다.

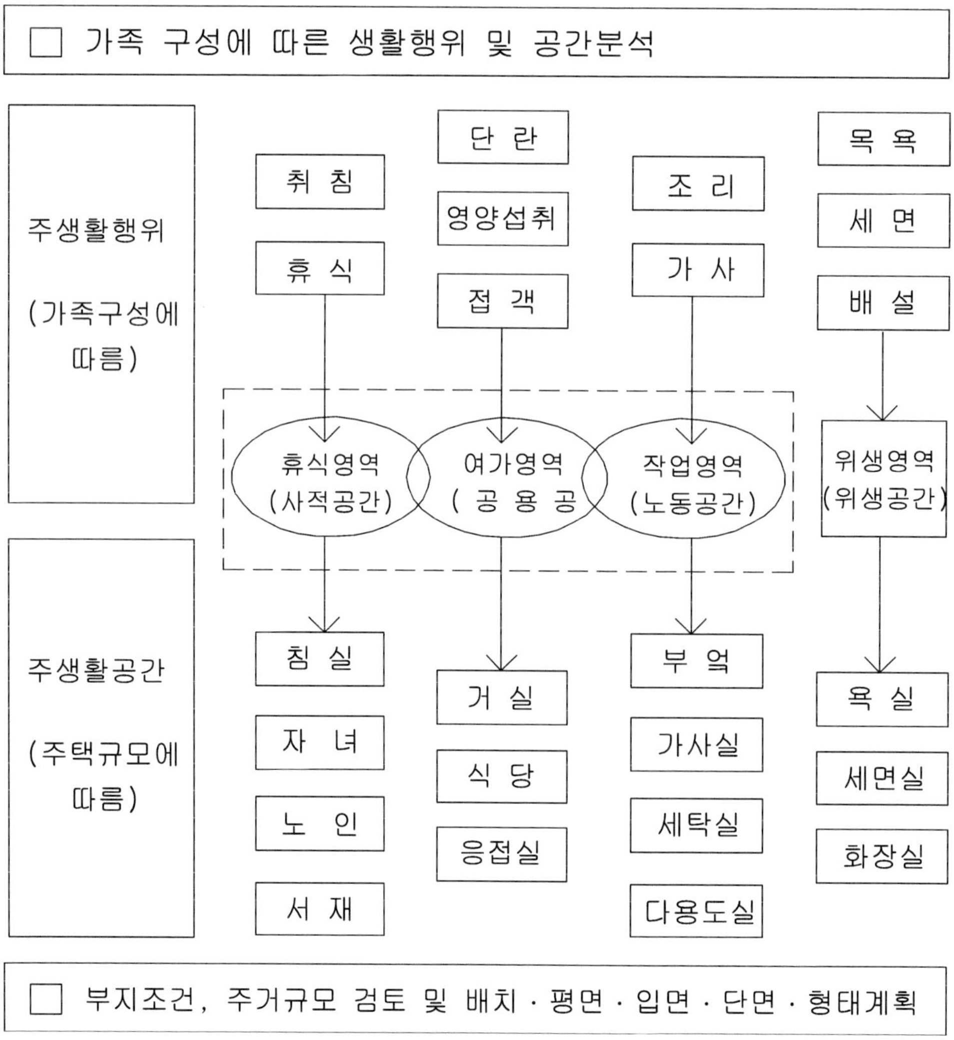

그림 2-3 생활행위와 생활공간의 관계

6) 주택계획의 결정조건

(1) 대지의 조건

① 물리적 조건 : 기후, 위치, 일조, 통풍, 조망, 배수, 형상 등
② 인문적 조건 : 지역의 문화, 역사, 전통성, 법규제 등

(2) 가족의 조건

① 가족수 : 가족의 수 및 구성
② 가족의 특성 : 직업, 연령, 경제력, 취미, 성향, 생활방식 등
③ 건축주 : 예산 및 요구사항 등

※ 가족의 조건은, 특히 주택규모의 결정 요인이기도 하다.

7) 주택계획의 개념

주택은 인간의 생활을 담는 그릇이므로 주택을 계획할 때에는 인간의 생활과 주거공간의 대응에 집중되어야 한다. 그리하여 주택에 거주하는 가족구성원 모두의 생활을 최대한 만족시킬 수 있는 주공간을 창조하는 것이 주택계획의 기본목표라고 할 수 있다.

주택을 계획한다는 것은 간단히 말하자면, 그 주택에 거주할 가족구성원들의 주생활 행위를 분석한 후, 그 행위에 대응하는 생활공간을 마련하는 일이다. 즉 취침, 단란, 조리, 목욕 등의 생활행위에 대응하는 생활공간으로는 침실, 거실, 부엌, 욕실 등이 필요하다(그림 2-3 참조). 그리고 이와 같은 공간들을 합리적으로 구성하기 위하여 부지조건, 주거규모, 요구사항 등을 검토하고 배치계획, 평면계획, 입면계획, 단면계획, 형태계획 등을 전개해나가는 일이 곧 주택세획이라고 할 수 있다.

8) 좋은 주택의 요건

(1) 미적 측면

한국적이고 현대적인 주택 / 개성적이고 아름다운 주택 / 전통적이고 친근감을 주는 주택 / 주변 환경과 조화되는 주택 / 조형미를 가진 주택 / 색채가 아름다운 주택 / 고전적이고 온화한 주택 / 조화적인 형태 및 색채의 주택 / 우리의 정서에 맞는 주택 / 품위 있는 주택 / 분위기 있는 주택 / 아기자기한 형태의 주택 / 재미있게 구성된 주택 / 멋있는 주택 / 온화한 색채의 주택 / 대지조건에 순응한 주택 / 즐거움을 주는 주택 / 매력적인 주택 / 미적 감각이 있는 주택 / 환경친화적 주택 / 자연스러운 주택 등

(2) 기능적 측면

쾌적하고 안락한 주택 / 기능적인 편리한 주택 / 적정한 규모의 주택 / 편안한 주택 / 실용적인 주택 / 채광이 잘 되는 주택 / 환기가 잘 되는 주택 / 조망이 양호한 주택 / 가족 본위의 주택 / 가족의 단란을 위한 주택 / 주부 중심의 주택 / 가사노동을 경감한 주택 / 프라이버시가 좋은 주택 / 햇볕이 잘 드는 주택 / 통풍이 잘 되는 주택 / 융통성이 있는 주택 / 정원이 넓은 주택 / 유지관리가 쉬운 주택 / 겨울에 따뜻하고 여름에 시원한 주택 / 노약자를 위한 주택 / 장애자를 위한 주택 / 어린이를 위한 주택 / 맞벌이 부부를 위한 주택 / 독신자를 위한 주택 / 노인을 위한 주택 / 취미실을 갖은 주택 / 장래의 생활변화에 대응하는 주택 / 능률과 합리성을 추구한 주택 / 주거공간을 효율적으로 활용한 주택 / 경사지를 잘 활용한 주택 / 기계화, 현대화한 주택 / 첨단기술을 적용한 주택 / 미래지향적인 주택 / 한식과 양식을 잘 조화시킨 주택 / 좁은 대지를 효율적으로 활용한 주택 / 열관리를 잘 한 주택 / 에너지 절약을 잘 한 주택 / 가족의 요구(특성)에 맞는 주택 / 건강에 좋은 주택 / 위생적인 주택 / 집주인의 직업(작가, 예술가, 미술가, 음악가 등)에 맞는 주택 등

(3) 구조적 측면

안전한 주택 / 튼튼한 주택 / 내진구조의 주택 / 내풍구조의 주택 / 재해를 대비한 주택 / 방음(방습, 방수, 방충) 구조의 주택 / 방한, 방서 구조의 주택 / 내구성이 좋은 주택 / 경제적인 주택 / 시공성(생산성)이 좋은 주택 등

2 주택계획의 기본방향

1) 주택계획의 접근방법

인간이 행복한 생활을 영위할 수 있도록 인간의 본능적인 기본 욕구는 물론 보다 나은 삶의 가치를 최대한 충족시킬 수 있는 주공간을 창조하는 것이 주택계획의 기본 방향이라고 할 수 있다.

다음과 같은 방법들은 건축계획에 대한 기본 방향이 되겠으나, 이해하는 측면이 서로 다르기 때문에 주택계획에 있어서도 이에 따라 접근하는 방법도 달라진다.

① 생활과 공간과의 대응관계를 중요시하여 이의 분석으로부터 시작하는 방법
② 건축가의 사상의 표현이라고 보고 우선 이념의 정립으로부터 시작하는 방법
③ 외관 형태의 미를 강조하여 형태의 이미지를 그리는 것으로부터 시작하는 방법
④ 실용성이나 이용 효율을 높이는 데 가치 판단의 기준을 두는 것으로부터 시작하는 방법
⑤ 시공성, 생산성 등을 가장 중요시하여 이의 분석으로부터 시작하는 방법

〈참고〉 일반적으로 기능적 측면이 가장 중요하며, 더불어 조형미가 함께 요구된다. 물론 기타의 사항들도 고려되어야 한다. 설계자는 건축주와 충분히 협의하여 상호간에 의사소통이 잘 이루어져야 좋은 주택을 설계할 수 있다.

2) 주택계획시 고려사항

① 안전성 : 모든 재해 및 위험으로부터 안전하게 견딜 수 있는 튼튼한 구조여야 한다.

② 위생성 : 가족의 건강 유지를 위하여 쾌적하고 위생적인 생활환경을 조성해야 한다.

③ 능률성 : 가정 주부의 가사 노동량을 경감시키고 그 능률을 향상시킬 수 있도록 평면 및 설비 등을 갖춘다.

④ 예술성 : 거주자의 감정 및 인간형성에 영향을 미치는 요소이므로 항상 아름답고 자연스러움을 유지해야 한다.

⑤ 윤리성 : 인간의 정서 생활이나 인간 형성은 생활환경에 의해 이루어지므로 개인의 인격을 존중하고 합리적인 개인 및 가족생활을 영위하도록 한다. 그리고 허영적인 장식을 지양한다.

⑥ 전통성 : 우리 고유의 전통 및 문화를 이어받아 새로운 가족 생활에 맞도록 개선하며 발전시켜 나간다.

⑦ 내구성 : 주택은 하나의 재산으로서, 대지구입비, 공사비 등의 많은 비용이 소요된다. 쉽게 훼손되거나 노후화하지 않도록 건립 초기부터 구조나 재료의 사용에 주의하여야 한다.

⑧ 경제성 : 주택은 장기간에 걸쳐 계속적으로 사용되는 것이므로 건축 당시의 건설비는 물론 유지관리비 등 장기간에 걸쳐 들어가는 비용 전체를 최소화하는 것이 중요하다.

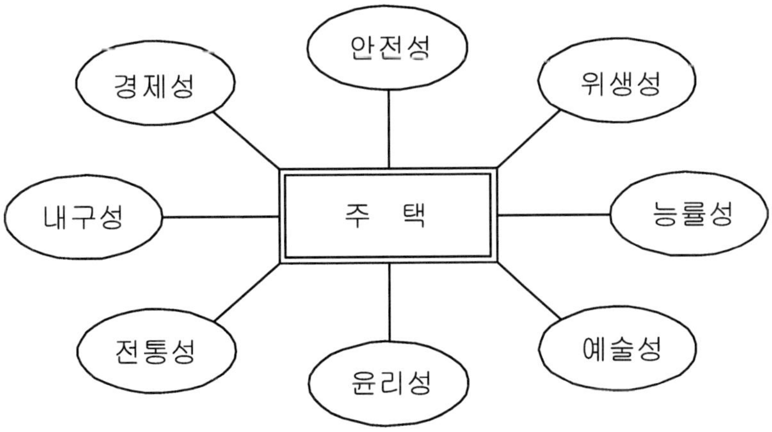

그림 2-4 주택계획시 고려사항

3) 새로운 주택설계의 방향

현대적인 사회구조와 생활의 변천에 따라 우리의 현실에 맞는 새로운 주택설계의 방향을 살펴보면 다음과 같다.

(1) 쾌적하고 아름다운 생활공간을 조성한다.

(2) 주거를 단순화하여 가사노동을 경감시킨다.

① 필요 이상의 주거를 지양하며, 청소 등의 노력을 절감할 것.
② 평면계획에서 주부의 동선을 단축시킬 것.
③ 능률이 좋은 부엌 시설이나 가사실을 갖출 것.
④ 주거 시설을 현대화하고, 기계화할 것.

(3) 가장 중심에서 가족 중심의 생활을 지향한다.

(4) 좌식과 의자식의 장점을 적절히 혼용한다.

(5) 개성적인 생활의 프라이버시를 확립한다.

(6) 좁은 공간을 보다 효율적으로 활용한다.

(7) 열관리의 효율화로 에너지를 절약한다.

3 주택의 계획

1) 대지와 배치계획

(1) 대지의 선정조건

① 모양 및 크기

· 대지의 모양은 네모가 반듯한 정방형 또는 장방형에 가까운 것이 좋다.
· 부정형의 대지는 바람직하지 않지만, 계획을 잘하면 의외로 형태구성이 독특한 아름다운 주택을 만들 수 있다.
· 부지가 작을 때는 동서로, 클 때는 남북으로 긴 것이 유리하다.
· 대지가 너무 작으면 일조, 통풍, 프라이버시 등의 확보가 어렵고, 배치 및 평면계획상 많은 제약을 받으며, 정원의 확보가 어렵다.
· 대지의 크기는 건축면적(1층 면적)의 3배 이상이 좋고, 5배 정도면 양호하다.

② **방위 및 지형**

· 지방에 따라 다르지만 방위는 남향이 가장 이상적이며, 동남향, 서남향의 경우에도 약 20° 이내로 기운 정도는 무방하다.
· 북향과 서향은 좋지 않으며, 동향도 바람직하지 않다.
· 평탄한 지형이 무난하지만, 전망 조건상 기울기는 1/10 정도가 이용하기 좋다.
· 남쪽 경사지가 일조, 통풍상 유리하고, 배수도 잘 되며, 전망도 좋아 최적이다.
· 북쪽 경사지는 겨울철에 북풍을 받아 춥고, 여름철에는 통풍이 좋지 않으며, 일조에도 불리하다.
· 하천변의 대지는 일반적으로 지반이 약하고 습할 경우가 많아 좋지 않다.
· 산간계곡의 대지는 재해의 위험성이 있고, 장소에 따라서 채광, 통풍, 일조 등의 조건이 불리한 경우가 많다.

③ **도로 및 교통**

· 대지는 교통이 번잡하지 않은 보조 간선도로와 접해 있어야 좋다.
· 도로에 1면이 접한 대지보다는 2면 접한 대지가 더 좋다(사람, 차량의 진출입과 일조, 채광, 조망 등에 유리함).
· 도로가 잘 정비되어 있어 통학, 통근 및 가족의 사회적 활동이 편리한 곳이어야 한다.
· 대지와 접한 도로의 폭은 8m 또는 6m면 무난하다(4m 이하는 폭이 좁고, 10m 이상의 도로는 교통량이 많을 우려가 있다).
· 지하철역, 버스정류장과 멀지 않고, 노선이 많아 일상생활에 편리한 위치가 좋다.

④ **자연적 환경**

· 맑은 공기, 일조, 통풍, 경관 및 전망이 양호해야 한다.
· 일조 조건은 동지 때 남쪽 면에 최소 4시간(이상적 : 6시간)이어야 한다.
· 방화, 통풍 조건상 건물의 동서 간격은 최소 6m 이상 떨어져야 좋나.
· 지반이 견고하고, 배수가 잘 되어야 한다.
· 재해의 염려가 없는 곳이어야 한다.

⑤ **사회적 환경**

· 공해(소음, 매연, 진동, 악취 등)가 없어야 한다.
· 상하수도, 전기, 전화, 가스 등 도시기반시설이 완비되어 있어야 한다.
· 학교, 시장, 병원 등의 교육, 구매, 의료시설과 거리가 적당해야 한다.
· 주위에 소방서, 근린공원 등의 공공시설 및 도시시설이 잘 확립되어야 한다.
· 도서관, 극장, 전시장 등의 문화시설과 접하기 쉬운 곳이어야 한다.
· 위험물 취급시설 또는 풍기상 좋지 않은 시설이 근처에 없는 것이 좋다.
· 도시계획법 및 건축법 등의 법적 기준에 적합하여야 한다.

(2) 주택의 배치계획

① 일반사항

· 대지와 건물, 정원, 서비스 야드, 대문에서 현관까지의 진입로, 자동차의 진입통로, 식목 등과의 관계를 결정하는 작업이다.
· 입지조건을 충분히 조사, 분석, 검토한 후에 배치계획에 임한다.
· 주어진 대지조건을 최대한 이용하여 가장 효과적인 생활공간을 종합적으로 구성하여 주택을 배치한다.
· 협소한 대지에는 다층 건물로 하여 입체적으로 짓는 것이 좋다.
· 불규칙하거나 고저차가 있는 대지는 그 형상과 경사를 잘 이용하여 배치한다.
· 건물 및 정원의 형태, 도로, 인접건물을 고려하며 되도록 주택의 전면이 남향을 많이 확보할 수 있도록 평면형(블록)을 잡는다
· 평면형(블록)은 대지의 형태와 규모에 따라 정방형, 장방형(_자형), ㄱ자형, ㄷ자형, ㅁ자형, 십자형, 삼각형, 원형, 자유형 등으로 할 수 있다.
· 건폐율, 용적률, 이격거리, 건물높이 등의 법적 제한조건에 맞게 한다.
· 이웃집은 물론 주변 환경과의 조화를 고려하여 주택의 형태, 방화, 프라이버시 등을 검토한다.

② 일조 · 방위

· 일조의 확보를 위해 남쪽에 공지가 필요하며, 전면 건물높이의 2배 이상 띄어서 배치한다.
· 동지를 기준으로 남측 면에 최소 4시간 이상의 일조를 얻을 수 있도록 한다.
· 일조의 확보를 위해 동서 방향으로 긴 직사각형 건물의 배치가 유리하다.
· 정남향으로 배치할 수 없는 경우 동쪽으로 18°, 서쪽으로 16° 이내에 배치한다.
· 서향은 여름철 오후에 햇빛이 깊숙이 들어오므로 수목이나 루버 등의 차폐물을 이용하여 그늘이 지게 한다.

③ 통풍

· 그 지역의 상풍방향을 고려하여 상풍이 실내를 지나도록 위치를 결정한다.

④ 조망

· 일조 및 통풍과 함께 조망을 잘 고려하여 배치해야 한다.

⑤ 현관과 대문

· 현관은 도로와 멀면 부지의 희생이 많으므로 가까운 쪽에 배치한다.
· 정원이 분할되지 않도록 출입구의 위치를 계획한다.

⑥ 차고

· 도로, 현관과의 관계를 고려하여 배치한다.
· 현재 자동차가 없더라도 장래를 위해 그 위치를 고려한다.
· 차고가 정원 내에 별도로 설치되고 실내에서 보이는 경우, 시각상 보기에 좋지 않을 뿐만

아니라 정원의 면적도 작아지므로 이때는 차고 없이 주차하는 것이 좋다.

⑦ 정원

· 대지 및 건물의 형태와 함께 정원의 위치 및 형태가 잘 고려되어야 한다.
· 정원과 건축물의 면적비에 대한 균형을 이룬다.
· 보통 전정을 두지만, 대지의 조건에 따라 중정, 후정, 측정을 둘 수 있다.
· 거실, 안방 등의 주요실 앞 남쪽에는 정원이 있어야 한다.
· 식당, 부엌 또는 노인실 앞에 별도의 소정원을 만드는 것이 좋다.
· 정원이 작은 경우, 정원의 중간으로 보행로를 내면 양분되어 좋지 않다.

⑧ 옥외 가사작업 공간(유틸리티 에리어)

· 부엌 출입문과의 관계를 고려하여 배치한다.

⑨ 장래의 확장

· 향후 증축을 고려하여 배치계획을 한다.

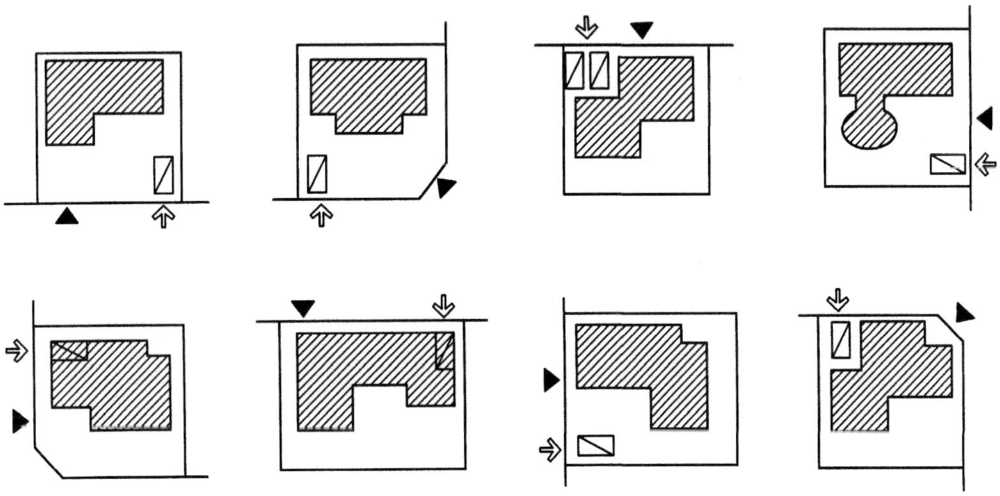

그림 2-5 배치계획의 사례

(3) 배치계획의 진행

지금까지 살펴본 바와 같이, 대지의 특성은 대지 주변의 환경, 대지와 도로와의 관계, 인접 건물의 종류, 크기 및 위치에 따라 달라진다. 배치계획은 그 대지의 특성과 건물의 득성이 일치하도록 건물의 위치와 대지사용계획을 결정하는 것이다.

부지 주위의 환경조사와 대지분석이 충분히 된 단계에서 건축물 배치의 검토에 착수한다. 대지조건 및 설계조건과 부합된 최적의 평면적 형태인 블록을 부지 내에 어떻게 배치할 것인가, 어프로치를 잡는 법, 외부공간의 구상(정원이나 주차장 등), 장래의 종합적인 부지이용계획 등을 고려해서 검토한다. 건축물의 형태가 정해지지 않은 동안에는 공간계획과 병행해서 검토가 반복된다.

대지 주변의 환경, 도로와의 관계, 인접건물 등을 고려하고, 스페이스 프로그램으로 얻어진 건물의 규모를 적용하여 고려할 수 있는 몇 개의 대안을 만들어 본다. 그리고 그 대안들이 초기에 세운 설계목표, 배치개념과 부합되는지 검토한 후에 대안을 결정하고 종합적인 대지사용계획을 세운다.

2) 평면계획

· 주거공간을 형성하는 각 실의 크기와 평면적인 상호 연관관계 등을 기능적으로 계획하는 것을 평면계획이라고 한다.
· 생활내용에 따라 여러 가지 성격의 공간들을 분리 및 결합시켜 주생활의 요구를 충족시킬 수 있도록 각 실을 합리적으로 구성하는 작업이다.

(1) 평면계획 순서

① 생활공간의 구분

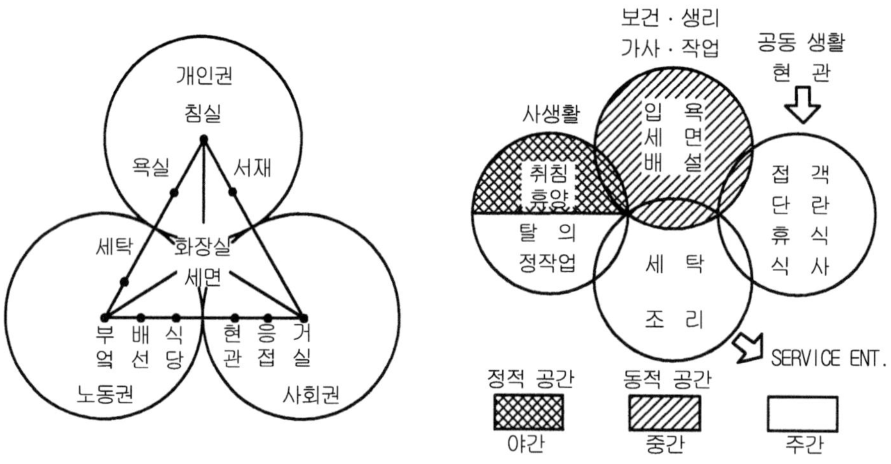

생활공간의 구분 생활공간의 구성도

그림 2-6 생활공간의 구분 및 구성

· 기능별로 각 실이나 공간을 구분한다.
· 가족구성원 각자의 방 크기나 생활양식은 그들의 요구를 들어서 정리한다.
· 가족구성에 따른 주택의 규모는 각종 기준이나 자료를 참고하여 결정한다.

② 생활공간의 기능 및 평면 구성요소 분석

· 단위공간별로 행위 및 활동과 이를 위한 평면 구성요소를 분석한다.
· 평면 구성요소에 공간성을 부여함으로써 단위공간으로서의 각 실의 공간을 구성할 수 있다.

표 2-2 주택 소요 실(공간)

구 분		소요실 (공간)	비 고
사적공간 (개인권)		부부침실, 노인실, 아동실, 서재	
공용공간 (사회권)		거실, 식당, 응접실 등	
작업공간 (노동권)		부엌, 세탁실, 가사실, 다용도실	
기타 공간	생리, 위생	욕실, 세면실, 화장실 등	
	수납	창고, 반침 등	
	교통	현관, 홀, 복도, 계단 등	

③ 블록의 구성 및 조합

· 각 실의 기능이나 성격이 명확히 정해지면, 다음에는 이들 각 공간을 기능별로 묶어서 블록을 구성한다.

표 2-3 실별 행위 및 활동과 평면 구성요소

실(공간)	행위 및 활동	평면구성 요소
거 실	단란, 다과, 휴식	소파, 탁자, 장식장, TV 수상기, 전축, 단란, 휴식용 공간
부부침실	취침, 휴식	침대, 화장대, 안락의자, 옷장
식 당	식사, 담화	식탁, 의자, 식기장, 찬장
부 엌	취사, 설거지	개수대, 조리대, 가열대, 배선대 등의 작업 공간, 냉장고, 찬장, 식기세척기
아 동 실	학습, 취침, 놀이	책상, 의자, 침대, 책장, 컴퓨터
노 인 실	휴식, 취침, 대화	장롱, 옷장, 경대, TV 수상기
욕실 겸 화 장 실	세면, 목욕, 배설, 수세	세면기, 욕조, 변기, 비데 등
가 사 실	세탁, 다림질, 정리, 수납	세탁기 및 세탁작업, 다림질 작업, 정리 · 수납을 위한 공간
응 접 실	접객, 다과, 대화	응접세트, 장식장, 테이블 등
서 재	독서, 연구,	책상, 의자, 책장, 컴퓨터, 안락의자
다용도실	세탁, 재봉, 수납	세탁, 재봉, 가사 작업 및 수납용 공간

· 복잡한 기능을 단순화하기 위하여 공통성이 있는 것은 묶어서 정리한다.
  - 구성원 본위로 유사한 것은 서로 접근시킨다(부엌, 가사실 등).

– 시간적 요소가 같은 것끼리 서로 접근시킨다(식당, 거실 등).
– 유사한 요소는 가능한 서로 공용한다(세면실, 욕실, 화장실 등).
– 상호간 요소가 다른 것은 서로 격리시킨다(침실, 식사실 등).

· 각 실, 공간을 기능별로 묶어 블록을 구성한 후, 조합한다.
· 블록의 조합에는 평면적으로 계획하는 방법과 입체적으로 쌓아 올려서 계획하는 방법이 있다.

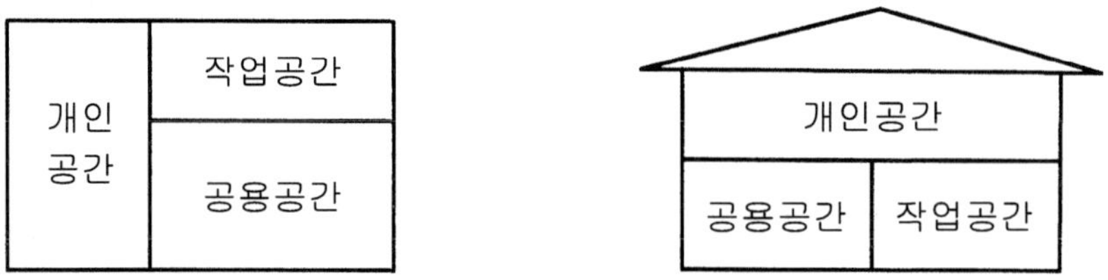

〈평면적 분리〉 〈입체적 분리〉

그림 2-7 생활공간의 분리

④ **동선의 고려**

· 동선의 처리 원칙
① 동선의 길이는 되도록 짧게 한다.
② 서로 다른 종류의 동선은 되도록 교차하지 않도록 한다.
③ 동선은 직선적으로 처리하는 것이 좋다.
④ 동선은 단순하고 명쾌하게 처리한다.
⑤ 속도가 빠른 동선은 넓고 장애가 없어야 한다.
⑥ 사람과 차량의 동선은 분리한다.

· 따라서, 개인권 · 사회권 · 가사노동권의 3개 동선이 서로 분리되어 간섭이 없도록 한다.
· 가사노동의 위치 : 굵게 나타난 가사노동의 동선은 되도록 남쪽에 오도록 한다.

〈참고〉 동선은 일상생활의 움직임(사람, 차량, 물건 등의 이동궤적)을 나타내 는 선이다. 그 요소로는 빈도, 속도, 하중이 있다.

(2) 평면계획의 구체적 방법

① 건물 및 각 실의 방향 : 일조, 통풍, 조망, 소음, 도로와의 관계, 인접 주택에 대한 프라이버시 등을 잘 고려해서 결정한다.
② 각 실의 상호관계 : 관련이 큰 것은 인접시키고, 상반되는 성질의 것은 격리시킨다.
③ 거실, 식당, 부엌 : 경우에 따라 통로로서 이용될 수도 있지만, 통로의 이용면적은 최소한으로 줄인다.
④ 설비 관련 부분 : 가능한 다른 생활권과 분리시켜 집중시킨다. 즉 부엌, 욕실, 세면실, 화장실 등은 가능한 한 곳에 집중 배치하는 것이 좋다.

⑤ 공간 이용률을 높이고 내부 공간과 외부 공간을 유기적으로 잘 연결시킨다.

⑥ 면적 결정 : 주택의 규모를 먼저 결정하고, 다음에 각 실의 종류, 크기 등을 결정한다.

⑦ 주택규모 결정조건 :

- 가족 조건 : 인원수, 성별, 연령, 부부수, 세대구성 등
- 대지 조건 : 대·중·소규모 등
- 경제적 조건 : 상류, 중류, 하류 등
- 기타 조건 : 생활방식, 주의식, 직업, 취향 등

⑧ 가족 구성 : 시간의 흐름에 따라 성장, 확대 또는 분화, 축소되므로 이에 따라 평면계획시 대응관계를 고려해야 한다.

⑨ 평면 계획의 융통성 : 주생활 내용은 시간의 흐름에 따라 변화되므로 이에 대비한 공간의 융통성이 필요하다. 칸막이의 위치변경, 증축 등에 대비한다.

⑩ 계획의 손질 : 건축공간의 계획은 전체에서 부분으로, 부분에서 전체로 반복(Feed Back)하여 검토하는 가운데 정리되어간다.

⑪ 평면계획은 종합적인 계획이어서 항상 유동적이고 변경이 따르므로 실의 기능적인 면에 역점을 두고 계획한다.

⑫ 평면 및 구조의 형태 : 너무 복잡한 것은 피하고 가능한 단순화한다.

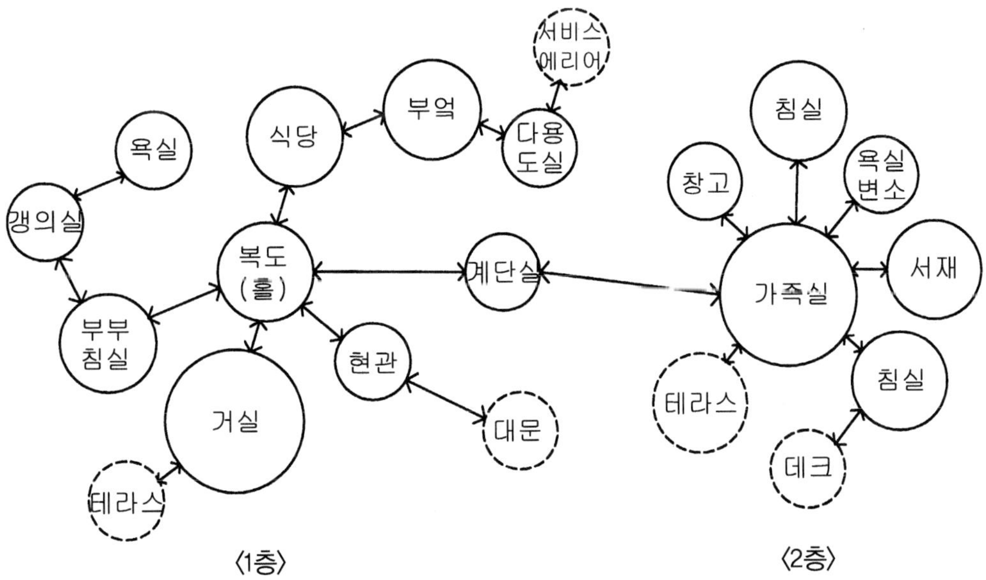

그림 2-8 주택의 기능도

(3) 방위와 실 배치

주택에 있어서 방위에 따른 각 실의 배치는 다음과 같이 하면 좋다.

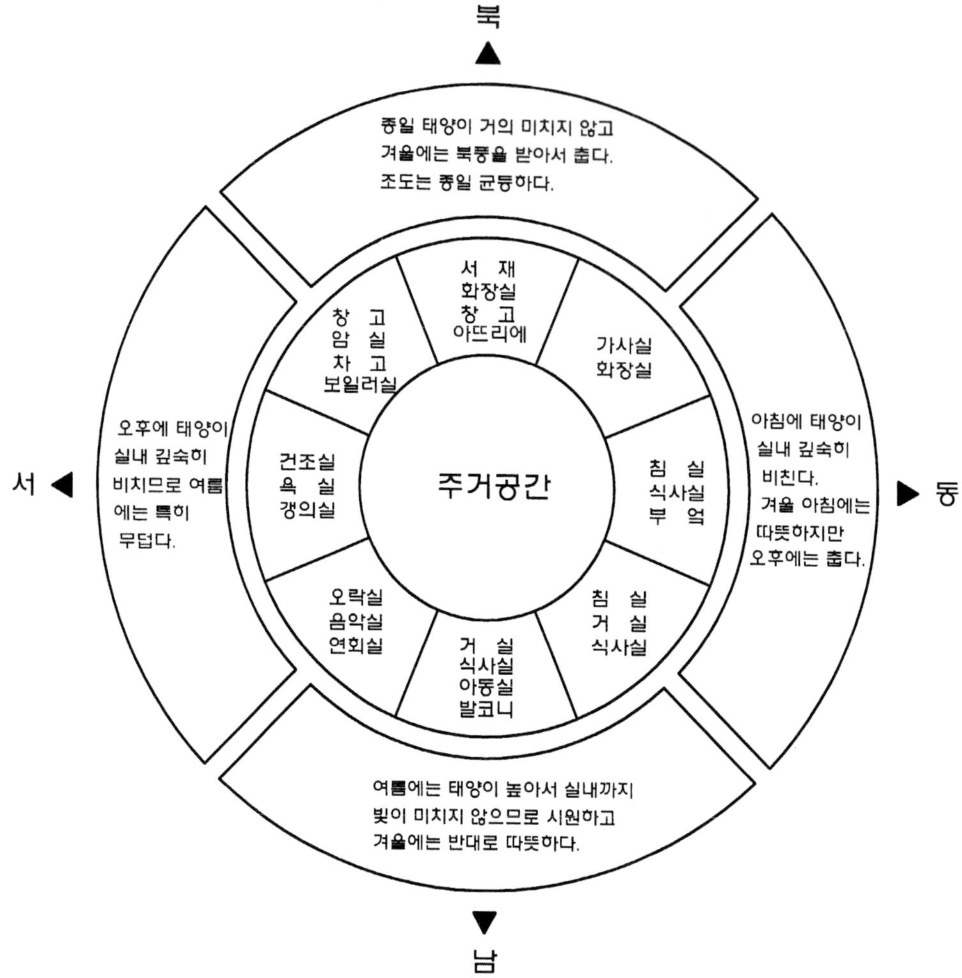

그림 2-9 방위와 각 실의 위치

3) 입면 및 단면계획

(1) 입면계획

건물 내부의 모습과 주요 기능은 평면도에 나타나며, 건물 외부의 형태는 입면도에서 보여진다. 입면도는 평면도에서 투영하여 그리며 건물 외관의 형태와 재료, 치수 등을 나타내는 도면으로서 정면, 좌·우측면, 배면 등 4면이 있다.

평면과 입면은 상호 피드백(Feed Back) 과정을 거쳐 기능과 미를 동시에 만족시킬 수 있도록 계획해야 한다. 따라서, 평면계획을 진행하면서 건물의 형태가 어떤 꼴이 되어갈지를 입면 스케치를 통해서 수시로 체크한다.

입면계획이란 건축물의 평면계획을 기본으로 하여 외관을 입체적으로 검토하는 계획을 말하는데, 주택입면의 결정요소는 다음과 같다. 즉 1차적 요소는 기능을 고려한 매스의 형태이고, 2차적 요소는 지붕, 기둥, 벽체, 기단, 굴뚝 등이다. 그리고 기타 요소는 출입문, 창문, 테라스,

베란다, 발코니, 차양, 창대 등이다.

입면계획의 순서는 다음과 같다.

① 건축물의 외관을 형성하는 덩어리(매스, Mass)의 형태를 결정한다.
② 매스에서 도출되어진 한 입면 전체의 외곽선을 그린다.
③ 입면에 나타나게 될 요철(凹凸) 부분 및 2차적 요소를 표시한다.
④ 출입문, 베란다, 차양 등의 기타 요소를 표시하고, 구체적인 면 분할을 한다.
⑤ 각 면들에 대하여 구체적인 재료를 선택하고, 그 재료의 질감과 색상이 전체 입면상에서 조화롭게 구성될 수 있도록 검토한다.

(2) 단면계획

단면도는 건축물을 수직으로 잘라 한쪽 면을 바라본 모습으로서, 건물의 구조적 특성을 이해하는 데 도움이 된다. 여기서는 건물의 세로방향으로 자른 '종단면도'와 가로방향으로 절단한 '횡단면도'가 있다. 어느 부위가 절단되어야 단면도가 그 건물의 구조적 특성을 가장 잘 이해시킬 수 있을 것인가를 생각하여 절단해야 하는데, 일반적으로 주계단 부분은 반드시 포함시키는 것이 좋다. 이는 계단의 단높이와 단너비가 건축물의 층고에 의해 결정되기 때문이다.

단면을 결정하기 전에 1층, 2층 또는 스플릿 레벨(Split Level) 주거형식 중 어느 것이 대지상황과 건축주의 취향에 가장 적합한가 하는 것이 검토되어야 한다. 이러한 사항은 평면계획이 시작되기 전에 고려되어야 한다. 그 다음에 가족구성, 구조적 합리성, 쾌적한 공간감, 편리성, 미적인 문제, 유지에 관한 문제 등이 고려되면서 단면은 결정된다.

4) 형태 및 의장계획

(1) 형태의 추구

에스키스(Esquisse)는 우선 평면적인 공간구성의 스케치로 시작되고, 단면의 구성, 형태의 추구로 차차 진행된다. 에스키스에 의한 형태의 추구는 입체적인 공간구성을 진행하기 위해서 상당히 유효한 수단이기는 하나, 어떠한 경우에도 에스키스만으로 공간의 구성을 정확하고 능률적으로 잡을 수가 있다고는 할 수 없다. 이와 같은 경우에는 모형을 만들어보는 것도 필요하다. 이러한 모형을 스터디 모델이라고 하며 입체적인 에스키스라 생각할 수 있다.

스터디 모델(Study Model)은 공간구성이나 형태의 추구에 그치지 않고, 구조계획으로서의 효과도 있어 보다 종합적인 공간계획이 가능하게 된다. 에스키스나 스터디 모델은 다시 그리고 고치는 시행착오의 되풀이에 의하여 그 형태의 질이 높아진다.

(2) 형태 및 의장계획의 진행

건축물의 외관을 형성하는 건물 덩어리(Mass)의 형성은 대지조건에 의한 배치방식의 결정 및 기능의 조합을 통한 평면의 결정에 따라 자연스럽게 도출될 수도 있고, 처음부터 어떤 입체적인 형태를 염두에 두고 배치형태나 평면상의 기능을 조절하는 방식이 있을 수도 있다.

건축의 형태계획은 건축물 전체의 형태구성과 표면구성 등 두 가지로 분류할 수 있으며, 조형 및 의장계획에 있어서 특히 중요한 것은 인근 건물 등 주변환경과의 조화를 전제로 하지 않으면 안 된다는 점이다.

또한, 건축물의 형태 및 의장계획에 있어서는 형태구성 및 의장요소를 종합적으로 이해하고 구성원리에 따라 적절하게 구성함으로서 하나의 건축형태 및 의장효과를 얻을 수 있다. 동시에 건축물의 기능적 특성에 따른 형태와 구조, 사용재료의 색상 및 질감, 주변환경의 상황 등을 종합적으로 감안하여 계획되어야 한다.

4 각 실 계획

1) 현관

· 위치 : 대지의 형태와 도로와의 관계에 의해 정해지며 정원과도 연관되는 것이 좋다.
· 크기 : 가족수와 방문객의 수에 따라 결정된다. 최소폭은 1.2m이지만 보통 1.5~2.0m가 적당하며, 깊이는 1.0~1.5m로 한다.
· 현관은 친숙한 분위기로 계획하도록 하며, 현관홀은 약간 넓게 확보하면 간단한 접객공간으로 이용할 수 있다.

2) 거실

(1) 기능

· 가족의 단란, 휴식, 대화, 접객 등이 이루어지는 곳으로, 가족생활의 중심이 되는 생활공간이다.
· 개방된 공간이 되도록 하되, 다른 방으로 통하는 통로 구실이 되지 않도록 한다.
· TV를 설치할 경우, 화면과의 각도가 60° 이내가 되도록 의자를 배치한다.
· 소주택인 경우에는 응접실, 서재, 리빙다이닝, 리빙키친으로도 이용된다.

(2) 규모

· 가족구성, 생활수준 등에 따라 다르지만, 일반적으로 $100m^2$ 내외의 주택에서는 약 $20m^2$ 정도, $200m^2$ 내외의 주택에서는 $30m^2$ 정도가 필요하다.
· 일반적으로 1인당 면적은 $3.3\sim6.0m^2$ 정도이며, 전체 면적은 $16.5\sim33m^2$ 정도이다.

(3) 위치

· 햇빛이 잘 들고 통풍이 잘 되며, 전망이 좋은 남향이 가장 좋다.
· 현관, 식당, 화장실, 부엌과 가깝고, 실 전체의 중심적 위치가 좋다.
· 정원, 테라스 등과 인접시켜 옥외공간과 자연스럽게 연결되도록 한다.

(4) 가구

· 응접세트, TV, 장식장, 벽난로 및 주변의자, 피아노, 독서용 세트(테이블, 의자, 램프), 게임용 테이블 및 의자 4개 정도 등(가족구성, 생활수준에 따라 다름)

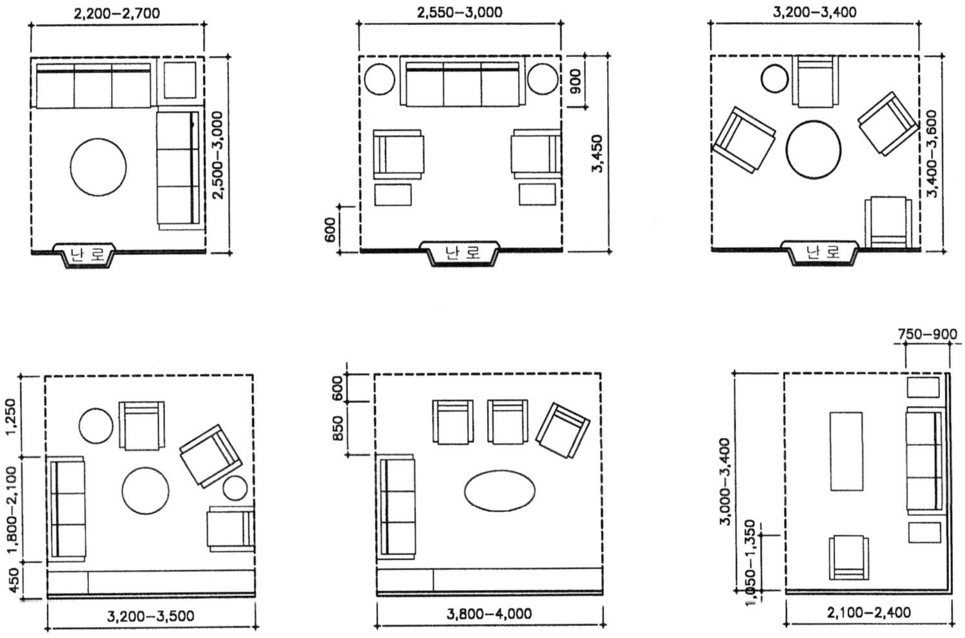

그림 2–10 거실의 좌석배치 사례

3) 침실

(1) 기능

· 안락하게 휴식 및 수면을 취하는 사생활 공간이므로 독립성을 확보해야 한다.
· 정적 공간이므로 프라이버시를 유지하도록 계획하고, 다른 실의 통로가 되지 않도록 한다.

(2) 위치

· 가능한 도로 쪽을 피하고, 현관에서 가장 먼 위치가 좋다.

(3) 종류

· 사용인에 따라 부부침실, 노인실, 아동실, 손님실 등으로 분류된다.
· 부부침실 : 더블베드가 사용되며, 전용 욕실 겸 화장실, 갱의실(드레스룸) 등이 필요하다.
· 노인침실 : 온돌방이 좋으며, 1층에 독립시켜 배치한다. 적당한 프라이버시를 유지하면서도 고독감을 느끼지 않을 장소가 좋다. 화장실과 가까운 곳이 좋으며, 정원으로 쉽게 드나들 수 있도록 한다.
· 아동침실 : 2단침대 등이 사용되며, 아동실 옆에 두거나 겸한다.
· 손님침실 : 싱글베드나 소파베드 등이 사용되며, 여유 있는 공간에 배치한다.
· 노인실이나 아동실은 낮에 많이 사용되므로 우선적으로 채광, 통풍이 좋은 위치에 둔다.

(4) 크기

· 침대, 옷장, 책상 등 가구배치에 따라 결정되며, 보통 1인실은 8~10m^2, 2인실은 11~20m^2가 필요하다.

(5) 침대배치

· 침대의 상부 머리 쪽은 되도록 외벽에 면하도록 한다.
· 누운 채로 출입문이 직접 보이도록 한다.
· 침대의 양쪽에 통로를 두고, 한쪽을 75cm 이상 되게 한다.
· 침대의 하부 발치 쪽은 90cm 이상의 여유를 둔다.
· 침실 내에서의 주요 통로폭은 90cm 이상이 되도록 한다.
· 싱글베드인 경우, 한쪽 측면을 내벽에 면하게 한다.

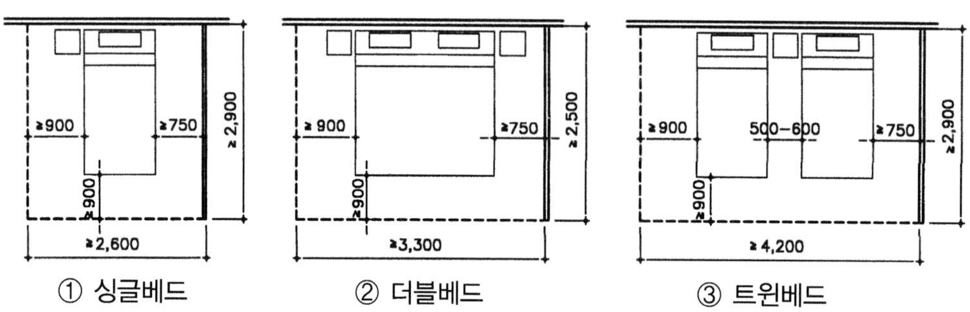

그림 2–11 침대배치 및 주변공간

4) 부엌

(1) 위치

· 주부의 일상생활 중 가장 많은 시간을 보내는 장소이므로 밝고 쾌적한 곳에 둔다.
· 식당과 서비스 야드에 인접하고 집 전체 관리에도 용이하도록 한다.
· 부엌은 직접 또는 다용도실을 통하여 밖으로 나갈 수 있도록 한다.

(2) 부엌형

· 직선형(_자형) : 좁은 부엌에 알맞으며, 동선이 길어지는 경향이 있다.
· ㄱ자형(L자형) : 비교적 넓은 부엌에서 능률이 좋으나, 모서리 부분은 이용도가 낮다.
· ㄷ자형(U자형) : 양측 벽면이 이용될 수 있으므로 수납공간이 넓으며, 이용하기에도 매우 편리하다.
· 생활방식별 부엌형으로는 개방형/분리형 부엌과, 리빙/다이닝 키친이 있다.

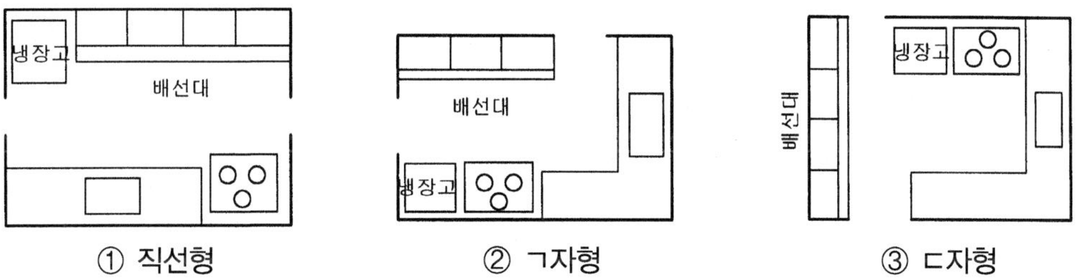

그림 2-12 부엌의 평면형

(3) 조리순서

· 조리의 순서는, 재료의 반입 → 준비 → 세척 → 조리 → 취사 → 배선의 순이다.
· 따라서 냉장고 → 준비대 → 개수대 → 조리대 → 가열기 → 배선대의 순으로 배치하되, 왼쪽 방향으로 이동하도록 배치하는 것이 보통이다.
· 냉장고, 개수대, 가열기를 잇는 작업 삼각형의 길이는 3.6~6.6m로 하는 것이 능률적이며, 개수대는 창에 면하는 것이 좋다.
· 조리기구 중 물을 사용하는 기구는 창 쪽에, 대형인 것은 하부에, 소형인 것은 상부에 정리한다.

(4) 크기

· 소주택($50m^2$)에서는 $3.3m^2$, 중형주택($100m^2$)에서는 $6.6m^2$, 대형주택($150m^2$)에서는 $10 \sim 15m^2$가 적당하다.

· 주택 연면적의 8~10%가 보통이며, 연면적이 100m^2 이상의 주택에서는 7% 이하도 가능하다.
· 소규모 주택에서는 식당을 겸하는 것이 주부의 동선을 줄이고 면적도 줄일 수 있다.

5) 식사실

· 보통 100m^2 이내의 주택에서는 부엌과 겸하거나(DK), 거실과 겸하는 것(LD) 또는 거실 및 부엌과 겸하는 것(LDK)이 좋다.
· 식사실의 크기는 가족의 수, 식탁과 의자의 규격 및 배치에 따라 결정된다.
· 남향이나 동향이 좋으며, 거실이나 부엌과 인접하면 주부의 동선이 짧아 좋다.

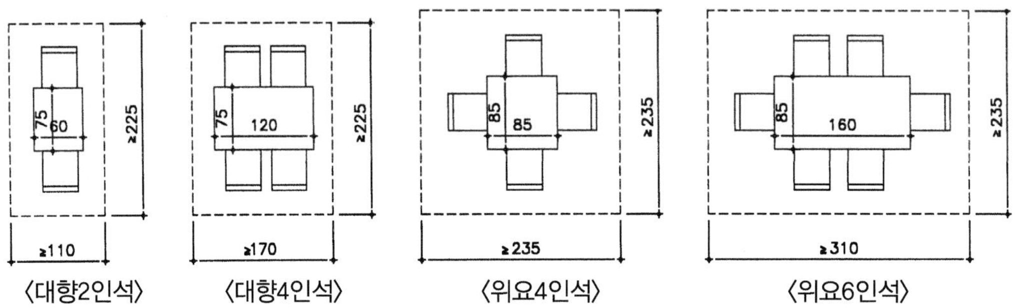

그림 2-13 식사실의 가구배치

6) 가족실

· 거실과 구분되는 또 하나의 가족단란 공간이다.
· 어린이들의 유희공간이자 TV시청, 피아노 연주, 가사작업, 기타 주부의 취미생활이 이루어지는 장소이다.
· 위치 : 주부가 사용하기 용이하도록 부엌이나 식당 가까이 두거나 아동실 주변에 둔다.

7) 응접실 · 서재

· 응접실은 손님을 맞기 위한 실로서 정원과 연계하여 계획하는 것이 좋으며, 현관도 함께 고려해야 한다.
· 대규모 주택을 제외하고는 응접실을 별도로 두지 않으며, 거실 또는 서재와 겸용하는 경우가 많다.
· 서재는 집주인이 일을 하거나 접객을 위해서 사용되므로 조용한 장소가 좋다.
· 서재는 소규모 주택의 경우, 부부침실과 겸하는 경우가 많다.

8) 욕실 · 화장실 · 세면실

- 위생공간으로서 기능적이며 화사하고 청결한 분위기를 느끼도록 계획한다.
- 거실, 침실 등 거의 모든 실들로부터 이용하기 편리한 곳에 있어야 한다.
- 방취, 방음, 방수, 방습 등 완벽한 설비조건이 구비되어야 한다.
- 2층 건축에서는 상 · 하층의 층별로 설치한다.
- 욕실의 크기는 표준 1.6~1.8m×2.4~2.7m이며, 최소 0.9m×1.8m 또는 1.8m×1.8m로 한다.
- 욕실의 위치는 거실, 침실, 부엌과는 가깝고 현관, 응접실과는 격리시키는 것이 좋다.
- 화장실은 최소 0.9m×0.9m이며, 양변기의 경우는 0.8m×1.2m로 한다.
- 세면실을 별도로 두는 경우, 욕실의 전실로서 탈의실과 겸용해도 좋다.

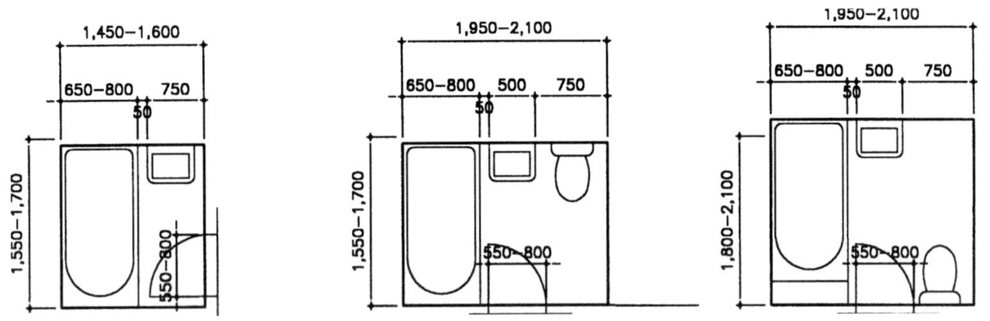

그림 2-14 욕실의 평면 예

9) 가사실 · 다용도실

- 가사실에서는 세탁, 재봉, 청소, 의류정리 등의 작업이 이루어진다.
- 부엌 가까운 곳에 설치하여야 주부의 동선이 짧아 좋다.
- 다용도실은 여러 가지 용도로 사용할 수 있는 공간으로서, 일반적으로 세탁, 건조, 가사, 수납 등의 용도로 쓴다. 부엌이나 서비스 공간과 연결시켜 계획하는 것이 좋다.

10) 홀 · 복도 · 계단

- 홀은 현관과 실의 연결을 위한 공간으로서, 충분한 면적을 확보하여 혼잡하지 않도록 해야 한다. 소규모 주택에서는 거실의 한쪽에 두어 전체적으로 좁은 느낌을 주지 않도록 한다.
- 각 실을 연결하는 홀과 복도는 100m^2 이하의 소주택에서는 면적을 줄이기 위해 두지 않는 것이 좋고, 그 이상의 주택에서도 길이를 단축하도록 한다.
- 복도의 폭은 최소 90cm 이상, 105~120cm가 적합하다.
- 계단은 현관과 홀, 복도, 거실과 가까이 두며, 직선적인 일자형은 위험하므로 가급적 피하고, ㄱ자형 또는 ㄷ자형으로 한다. 중간에는 계단참을 두는 것이 좋다.

· 계단의 넓이는 105~120cm, 단높이는 17cm 내외, 단너비는 27cm 내외로 한다.
· 계단은 실내의 미관에 많은 영향을 미치므로 디자인과 재료 선택에 주의한다.

표 2-4 계단의 치수

구 분	이 상 적		주택건설기준 (세대 내)
	착 화	맨 발	
단 높 이	16cm	17cm	20cm 이하
단 너 비	29cm	25cm	24cm 이상
각 도	약 29°	약 35°	—
폭	90 ~ 140cm 범위 (105 ~ 120cm가 이상적)		75cm 이상

* 계단참 : 계단높이 3m 이내마다 설치.
(너비 1.2m 이상)
* 난 간 : 계단높이 1m 이상이면 설치.
(높이 85cm 이상, Apt. 발코니 등 ; 안전요구시 120cm 이상)

11) 수납공간

· 생활 비품들을 잘 정리하여 작은 공간에 많은 물건들을 수납할 수 있도록 한다.
· 평상시 빈번히 사용되는 것 중 의류, 침구 등을 침실에 두고, 반침의 깊이는 70~80cm가 적당하다.
· 청소도구, 공구 등은 작업실 또는 복도에 두고, 깊이는 40cm 정도가 적합하다.
· 특별한 용도나 계절적으로 사용되는 비품(선풍기, 난방기 등)은 다락방이나 옷장의 상부공간을 이용한다.
· 수납공간의 면적은 주택 연면적의 15~20%로 한다.

12) 차고

· 주택의 건물 내에 설치하거나 독립해서 설치한다.
· 차고 내에서 차량과 양측 벽까지의 거리는 차 문폭을 위해 70~90cm 정도 띄우고, 차량 앞뒤로는 각각 40~50cm 정도의 여유가 필요하다.
· 바닥의 경사는 1/50, 천장높이는 2.1m 이상, 그리고 급배수 설비를 해야 한다.
· 부지 내에 노천의 상태로 차량을 두거나 기둥과 지붕만 있는 카포트 형식으로 주차할 수도 있다.

5 계획설계 점검사항

1) 주택설계 체크리스트

설계도면에 대한 점검사항은 도면의 종류 및 내용에 따라 여러 가지가 있다. 여기서는 주택의 계획설계 중 가장 중요한 평면계획 결과를 중심으로 하여 점검해야 할 기본적인 항목을 살펴보기로 한다.

표 2-5 계획설계 체크리스트

구 분	점 검 항 목	결 과	비 고
현관·홀	1. 방풍을 위한 중문이 설치되어 있는가 2. 신발장의 유무 및 위치는 적당한가 3. 현관에서 거실이 보이지 않도록 되었는가 4. 출입문의 개폐 방향에 따른 동작이 편리한가 5. 친숙하고 쾌적한 형 및 디자인인가		
거실	1. 거실을 통과하지 않고 각 실로 출입이 가능한가 2. TV 설치공간의 유무 및 시청하기에 적당한가 3. 가구(소파, 장식장 등)의 배치가 적합한가 4. 남쪽이 개방되었는가, 테라스 쪽으로의 출입 가능성 5. 고정 화분대를 둘 수 있는 공간의 유무 6. 식당, 부엌과의 연결 및 차단이 잘 되었는가		
식사실	1. 가구배치(식탁, 의자, 찬장, 식기장 등)에 적당한가 2. 직접 출입 가능 여부 및 주방과의 연결은 적당한가 3. 채광, 통풍 및 조망이 양호한가 4. 식사준비는 거실이나 현관 등을 지나지 않고 가능한가 5. 벽면을 장식할 수 있는가 6. 이동용 수납기구의 장소는 있는가		
부엌	1. 냉장고, 싱크대, 조리대, 가스레인지의 위치, 크기 2. 부엌내 동선은 적합한가, 식사실과의 관계 3. 간이식사용 설비는 마련되어 있는가 4. 서비스 야드 또는 차고와 직접 연결되는가 5. 수납장, 접시세척기, 부엌용구 등의 설치장소 6. 쓰레기 처리문제, 기타 편리한 설비		
부부침실	1. 프라이버시는 유지되는가 2. 방위는 적당한가 3. 붙박이장 또는 장롱(옷장, 이불장)의 설치 여부 4. 독립된 의복장(드레스룸) 및 갱의 공간 5. 더블베드 설치 및 양쪽 벽까지의 거리 6. 화장대, 안락의자 등 기타 가구의 설치 공간 7. 거실 및 자녀실과의 거리가 적당한가		

구 분	점 검 항 목	결 과	비 고
자녀침실	1. 실 크기 및 위치는 적당한가 2. 책상, 책장, 컴퓨터 등의 설치공간이 적당한가 3. 거실, 화장실, 가족실과의 거리는 적당한가 4. 붙박이장 또는 반침이 있는가 5. 옥외 놀이공간으로의 출입 관계		
가족실·서재	1. 거실로부터 독립되어 있는가 2. 텔레비전의 설치 위치 및 시청 관계 3. 스테레오, 하이파이의 용이한 조작 및 스페이스 4. 수납시설 또는 붙박이책장은 있는가 5. 피아노, 책상, 컴퓨터, 책장 등 설치의 적합성 6. 잠을 잘 수도 있는 시설인가, 기타 편리함		
욕실·화장실	1. 부부용과 자녀용을 분리 · 배치하였는가 2. 배관을 되도록 집중하였는가 3. 욕조, 세면기, 변기의 위치 관계 4. 샤워(부스) 설비의 유무 5. 갱의, 의복장(드레스룸)과의 관계		
유틸리티	1. 독립된 유틸리티 룸 또는 독립된 유틸리티 에리어 2. 부부침실, 주방, 욕실, 차고 등과 근접한가 3. 세탁기, 건조기 및 다림질을 위한 공간 확보 4. 세탁물의 수납장이 있는가 5. 외부와의 출입이 직접 가능한가		
기능·미적 검토	1. 가족의 요구사항을 충실히 반영하였는가 2. 각 실의 면적배분이 적절한가(가구 배치 포함) 3. 대문 및 현관의 위치(어프로치)가 적절한가 4. 건물배치에 적절한 형인가 5. 동선의 흐름은 적당한가 6. 개인 · 공동 · 작업공간의 분리와 접속은 적절한가 7. 각 공간의 위치(방위) 선정은 적절한가 8. 담장이 없는 경우 완충공간(Buffer Zone)은 있는가 9. 복도폭, 개구부 크기 등 각종 치수가 적절한가 10. 프라이버시가 최대한 보장되는가 11. 전체적으로 조형미가 있는가 12. 세부적으로도 디자인이 아름다운가 13. 실내 · 외에 자연친화적 공간이 조성되었는가		
구조·설비적 검토	1. 구조적으로 안전한가 2. 벽두께(내력벽, 장막벽) 및 벽량은 적당한가 3. 내력벽이 1층과 2층 간에 일치하지 않을 경우 구조적 문제는 없는가 4. 욕실, 화장실의 위치가 상하층 간에 달라도 괜찮은가 5. 방바닥 높이는 G.L보다 얼마나 높은 것이 좋은가 6. 층고, 천장고, 계단의 단높이 및 단너비 치수는 적절한가 7. 평면형태가 지붕의 형상과 구조에 미칠 영향은 8. 바닥의 높이 차이를 어떻게 둘 것인가 9. 모퉁이에도 창문을 낼 수 있는가 10. 물(빗물, 상수, 하수)의 흐름은 적합하고 통제되는가 11. 배관설비는 1~2층 간 효율적으로 연결될 수 있는가		

제3장

계획설계의 과정

제3장 계획설계의 과정(PROCESS)

1 건축계획의 의의

앞에서 살펴본 주요 설계과정 중 계획설계(기본계획) 과정은 설계의 개념을 정립하고, 문제점에 대한 건축적 해결방안을 모색하며, 각종 아이디어 및 이미지를 스케치하며 전개해나가는 단계이다.

계획설계는 건축설계도의 밑그림과 같은 초기적인 계획안을 마련하는 단계로서 설계를 위한 모든 사안에 대하여 몇 개의 대안을 마련하고 그 중 최적의 것을 선택하기도 하며 계획안을 점차 구체화해나가는 단계이다. 따라서 건축설계가 본격적으로 시작되는 것은 계획설계부터라고 할 수 있다.

훌륭한 건축물을 창출하기 위해서는 건축을 가능하게 하는 여러 가지 요소와 기술을 종합하여 하나의 건축물 모습으로 다듬어내는 것이 중요하다. 다시 말하면, 하나의 건축물을 계획하고 설계하기 위해서는 여러 전문 분야의 기술을 바탕으로 하여 이들 여러 기술 사이의 모순을 해결하고 조정하여 종합하는 일이 필요한데 이러한 종합적 기술을 건축계획이라고 할 수 있다.

건축계획에 있어서는 인간 생활과 건축공간의 대응 관계를 중시해야 한다. 생활 면에서의 요구를 올바르게 파악함과 동시에 이에 적절히 대응할 수 있는 건축공간을 만드는 기술과 학문이 건축계획상의 중요한 부분을 차지하게 된다.

오늘날 과학의 발달과 더불어 건축물이 점차 기능적으로 복잡해지고 대규모화할 뿐만 아니라 다양한 설비와 도시적 조건까지도 복잡화되어 가고 있다. 이와 함께 객관화할 수 있는 부분이 이론적으로 정비되고, 이것이 학문으로나 기술로 체계화되어 전문 분야로 독립되어가고 있다. 따라서 향후에도 건축계획의 영역은 독립된 여러 학문과 기술을 종합하는 임무로서 그 중요성이 더욱 강조되고 있다.

2 건축의 계획과정

일반적으로 건축설계시 어떤 목표를 달성하고자 할 때 그 목적에 필요한 각종 정보를 수집·분석하고 종합한 후, 평가를 거쳐 계획안을 결정하는 일련의 의사결정 과정을 건축계획 프로세스라고 한다.

건축의 계획과정(Planning Process) 순서 및 주요 내용을 살펴보면 다음과 같다.

1) 목표설정

계획 결정의 제1단계로서 정확한 목적을 설정한 다음 그것을 달성하기 위한 여러 가지 수단을 고려해보고 최종적인 결과를 예측해본 후 목표를 설정한다.

2) 정보수집

목표달성을 위한 설계조건을 설정하는 과정으로서 다음과 같은 정보가 있다.

① 초기정보 : 배경정보 및 방향 설정을 위한 정보로서 과거실적, 대지 선정조건 등이 있다.
② 기술정보 : 계획에 필요한 조건을 결정하기 위한 정보로 법규, 입지조건 등이 있다.
③ 아이디어 정보 : 간단한 이미지 스케치 등과 같은 필요한 시각적 아이디어를 말한다.
④ 평가정보 : 아이디어나 모델을 평가할 때 필요한 정보이다.
⑤ 프로그램 정보 : 계획을 수행 및 실현하는 데 필요한 수단을 결정할 때 요구되는 정보로 최근 컴퓨터를 이용한 PERT, CPM기법, CAD기법 등이 있다.

3) 조건설정

수집된 정보와 판단 및 결정과정을 연결하는 과정으로서 각종 정보처리 작업을 말한다.

① 기능설정 : 시설 간의 기능도, 동선도, 운영방식 등을 설정한다.
② 규모설정 : 기능, 예산 등을 고려한 규모설정, 장래 규모예측, 증축 등을 말한다.
③ 성능설정 : 건축물의 내구연한, 실내환경, 구조재료, 설비 등과 같은 성능에 관계된 조건을 설정한다.
④ 성격(주제) 설정 : 건축주나 건축가가 부여하는 디자인의 조건을 설정한다.

4) 모델화

지금까지의 여러 가지 조건들을 기준으로 하여 얻고자 하는 건축의 공간 및 형태를 구체적으로 만들어가는 과정을 말한다. 모델화는 이러한 과정에 있어 필수적인 부분이다.

(1) 아이디어 도출방법

① 설계조건으로부터의 아이디어 도출은 공간 상호간의 관계 또는 입지조건 등과 같은 자연적, 인위적인 자료를 통해 얻을 수 있다.
② 주변에 있는 기존 건축물이나 고건축물 및 문헌 등과 같은 시각적 대상 또는 자료를 통해 아이디어 정보를 도출할 수 있다.
③ 설계에 참여하는 사람들의 합의를 통해 개인차를 줄이고 높은 차원의 아이디어를 도출할

수 있다.

④ 건축가 개인의 경험이나 직관으로부터 아이디어를 창출할 수 있다.

(2) 모델화의 내용

모델화에는 다음과 같은 것이 있으며, 각각의 항목을 분석함으로써 목표로 하는 설계의 결과물에 접근할 수 있다.

① 동선 분석을 통한 모델화
② 평면형 분석을 통한 모델화
③ 규모 분석을 통한 모델화
④ 구조, 설비, 조형 등의 분석을 통한 모델화 등이다.

5) 평가

① 평가기준

목표달성도 및 조건 적응에 대한 평가원칙 및 기준이 필요하다. 이것은 피드백(Feed Back) 과정을 되풀이하는데, 이는 모델 상호간의 모순을 조정하고 목표로 하는 결과물에 접근하기 위한 종합화 과정으로서 이전의 과정을 다시 체크하여 발견되는 모순을 줄이기 위한 것이다.

② 평가방법

단계법, 비교법, 점수법(또는 계수점수법), 합의법, 직관법 등이 있다.

6) 계획결정

선택과 수정 단계, 항목별 평가 등을 거쳐 최종적인 계획안을 결정한다.

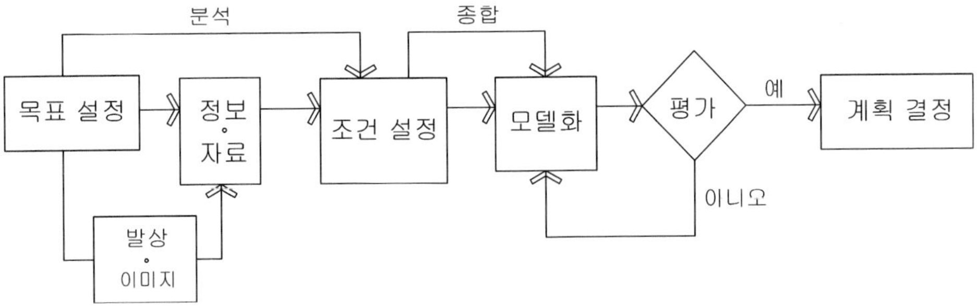

그림 3-1 건축의 계획과정

지금까지 일반적인 건축의 계획과정을 이론적으로 살펴보았다. 이와 같이 건축계획의 프로세스는 하나의 목표를 달성하기 위한 일련의 의사결정 과정의 연속인 것이다.

3 건축의 설계과정

건축디자인 프로세스는 각 개인에 따라서 그 접근방법이나 운용방법이 다르기 때문에 그것을 어떤 한 가지 법칙으로 세우기란 매우 어려운 일이지만 아무튼 신축성 있는 프로세스를 만들 수는 있는 일이다. 가장 기본적인 프로세스는 분석(Analysis), 종합(Synthesis), 평가(Evaluation)의 3가지로 생각할 수 있다. 많은 설계자들이 이 3단계 프로세스를 신뢰하고 있을 뿐만 아니라 가장 많이 사용하고 있다.

따라서 건축계획의 결정 이후 디자인 단계에서도 수행되는 과정은 대략적으로 '분석–종합–평가'의 단계를 거친다고 할 수 있다. 일반적인 건축의 설계과정(Design Process)을 3단계로 간략히 정리하면 다음과 같다.

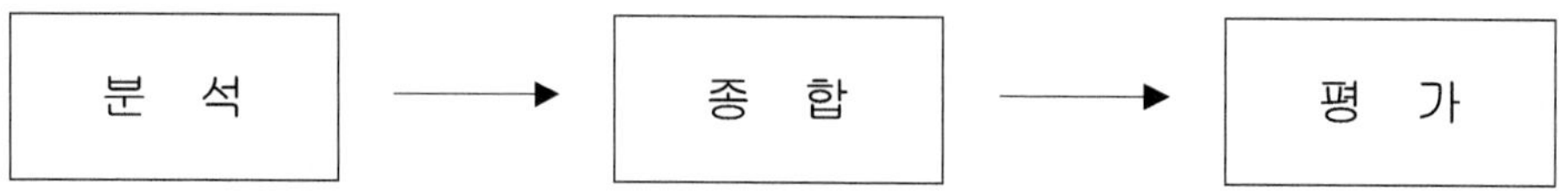

그림 3–2 건축의 설계과정

1) 분석

디자인의 첫 단계로서 건축물의 목적, 용도, 각종 조건, 사용자의 생활상 및 공간상, 기존 사례, 그레이드, 문제점 등을 종합적으로 분석하여 디자인의 기본적인 방침을 결정하고 자료로 삼는다.

2) 종합

분석의 단계를 통해 결정한 디자인의 방침 및 자료를 기본으로 하여 건축물의 공간, 볼륨, 이미지, 양식, 실내외의 관계 등을 종합하여 디자인을 전개한다. 건축물의 구조, 규모, 형태, 치수 및 재료 등을 구체화하며 도면으로 정리해나간다.

3) 평가

설계결과에 대한 평가 및 의사결정의 단계이다. 즉 분석과 종합의 단계를 거친 후 가장 좋은 안을 선정하고 평가함으로써 디자인을 결정한다. 그리고 최적화 및 보완작업을 행하기도 한다. 각 단계마다 피드백(Feed Back)이 이루어진다.

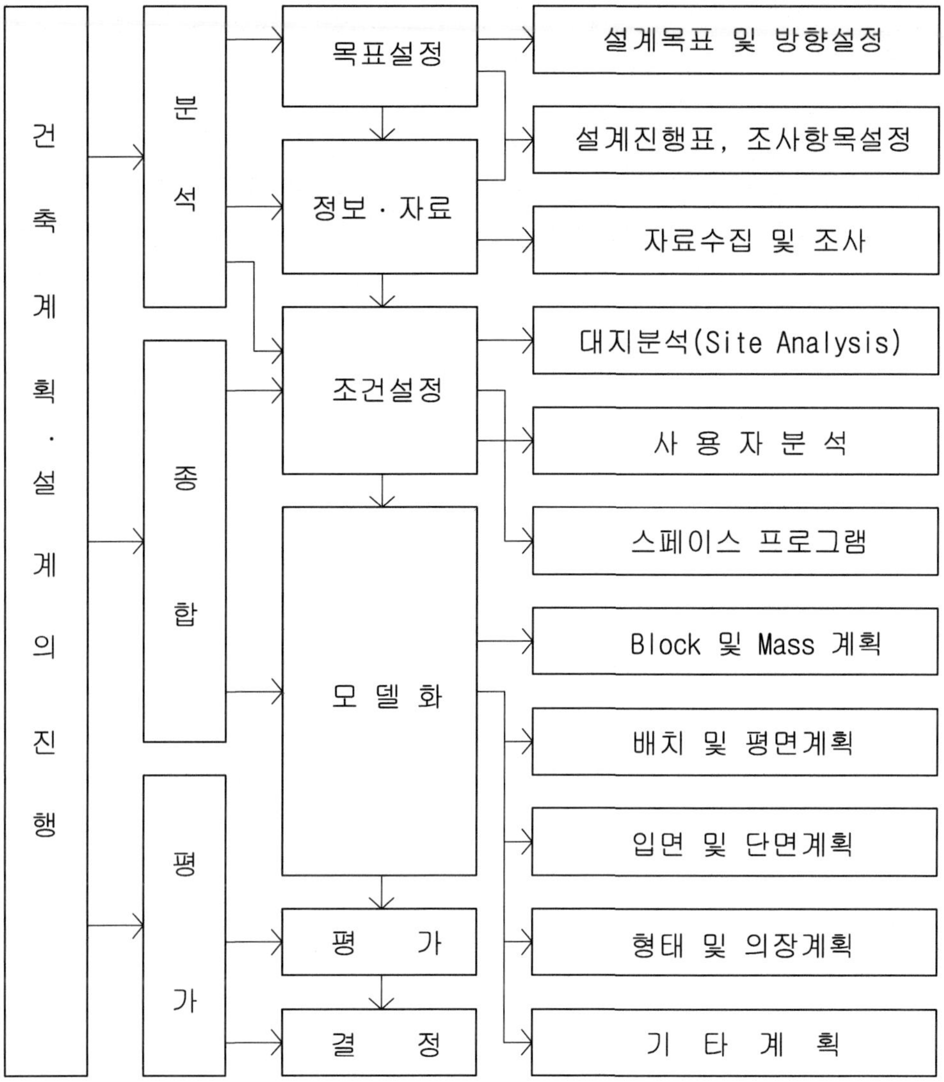

그림 3-3 건축계획설계의 진행

4 건축 계획설계의 진행

건축의 계획설계 과정에 대하여 좀 더 구체적으로 살펴보고자 계획설계의 주요 내용 및 진행 순서를 나타내면 다음과 같다.

① 설계목표 및 방향 설정
② 설계진행표 작성 및 조사항목 설정
③ 자료수집 및 조사
④ 대지분석(Site Analysis)
⑤ 사용자 분석
⑥ 면적계획(Space Program)
⑦ 블록 및 매스 계획(Block & Mass Plan)

⑧ 배치 및 평면계획
⑨ 입면 및 단면계획(Elevation & Section Design)
⑩ 형태 및 의장계획
⑪ 기타계획
⑫ 종합평가 및 결정

이상과 같은 계획설계의 진행 내용 및 순서는 설계 프로젝트 및 설계자에 따라 다소 다를 수 있다. 그러나 진행내용에 대한 표현방법이나 진행순서상의 선후 순위가 다소 다를 뿐 근본적으로 크게 다른 것은 아니다. 그리고 건축의 계획설계를 진행함에 있어서 설계자는 수시로 각 단계마다 피드백(Feed Back)을 반복하여 체크하며 수정해나간다.

위의 순서대로 계획설계의 진행내용을 간략히 살펴보면 다음과 같다(구체적인 계획설계의 사례는 제3장 주택설계 케이스 스터디 참조).

1) 설계목표 및 방향 설정

전개해나갈 설계과제의 개요를 대략적으로 정리하거나, 설계의 목표(방침, 방향, 전제)를 수립하고, 설계과제의 개념 등을 설정하기도 한다. 건축주의 현실적, 감성적 요구와 건축가의 이론적, 창조적 의견 등을 조정하여 양자의 통일되고 융화된 설계목표를 창출하여 설정한다.

즉 여기서는 설계자의 디자인 목표 및 기본개념(Concept) 등을 설정하고 아울러 아이디어 스케치 등으로 자신의 계획을 구체화하게 되는데, 디자인의 목표가 설정되면 이 목표는 선택된 디자인 요소의 적합성 여부를 심사하기 위한 기능적이고 미학적인 기준의 판단이 된다. 하나 또는 복수의 계획개념으로 발전하여 개념적인 평면이나 기하학적인 형태의 선택, 매스의 결정 등을 전개시킨다. 여러 가지의 가능성과 변수들을 검토하여 최종 실현 가능한 개념으로 정리하는 과정을 거치게 된다. 대안의 비교선택은 원래의 과제목표에 대한 평가에 의존하게 된다.

2) 설계진행표 작성 및 조사항목 설정

앞에서 언급한 바와 같이 계획설계의 진행과정 및 내용은 설계 프로젝트 및 설계자에 따라 다를 수 있다. 각자의 접근방법 및 운용방법에 따라 설계진행표(Working Flow Chart)는 '분석단계-종합단계-평가단계' 또는 '기획조사단계-계획설계단계-기본설계단계-실시설계단계' 또는 '목표설정단계-분석단계-계획단계-설계단계' 등으로 작성한다.

그리고 각 대목마다 세부적으로 진행해야 할 세목 사항을 기재하여 설계진행표를 작성한다. 단계별 설계진행표, 일정별 설계진행표 등으로 구분하여 설계진행표를 작성할 수도 있다.

설계자료를 원활하게 조사하고 수집하기 위해서는 조사항목 또한 세부적으로 설정하여 누락됨이 없이 조사할 수 있도록 해야 한다.

3) 자료수집 및 조사

설계과제와 관련되는 각종 자료를 수집하고 조사한다. 자료의 종류에는 다음과 같은 것들이 있다.

① 건축주 요구 : 건축의 목적, 예산, 규모, 공간, 외관, 설비, 생활양식, 마감재료 등
② 현지조사 : 대지의 자연적, 인문적 조건 및 주변현황 등
③ 사례조사 : 기존 유사한 건축물의 사례 등
④ 자료조사 : 각종 서적, 논문, 보고서, 도면 등 관련 자료
⑤ 기타 : 법적 규제, 기술적 제약 등

건축이란 건축주와 설계자 간의 상호관계 내에서 창조되는 것이므로 건축주의 요구사항과 의도가 설계를 풀어나가는 데 매우 중요한 요소로 작용한다. 따라서 건축주의 요구 및 의도를 확실히 파악해야 함은 물론, 수많은 관련 자료를 충분히 수집하고 조사하여 분석해야 한다. 훌륭한 설계 결과물을 얻기 위해서는 철저한 자료의 수집 및 조사가 매우 중요한 일이다.

4) 대지분석(Site Analysis)

건축물은 대지조건 및 주변환경에 따라 크게 영향을 받으므로 설계자는 반드시 대지의 현황조사를 해야 한다. 건축설계시 대지의 형상이나 지형, 주변환경 등의 특성은 설계자에게 중요한 영감을 제공하기도 하므로 대지의 답사는 매우 중요하다. 또한, 건축은 지역환경을 구성하는 주된 요소이기도 하므로 주변으로부터 받을 영향뿐만 아니라 대지로부터 주변으로 끼칠 환경적인 영향도 고려하여야 한다.

대지의 주변지역으로부터 출발하여 대지로 이르는 넓은 범위에서 좁은 범위로의 조사를 행함은 물론, 대지에서 바라보는 외부조망 등 여러 조건에 대해서도 분석한다. 다시 말하면, 거시적 및 미시적 입상에서 또한 다각적 측면에서 대지를 분석해야 한다.

대지의 조건은 크게 자연적, 인문적 환경으로 구분될 수 있다.

(1) 자연(물리)적 환경

지리적 조건으로서 위치, 방위, 일조 · 일사량(태양고도, 각도), 조망(주변경관) 등과 기상적 조건으로서 풍향, 온도, 습도, 강우량, 적설량, 동결선 등이 있으며, 지세적 조건으로서 지형, 경사도, 지반, 토질, 지하수위, 배수, 침수, 매립 등이 있다. 이들 조건에 대하여 조사 및 분석을 해야 하며, 그 외에도 지목분석, 고도분석, 지층구조분석, 분수령분석, 시각적 분석, 수리(水理) 분석, 가용면적분석 등도 있다.

(2) 인문(사회)적 환경

주변현황으로서 주변의 건물, 인구수 및 분포, 교통상황 등과 공공시설로서 도로, 상하수도,

전기, 전화, 도시가스, 시장, 학교, 공원 등의 시설 및 장래 도시계획시설 그리고 공해 및 장애물로서 소음, 매연, 진동, 악취, 프라이버시, 위험시설 등이 있다.

법적 규제로는 건축법, 주차장법, 도시계획법, 주택건설촉진법, 건설업법, 건축사법, 소방법, 도시재개발법, 특별건축물 정리에 관한 특별조치법 등의 법률, 시행령, 시행규칙, 조례 등이 있다.

이상에서 대지조건에 관한 여러 가지 요소에 관하여 설명하였는데, 설계 프로젝트의 종류 및 대지의 상황에 따라 대지분석 내용은 가감될 수 있다.

대지를 조사하는 경우, 대지분석현황표를 준비하여 기재하거나, 사진을 촬영하며, 주변현황을 스케치해오기도 한다. 현지를 답사할 때 주변지역 지도, 토지이용계획확인서, 지적도, 토지대장, 대지분석현황표, 사진기, 스케치 도구, 줄자 등을 지참하는 것이 좋다.

5) 사용자 분석

여기서는 건축물 사용자의 수(상주자, 외래자) 및 구성, 인적 기구표(조직표)는 물론 건축물 내에서의 그들의 각종 행위 및 활동, 의식구조 등을 분석한다.

예를 들면, 설계 과제가 사무소건축인 경우 그 회사에는 사장, 전무, 상무, 감사, 영업부, 기술부, 서무부, 관리부 등의 부서가 있을 것이며, 그 밑에는 다시 각 과(課) 및 계(係) 등의 인적 조직이 있을 것이다. 병원건축의 경우에는 원장이 있고, 그 밑에는 내과, 외과, 산부인과, 치과, 안과, 피부과 등의 전문의가 있을 것이다. 그리고 주거건축의 경우에도 가족구성원으로서 할머니, 아버지, 어머니, 아들, 딸 등이 있을 것이다.

건축설계를 하기 위해서는 건축물 사용자의 연령, 성, 직업, 취미, 생활습관, 기호, 특기, 종교 등의 특성을 파악해야 하며, 건축물 내에서 이루어지는 사용자의 일상생활(업무, 식사, 오락, 휴식, 독서, 놀이, 취침 등)의 행위, 활동 및 의식구조 등도 조사해야 한다. 그리고 사용자가 건축에 대하여 무엇을 요구하는지를 잘 파악하여 설계에 반영해야 한다.

6) 스페이스 프로그램(면적계획)

필요한 공간이 정해지면 각 공간에 따른 기능과 행위, 가구배치 등을 조사하여 실 면적과 형상이 정해지고, 다시 각 실의 합리적인 조합에 따라 평면이 결정되며, 그것이 외부의 형태로 나타나게 되는 것이 일반적인 계획의 순서이다.

스페이스 프로그램(Space Program)이란 건축물의 각 실별 면적을 산출하는 것으로서, 각 소요공간의 종류를 파악하고 적절한 공간면적을 산정하는 것이다. 즉 요구되는 각 공간(실)을 분석하고 도출하여, 그 규모를 산출하여 정리한다.

실의 면적을 계획하기 전에 검토해야 할 사항은 다음과 같다.

① 구성원의 각 실내에서의 행동유형과 행동반경

② 사용자가 제시한 실의 크기와 가구목록 검토

③ 현재 보유하거나 앞으로 추가될 가구와 설비를 위한 공간 고려

④ 창과 문의 위치 고려

건축물에 관한 각종 자료를 통해 각 공간기능별 적정 크기와 특성을 조사하고 비슷한 규모의 건축물 사례를 분석함으로써 비슷한 조건에서 어떻게 사고하였는지를 살펴본다.

스페이스 프로그램은 보통 알아보기 쉽도록 표로 정리하는데, 여기에는 실명, 실사용 인원수, 실 면적, 1인당 면적, 소요 가구 등을 기재한다.

각 단위공간이 산출되고 이를 모두 합산하면 전체 공간규모가 산출되는 것이다.

7) 블록 및 매스 계획

건축물에 의해 만들어지는 각 공간은 그 건축물에 요구되는 여러 활동의 장소로서 충족하는 것을 목적으로 해서 구성된다. 공간구성의 순서는 우선 요구되는 여러 활동의 분석으로 시작하고, 여러 활동을 위한 단위공간의 구성에서 전체의 공간구성으로 진행된다.

행위 및 활동은 다양한 범위를 갖는 것이므로, 이것을 충분히 배려하면서 평면적인 구성에서 시작하여 어느 단계에 도달하면 이것에 입면 및 단면적인 구성을 하고, 이어서 입체적인 공간구성을 진행한다. 또한, 공간계획은 전체에서 부분으로, 부분에서 전체로의 검토를 반복하고, 에스키스나 스터디 모델에 의한 시행착오의 반복에 의해 그 형태를 정리한다.

(1) 블록 플랜(Block Plan)

앞에서 행한 대지분석 및 스페이스 프로그램 등을 토대로 하여 건물의 평면적인 형을 구상한다.

블록(block), 즉 평면적 형은 건물 형태를 표현하는 데 가장 기본이 되는 조형적 표현의 시작이다. 2차원적 공간구성인 블록은 건물의 종류나 성격에 따라 형(shape)이 결정되어야 하고, 계획기준에 준해서 기능적인 공간 관계가 표현되어야 한다. 또한, 대지의 여러 조건에 따라 그 형상 및 위치가 결정되어야 한다. 그러나 블록의 결정만으로는 공간이 완성될 수 없다. 이것은 반드시 건축 공간으로 구성되어야 하므로 항상 매스와 일치되어야 한다.

(2) 매스 플랜(Mass Plan)

대지분석, 스페이스 프로그램, 블록플랜 등을 바탕으로 하여 건물의 입면(체)적인 형태를 개략적으로 검토한다. 여기서는 여러 가지 조건을 감안하여 그 이미지를 창출한다.

매스(Mass), 즉 입변(체)적 형은 평면에서 나타난 2차원의 수평적 조형을 수직적으로 발전시킨 3차원적인 공간구성의 표현이다. 따라서 매스에서는 우선 수직적인 구성이 결정되어야 한다. 또한, 계획기준에 준해서 디자인 방향이 설정되어야 한다.

매스 스터디(Mass Study)는 보통 형태에 대한 스케치로 하지만, 효과적으로 하기 위해서 매스 모델을 사용하기도 한다. 건물의 개략적 위치와 크기, 높이 등을 알아 볼 수 있도록 간단히 제작한 모형을 매스 모델(Mass Model)이라 한다. 이러한 매스 모델은 최종결과를 예측할 수 있는 중요한 근거가 되며, 검토된 사항들을 종합적으로 반영한 대안을 결정하는 데 중요한 역할을 한다. 갖가지 스케치를 통해 스터디한 형태는 매스 모델을 통해 3차원적으로 확인된다. 이러한 작업을 전 단계에 걸쳐 수정, 보완함으로써 계획안을 발전시킨다.

블록과 매스, 즉 평면적 및 입면(체)적 형상의 표현 단계는 실제적인 건물의 형태를 디자인하는 단계이므로, 공간의 정확한 규모를 확인하면서 표현해야 한다. 이와 같은 조형적 형태 표현은 정확한 척도와 치수로 스케치되어야 하며, 공간 기능을 전제로 조형성과 의장성 위주로 접근되어야 한다. 그리고 스케치는 설계자의 조형 감각을 부각시키면서 표현하고, 선은 모두 실선으로 처리한다. 스케치하는 선은 우선 주된 건물의 외곽선은 가장 굵고 진하게 하고, 그 다음은 조형적으로 들어가는 조경, 그리고 그것들을 부각시키는 구조물의 순으로 표현한다.

블록 및 매스 계획은 방안지(Project Paper) 등에 프리핸드로 보통 3개 또는 5개의 대안(ALT.)을 작성한다. 그리고 각각의 대안에 대하여 일조, 통풍, 조망, 소음, 프라이버시, 접근성(동선), 조형성, 기능성, 정면성 등의 평가요소를 설정하고 점수를 부여하여 평가한다.

8) 배치 및 평면계획

(1) 배치계획

① 구역도(Zoning)

계획에서 조닝이란, 일체가 되어 있는 하나의 공간을 기능이나 용도 등과 같은 어떤 일정한 개념을 투영하여 몇 개의 부분이나 권역(zone)으로 분할하는 것을 말한다. 이 방식은 분리하기 어려운 대상을 확정하지 않고 애매한 부분을 남겨놓으면서 명쾌하게 나누어 가는 계획의 결정 방식이다. 초기적인 계획단계에서 명쾌함과 애매함을 동시에 다룰 수 있기 때문에 건축뿐만 아니라 도시계획 분야에서도 많이 이용되고 있다.

구역도는 보통 토지이용계획과 관련하여 작성하지만, 건축평면 공간계획과 관련하여 작성하기도 한다. 주택의 경우, 동적/정적 공간, 공적/사적 공간, 노동/위생 공간, 주간/야간 공간 등으로 구분하여 조닝을 하기도 한다.

② 토지이용계획(Land Use Plan)

앞에서 행한 대지분석 및 스페이스 프로그램, 블록플랜, 구역도 등을 바탕으로 하여 토지를 효율적으로 활용하기 위해 계획대지에 건물, 조경, 주차장, 주출입구 등의 시설물 및 공지, 녹지 등을 평면적으로 배치하여 구상한 계획이다. 대지사용계획이라고도 한다.

③ 배치계획(Site Plan)

지금까지 행한 대지분석과 각종 구상 및 계획을 토대로 하여 구체적인 배치계획안을 마련하는 것이다.

배치계획에 있어서는 도로에서의 소음, 일조 · 통풍 · 전망 관계, 대지의 특성 등을 고려하여야 하며 조경, 주차장 등의 역할과 건축물 내부 실 배치 및 외부공간과의 연관관계도 고려하여 결정해야 한다.

도로의 위치에 따라 출입구의 위치가 결정되고 이에 따라 출입구와 각 실의 배치관계도 영향을 받으므로 배치계획은 평면계획상의 공간계획과 연관시켜 진행하여야 한다.

표현방법으로서는 1층평면도를 그리는 경우와 지붕평면도를 그리는 경우가 있으며, 더 간단하게 건물의 외형선에 해칭한 것으로 나타내는 경우도 있다. 2층이 1층보다 돌출되어 있거나 필로티 등이 있는 경우에는 파선으로 나타낸다. 처마나 발코니가 돌출되어 있는 경우도 같다.

(2) 평면계획

앞의 모든 것들을 종합하여 평면계획에 들어간다.

① 기능도(Function Diagram)

각 단위공간의 상호관계 및 건물 전체에서의 위치관계를 나타낸다. 공간 상호간의 연결 및 통합을 틀(Frame)과 선(Line)으로 구성하여 표현하므로 시각적으로 구분이 용이하다.

기능도는 평면계획을 위한 구상시 활용하는 것으로 건축공간의 연결을 구체화하는 데 편리하다. 이것은 조닝 계획을 토대로 발전시킨다.

즉 각 실의 종류와 규모가 정해지면 상호 단위공간의 연결관계를 검토하는 조닝 단계를 거치는데, 이것을 조닝 다이어그램(Zoning Diagram)이라고도 한다. 여기에서 실의 종류와 기능별로 그룹핑을 하고, 각 그룹별 기능과 거주자의 요구에 따른 인접관계를 고려하여 여러 가지 대안을 검토한다.

이러한 다이어그램에 세부 실들을 첨가하여 전체적인 조닝 다이어그램을 완성하게 된다. 이는 배치계획과 관련하여 유동적으로 수정 · 보완될 수 있다.

② 동선도(Moving · Traffic Line)

사람과 물건 및 차량 등의 움직임의 궤적을 동선이라고 한다. 여러 가지 동선을 분석 · 검토하여 계획하는 것이 동선계획이며, 동선을 도면화한 것을 동선도라고 한다. 동선도에 의해 계획의 양부가 판단되며 동선계획은 기초적 계획 작업 중의 하나이다. 기능도와 함께 평면계획시 동선을 항상 염두에 두어야 한다. 공간구성이 대충 정리되면 동선도를 그려본다. 동선도는 보행거리, 빈도 등을 선으로 나타낸 것으로 선은 방향성이 있으며, 짧고 굵으며 단순한 것이 좋다. 그리고 성질이 다른 동선이 교차되지 않도록 한다. 예를 들면, 상점건축의 경우 손님, 종업원, 상품의 동선으로 구분하거나, 주택의 경우는 주부, 가장, 자녀의 동선을 구분하여 표현해본다.

평면도가 대체로 정리된 후에도 적색 필기구 등으로 도면 위에 동선을 그려본다. 필요한 경우, 동선빈도표를 작성해볼 수도 있다.

③ 평면계획(Floor Plan)

기능도 및 동선도를 통해 구체화된 공간을 정리함으로써 이루어진다. 평면계획시 주요 가구배치, 창호 표시, 실 치수를 함께 표시하는 것이 좋다.

평면계획에 있어서는 동선이 너무 길지 않아야 하고, 성격이 유사한 실들은 근접시켜 배치하는 것이 좋으며, 각 실의 방위 및 상하 층과의 관계 등을 충분히 검토한다. 또한, 부지 내외의 고저차, 지형, 도로와의 관계 등을 고려하여 평면계획을 해야 한다.

9) 입면 및 단면계획

입면 및 단면 구성에 있어서, 구조체의 역학적인 골격과는 관련이 없는 미적 형태를 추구하는 구성도 있고, 인위적으로 외부를 치장 구성하기보다는 구조 형태를 자연스럽게 이용하는 구성도 있다.

현대건축의 입면 및 단면 구성은 건축재료의 표현과 더불어 단순함을 느끼게 하며, 기념적이고 상징적인 건축물을 제외하고는 구조형태 그 자체가 건축미를 나타내고 있는 것이 대부분이다. 건축의 미적 가치가 건축물의 형태에서뿐만 아니라 건축물 상호간에 발생하는 규모의 합리적인 변화 또는 적절한 건물의 배치 구성 등에서 구할 수 있기 때문에 입면 및 단면 계획에 있어서 주위 건물과 조화가 되어야 한다.

(1) 입면계획(Elevation Design)

건축물의 정면, 좌 · 우측면, 배면 등 4면의 입면을 계획한다. 입면도는 평면도와 밀접한 관계가 있으므로 평면계획을 할 때에는 사전에 입면의 형태를 염두에 두고 진행해 나가야 한다. 또한, 입면계획은 건축물 외관의 입체적인 형태와 관련시켜 검토해야 하고 주요 구조부의 높이, 지붕의 경사도, 외부마감 등의 치수나 모양 등을 알아야 가능하므로 지붕평면 및 단면도가 먼저 작도되는 경우가 많으며 축척은 평면도, 단면도와 같게 한다.

(2) 단면계획(Section Design)

보통 종 · 횡의 단면도를 그린다. 일반적으로 건물의 특징을 가장 잘 나타낼 수 있는 부분에서 종 · 횡의 두 방향으로 수직으로 절단하여 계획한다.

단면계획은 보통 입면계획과 병행하여 진행하는데 건물의 구조, 실내공간, 기능성 등과의 관련성을 고려하여 건축물 높이의 기준을 설정하고 이것에 맞춰 각 구조재의 높이를 정해야 한다.

10) 형태 및 의장계획

건물의 형태는 공간으로서 사용하기 편리하면서도 아름다운 모양으로 만드는 데 그 목적이 있다. 형태 표현의 기준이 되는 것은 평면적 형(블록)과 입면적 형(매스)이 있다. 이와 같은 형태의 큰 덩어리가 결정되면 구체적으로 내부와 외부를 결정하는 인자들인 기초, 기둥, 벽, 바닥, 지붕, 천장, 계단, 수장, 창호, 마무리 등이 있다.

평면, 입면 및 단면 계획이 이루어지면 공간의 성격, 지형과의 관계, 조형성과 주변환경 등의 사항을 고려한 스케치 작업을 통하여 계획을 입체화시킨다. 평면, 입면, 단면 간의 유기적인 조화를 생각하며 전체적인 조형성과 내 · 외부공간 및 형태의 의장성을 고려한다.

지금까지 언급한 사항들을 염두에 두고, 형태 및 의장 계획의 결과물로서 건축물의 외관을 개략적으로 스케치하여 색연필, 마카, 컬러펜 등으로 가볍게 채색해본다.

건축의 형태 및 의장 계획은 건축물 전체의 단순화시킨 형태를 생각하는 형태구성과 마감상태를 나타낸 표면구성으로 분류한다. 형태구성에 있어서 건축의 형태는 크게 원형과 각형 등 두 가지 요소의 조합이므로 원형 및 곡선과 각형 및 직선을 적절히 사용한다. 또한, 표면구성에 있어서는 건축물의 표면을 구성하고 있는 요소는 각종 마감재료이며 모든 재료는 질감, 명암, 색채 등 세 가지 요소를 가지고 있으므로 이 요소를 적절히 사용하여 조화를 이루도록 한다. 그리고 건축물은 주변환경, 문화적 · 사회적 조건 등과의 조화를 이룰 수 있도록 해야 하며, 완성된 건축물이 주위의 환경을 저해하는 일이 없도록 계획과정에서 고려할 필요가 있다.

11) 기타 계획

규모가 큰 건축물에서는 지금까지 설명한 여러 계획 외에도 건축계획 과정에서 각 분야별 전문가의 의견을 충분히 수렴해야 한다.

기타 계획으로는 구조계획, 설비계획, 방재계획, 인테리어 디자인 계획, 디테일 및 시공계획, 비용계획 등이 있으나 여기서는 설명을 생략한다.

12) 종합평가 및 결정

(1) 평가원칙

건축에는 항상 어떤 형태가 수반되고 설계란 형태를 얻는 방법을 따지는 것이다. 따라서 건축설계, 즉 건축조형 행위는 어떤 발상으로 시작하며 발상은 구상의 실서에서 나온다. 그래서 발상은 개발하여 기술과 재료와 조직을 통해서 형태를 이룬다. 건축설계는 우선 기능을 파악해서 재료와 기술과 조직을 가장 효율적으로 나타낼 수 있는 방법을 찾아낸 다음 기능과 방법에 입각해서 조형을 실현시키는 일이다.

이와 같이 하여 얻어진 건축설계 결과물에 대한 올바른 평가(Assessment) 및 선택을 위해서는 합리적인 평가요소와 평가방법이 필요하다.

(2) 평가요소

기능성(동선, 편리성, 접근성 등), 조형성(창의성, 예술성, 조화감 등), 공간성(개방감, 조망감, 독립성 등), 합리성(재료, 구조 선택 등), 경제성(건축비, 유지관리비 등), 융통성(가변성, 변화성 등) 등이 있다.

(3) 평가방법

단계법, 비교법, 점수법, 합의법, 직관법 등이 있다. 그 중 단계법에는 2단계법(예, 아니오), 3단계법(좋다, 보통이다, 나쁘다), 5단계법(아주 좋다, 좋다, 보통이다, 나쁘다, 아주 나쁘다), 7단계법(아주 좋다, 좋다, 조금 좋다, 보통이다, 조금 나쁘다, 나쁘다, 아주 나쁘다), 계수점수법(중요도에 따라 0.1~1.0의 계수를 곱함) 등이 있다.

이와 같은 평가방법 중 택일하여 평가한 후, 점수가 가장 높은 계획안을 결정한다. 그리고 최적화 및 수정 · 보완 작업을 행하기도 한다.

5 설계자료의 정리방법

정보(자료)의 종류에는 초기정보, 기술정보, 아이디어 정보, 평가정보, 프로그램 정보 등 매우 다양하다. 그리고 정보의 수집방법으로는 관찰(현지, 사례, 도서류 등), 면담, 실측, 기록(메모, 스케치, 트레이싱, 복사, 사진촬영, 클립핑, 작도, 녹취 등) 등 역시 다양하다.

자료수집은 부지 주변의 환경조사와 건축물 자체의 계획을 위한 자료수집으로 대별된다. 전자에 관해서는 앞 절의 대지분석에서 살펴보았으므로 여기서는 후자에 대해서만 간략히 살펴보면 다음과 같다.

계획하는 건물의 성격에 따라 필요한 모든 설계자료를 수집하여 검토하고 분석한 다음에 자료를 정리한다. 정리해야 할 자료의 종류는 건물의 종류, 용도, 규모 등 여러 조건에 따라 달라지겠지만, 대개 다음과 같이 정리한다.

즉 소요공간의 종류를 파악하기 위한 자료, 단위공간의 규모 또는 1인당 소요공간에 관한 산출자료, 동선계획을 위한 자료, 계획하는 건축물의 성격에 따라 그 외관, 형태, 구성에 관한 자료, 건물배치 또는 외부공간 구성에 관한 자료, 건물의 구조, 재료, 설비, 법규에 관한 자료, 시공 및 공법에 관한 자료 등을 들 수 있다.

이 밖에도 건축계획 및 설계상에 필요한 모든 자료를 조사 · 분석 · 검토하여, 설계조건을 수립함으로써 만족한 설계가 이루어질 수 있도록 해야 한다.

자료의 정리 방법으로는 간단한 메모장, 일반 노우트, 스케치북, 바인더북, 클리어파일, 기타 각종 파일 등에 정리하는 방법이 있다. 그 중 일반 노우트는 관리 및 자료의 첨삭이 용이하지 않고, 스케치북은 줄이 없으므로 글쓰기 및 자료의 첨삭에 역시 쉽지 않다. 바인더북과 클리어파일은 5mm 간격의 방안지를 속지로 사용하면 글쓰기 및 그림 그리기가 용이할 뿐만 아니라 자료를 추가하거나 삭제하는 데 편리하며, 관리도 용이하다.

자료 중 그림은 설계자 자신이 트레싱지나 노루지 또는 방안지 등에 직접 그려보는 것이 좋으며, 아주 복잡한 그림이나 내용은 복사를 하여 시간을 절약하도록 한다. 컴퓨터가 많이 보급된 요즘에는 각자 나름대로 컴퓨터를 이용하여 자료를 정리하는 방법도 있겠다.

6 계획설계의 표현방법

계획설계는 주어진 여러 가지 분석조건을 바탕으로 아이디어(Idea)를 검토하고 이미지(Image)를 도면화해나가는 단계이다. 여기서 얻어지는 계획설계도는 향후 기본설계도, 실시설계도로 발전되어 나가는 골격이 되는 것이다. 따라서 이 단계에서 건물의 규모, 형상 그리고 치수, 면적, 용적 등 수량적인 사항에 대한 검토를 확실하게 해야 한다. 계획설계는 건물의 규모에 따라 다르지만 보통 1/100, 1/200, 1/300, 1/400 등의 축척으로 진행한다.

계획설계는 구상을 도면화하는 첫 단계이므로 구상도(Schematic Design)라고도 한다. 즉, 아이디어나 이미지를 표현하는 것이 주된 일이므로 골격이 되는 부분의 수량이나 치수 외에는 너무 세밀하게 표시할 필요가 없다. 그 진행과정은 일반적으로 아이디어 스케치, 이미지 스케치, 각 부 계획의 단계를 거쳐 계획설계도를 작성하게 되는데, 가능한 건축주에게 이해하기 쉽게 표현하는 것이 중요하다.

각종 계획설계안은 가로 및 세로 방향으로 줄이 그어져 있는 방안지(Project Paper)에 프리핸드로 표현하여 바인더북이나 클리어파일에 정리하면 편리하며, 또는 스케치북에 직접 그리거나 트레이싱지, 노루지, 미농지, 아세테이트지, 백상지 등에 표현하여 스케치북에 부착하기도 한다.

계획설계가 대체로 마무리되면, 평가를 통해 제시된 문제점을 수정 · 보완한 후에 계획안을 결정한다. 그리고 결정된 계획안에 대하여 적절한 축척 및 건축제도통칙에 따른 도면을 작성한다. 즉 설계개요, 배치도, 평면도, 입면도, 단면도, 투시도, 모형 등을 작성한다.

도면은 트레이싱지나 켄트지 등에 작성하여 철하거나, 패널에 적절하게 레이아웃하여 표현한다. 도면 작성, 패널 및 모형을 만드는 과정에서 설계자는 자신의 작품특성에 가장 알맞은 재료 및 표현방법을 선택하여 반영하도록 한다.

제4장

주택설계 진행 사례

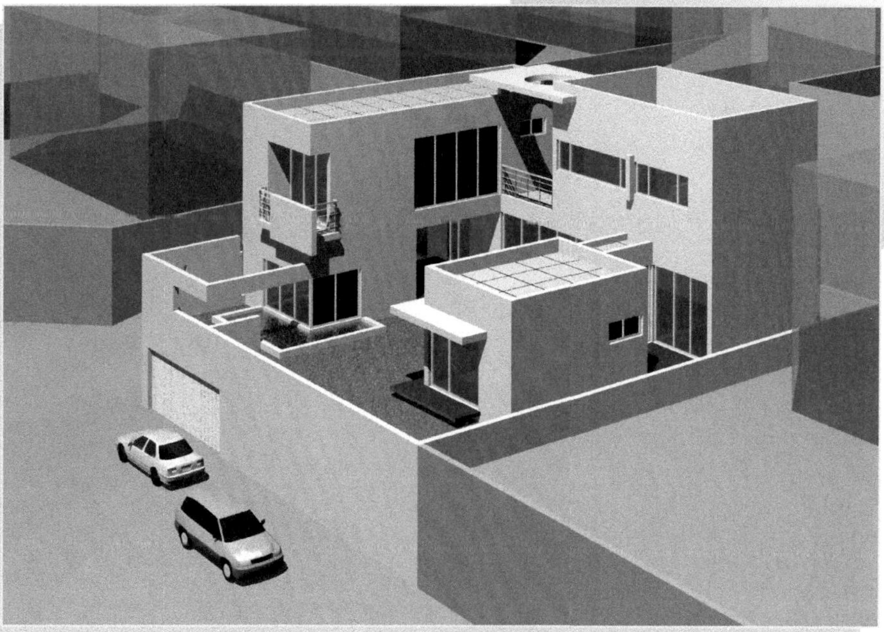

제4장 주택설계 진행 사례(CASE STUDY)

1 단독주택 설계과제

(1) 설계목적 : 주택설계를 통하여 주거 및 건축의 본질을 이해하고 건축의 계획 및 설계방법을 체계적으로 습득한다. 이를 위하여 도시형 단독주택을 설계과제로 정하여 인간생활의 기본요소인 개인 및 가족 공간으로서의 주택에 대한 제반 사항을 이해하게 한다. 또한, 건축설계에 필요한 기초자료의 분석 및 종합화 능력을 배양하고 건축표현방법을 익히도록 한다.

(2) 대지선정 : 각자 선택(자신이 거주하는 단독주택지 또는 아파트 등 공동주택에 거주하는 학생은 인근동네의 주택대지 중 택일)

(3) 대지규모 : 100평 내외(대지가 작거나 큰 경우는 이웃 대지와 합병 또는 분할)

(4) 건물규모 : 60~80평 내외(2개층 주택, 주차장 포함)

(5) 가족구성 : 5~7인(자신의 가족 또는 임의설정)

(6) 제출내용 : 1) 계획설계 결과 : 대지분석 및 건축기본계획 내용(Free Hand 작성).
　　2) 기본설계 결과 :
　　　① 설계개요 및 배치도(1/100)
　　　② 평면도(층별, 1/50)
　　　③ 입면도(4면, 1/50)
　　　④ 단면도(종 · 횡, 1/50)
　　　⑤ 외관투시도(또는 Axonometric)
　　　⑥ 모형(임의재료 ; 1/100)
　　　(Study Model은 계획설계 중 제작)

※ 도면규격 및 작성방법 : Tracing Paper(A2 규격, CAD 또는 연필제도 ; 테두리선 및 표제란은 잉킹)

2 준비물

(1) 토지이용계획확인서 : 해당 토지의 용도지역 · 지구, 도시계획시설(도로 등)과의 관계, 대지의 위치, 모양, 방위, 인접대지와의 관계 등의 내용을 파악할 수 있다.

(2) 토지대장 : 해당 토지의 지목, 면적, 소유자 관계, 토지등급 등의 내용을 파악할 수 있다.

〈참고〉 상기 2가지의 서류는 구청(시청, 군청)에서 발급받을 수 있는데, 정확한 주소(번지)를 알아야 신청이 가능하며, 해당 관청의 시민봉사실에 전화신청도 가능하다. 그 외에도 기존 주택과 관련된 서류로서 건축물관리대장(가옥대장)이 있다.

(3) 클리어파일 또는 스케치북 또는 바인더북 : 자료의 보관, 계획내용의 보관 등에 사용한다.
(4) 방안지(Project Paper ; 클리어 파일 또는 바인더북과 같은 규격) : 계획안을 마련하는데 편리하다. Section Paper라고도 한다. 보통 가로 및 세로 방향으로 5mm 간격의 격자선이 그어져 있다.
(5) 제도용구(삼각자, 스케일, 연필 등)
(6) 간단한 채색재료(색연필, 컬러펜, 마카, 색사인펜, 매직펜, 색형광펜, 파스텔 등)
(7) 대지사진 또는 스케치(대지 및 주변)
(8) 각종 주택관련 자료

3 자료수집

설계를 진행함에 있어서 가장 중요한 것이 자료수집이다. 설계를 잘하는 일은 곧 자료수집을 잘하는 것이다. 자료수집이 되어 있지 않으면 사실상 설계가 불가능하다. 건축설계의 대가들도 충분한 자료수집을 행한 후 설계에 임한다. 더욱이 건축을 배우는 학생들에게는 자료수집이 매우 중요함을 인식해야 한다.

학생들이 공부하는 자세로서 바람직한 것은 관련된 많은 참고서적 및 자료를 탐구하며 문제를 해결해나가는 것이다. 스스로 자료를 찾아 문제를 해결해나가는 것과 남을 뒤쫓아가는 것은 결과에서 큰 차이가 난다.

주택설계를 위한 관련자료에는 서적류, 도면류, 복사물, 카탈로그 등 다양하다.

(1) 서적류 : ① 주택설계 사례집(단행본, 무크지 등)
② 국내외 건축잡지(주택관련 부분)
③ 건축계획 및 설계 관련서적
④ 주거학 등 주거관련 서적
(2) 도면류 : 주택설계 도면(배치, 평면, 입면, 단면, 투시도 등)
(3) 기 타 : (각종 치수)
① 공간치수 : 현관, 욕실, 부엌, 차고, 계단 등 각종 공간
② 가구치수 : 소파, 침대, 장롱, 식탁, 싱크대 등 각종 가구
③ 창호치수 : 현관문, 대문, 침실문, 화장실문 등 각종 창호
④ 설비치수 : 변기, 세면기, 욕조, 싱크대 등 각종 설비

4 주택설계 진행 사례

(1) 목표설정(Settlement of Target)

① 설계개요(Summary of Design)
② 설계방향(방침, 목표, 전제 : Design Purpose, Premise)

(2) 정보수집(Information Gathering)

① 계획진행표(Working Flow Chart)
② 자료수집(Data Collecting)

(3) 대지분석(Site Analysis)

① 대지분석현황표(Site Analysis List)
② 토지이용계획확인원(Confirmation of Land Use Plan)
③ 지적도(Map of Land Register)
④ 토지대장(Land Register)
⑤ 위치안내도(Site Location)
⑥ 대지현황사진(Site Existing Photograph)
⑦ 대지면적산출(Site Area Calculation)
⑧ 지형분석도(Topography)
⑨ 일조, 일사 및 바람(Solar & Wind)
⑩ 조망분석(Visual Quality)
⑪ 접근성(Approach)
⑫ 축분석(Axis Analysis)
⑬ 소음 · 공해 · 프라이버시(Nuisance, Privacy & Air Pollution)
⑭ 기존 하부시설(Infrastructure) 및 기타사항
⑮ 식생분석(Plant Analysis)
⑯ 법규사항(Regulation Study)

(4) 사용자 분석(Housing Life Analysis)

① 가족구성(Family Constitution)
② 생활구조(Life Cycle)
③ 생활행위 및 활동 분석(Analysis of Behavior & Activity)
④ 생활공간의 구성 및 분석(Constitution & Analysis of Living Space)

(5) 건축주 요구사항(Client Requirement)

① 건축주 요구사항 표(List of Client Requirement)

(6) 면적계획(Space Program)

① 면적산출자료(Area Calculation Data)
② 면적계획(Space Program)

(7) 기능 및 동선계획(Function & Moving Line Planning)

① 구역도(Zoning)
② 기능도(Function Diagram)
③ 동선도(Moving Line or Traffic Line)

(8) 계획설계(Schematic Design)

① 토지이용계획(Land Use Plan)
② 블록 및 매스계획(Block & Mass Plan)
③ 평면계획(Floor Plan)
④ 입면계획(Elevation Design)
⑤ 단면계획(Section Design)
⑥ 투시도(Perspective or Axonometric)
⑦ 모형(Model)
⑧ 종합평가 및 결정(Total Assesment & Decision)

1) 목표설정(Settlement of Target)

(1) 설계개요(Summary of Design)

설계개요에는 설계과제와 관련하여 그 전체의 윤곽을 쉽게 알 수 있도록 개략적인 주요 내용을 서술한다. 건축물이 들어서게 될 대지의 위치, 면적, 지역 · 지구, 도로관계 등의 내용을 토지이용계획확인서나 토지대장 등의 서류를 통해 파악하여 기재하고 거주자의 가족구성, 건축면적, 연면적, 건폐율, 용적률, 층수, 주요구조, 주요재료, 주차대수, 조경면적, 난방방식 등의 내용을 서술한다.

여기에서 건축면적, 연면적, 건폐율, 용적율 등은 설계가 점차 진행됨으로써 결정되는 값이므로 처음에는 숫자를 기재하지 않고 공란으로 비워두거나 또는 대략의 목표치를 연필로 기재한 후, 뒤에 정확한 결과가 나오면 그 때 다시 기재하도록 한다.

그림 4-1은 주택설계 과제의 계획설계를 위한 도서의 표지디자인 예이며, 그림 4-2는 설계개요로서 설계과제와 관련된 주요 내용을 서술한 것이다.

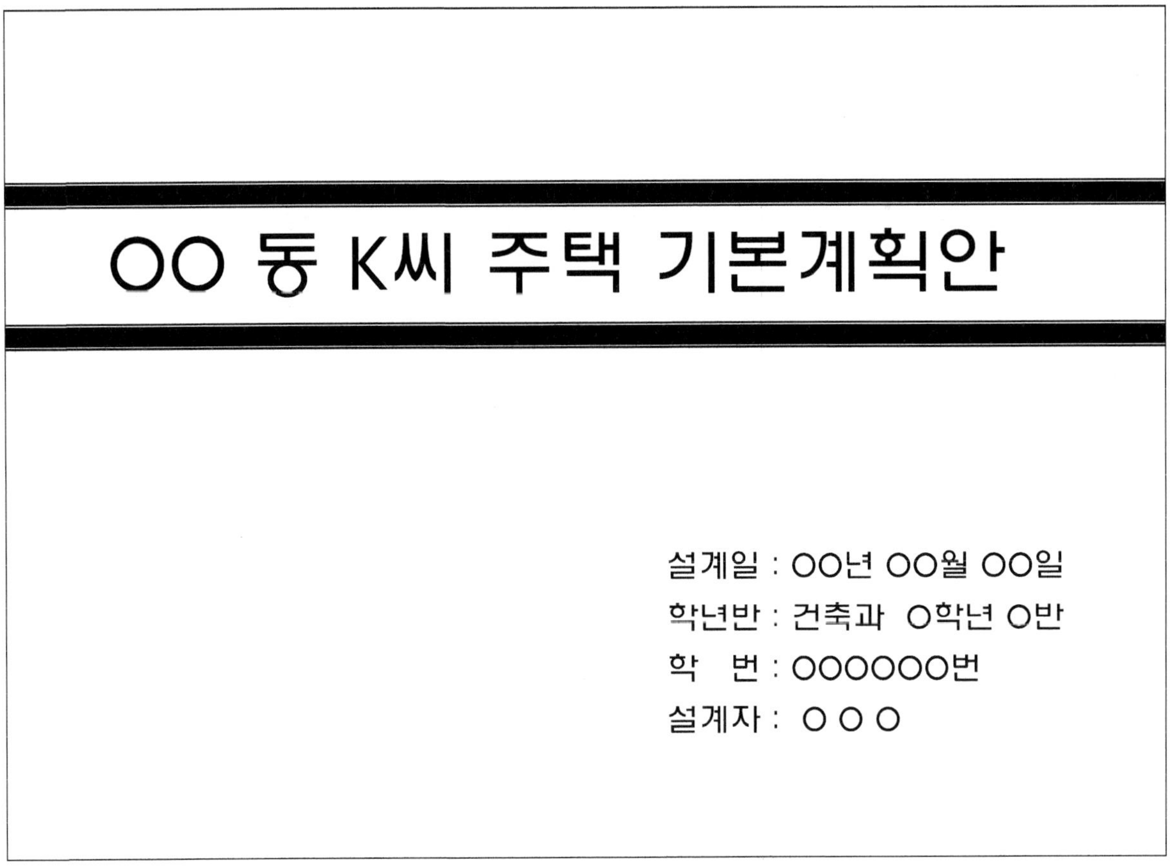

그림 4-1 주택설계 과제의 표지

(2) 설계방향(방침, 목표, 전제 : Design Purpose, Premise)

설계 과제를 수행함에 있어서 그 방향(방침, 목표 또는 전제)을 설정하여 논리적으로 진행, 발전시키기 위한 기준을 만드는 과정이다.

주택 계획상의 특징은 기본적으로 주거생활의 쾌적함, 가사노동의 절감, 가족본위의 주거, 개인의 독립성 확보 등으로 나열할 수 있으나 설계자의 해석에 따라 다양한 설계방향을 전개할 수 있다. 따라서 계획각론이나 주거에 관한 많은 자료와 주택 사례의 조사 및 분석을 통해 목표설정을 위한 일반적인 요소들을 파악하여야 한다.

그림 4-3은 주거의 개념을 다이어그램으로 표현한 것이며, 그림 4-4는 전제로서 설계방향(방침, 목표)을 서술적으로 나타낸 것이다. 여기에는 설계시의 주안점(Point), 성격, 특징, 추구사항 등을 함께 나타낸다.

■ 설계개요

1) 대지위치 : ○○시 ○○구 ○○동 00번지	2) 대지면적 : 348.01㎡(105.27평)
3) 지역지구 : 일반주거지역, ○○지구	4) 도로관계 : 8M, 6M 도로에 접
5) 가족구성 : 5인	6) 건축면적 : 131.46㎡(39.77평)
7) 연 면 적 : 272.61㎡(82.47평)	8) 건 폐 율 : 37.77%
9) 용 적 률 : 61.61%	10) 층 수 : 1-2층, 지하층
11) 주요구조 : 조적조 + 슬래브	12) 주요재료 : 벽돌 + 홍송널붙이기
13) 주차대수 : 2대	14) 조경면적 : 104.40㎡(31.58평)
15) 난방방식 : 패널히팅 + 라디에이터 (도시가스 보일러)	

그림 4-2 설계개요

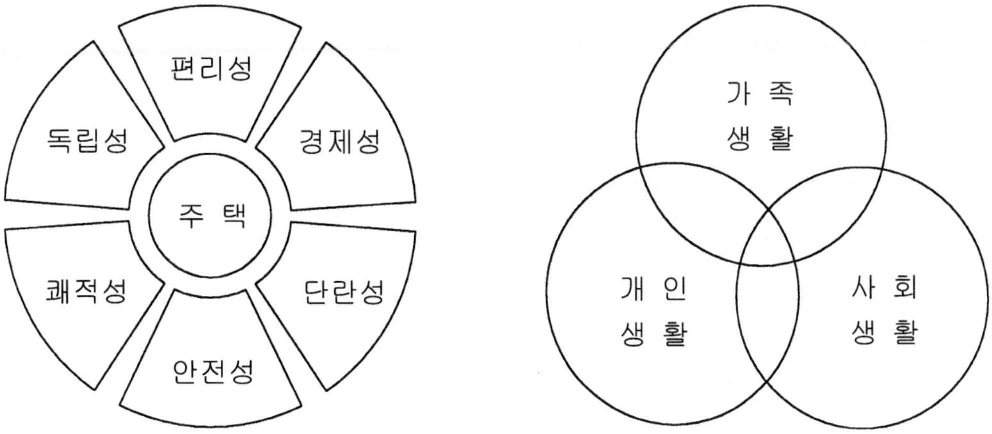

〈주거 요구 성능〉 〈주거생활〉

그림 4-3 주거의 개념

■ 설계방향

주택은 인간 정주의 기본적 요소로서 그 시대의 문화생활의 수준을 반영하는 그릇이며, 가치를 창조시켜주는 터전이다.

따라서 주거는 쾌적한 환경과 편익한 시설 및 관리, 그리고 안정된 생활을 영위하기 위하여 설계의 독창성과 개성적 아이디어의 전개로 주거시설이 필요로 하는 개념과 계획을 반영하여야 한다.

지역의 문화적 특성의 고려, 단위공간의 개별성, 합리성과 경제성, 기능성, 현대적 이미지의 조형성 등을 목표로 설정한다.

본 계획은 도시의 기존 주택가 내에서 대지를 선정하여 3대로 구성된 5인 가족을 위한 도시형 주택의 모형을 제시하고자 한다.

그림 4-4 설계방침(방향, 목표, 전제)

2) 정보수집(Information Gathering)

(1) 계획진행표(Working Flow Chart)

계획설계의 진행과정(Process)은 목표설정 단계부터 계획결정 단계에 이르기까지의 연속적인 과정을 말한다. 이 과정은 설계테마나 설계자 등에 따라 각각 다르며, 매우 복잡한 절차와 의사결정을 필요로 하므로 합리적이고 능률적으로 작업을 수행하기 위하여 계획 프로세스 및 일정계획을 세우고 작업에 임하여야 한다.

그림 4-5는 단계별 건축계획진행표로서 본 주택설계를 진행함에 있어서 분석단계, 종합단계, 계획단계, 표현단계의 순으로 건축계획을 진행하고자 하는 것이다. 그리고 각 단계에 따라 목표설정, 자료수집, 조건설정, 디자인, 평가, 계획결정, 도서작성 등의 작업을 한다는 계획을 나타내고 있다.

그림 4-6은 일정별 건축계획진행표로서 각 단계에 따른 계획진행 내용을 일정에 따라 배분하여 작성한 것이다.

상기의 단계별 계획진행표 및 일정별 계획진행표는 건축설계를 착수함과 동시에 작성해봄으로써 작업의 선후순서가 뒤바뀌거나 누락됨이 없이 합리적이고 능률적으로 순조롭게 잘 진행될 수 있을 것이다.

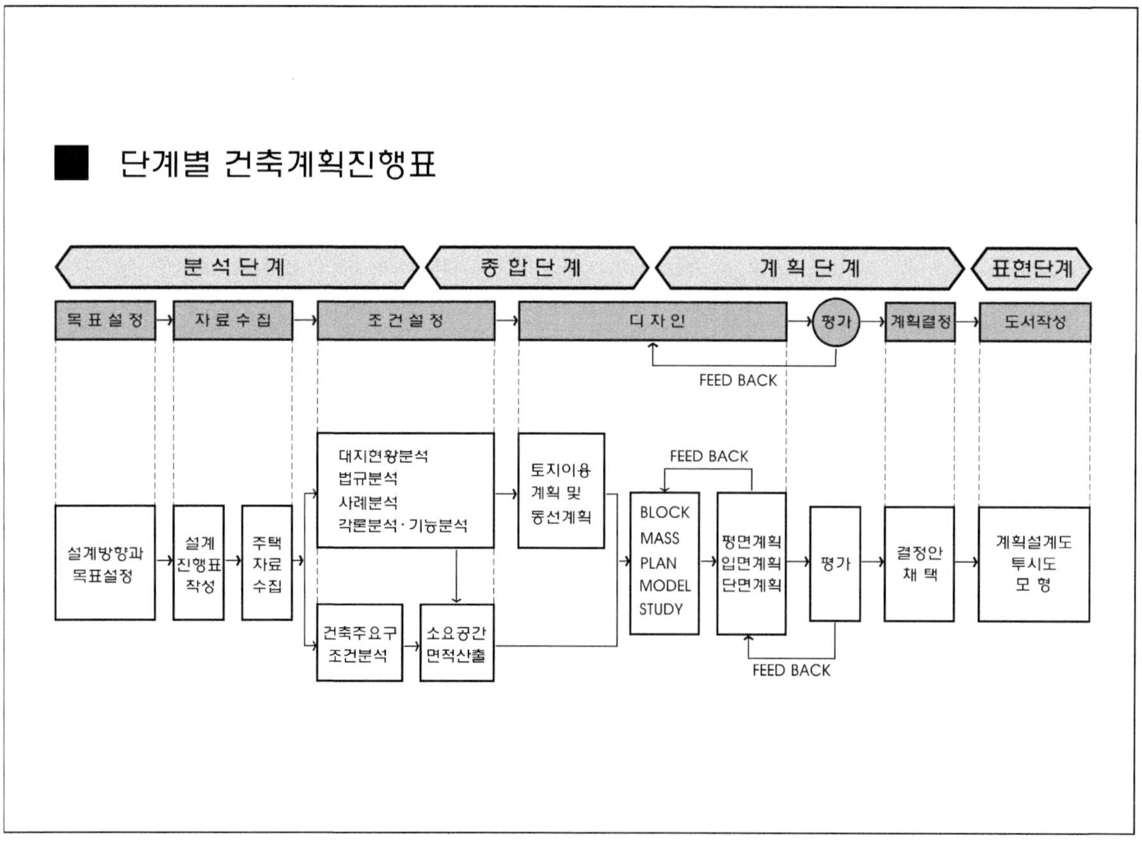

그림 4-5 단계별 건축계획진행표

(2) 자료수집(Data Collecting)

설계를 진행하기 위해서는 우선 충분한 자료가 수집되어야 한다. 앞 장에서 살펴 본 바와 같이 조사내용으로는 내부조건으로서 건축주 및 사용자의 희망, 요구사항, 예산 등과 외부조건으로서 각종 제약사항인 대지의 제반 상황, 기상조건, 법 규제, 기술적 제약 등이다. 그리고 조사방법으로는 현지조사(자연환경, 인문사회환경 등), 사례조사(기존 건축물의 사례 등), 자료수집(연구논문, 보고서, 참고서, 도면 등) 및 기타 조사 등이 있다.

자료수집에 있어서 누락함이 없이 조사를 제대로 하기 위해서는 조사항목을 설정하여 점검하면서 조사하고 수집하면 좋을 것이다.

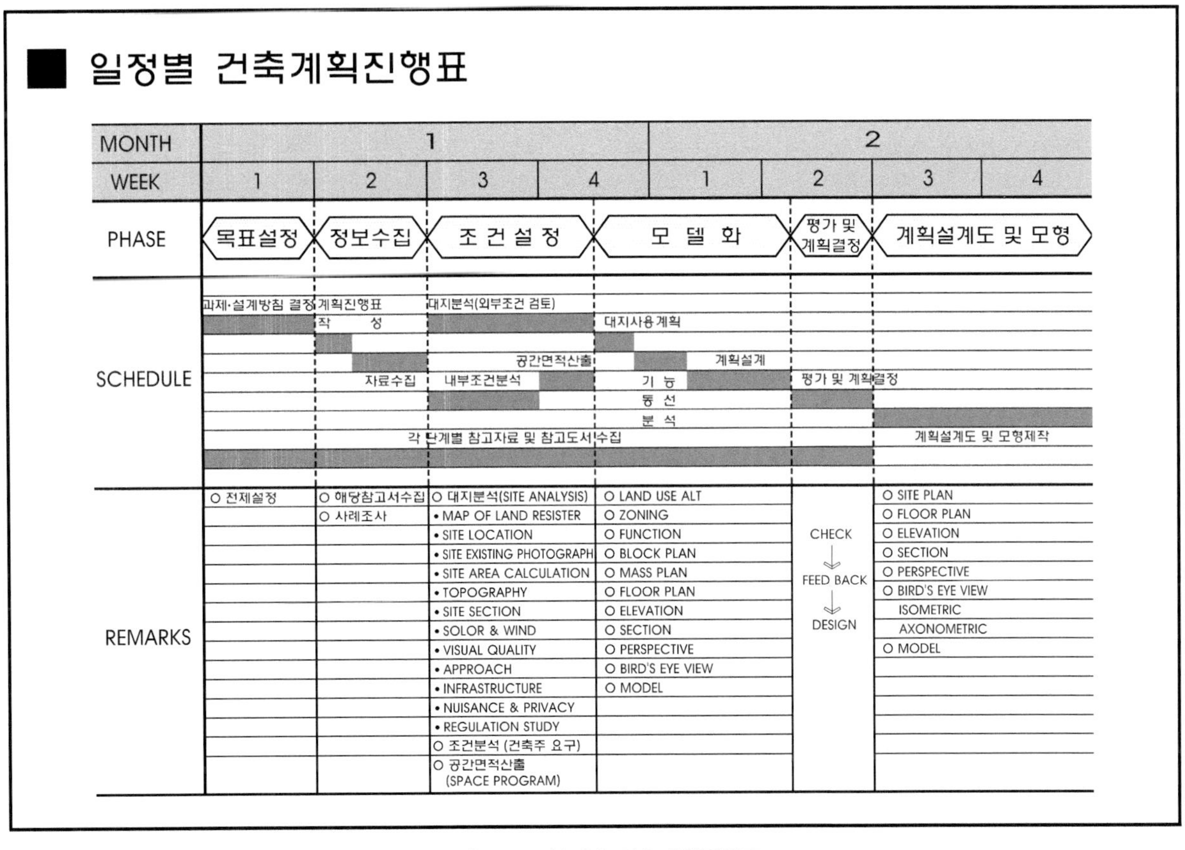

그림 4-6 일정별 건축계획진행표

3) 대지분석(Site Analysis)

건축물은 대지 및 주변환경 조건에 따라 크게 영향을 받으므로 계획부지에 대하여 현장조사를 반드시 실시해야 한다. 그리고 대지현황분석표를 포함한 중요한 사항들은 바인더북, 클리어파일 또는 스케치북 등에 요약 · 정리한다.

특히, 주택은 일조와 방위, 대지형태 및 고저차 등 자연적 조건과 교통, 서비스시설, 주변환경 및 공해 등의 사회적 조건을 면밀히 조사하여 계획의 전제 조건으로 반영하여야 한다. 대지조사 시 준비물은 주변지역 지도, 대지현황분석표, 카메라, 현장측량을 위한 줄자, 스케치 도구 등이며, 대지 자체뿐만 아니라 인근시설 현황도 상세히 조사하여야 한다.

(1) 대지분석현황표(Site Analysis List)

현장을 조사하기 위하여 사전에 대지분석현황표를 작성하고 대지에 관한 토지이용계획확인서 및 토지대장 등의 내용을 검토하여 현장조사를 실시한다. 대지분석현황표(도표 4-7 참조)에 기재된 모든 항목을 현장에서 기록하고 총괄적으로 분석하여 계획의 참고자료로 이용한다.

(2) 토지이용계획확인서(Confirmation of Land Use Plan)

토지이용계획확인서는 도시계획(사실관계)확인원서 또는 부지증명서라고도 하는데, 여기에는 국토이용 및 도시계획상의 용도지역 · 지구, 도시계획시설, 도시개발사업, 도시계획입안사항 등의 설계에 반영해야 할 확인내용과 함께 해당토지에 대한 지적도가 첨부되어 있다.

(3) 지적도(Map of Land Register)

지적도는 토지이용계획확인서에 첨부되는 지도로서, 이것에 의해 대지의 위치, 모양, 방위, 인접 토지 및 주변 도로와의 관계 등의 내용을 파악할 수 있다. 지적도의 축척은 토지에 따라 1/500, 1/600, 1/1200, 1/6000 등이며, 지적도 등본은 필요한 경우 별도로 더 크게 신청할 수도 있다.

(4) 토지대장(Land Register)

토지대장에는 토지의 지번, 축척, 지목, 면적, 토지표시의 변동사유, 소유권에 대한 변동일자 및 원인, 소유권자의 성명 및 주민등록번호, 토지등급 등이 기재되어 있다.

이상의 토지이용계획확인서 및 지적도, 토지대장의 서류는 구청(시청, 군청)에서 발급받을 수 있다.

대지현황분석표

구분	내용			
토지내역	소재지	시 구 동 번지		
	지목	전, 답, 임야, 대지, 기타( )		
	대지면적	m^2(평)		
	소유자			
	토지가격	추정 원	감정가격 원	
제한사항	도시계획관계	전용주거, 일반주거, 준주거, 상업, 공업, 준공업, 녹지, 기타 지역		
	건축법	경관, 고도, 미관, 방재, 보존, 시설보호, 취락, 아파트, 기타 지구		
	군사시설보호법	저촉, 미저촉		
	기타	국유림, 사방시설지, 시험림, 채종림, 산림개발지구, 화전지		

구분	구분	시설명	조사 사항	구분	시설명		조사 사항
생활여건조사	공공시설	시청	km	도로교통	버스노선	시내	, 번
		구청	km			시외	
		동사무소	m		정류장	시내	m
		파출소	m			시외	역
		우체국	km		주차장		m
		우편함	m		지하철역		m
		공중전화	m	위생시설	의료시설		m
		은행	m		약국		m
	교육시설	유치원	m		공중 목욕탕		m
		초등학교	m		체육시설		m
		중학교	남 km		운동장		m
			여 km	편의시설	시장		m
		고등학교	남 km		수퍼마켇		m
			여 km		할인매장		m

구분			
건축현황	건설가능세대수	세대	용적율	%
	배치가능 향	동, 서, 남, 북, 남서, 남동	파일공사 여부	불필요, 필요(%)
	파일공사비추정	원	평당	원

구분									
토목현황	지형	평지, 급경사지, 완경사지, 저습지, 경사시			공해·재해	소음, 악취, 매연, 기타			
	지질	나토, 사질토, 연질토, 점질토, 풍화, 연암, 경암			진입 도로				
	고저차	m	폭	m		계획폭	m	거리	m
	경사도	%	토지형태		배수현황				
	지반상태	원지반, 매립지, 절토지				규격			
	지상물	고압선, 분묘, 전주, 가옥, 수목			보호물	평당			
		수량			주위환경	양호			
	토공소요공사비	원			평당	원			

구분	급수					전기			
설비현황	인입관계		ø500mm	거리	m	인입전압	200 V	거리	m
	공사비	간선시설	원	평당	원	공사비			
		가압시설	원	평당	원		평당		원
의견및 문제점									

표 4-7 대지현황분석표

토지이용계획확인서(앞면)

토지이용계획확인(신청)서						처리기간
축척 : 1/수치 도호 : 137호						1일
신청인	성 명		주 소			
대상지	토지소재지		지 번	지 목	면 적(㎡)	
	서울특별시 서초구 서초동		1514- 7			
확인내용	1 국토이용	용도지역	도시지역			
		용도지구	[해당없음]			
		개발계획 등의 수립여부	[해당없음]			
	2 도시계획	용도지역	일반주거지역			
		용도지구	[해당없음]			
		도시계획시설	[해당없음]			
		도시개발사업	[해당없음]			
		구역	[해당없음]			
		기타	[해당없음]			
	3 군사시설	[해당없음]				
	4 농지	[해당없음]				
	5 산림	[해당없음]				
	6 자연공원	[해당없음]				
	7 수도	[해당없음]				
	8 하천	[해당없음]				
	9 문화재	[해당없음]				
	10 전원개발	[해당없음]				
	11 토지거래	[해당없음]				
	기타	[해당없음]				

귀하의 신청에 대한 현재의 토지이용계획사항을 위와 같이 확인합니다.

2000 년 6 월 30 일

서 초 구 청 장

(수입증지가 인영(날인)되지 아니한 증명은 그 효력을 보증할 수 없습니다)

수수료
1천원

토지이용계획확인서(뒷면)

※ 참고사항

1. 이 확인원은 1필지에 대한 앞쪽의 1내지 11에 대한 토지이용계획사항의 확인입니다.
2. 이 확인원은 부동산에 관한 주요 제한사항을 기재하였으나, 이 기재사항이 모든 법령의 제한사항을 망라한 것이 아님을 유의하시기 바랍니다.
3. 토지이용계획확인도면은 발급하지 아니하며, 필요한 경우 도시계획구역에서는 도시계획확인도면을, 준도시지역에서는 개발계획도면을 발급하여 드립니다.
4. 군사시설란중 군용항공기지구역에 대하여는 확인원의 발급이 불가능한 경우가 있습니다. 이 경우 군용항공기지구역에 해당되는지 여부에 대하여는 별도로 확인하셔야 합니다.
5. 전원개발란중 전원개발사업구역은 발전소 및 변전소에 한하여 확인이 가능합니다.

☞ **아래 도면에 표시된 도시계획선은 개략적이므로 정밀을 요하는 경우 별도확인하시기 바랍니다.**

도시계획 확인도면	제 호	축척 : 1/500 1/600 1/1,200 1/3,000 1/6,000

토지대장

토 지 대장

고 유 번 호	1165010800-11514-0007		
토 지 소 재	서울특별시 서초구 서초동		
지 번	1514-7	축 적	수치

도면번호	137	발급번호	000630-0242-07
장 번 호	1-1	처리시각	15 시 03 분 38 초
비 고		작 성 자	김아무개

토지 표시			소유권		
지 목	면 적(㎡)	사 유	변 동 일 자 변 동 원 인	주소 또는 명칭	등 록 번 호
(08) 대	*458.2	(51)1988년 1월 1일 행정관할구역변경	1999년 5월21일 (04)주소변경	1514-7 홍길동	000000-0000000
		이 하 여 백		이 하 여 백	

등 급 수 정 년 월 일	1986. 3.29 설정	1989. 1. 1 수정	1990. 1. 1 수정	1991. 1. 1 수정	1992. 1. 1 수정	1993. 1. 1 수정	1994. 1. 1 수정	1995. 1. 1 수정
토지등급(기준수확량등급)	200	204	218	224	230	234	238	239

토 지 대장에 의하여 작성한 등본입니다.

2000 년 ... 30 일

서 초 구 청 장

(수입증지가 인영(첨부)되지 아니한 증명은 그효력을 보증할 수 없습니다.)

* 수입증지가 첨부 소인되지 아니한 등본은 그 효력을 보증할 수 없습니다.

■ 지적도

그림 4-8 지적도

■ 위치안내도(도시 스케일)

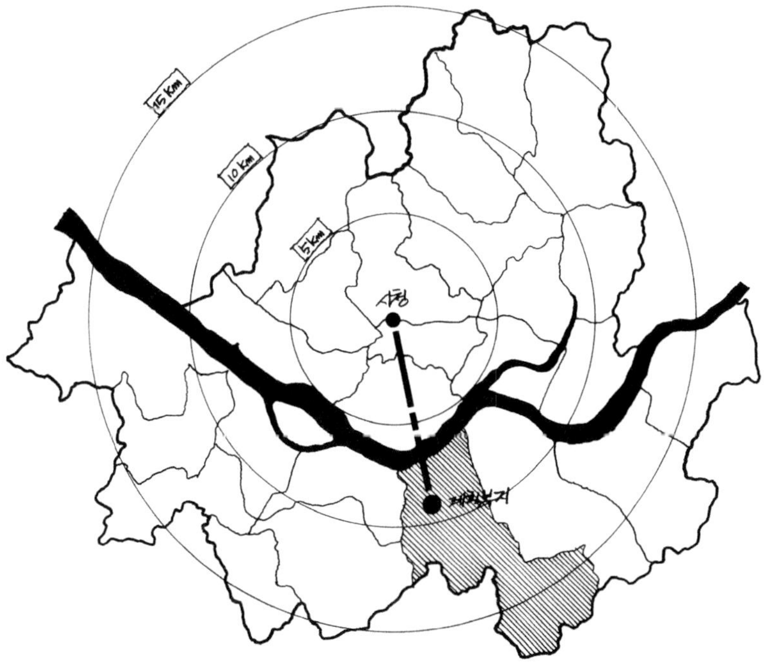

그림 4-9 위치안내도(도시 스케일)

(5) 위치안내도(Site Location)

위치안내도는 부지안내도라고도 하는데, 이것은 계획대지의 주변 도로현황, 인접대지의 건물현황, 대지주변에 인접한 시설과의 연계성 등을 분석한 도서로 계획대지의 위치, 교통시설 및 대지의 접근성 등을 파악하며, 이는 계획적 요소로 중요하게 작용할 수 있는 사항 등을 명확히 판단할 수 있다.

위치안내도는 1/3,000 정도의 지도를 이용하여 표현하거나, 지도가 없으면 대략의 약도를 그리기도 한다. 또한, 필요에 따라 위치안내도는 각각 축척을 달리하여 도시 스케일(그림 4-9 참조), 블록 스케일(그림 4-10 참조) 등 여러 단계로 표현할 수 있다.

■ 위치안내도(블록 스케일)

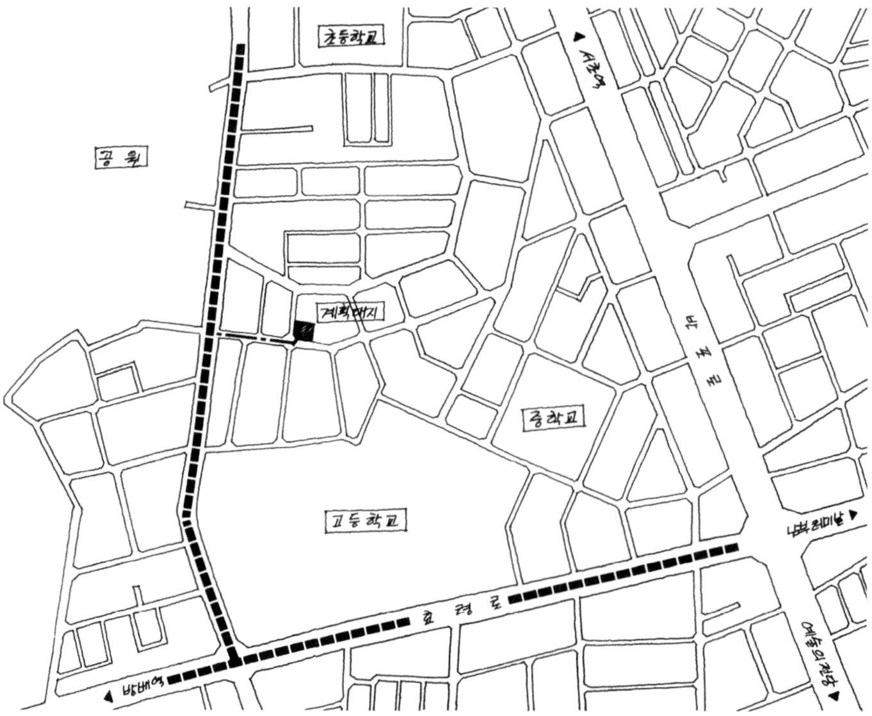

그림 4-10 위치안내도(블록 스케일)

(6) 대지현황 사진(Site Existing Photograph)

대지현황 사진은 대지의 현황 조건 및 시각적 분석 내용을 사진으로 확인할 수 있으며, 촬영시 대지 밖에서 대지를 조망하는 View와 대지 안에서 외부 방향으로 파노라마 형식의 사진을 촬영하여 조합한다.

또한, 근경과 원경을 구분하며 시점의 높이에 따라 다양한 각도에서 촬영할 수 있다. 대지현황 사진은 실제의 상황을 담은 사진이므로 사무실에서 계획설계시 많은 도움이 된다.

■ 대지현황 사진(Ⅰ)

그림 4-11 대지현황 사진(Ⅰ)

■ 대지현황 사진(Ⅱ)

그림 4-12 대지현황 사진(Ⅱ) – 파노라마 형식

(7) 대지면적 산출(Site Area Calculation)

대지면적은 지적도상의 1/500~1/1,200 축척을 계획에 필요한 적절한 축척(1/100~1/200)으로 확대하여 작성한 후 삼각구적법에 의해 분할하여(구적도), 대지면적을 산출하고 면적 산출근거를 표로 작성한다(구적표).

이때 토지대장상에 기재된 대지면적과의 오차를 확인하며, 오차의 정도에 따라 임의로 조절하여 작성한다.

그림 4-13에서는 구적도 및 구적표에 의해 대지면적을 산출한 결과를 나타내고 있다.

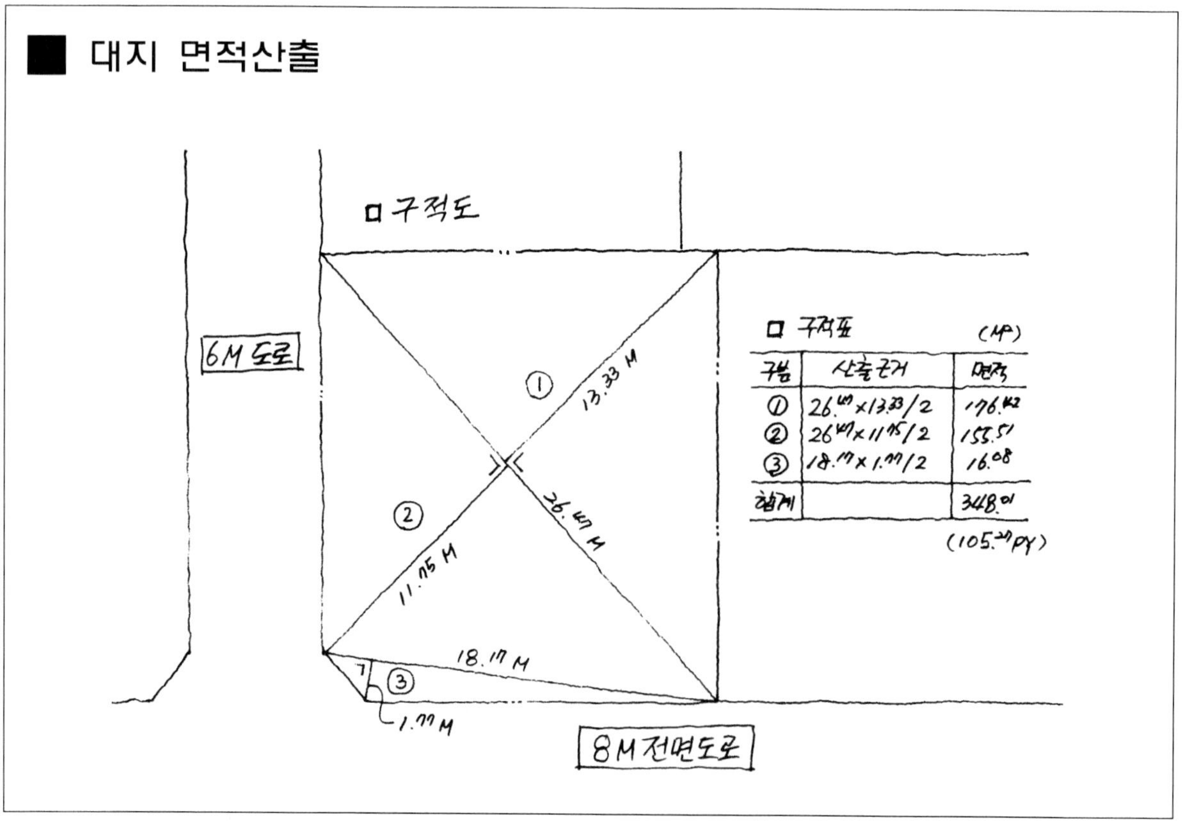

그림 4-13 대지면적 산출

(8) 지형분석도(Topography)

지형도는 대지의 고저차를 등고선으로 나타낸 그림이다. 그리고 지형분석도는 계획부지와 인접한 대지, 도로 등의 고저차 및 형상을 입체적으로 분석한 결과이다. 지반 레벨을 평면적으로 표현한 등고선과 대지를 종횡으로 절단한 단면도를 통해 경사도 및 고저차를 분석한다. 이에 따라 대지의 계획 지반고를 정하고, 대지이용 가능 구역 설정, 건물의 배치, 토지이용의 효율성 등을 고려하여 계획에 적용한다.

계획 지반고를 기준면으로 ±0로 정하고, 그 기준면보다 높은 곳을 플러스(+)로, 낮은 곳을 마이너스(−)로 표시하여 인식한다(단위 : m).

대지단면도(Site Section)는 대지의 단면 모양을 종·횡으로 나누어 그린 것으로(그림 4-14 참조), 등고선이 나타나는 지형도 내에 작성하거나 또는 그 밑에 표현하기도 한다. 이를 통하여 대지의 경사도 및 고저차를 쉽게 파악할 수 있다.

고저차가 있는 대지는 이를 잘 이용한 설계가 필요하다.

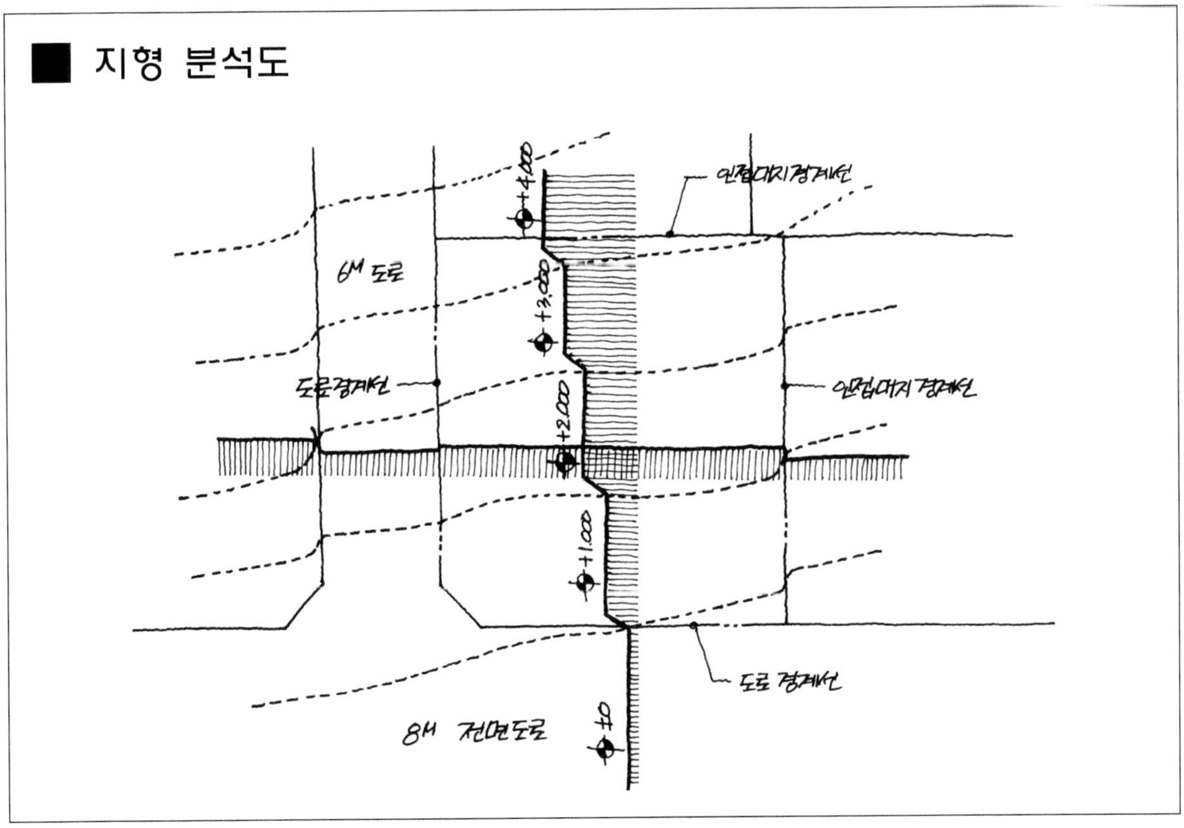

그림 4-14 지형분석도(대지단면도)

(9) 일조 · 일사 및 바람(Solar & Wind)

설계대상 지역의 방위 및 계절에 따른 태양의 고도각, 방위각, 계절별 일출몰 시간, 음영의 변화, 청정일수, 풍향 등의 Data를 분석하여 설계기준으로 삼는다.

이 분석을 토대로 열에너지의 이용, 자연채광 및 환기문제 등을 고려하여 벽면의 재료, 채광벽의 크기 및 방향 등을 계획한다.

태양의 고도각과 방위각은 주로 동지 및 하지를 기준으로 분석하는데, 고도각 및 방위각은 건축물의 처마길이, 배치, 개구부의 크기 및 위치, 식수계획 등에 영향을 미친다.

한편, 바람에 대하여는 풍향, 풍속, 풍력 등의 자료가 있겠으나, 여기서는 주로 계절풍의 방향을 분석한다. 대지가 위치한 지리적 조건에 따라 다르지만, 우리 나라의 계절풍은 주로 겨울철에는 북서풍, 여름철에는 남동풍이 분다.

■ 일조 · 일사 및 바람

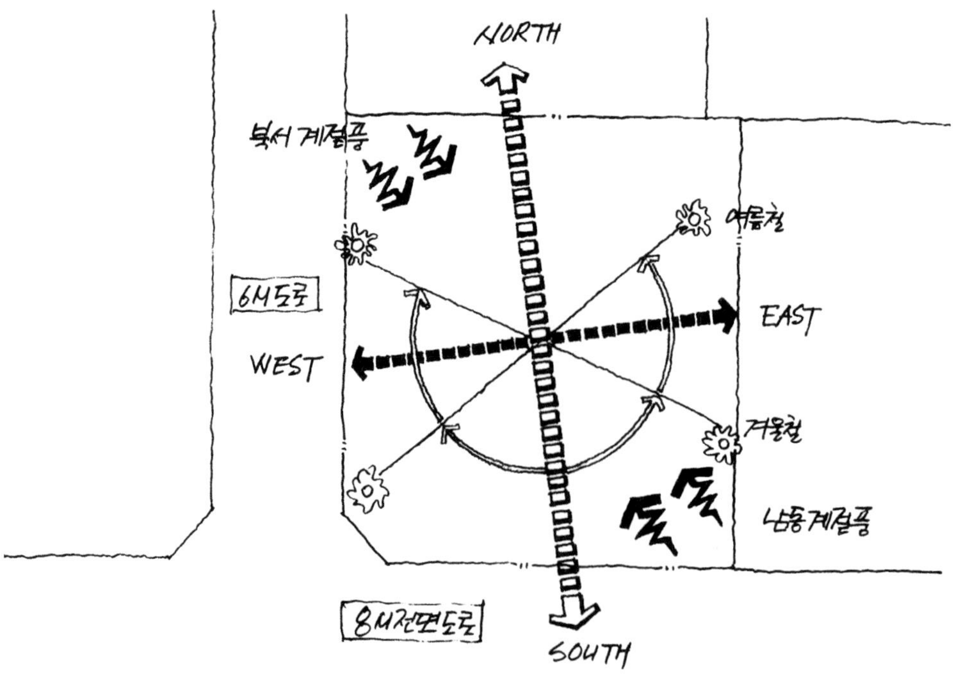

그림 4-15 일조 · 일사 및 바람

참고로 계획부지가 속한 서울 지역의 2000년 기상청 자료를 분석한 결과를 살펴보면 다음과 같다.

기후분석도

(2000년 기상청 자료)-서울

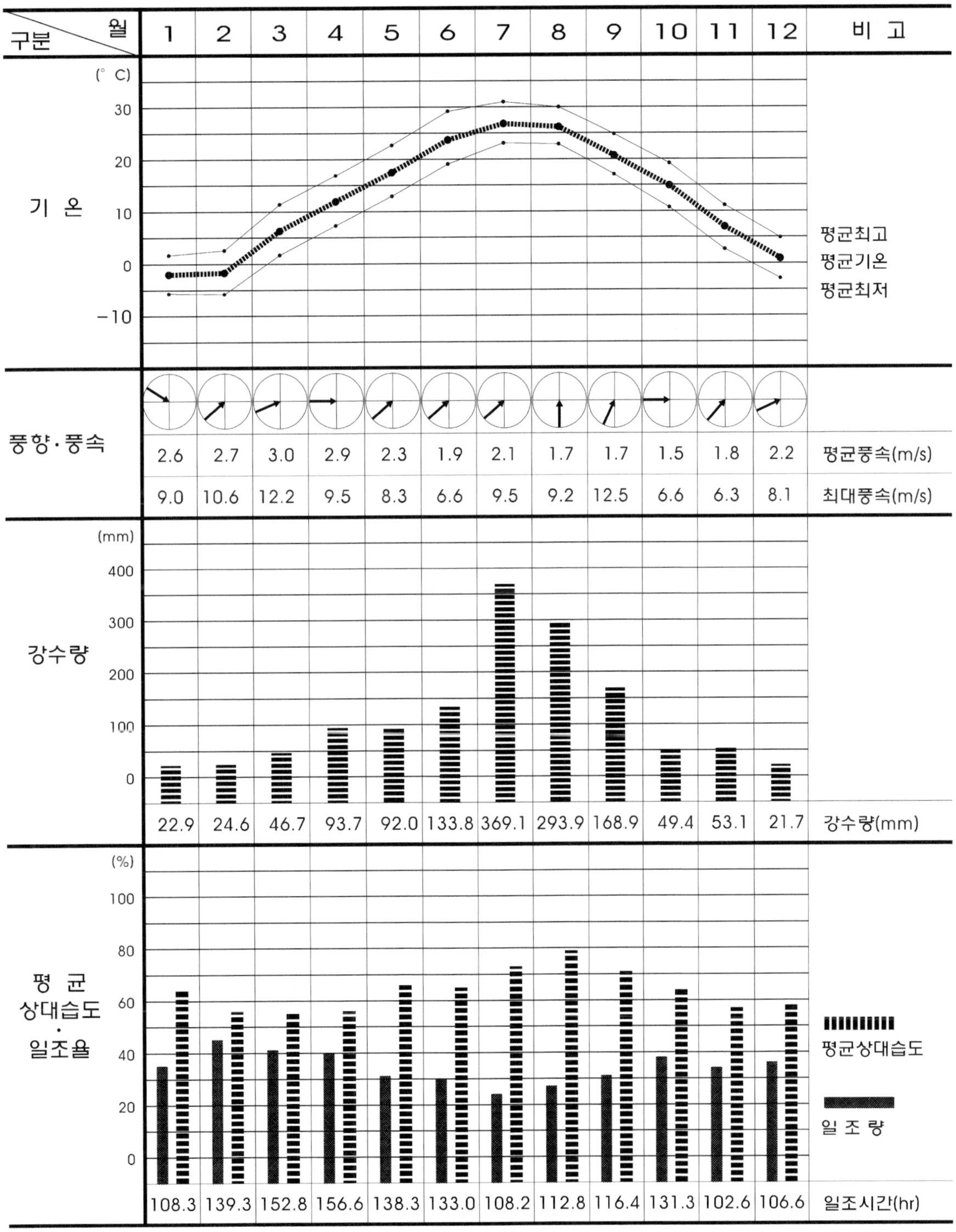

그림 4-16 기후분석도(서울지역)

(10) 조망 분석(View Quality)

조망이란 대지 중심에서 바라본 시각상의 양호, 보통, 불량 등의 상태를 의미한다.

조망 분석은 계획부지의 내 · 외적인 시각환경을 분석하여 건축물의 조형 및 의장성, 내부공간의 기능성 및 공간 이용성을 결정하는 중요한 인자이다.

대지 내에서 대지 외부로의 조망은 시점의 높이에 따른 근경과 원경을 각각 고려하여야 하며 파노라마에 의한 경관의 연속성을 분석한다. 또한, 대지 바깥에서 대지 안으로의 조망은 건물 외관의 의장표현적 요소로 작용된다. 분석 내용은 조망되는 자연적, 인위적 시각환경의 종류뿐만 아니라 폐쇄성 및 개방성 등 모든 내용을 상세히 도식화하여 표현한다.

■ 조망 분석

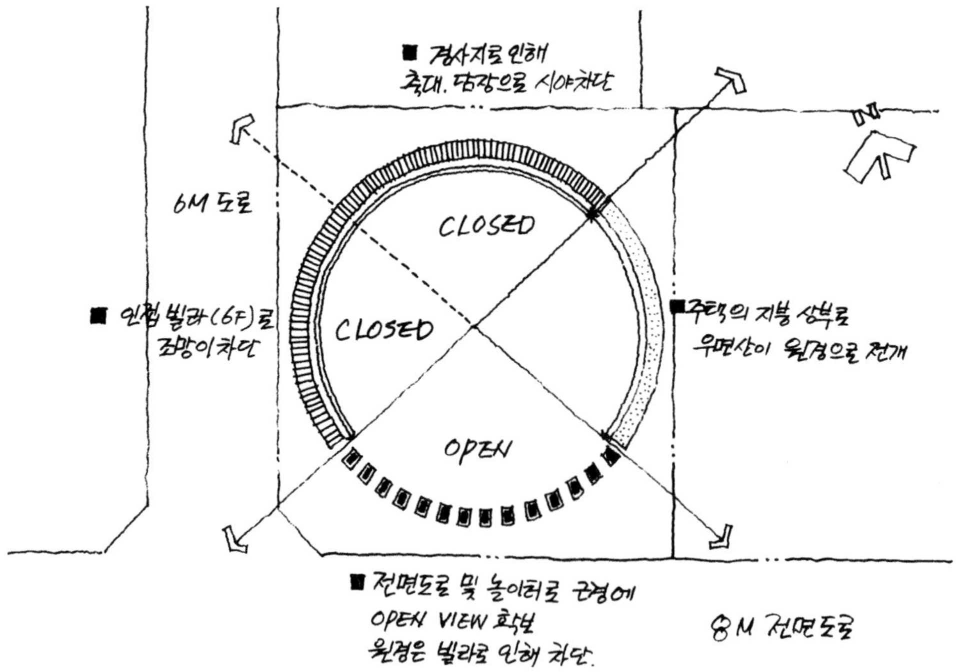

그림 4-17 조망 분석

(11) 접근성(Access)

계획부지 주변에서 대지로의 접근 도로망을 상세히 나타내는 도면으로 현황도로의 폭, 형태, 시간별 통행량, 차량 및 보행자를 구분한 접근방향 등을 분석한다.

이를 통해 주 · 부접근성을 분석하여 대지내 진출입구의 위치와 방향 등의 결정에 적용하며 대지내 동선과의 연결 등을 예측할 수 있다.

특히, 차량 및 보행자의 동선은 잘 구분하여 표시하고, 계획부지로의 진입은 가장 합리적이고 기능적으로 편리한 위치에 화살표로 나타낸다.

접근성 분석은 교통분석과 함께 표현할 수 있으며, 따로 분리하여 상세히 표현할 수도 있다.

■ 접근성

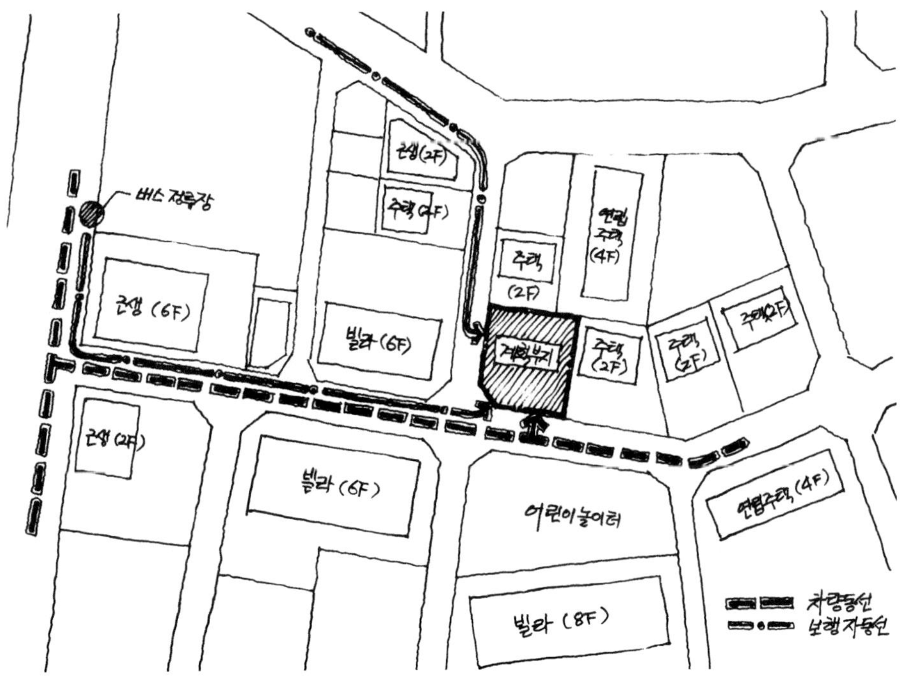

그림 4-18 접근성

(12) 축 분석(Axis Analysis)

축의 분석은 건물의 방향성 및 배치에 결정적 인자로서 주축(Main Axis)과 그에 직교하는 부축(Sub Axis)으로 구성된다.

축에는 전면도로에 의한 축(Road Axis), 향에 의한 축(Orientation Axis), 접근성에 의한 축(Approach Axis), 지형에 의한 축(Topographic Axis), 조망에 의한 축(View Axis) 등의 대지 분석과 관련된 모든 인자가 축으로 작용할 수 있으며, 설계 프로젝트의 성격과 주변환경에 따라 중요 인자를 추출하여 적용하여야 한다

■ 축 분석

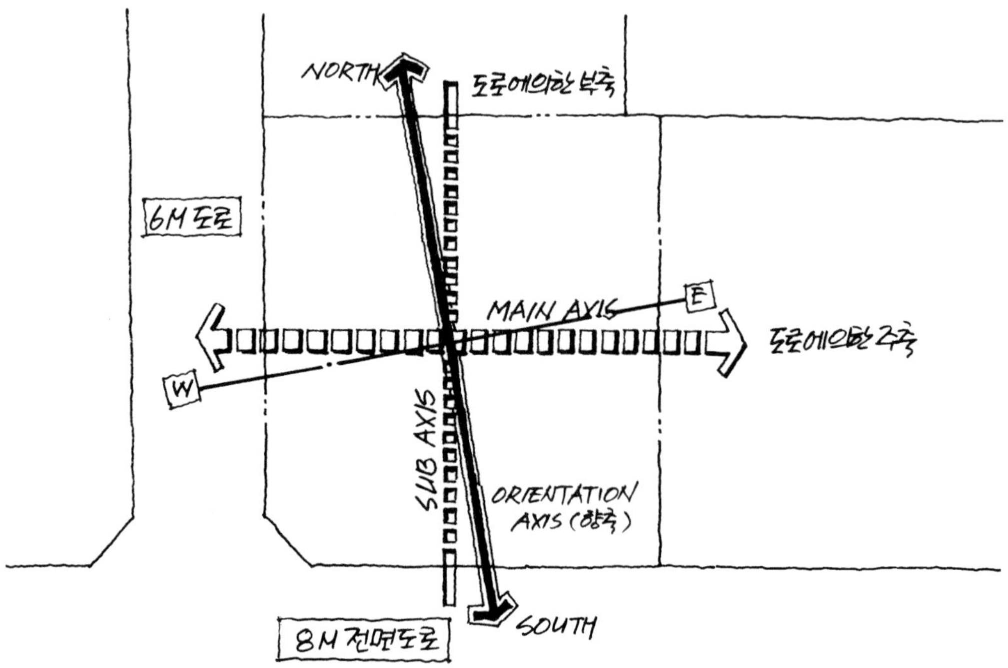

그림 4-19 축 분석

(13) 소음 · 공해 · 프라이버시(Nuisance, Air Pollution & Privacy)

대지주변의 소음 및 공해분석은 기능성 및 공간의 이용성과 건물의 방향성, 외벽의 구성, 차음 및 차폐시설, 실 배치 등을 결정하는데 중요한 요소이다.

이를 위해 계획부지를 중심으로 주변에 발생되는 소음원의 종류(차량 및 주변시설 등), 위치, 소음 정도 등을 구체적으로 조사 · 분석하여야 한다.

그리고 인근 건축물 또는 시설물로부터의 프라이버시 침해가 있는지의 여부 및 기타 각종 공해의 유무 등을 표현한다. 이에 따라 계획할 건축물의 보건 · 위생적인 문제 등을 고려하여 대지 사용계획 및 평면계획 등에 반영한다.

■ 소음 · 공해 · 프라이버시

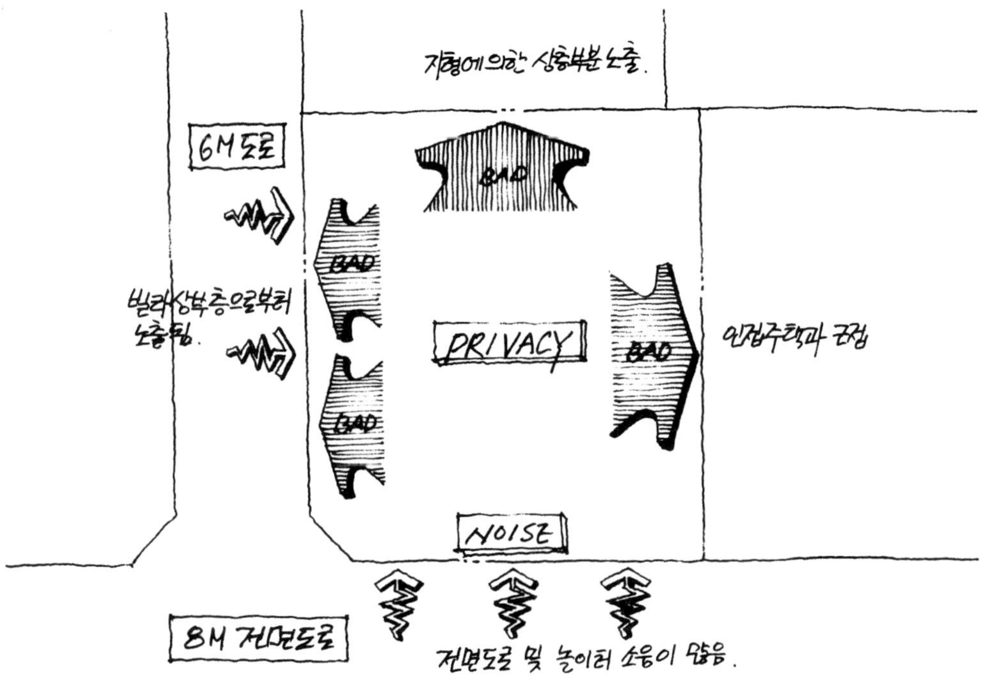

그림 4–20 소음 · 공해 · 프라이버시

(14) 기존 하부시설(Infrastructure) 및 기타 사항

하부시설 분석은 주어진 대지로의 제반 에너지 공급 및 밖으로의 배출물 이동을 위한 각 요소들의 현황분석으로 내부시설과의 연결 가능 위치를 설정하고 이용계획을 수립하기 위함이다.

대지주변과 도로에 대한 지하 매설물은 전화, 전기, 상수도, 하수도, 도시가스선 및 맨홀 등의 용량과 위치를 조사하여 표현한다.

기타 설계에 필요한 분석내용은 대지내 기존 시설물 현황, 대지인근의 장애물(암반, 축대, 위험물 등), 매립지인 경우 매립연도 · 매립토의 종류, 주변건물의 의장분석 및 스카이라인, 지하수 및 지질조사, 인접지의 장래 개발계획의 예측 등 제반 사항을 종합적으로 조사 · 분석하여 계획에 반영하여야 한다.

■ 기존 하부시설

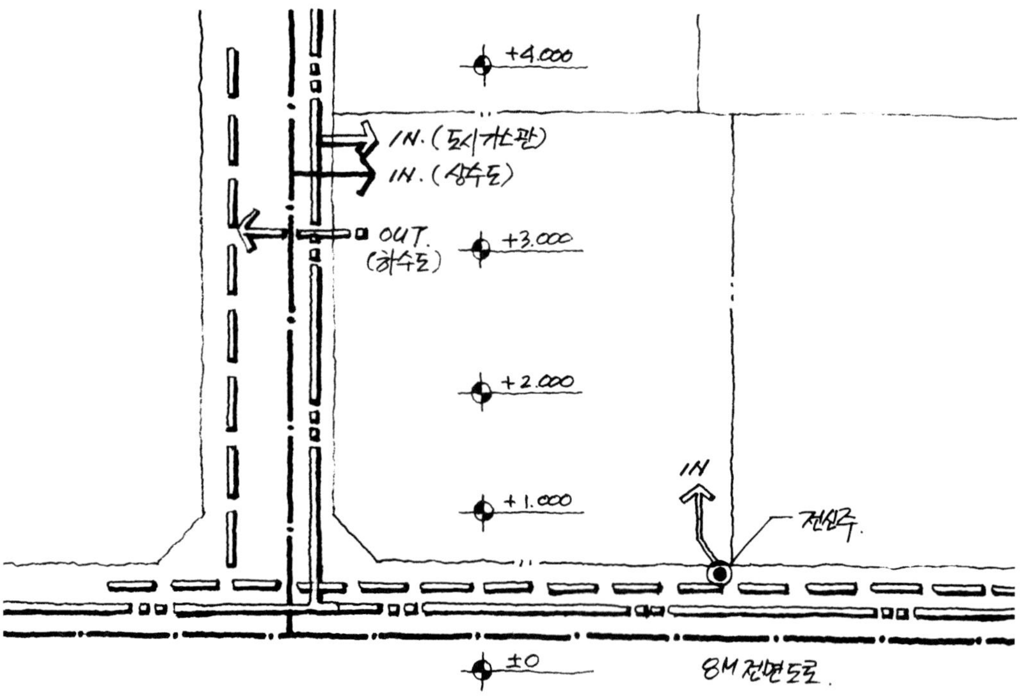

그림 4-21 기존 하부시설

(15) 식생 분석(Existing Plants)

식생분석은 계획대지내의 기존 식재현황 및 주변의 수림대를 정밀하게 조사하여 건축물 주위의 환경요인으로 반영하고자 함이다.

일반적으로 기존 현황을 적절히 활용하지 못한 건축계획을 수행하는 오류를 범하는 경우가 많은데, 기존의 식생 여건을 잘 이용하여 주변환경을 최대한 계획에 반영하여야 한다.

조사내용은 식생의 분포현황에 따른 수종, 본수 및 수고 등을 상세히 조사하여 조경식재 계획시 자료로 활용하여야 한다.

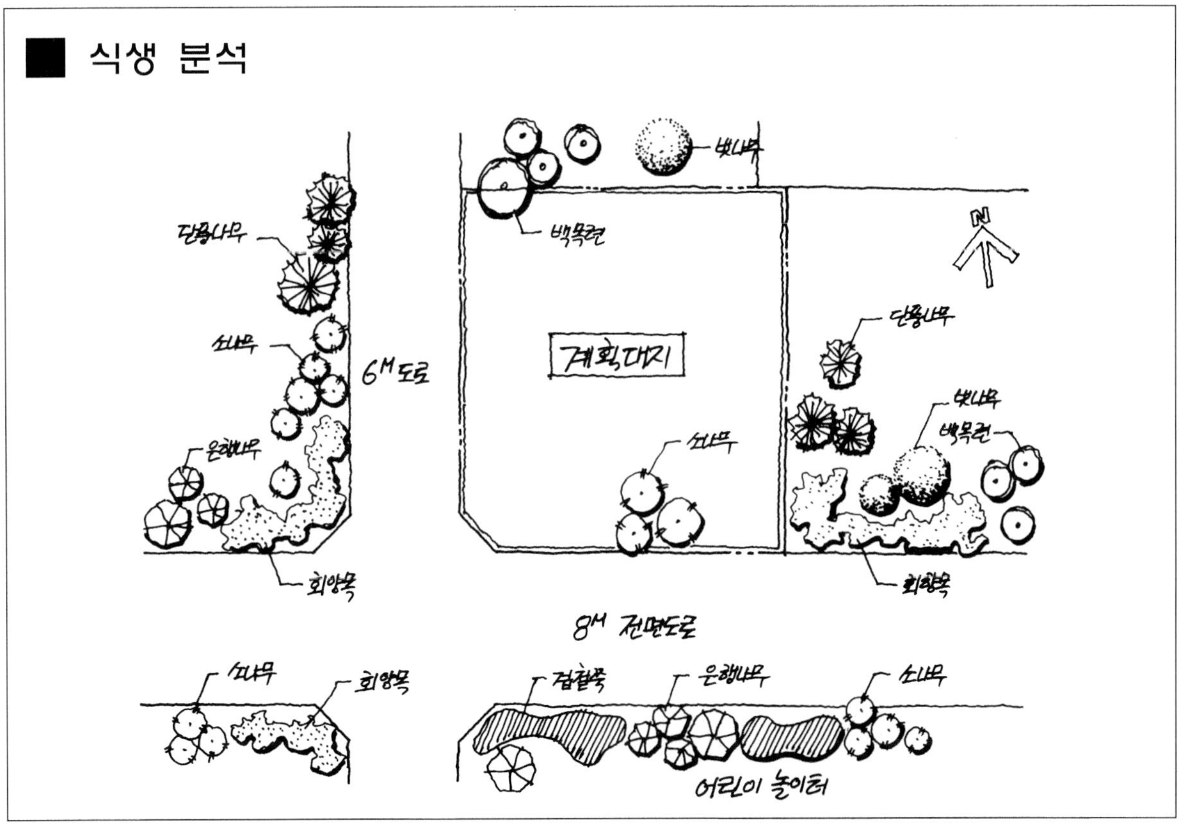

그림 4-22 식생 분석

(16) 법규 사항(Regulation Study)

건축과 관계되는 법으로는 건축법, 국토의 계획 및 이용에 관한 법률, 주차장법, 건축사법, 주택건설촉진법, 건설업법, 소방법 등 매우 다양하다. 그리고 이들 각종 법에 포함되는 시행령과 시행규칙 및 조례 등이 있다.

아래의 표는 주택설계시 고려해야 할 기본적인 법규사항을 전용주거지역 및 일반주거지역을 위주로 하여 검토하였다.

■ 건축법규 사항

항 목	법 규	검 토 기 준			비 고
건 폐 율	국토의 계획 및 이용에 관한 법률 영 제84조	제1종 전용주거지역		50 % 이하	시 조례에 정하는 비율
		제2종 전용주거지역		50 % 이하	
		제1종 일반주거지역		60 % 이하	
		제2종 일반주거지역		60 % 이하	
		제3종 일반주거지역		50 % 이하	
		준 주 거 지 역		70 % 이하	
용 적 률	국토의 계획 및 이용에 관한 법률 영 제85조	제1종 전용주거지역		50 ~100 % 이하	시 조례에 정하는 비율
		제2종 전용주거지역		100~150 % 이하	
		제1종 일반주거지역		100~200 % 이하	
		제2종 일반주거지역		150~250 % 이하	
		제3종 일반주거지역		200~300 % 이하	
		준 주 거 지 역		200~700 % 이하	
건축물높이제한 (전용주거지역)	건 축 법 제 51조 · 영 제82조	원칙: 층수 2층 이하, 높이 8m 이하			
		① 1층 바닥높이(h)가 지표면상 0.5m를 넘는 건축물 H≦(h−0.5m)+8m≦12m ② 지붕경사가 3:10 이상인 건축물은 H≦12m ③ 주택 외의 용도에 쓰이는 건축물은 H≦11m			완화규정
일조 등의 확보를 위한 건축물 높이 제한(전용 · 일반 주거지역)	건 축 법 제 53조 · 영 제 86조	층수 및 높이		인접대지 경계선 이격거리	정북방향으로의 인지경계선으로부터 띄어야 할 거리(조례에 정하는 기준)
		높이 4m 이하 부분		1m 이상	
		높이 8m 이하 부분		2m 이상	
		높이 8m 초과 부분		1/2H 이상	
전면도로에 의한 건축물의 높이제한	건 축 법 제 51 조	건축물의 각 부분의 높이는 전면도로 반대편 경계선까지의 수평거리의 1.5배를 초과할 수 없다.			조례에 정하는 기준
대지 안의 조경대상	건 축 법 제 32 조	대지면적 200m^2 이상인 대지			조례에 정하는 기준
주 차 장	주차장 법 영 제 6 조 (부설주차장 설치기준)	단독주택	시설면적 130m^2 ~ 200m^2 경우 1대		조례에 정하는 지준
			시설면적 200m^2 초과 경우 1대에 200m^{2}를 초과하는 130m^{2}당 1대를 더한 대수		

그림 4-23 건축법규 사항

[참고] 주요 건축법규 관련용어

① **건폐율** : (법 제47조, 영 제78조)

- 대지면적에 대한 건축면적의 비율이다.

즉 $건폐율 = \frac{건축면적}{대지면적} \times 100(\%)$

② **용적률** : (법 제48조, 영 제79조)

- 대지면적에 대한 건축물의 연면적의 비율이다.

즉 $용적률 = \frac{건축물\ 연면적의\ 합계}{대지면적} \times 100(\%)$

③ **건축면적** : (법 제73조, 영 제119조)

- 건축물의 외벽의 중심선으로 둘러싸인 부분의 수평투영 면적이다.
- 외벽이 없는 경우에는 외곽부분의 기둥을 말한다.
- 건축물이 지표면으로부터 1m 이하에 있는 부분은 제외한다.
- 중심선은 처마 · 차양 · 부연 · 주택의 발코니 기타 이와 유사한 것으로서 외벽의 중심선으로부터 수평거리 1m 이상 돌출된 부분이 있는 경우에는 그 끝 부분으로부터 수평거리 1m를 후퇴한 선으로 한다.

④ **대지면적** : (법 제73조, 영 제119조)

- 대지의 수평투영 면적으로 한다.
- 대지 안에 건축선이 정하여진 경우, 그 건축선과 도로 사이의 대지면적은 포함하지 않는다.
- 도로 모퉁이의 가각 정리되는 부분의 면적도 포함하지 않는다.
- 대지 안에 있는 도로 · 공원 등이 도시계획시설에 포함되는 대지면적은 제외한다.

⑤ **바닥면적** : (법 제73조, 영 제119조)

- 건축물의 각층 또는 그 일부로서 벽 · 기둥 기타 이와 유사한 구획의 중심선으로 둘러싸인 부분의 수평투영면적으로 한다. 다만, 다음에 해당하는 경우에는 그에 정하는 바에 따른다. : 벽 · 기둥의 구획이 없는 건축물 / 건축물의 노대 기타 이와 유사한 것 / 필로티 기타 이와 유사한 구조 / 승강기탑 · 계단탑 · 장식탑 · 다락(층고가 1.5m 이하) · 굴뚝 · 슈트 · 덕트 · 물탱크 · 기름탱크 · 냉각탑 · 정화조 등 / 공동주택으로서 지상층에 설치한 기계실 · 어린이놀이터 · 조경시설

⑥ **연면적** : (법 제73조, 영 제119조)

- 건축물의 각층의 바닥면적의 합계이다.
- 용적률 산정 : 지하층의 면적과 지상층의 주차용(당해 건축물의 부속용도인 경우)으로 사용되는 면적을 제외한다.

⑦ **건축선** : (법 제36조, 영 제31조)

- 도로와 접한 부분에 있어서 건축물을 건축할 수 있는 선으로 대지와 도로의 경계선을 말한다. 예외 : 소요너비 미달 도로, 너비 8m 미만인 도로의 모퉁이에 위치한 대지

■ 전용주거지역안의 건축물 최고높이

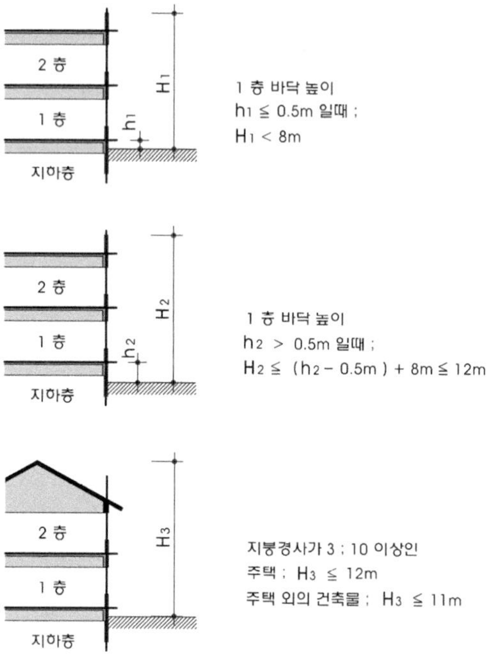

그림 4-24 건축물의 최고높이

■ 전면도로에 의한 건축물의 높이제한

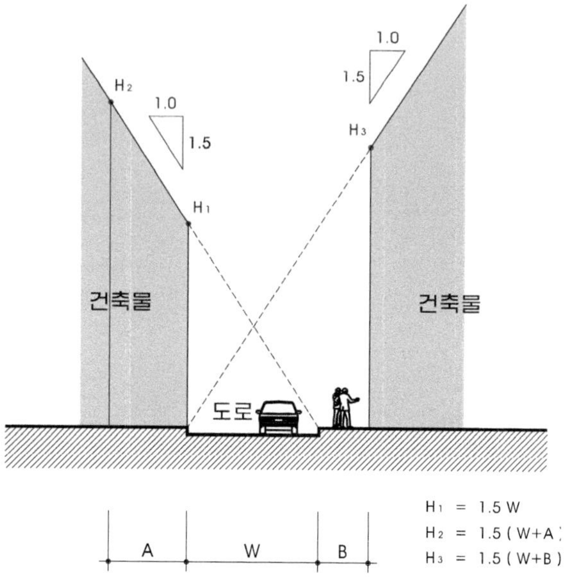

그림 4-25 건축물의 높이제한(전면도로)

■ 일조 등의 확보를 위한 높이제한 (전용주거지역/ 일반주거지역)

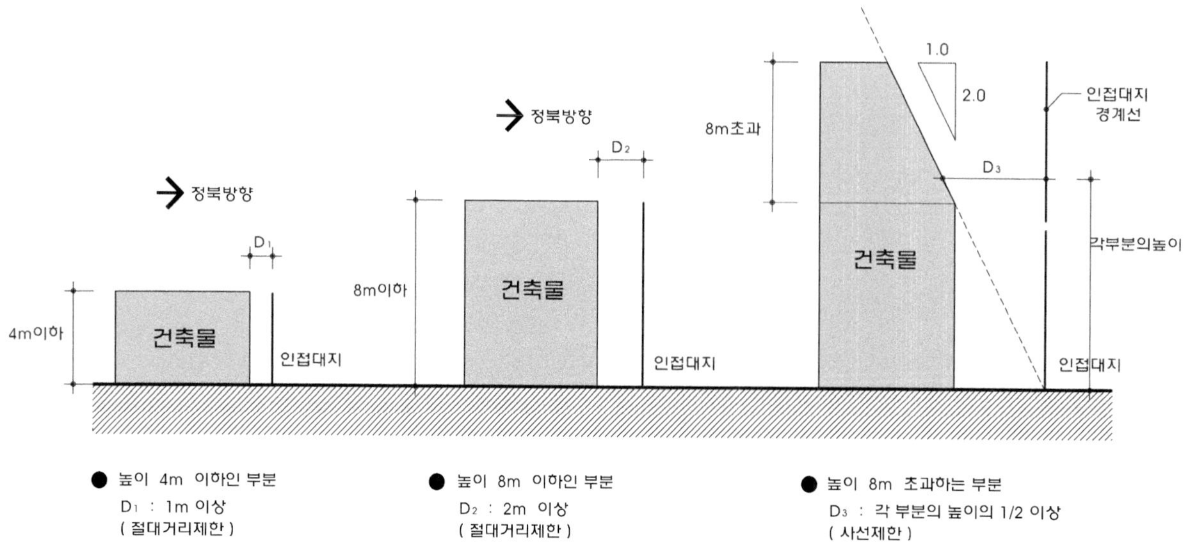

그림 4-26 건축물의 높이제한(일조 등의 확보)

4) 사용자 분석(Housing Life Analysis)

주거생활의 분석은 가족원의 인적사항, 주거활동의 범위, 생활구조, 건축주의 요구사항 등의 파악을 통해 주택설계의 기본자료로 삼는다. 이 자료는 대지분석 내용과 함께 설계를 진행하는 데 중요한 요소이다.

(1) 가족구성(Family Constitution)

가족구성표는 각 구성원의 인적사항을 도표화한 것으로 구성원의 수, 성별, 나이, 직업, 취미, 특기, 종교 및 개인적 특성을 자료화하여 각자 개성에 맞는 공간 및 배치에 유용한 자료가 된다.

구 성 원	성별	연령	직 업	취 미	특 기	종 교	비 고
노 모	여	73	무	화초가꾸기	서 예	기독교	
남 편	남	50	사 업	골 프	바 둑	〃	
아 내	여	49	무	독 서	성 악	〃	
아 들	남	21	대 학 생	여 행	바 둑	〃	
딸	여	18	고등학생	음악 감상	바이올린	〃	

그림 4-27 가족 구성원표

(2) 생활구조(Life Cycle)

대부분의 가정은 시간이 흐르면 가족구성원의 규모가 변한다. 이에 따라 각 발달단계에서 가족구성원수의 변화와 공간에 대한 요구, 변화하는 생활패턴 등에 대응해서 주택이 대처할 요구사항들이 달라진다. 따라서 주택계획에 있어서 변화에 대처할 수 있도록 융통성 있는 주거공간이 되도록 계획하는 것이 필요하다.

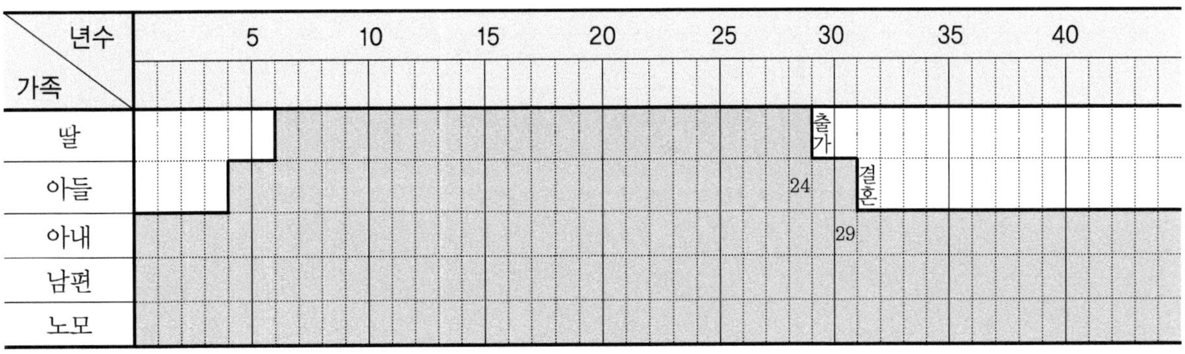

그림 4-28 생활구조[현재/미래](Life Cycle)

(3) 생활행위 및 활동 분석(Analysis of Behavior & Activity)

아래의 표는 가족구성원들에 대하여 하루의 연속적인 시간대에 가정 내에서 행위 및 활동이 어떻게 이루어지고 있는가를 나타낸 것이다. 또한, 이것은 주택과 관련된 모든 행동뿐만 아니라 시간과 장소를 나타내고 있다. 주택은 가족구성원의 일부 혹은 전체, 그리고 여러 가지 상황에 있어서의 모든 행위 및 활동을 충족시켜야 한다.

■ 주거내 생활행위 및 활동

가족	주부		남편		자녀		노모	
시각	행위/활동	장소	행위/활동	장소	행위/활동	장소	행위/활동	장소
06	기상 · 세면	침실						
	식사 준비	주방	기상 · 세면	침실	기상 · 세면	침실	기상 · 세면	침실
07	식사	식당	식사	식당	식사	식당	식사	식당
08	설거지	주방	출근	현관	등교	현관	화초가꾸기	정원
	청소	각방						
09	청소	각방					휴식	거실
	집안정리	각방						
10	세탁	다용도실					취미생활	방
	휴식	거실						
11	휴식	거실					취미생활	방
12	휴식	거실					취미생활	방
	식사 준비	주방						
13	식사	식당					식사	식당
	설거지	주방					휴식	거실
14	휴식	거실					오침	방
	취미생활	사랑방						
15	취미생활	사랑방					나들이	현관
16	취미생활	사랑방						
17	장보기	시장						
18	식사준비	주방			귀가	현관	귀가	현관
19			귀가	현관	휴식	거실		
	식사	식당	식사	식당	식사	식당	식사	식당
20	설거지	주방	취미생활	사랑방	휴식	거실	휴식	거실
	휴식	거실	휴식	거실				
21	휴식	거실	휴식	거실	학습	각자 방	휴식	거실
22	휴식	거실	휴식	거실	학습	각자 방	휴식	거실
23	취침	침실	취침	침실	학습	각자 방	취침	침실
					취침	침실		

그림 4-29 주거내 생활행위 및 활동

(4) 생활공간의 구성 및 분석(Constitution & Analysis of Living Space)

앞 절에서 주거의 개념(그림 4-3)을 간략히 살펴보고, 설계의 방향(그림 4-4)에서 본 주택설계를 위한 방향(방침, 목표, 전제)을 설정한 바 있다. 또한, 주거내 생활행위 및 활동분석(도표 4-29)에서 가족구성원들의 1일 생활행위 · 활동 및 공간을 살펴보았다.

여기서는 주거내 생활공간의 합리적인 구성을 위하여 주거내 각 공간의 성격을 분류 및 분석해보고 조닝(Zoning)을 하여, 향후 평면계획을 위한 자료로 삼고자 한다.

생활공간구성(그림 4-30)은 독립성이 요구되는 정적 공간인 개인권에 해당하는 공간들과 개방성이 요구되는 동적 공간인 사회권 및 노동권에 해당하는 공간들을 개념적으로 살펴본 것이다.

생활공간의 구성모델(그림 4-31)은 주거내 공간으로서 개인공간, 가족공간, 위생공간, 가사공간, 접객공간, 옥외생활공간과 주거외 공간으로서 근린생활공간, 공공생활공간과의 관계성을 개념적으로 살펴본 것이다.

그리고 주택의 공간분석(그림 4-32)에서는 생활공간과 환경조건의 관계, 즉 주거내 각 공간의 방위에 따른 배치문제를 개념적으로 검토한 내용이다.

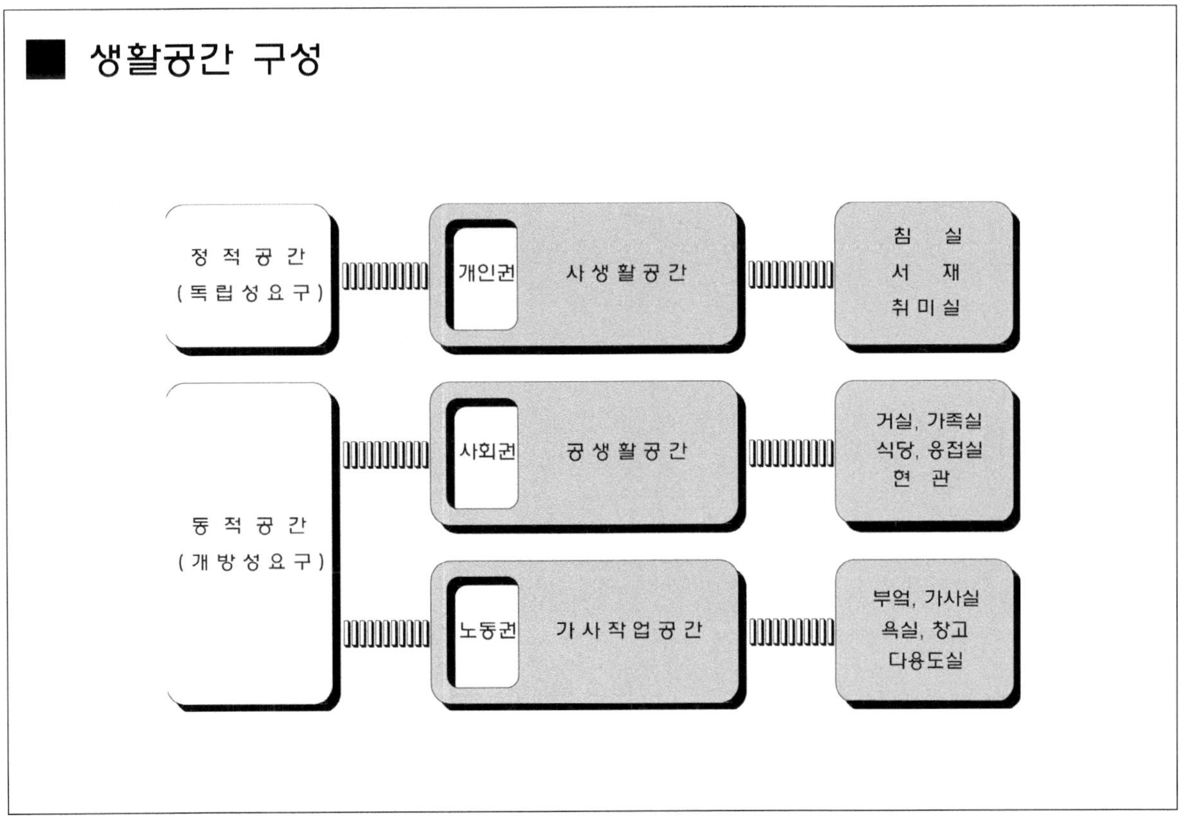

그림 4-30 생활공간 구성

■ 생활공간의 구성모델

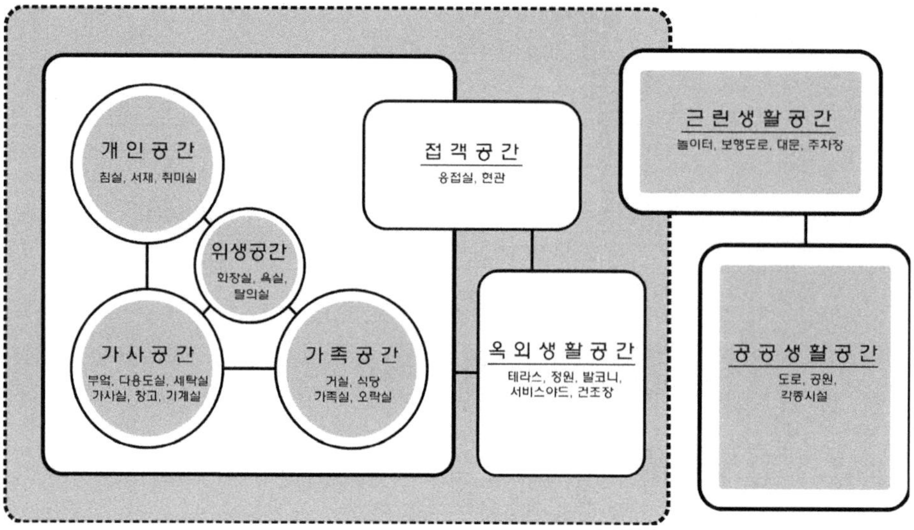

그림 4-31 생활공간의 구성모델

■ 주택의 공간 분석

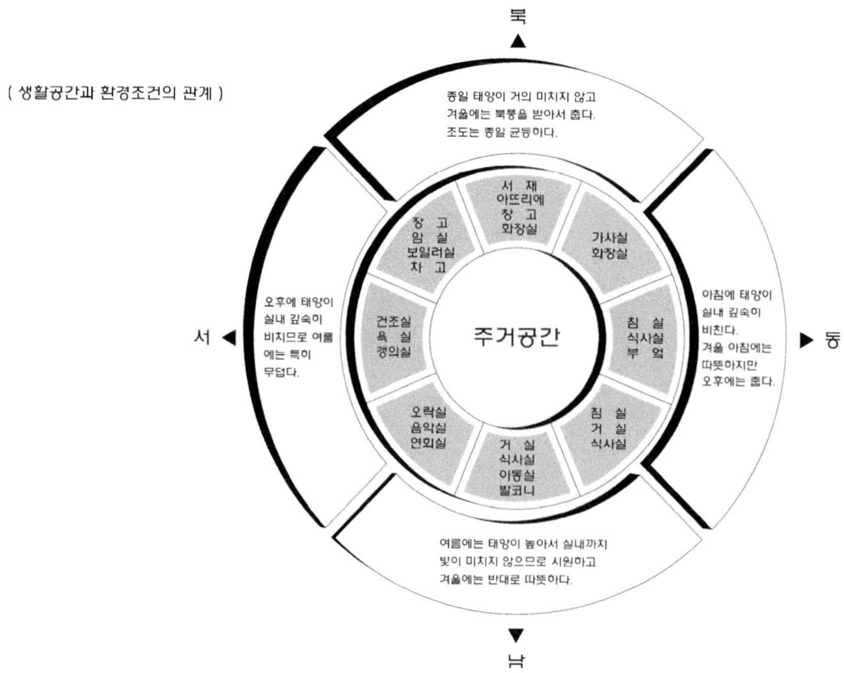

그림 4-32 주택의 공간 분석

5) 건축주 요구사항(Client Requirement)

건축주의 요구사항은 계획설계 방향의 기본적인 틀을 이루는 요소이다. 이것은 건축주가 제시하는 구체적 자료 이외에 많은 면담을 통해 건축주의 사고, 성향 등을 분석하여 계획에 반영하여야 하며, 또한 계획안은 건축주와의 협의를 거쳐 결정되고 진행되어야 한다.

(1) 건축주 요구사항표

건축주가 요구하는 내용의 목록은 가능한 상세히 기록하고 도표화하여 이를 근거로 계획의 전 과정에 걸쳐 수시로 검토, 반영함으로써 문제를 해결해 나가도록 한다(그림 4-33 참조).

■ 건축주 요구사항

구 분	내 용					
요구 공간 및 면적	지 하 층		1 층		2 층	
	보일러실	10m^2	거 실	25m^2	안방 및 침실	25m^2
	창 고	10m^2	주방 · 식당	20m^2	아 들 방	12m^2
	차 고	30m^2	사 랑 방	15m^2	딸 방	12m^2
			노 모 실	15m^2	욕 실	5m^2
			화 장 실	3m^2	테 라 스	
요 구 사 항	규모 · 구조	지하1층, 지상2층, 철근콘크리트조, 연면적 75~80평				
	주차 공간	옥내주차로 2대, 출입구 전동셔터 설치				
	욕 실	노모실 및 부부침실내 전용욕실 설치				
	수납 공간	안방, 자녀실은 각각 반침설치, 지하실 창고 설치				
	설 비	도시가스 보일러에 의한 패널히팅, 페기지형 에이킨 냉방				
	창 호 재	시스템창호(단열바), 방충망설치, THK18 칼라복층유리				
	기 타	· 응접실 겸 가족 취미활동을 위한 별도실 설치 요망 · 원예를 위한 정원 및 수경공간 요망 · 각 실별 독립된 발코니 설치				
희망 마감재	외 벽 재	지 붕 재	실 별	바 닥	벽	천 정
	외단열시스템 홍송널붙이기	철근콘크리트 스라브	침 실	온돌마루	고급벽지	고급천정지
			거 실	온돌마루	핸디코트	지정형도장
			주방 · 식당	대 리 석	타일/핸디코트	지정형도장
			욕 실	논슬립타일	자기질타일	PVC 천정판
희망 디자인	전통공간을 고려한 현대식 주택					
희망 소요예산	건축비 : 억 천만원					
기 타						

그림 4-33 건축주 요구사항표

6) 면적계획(Space Program)

면적계획은 건축주가 요구하는 시설의 종류 및 시설별 단위공간의 규모를 산정하며, 계획에 적용할 자료로 정리하는 작업이다.

이를 위해서는 요구되는 생활공간을 기능별로 구분하고, 단위공간별로 행위 및 활동과 이를 위한 평면 구성요소를 분석한다. 그리고 평면 구성요소에 공간성을 부여함으로써 단위공간으로서의 각 실의 공간을 구성할 수 있다. 이때 그 크기나 생활양식은 거주자의 요구를 참고하며 또한, 각종 기준이나 자료(계획각론 또는 자료집성 등)를 참고하여 그 규모를 결정한다.

(1) 면적산출 자료(Area Calculation Data)

주택의 면적계획을 하려면 우선 각 공간별 기본소요 면적을 파악해야 한다. 그러기 위해서는 주택의 각 공간에 대하여 적정한 면적을 산출하기 위한 기초자료를 검토해야 한다. 그리고 앞에서 살펴본 가족구성원에 대한 조사, 즉 가족의 구성, 생활구조, 행위 및 활동, 건축주의 요구사항 등과 여기서 스터디한 면적산출자료를 비교하여 조정해야 한다.

(2) 면적계획(Space Program)

스페이스 프로그램은 소요공간의 종류 및 면적을 산출하는 작업으로서 실 종류, 실별 사용인원, 1인당 면적, 사용가구, 여유치수 등을 고려하여 각 공간의 면적을 산출하고 정리하는 작업이다. 즉, 모든 단위공간의 종류 및 면적을 산출하고 이것들을 모두 합치면 전체공간의 면적이 얻어진다.

면적계획은 면적산출 자료를 바탕으로 하여 건축주가 제시하는 실 크기와 건축계획상 요구되는 규모를 종합 분석하여 작성하며, 실제 적용 면적은 계획시 약간의 가감을 전제로 한 개략적 면적으로 산정한다.

스페이스 프로그램이 정리되면 건축주의 요구에 따른 기능 및 동선계획, 그리고 이에 따른 계획설계를 진행할 수 있다.

■ 면적계획표(SPACE PROGRAM)

구 분	실 명	면 적		비 고
		m^2	평	
지하층	보일러 및 창고	20	6.05	–
	차고	30	9.01	2대 수용 가능
1층	계단실	12	3.63	–
	거실	24	7.56	홈바 포함
	주방 및 식당	25	7.56	다용도실 포함
	사랑방	20	6.05	–
	노인실	20	6.05	전용욕실 포함
2층	안방	18	5.45	반침 포함
	침실	15	4.54	전용욕실 포함
	방 1	12	3.63	반침 포함
	방 2	12	3.63	반침 포함
	공동 욕실	4	1.21	–
	계단실	12	3.63	–
기타	홀 및 복도	33	6.65	연면적의 15%
합 계		258	78.05	–

그림 4-34 면적계획표(SPACE PROGRAM)

■ 주요 실별 공간규모 비교표

실 명	거 실		식 당		주 방		사랑방		안 방	
규 모	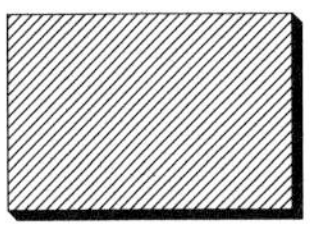		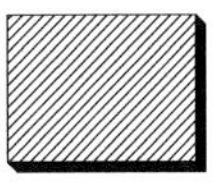				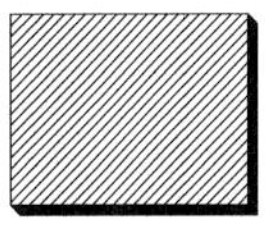		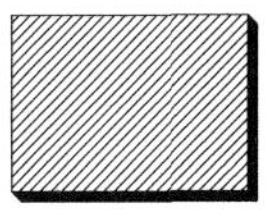	
치 수	4.0 X 6.0	24.0 m^2	3.0 X 4,0	12.0 m^2	3.0 X 3.0	9.0 m^2	3.9 X 5.1	20.0 m^2	3.6 X 5.0	18.0 m^2
실 명	부부 침실		자녀방		노인실		계단실		차 고	
규 모			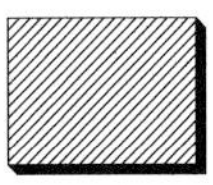		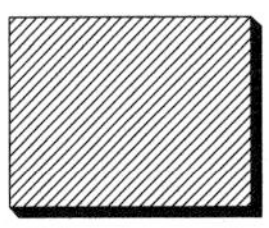		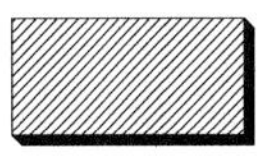		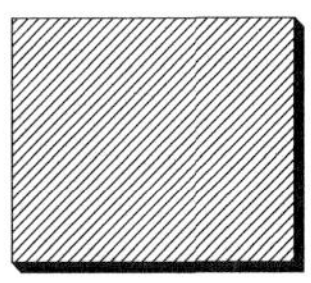	
치 수	3.3 X 4.5	15.0 m^2	3.0 X 4.0	12.0 m^2	3.9 X 5.1	20.0 m^2	2.4 X 5.0	12.0 m^2	5.0 X 6.0	30.0 m^2

그림 4-35 주요 실별 공간규모 비교표

7) 기능 및 동선계획(Function & Moving Line Planning)

(1) 구역도(Zoning)

조닝이란 도시계획이나 건축계획 등에 있어서 하나의 지역 전체 또는 건축공간을 기능 · 용도 · 법적 규제 등을 지표로 하여 몇 개의 작은 부분으로 나누는 작업 또는 그 과정을 말한다.

건축계획에 있어서의 조닝은 토지이용 계획(대지사용 계획) 및 건축평면 계획시 이루어진다. 즉 토지이용 계획시에는 대지분석의 결과에 따라 대지 내에 주요 공간이나 시설들을 배치계획하기 위한 조닝이 이루어지며(제4장 8절 참조), 건축평면 계획시에는 건축물 내의 공간을 몇 개의 구역(Zone)으로 나누어 각각 별개의 성격을 갖도록 할 때 조닝이 이루어진다.

건축계획에서의 조닝에는 동적/정적 공간, 공적/사적 공간, 노동/위생 공간, 주간/야간 사용 공간 등의 Zone으로 구분할 수 있다. 구역도(Zoning)는 보통 3개 또는 5개의 대안(Alt.)을 마련하여 검토한다.

(2) 기능도(Function Diagram)

건축물은 각각의 독립된 단위공간들이 상호 복합적 관계로 조합되어 있다. 이러한 단위공간들의 상관관계 및 연계성을 수평적 · 수직적인 배열에 의해 열거하고 상호 기능간 동선 관계를 도식화하는 것이 기능도이다.

■ 기능도

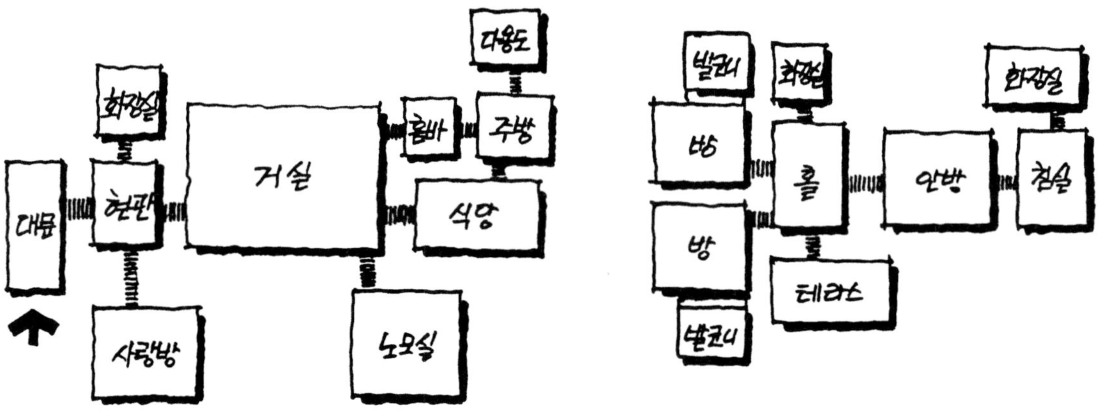

그림 4-36 기능도

각 시설 및 기능간의 관계성을 도식화함으로써 단위공간들의 전체 공간 속에서의 위치와 연결 동선 등을 검토할 수 있으며, 이를 바탕으로 단위공간들의 수평적 · 수직적 배분을 평면계획 및 단면계획의 기초자료로 활용할 수 있다. 기능도는 주로 평면계획을 위한 구상시 활용되는 것으로서 공간 상호간의 연결 및 통합을 시각적으로 구체화한 것이다.

기능도는 틀(Frame)과 선(Line)으로 구성되어 시각적으로 구분하기가 용이한데, 표현기법상 축척의 의미는 없지만 단위공간의 중요성과 크기 등에 따라 각각 구분하여 다이어그램화하고, 시설간 연계성의 비중에 따라 연결선의 굵기로 차별하며 공간간의 상관관계를 도식화할 수 있다.

(3) 동선도(Moving Line or Traffic Line)

동선이란 사람이나 차량 또는 물건의 이동궤적을 말한다. 그리고 동선도란 도면(주로 평면도) 상에서 이동궤적을 가정하여 검토한 그림을 의미한다. 평면계획시 동선이 효율적이고 합리적으로 유도되도록 하기 위하여 시설 및 공간의 배치에 있어서 동선계획이 잘 이루어져야 한다.

기능도와 함께 평면계획시 동선을 항상 염두에 두어야 하며, 공간구성이 대충 정리되면 동선도를 그려보게 되는데 보행거리, 빈도 등을 선으로 나타낸다. 선은 방향성이 있으며, 짧고 굵으며 단순한 것이 좋다. 그리고 성질이 다른 동선과는 교차되지 않도록 한다. 평면도가 대체로 정리된 후에도 적색 필기구 등으로 동선을 그려본다.

한편, 동선 빈도수(Numbers of Journeys)란 사람이 어떤 공간에서 다른 공간까지 움직이는 빈도수를 말하는데, 동선계획을 제대로 하기 위해서는 이것을 측정하여 조사하는 것이 바람직하다. 동선 빈도수는 가족구성원 모두에 대하여 각각 측정하여 조사할 수 있으며, 이들 전체를 합치면 총동선 빈도수를 구할 수 있다.

주택에서의 동선계획은 일반적으로 가정에서 거주하는 시간 및 가사노동이 가장 많은 주부를 중심으로 우선 계획해야 한다.

그림 4-37은 주거공간의 기능적 · 시각적 · 청각적 연관성을 분석한 예를 나타내고 있다.

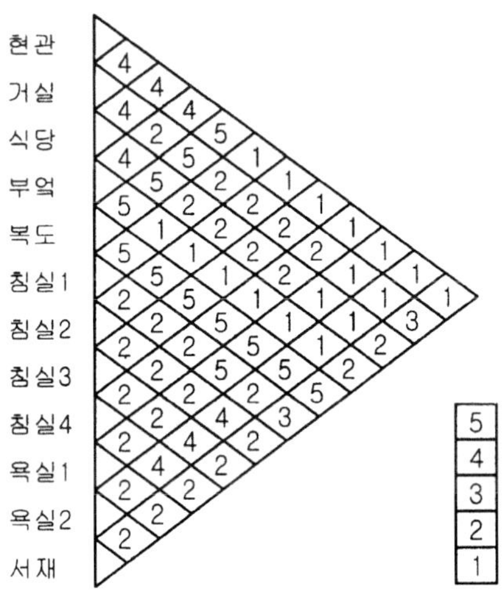

5	필수적임	◉
4	바람직함	◎
3	허용가능함	○
2	바람직하지 못함	△
1	허용할 수 없음	×

	현관	거실	식당	부엌	복도	침실1	침실2	침실3	침실4	욕실1	욕실2	서재
현관	＼	△	△	△	◉	△	△	△	△	×	×	×
거실	△	＼	◎	△	◎	△	△	△	△	×	×	△
식당	△	○	＼	○	◎	△	△	△	△	×	×	△
부엌	△	△	△	＼	◎	△	△	△	△	△	△	×
복도	◉	○	○	△	＼	○	○	○	○	○	○	○
침실1	×	△	△	△	×	＼	△	△	△	△	△	○
침실2	×	×	×	×	×	×	＼	△	△	△	△	△
침실3	×	×	×	×	×	×	×	＼	△	△	△	△
침실4	×	×	×	×	×	×	×	×	＼	△	△	△
욕실1	×	×	×	×	×	○	×	×	×	＼	△	×
욕실2	×	×	×	×	×	×	×	×	×	×	＼	×
서재	×	△	△	×	×	△	×	×	×	×	×	＼

<시각적 교류> <청각적 교류>

그림 4-37 주거공간의 기능적 · 시각적 · 청각적 연관성

■ 토지이용계획

ALT – 1	ALT – 2	ALT – 3
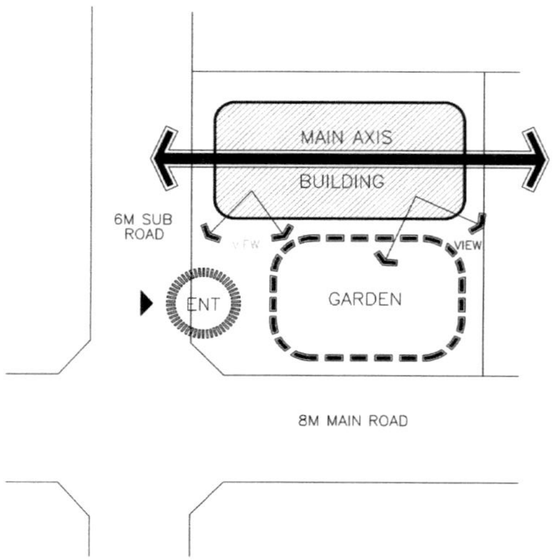	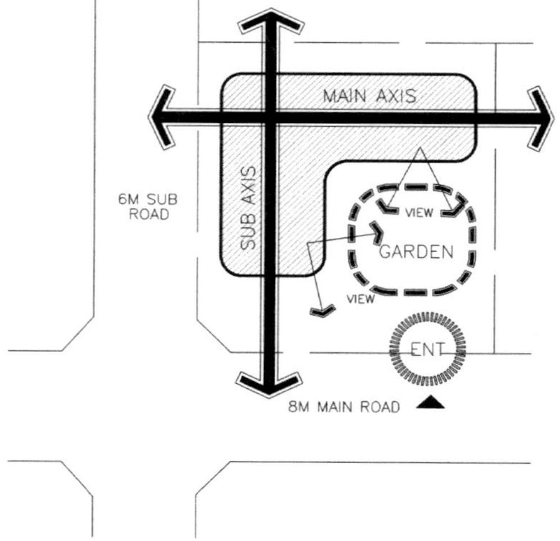	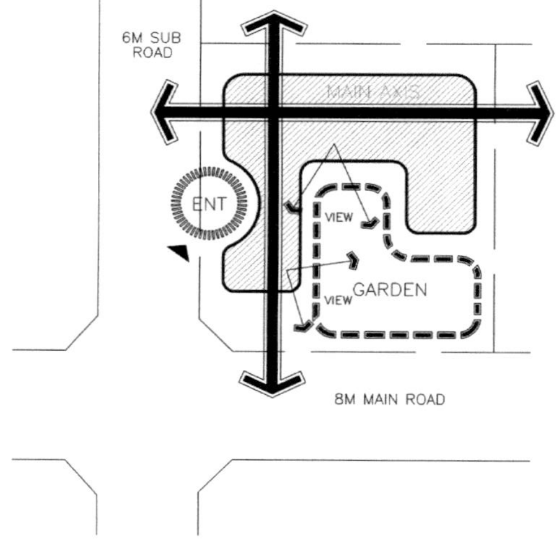
· 대지의 북측에 건물을, 남측에는 정원을 배치 · 건물의 축을 동서방향으로 —자형 배치 · 서남측에서 진출입	· 건물의 주축을 동서방향으로, 부축을 남북방향으로 하여 배치 · 부지의 동남측에서 진출입을 하도록 하며, 정원도 동남측에 배치	· 건물의 주축을 동서방향으로, 부축을 남북방향으로 하여 배치 · 부치의 서측에서 진출입을 하도록 하며, 정원을 남측 중앙에 배치

① 토지이용계획 대안평가(Assessment)

토지이용계획안을 3개 또는 5개의 복수로 검토한 경우, 이를 평가하여 최선의 안을 선택하여야 한다. 그러기 위해서는 계획기준(평가요소)을 설정하고, 여기에 점수를 부여하여 평가한다.

평가요소는 설계 프로젝트의 종류에 따라 그 중요도가 다르므로 어떤 요소를 설정하느냐 하는 것은 중요한 문제이다.

토지이용계획안에 대한 평가요소로서 독립성(Privacy), 토지효율성(Site Availability), 위계성(Hierachy), 조망성(View), 향(Orientation), 연계성(Space Sequence), 기능성(Function Linkage), 접근성(Access), 소음 · 공해(Air Pollution & Noise), 개방성(Open Space), 다양성(Variation) 등을 설정할 수 있다.

그리고 이들 각각의 평가요소에 대하여 점수를 매우양호(5점), 양호(4점), 보통(3점), 불량(2점), 매우불량(1점)의 5등급, 또는 양호(3점) 보통(2점), 불량(1점)의 3등급 등으로 부여할 수 있다. 또한, 평가요소에 중요도를 반영하고자 할 경우에는 가중치(계수, 1.0~0.1 ; 1에 가까울수록 중요도가 크며, 이 값을 곱하여 반영한다)를 두어 이를 반영하도록 한다.

■ 토지이용계획 대안평가(ASSESSMENT)

계획기준(평가요소)	AT-1	ALT-2	ALT-3	비 고
독립성(PRIVACY)	2	3	5	-
토지효율성(SITE AVAILABILITY)	5	4	3	-
위계성(HIERACHY)	2	4	5	-
조망성(VIEW)	3	4	5	-
향(ORIENTATION)	5	4	3	-
연계성(SPACE SEQUENCE)	2	4	5	-
기능성(FUNCTION)	5	3	3	-
접근성(ACCESS)	3	4	5	사람, 차량
소음 · 공해(AIR POLLUTION & NOISE)	3	4	5	
개방성(OPEN SPACE)	5	4	3	
다양성(VARIATION)	2	3	5	
합 계	37	41	47	

그림 4-41 토지이용계획 대안평가

(2) 블록 및 매스 계획(Block & Mass plan)

이 계획은 전술한 토지이용계획(Zoning)에서 결정된 한 개의 대안을 기초로 하여 계획부지 위에 평면적 기능성과 입체적 조형성을 형태적으로 계획하는 단계이다. 이는 평면상의 기능성을 계획하는 블록플랜(Block Plan)과 입면상의 기능성 및 의장성을 형태적으로 계획하는 매스플랜(Mass Plan)으로 구분하여 계획된다. 그리고 이 Block과 Mass 계획은 항상 상호 보완적 관계 속에서 진행되므로 평면적 Block 형태를 계획하면서 입체적으로 형성되는 조형을 동시에 고려하여야 한다.

Block과 Mass에 대한 도식적 스케치가 결정되면 서로 다른 다양한 구상(Alternative)을 작성하고, 이를 설계기준에 의해 평가하여 최적안을 선정한다. 이 과정은 간략한 모델 스터디(Model Study) 작업을 병행하여 공간 개념과 함께 조형에 대한 구상을 재검토하고, 이를 보완하는 작업을 수행해야 한다.

① BLOCK & MASS의 구성기법

블록 및 매스를 구성하는 기법에는 분할(Division), 공제(삭제, Subtraction, Cut-out), 중첩(중합, 중복, Overlap), 그리고 부가(첨가, Addition) 등이 있다.

■ 분 할(DIVISION)

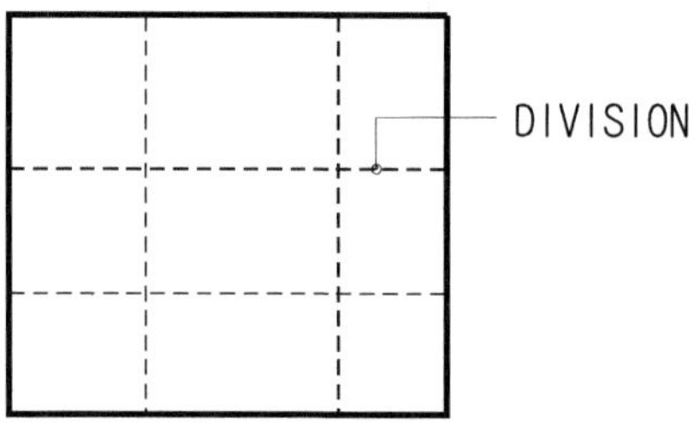

■ 공 제(CUT-OUT)

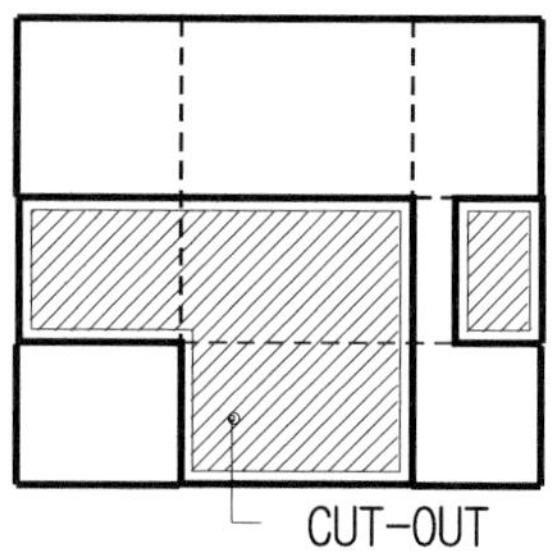

■ 중 첩(OVER-LAP)

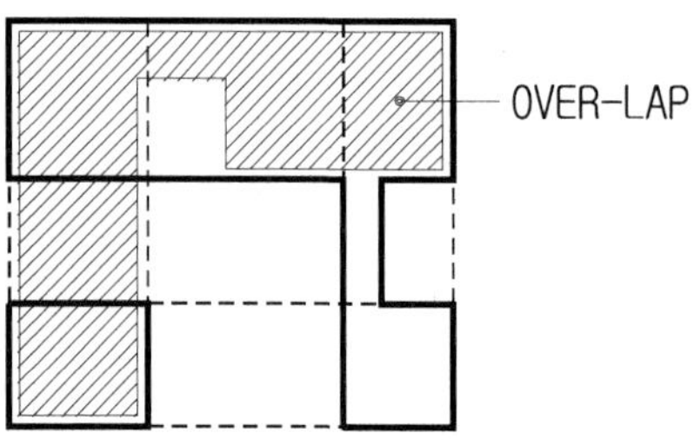

■ 부 가(ADDITION)

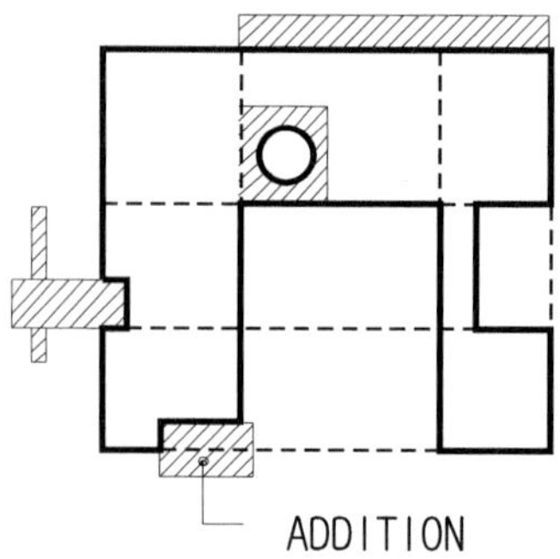

■ 블록 플랜(BLOCK PLAN), ALT-1

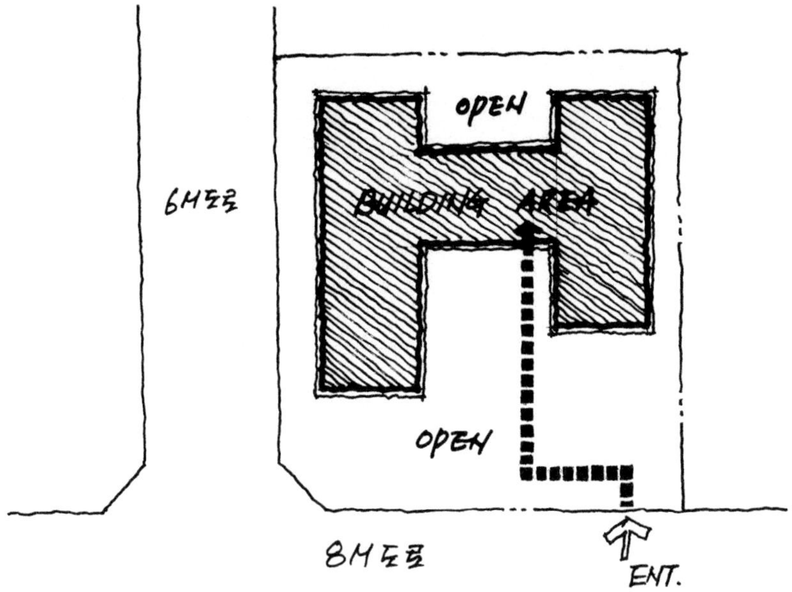

그림 4-43 블록 플랜(BLOCK PLAN, ALT-1)

■ 매스 플랜(MASS PLAN), ALT-1

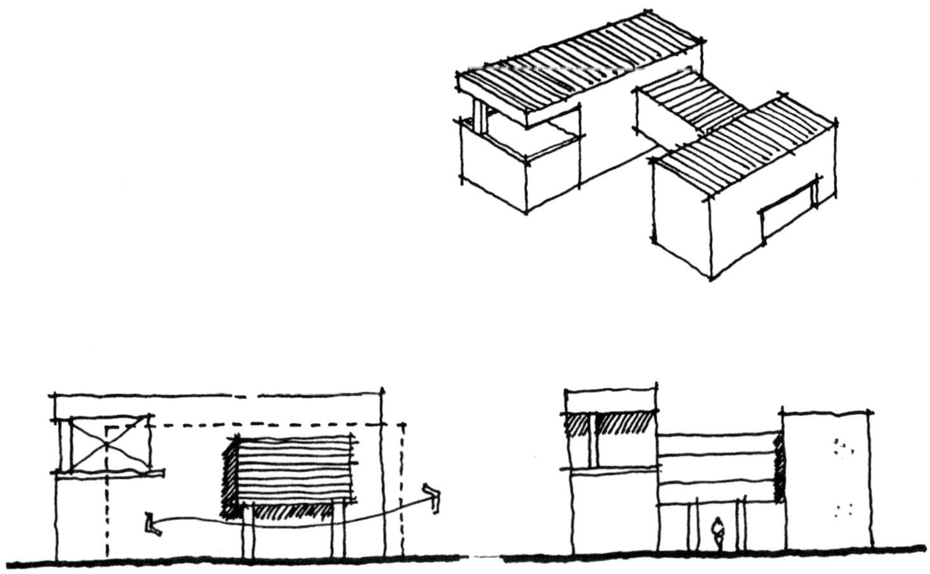

그림 4-44 매스 플랜(MASS PLAN, ALT-1)

■ 블록 플랜(BLOCK PLAN), ALT-2

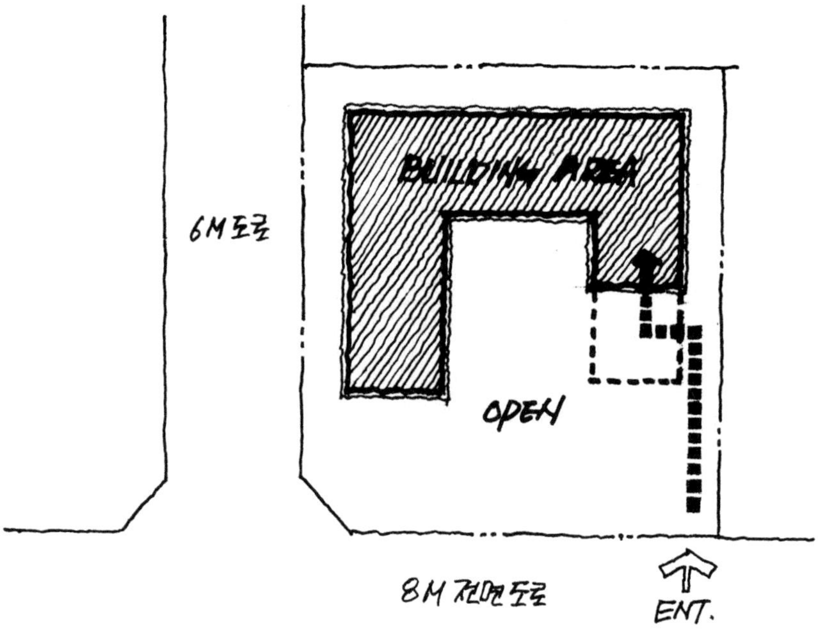

그림 4-45 블록 플랜(BLOCK PLAN, ALT-2)

■ 매스 플랜(MASS PLAN), ALT-2

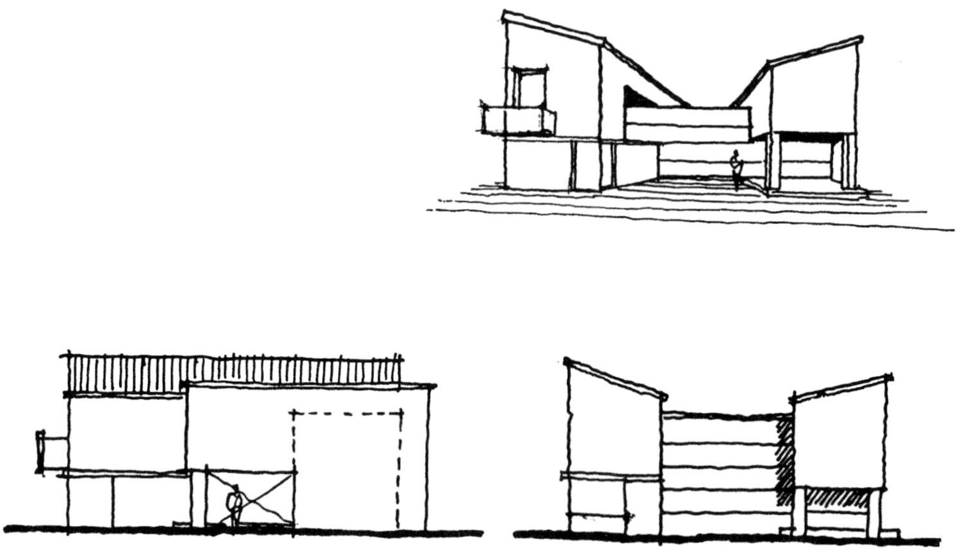

그림 4-46 매스 플랜(MASS PLAN, ALT-2)

■ 블록 플랜(BLOCK PLAN), ALT-3

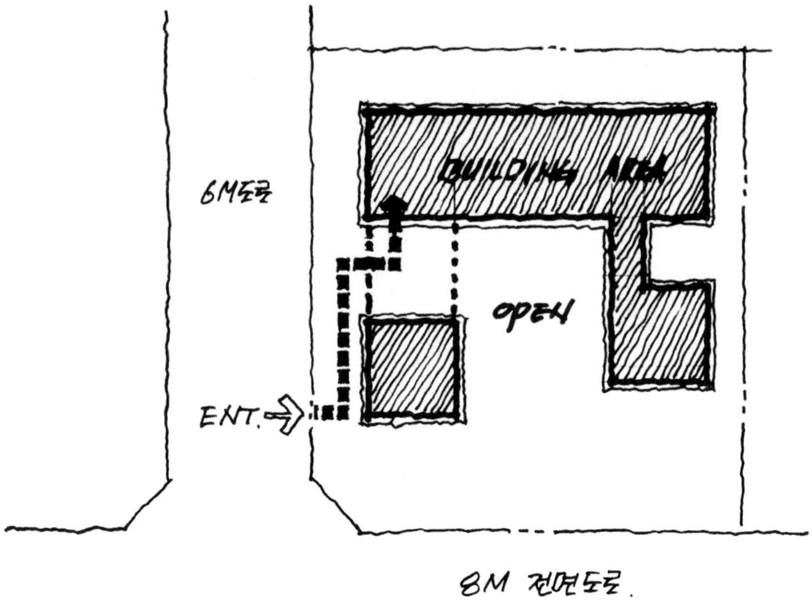

그림 4-47 블록 플랜(BLOCK PLAN, ALT-3)

■ 매스 플랜(MASS PLAN), ALT-3

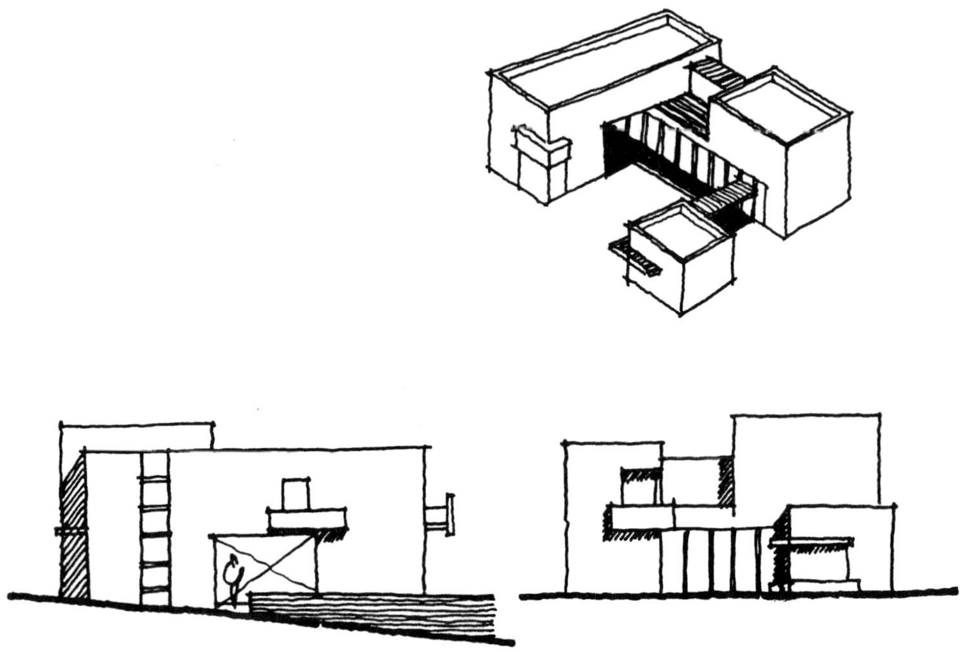

그림 4-48 매스 플랜(MASS PLAN, ALT-3)

■ 블록 플랜(BLOCK PLAN)

<table>
<tr><th>ALT – 1</th><th>ALT – 2</th><th>ALT – 3</th></tr>
<tr>
<td>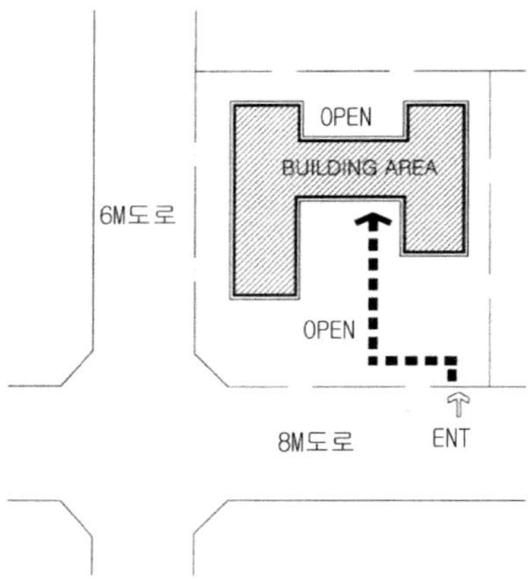
</td>
<td>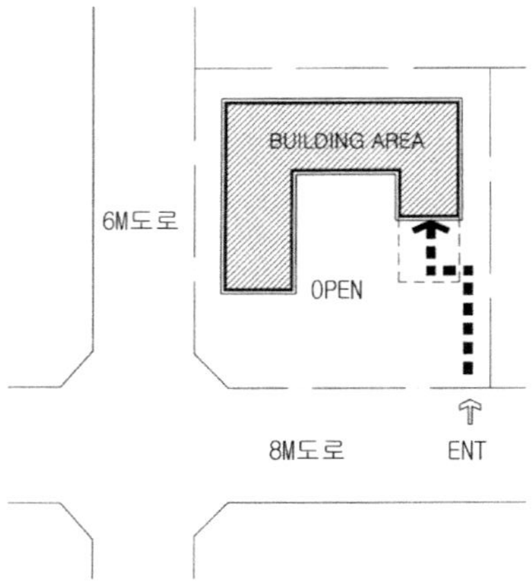
</td>
<td>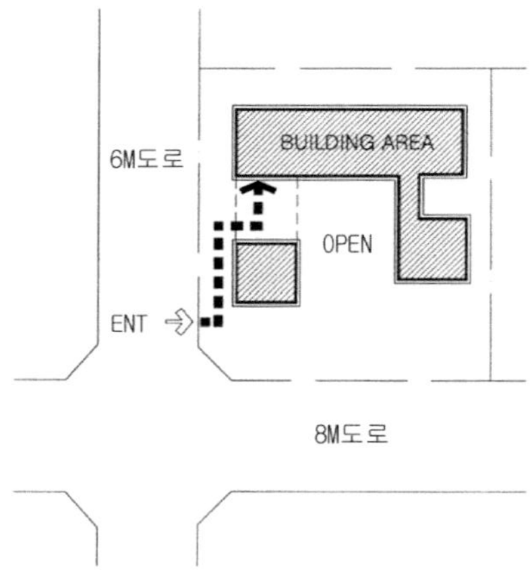
</td>
</tr>
<tr>
<td>· 건물을 I자형으로 하여 부지의 북측에 배치
· 동남측에서 진출입
· 정원을 남측에 배치</td>
<td>· 건물을 ㄱ자형으로 하여 북측 및 서측에 배치
· 동남측에서 진출입
· 정원을 남측에 배치</td>
<td>· 건물을 ㄷ자형으로 하여 북측, 동측 및 서측에 배치
· 서측에서 진출입
· 정원을 중앙 및 남측에 배치</td>
</tr>
</table>

■ 매스 플랜(MASS PLAN)

ALT – 1	ALT – 2	ALT – 3
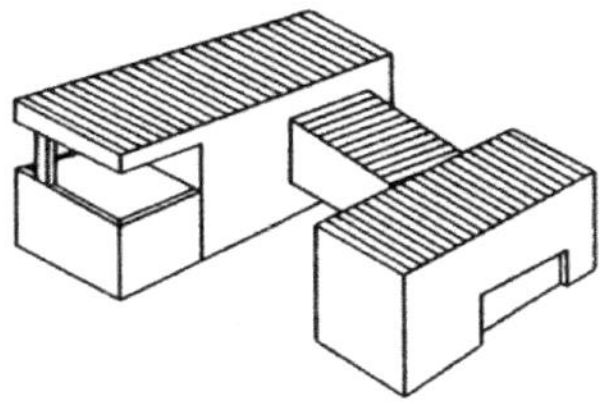	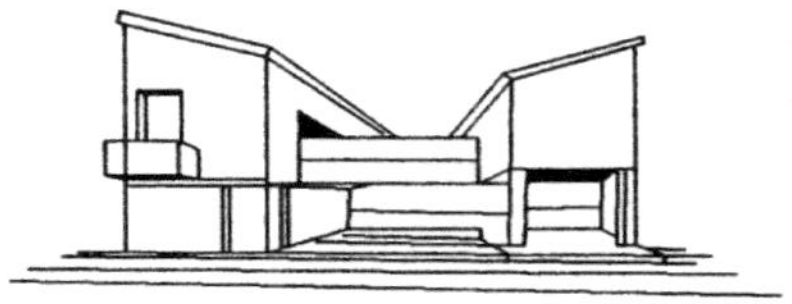	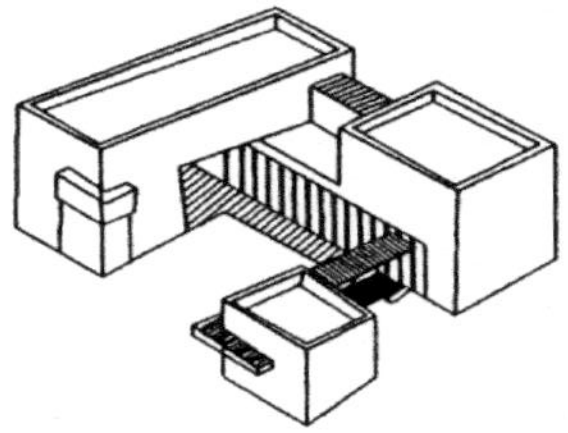
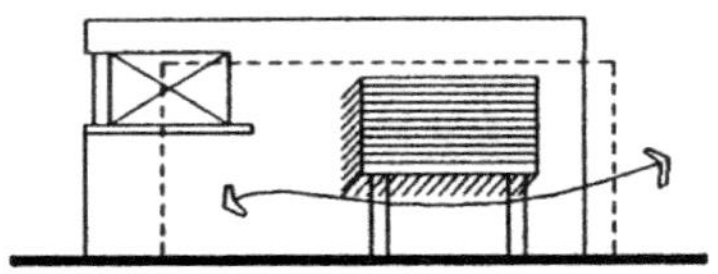 〈동측면〉	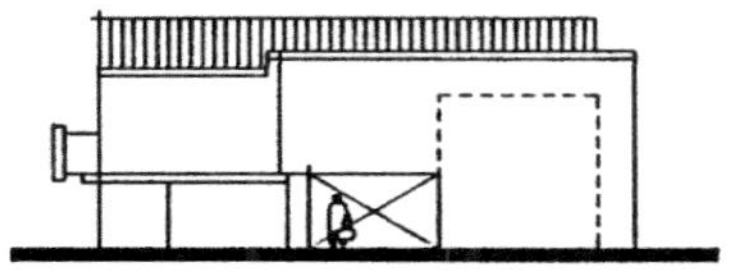 〈동측면〉	 〈서측면〉
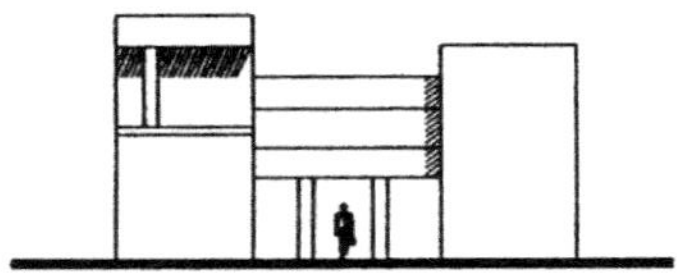 〈남측면〉	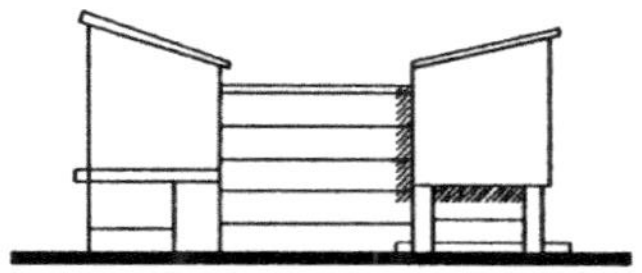 〈남측면〉	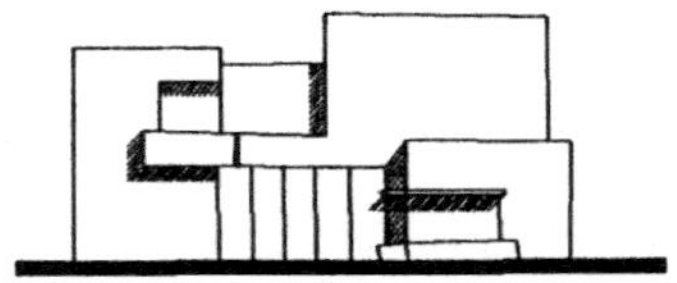 〈남측면〉

② **블록 및 매스 대안평가(Assessment)**

대안평가는 앞에서 살펴본 바와 같다. 즉, 블록 및 매스 계획안을 3개 또는 5개의 복수로 검토한 경우, 이를 평가하여 최선의 안을 선택하여야 한다. 그러기 위해서는 계획기준(평가요소)을 설정하고, 여기에 점수를 부여하여 평가한다.

평가요소는 설계 프로젝트의 종류에 따라 그 중요도가 다르므로 어떤 요소를 설정하느냐 하는 것은 중요한 문제이다. 블록 및 매스의 평가요소에는 접근성(Access), 독립성(Privacy), 공간성(Space Quality), 조형성(Form), 조망성(View), 기능성(Function), 인지성(Identification), 위계성(Hierarchy), 정면성(Facade), 경제성(Economy), 융통성(Flexibility), 축(Axis), 조화성(Harmony), 상호관계성(Relationship) 등을 상정할 수 있다.

역시 앞에서 살펴본 바와 같이, 이들 각각의 평가요소에 대하여 점수를 매우양호(5점), 양호(4점), 보통(3점), 불량(2점), 매우불량(1점)의 5등급, 또는 양호(3점) 보통(2점), 불량(1점)의 3등급 등으로 부여할 수 있다. 또한, 평가요소에 중요도를 반영하고자 할 경우에는 가중치(계수, 1.0~0.1 ; 1에 가까울수록 중요도가 크며, 이 값을 곱하여 반영한다)를 두어 이를 반영하도록 한다.

■ 블록 및 매스 플랜 대안평가(ASSESSMENT)

계획기준(평가요소)	AT-1	ALT-2	ALT-3	비 고
접근성(ACCESS)	3	4	5	사람, 차량
독립성(PRIVACY)	4	5	5	-
공간성(SPACE QUALITY)	3	4	5	-
조형성(FORM)	3	4	5	-
조망성(VIEW)	5	4	4	-
기능성(FUNCTION)	5	4	4	-
인지성(IDENTIFICATION)	4	4	5	-
위계성(HIERARCHY)	4	4	5	-
축(AXIS)	4	4	4	-
조화성(HARMONY)	4	5	4	-
상호관계성(RELATIONSHIP)	5	4	5	-
합 계	44	46	51	-

그림 4-49 블록 및 매스 대안평가

(3) 평면계획(Floor Plan)

평면계획은 블록플랜(Block Plan)에서 결정된 형태를 기본으로 하여 기능 및 동선계획을 통해 구체화된 공간을 정리한다. 스케치 단계의 모든 작업들은 프리핸드로 작성하되, 정 축척을 적용하여 계획한다. 여기서는 단위실의 배치, 넓이, 개구부의 위치 및 크기, 창문이나 출입문의 구별, 부대시설 등을 고려하여 작성하고, 평면계획시 나타나는 입면의 형태나 의장성을 염두에 두고 작업한다.

계획시 아래의 사항을 검토하여 진행하여야 한다.

① 관계성이 높은 실들의 인접배치
② 상하층의 관계 및 동선의 길이와 명료성
③ 옥외 공간과의 관계를 고려한 개구부의 크기 및 위치
④ 대지분석의 결과와 건축주의 요구사항
⑤ 실 크기에 따른 공간감과 가구배치를 고려한 공간구성
⑥ 각 실의 방위, 조망, 채광을 고려한 공간 배치
⑦ 부대 설비 및 합리적인 구조방식의 채택 등이다.

■ 배치 및 1층 평면계획

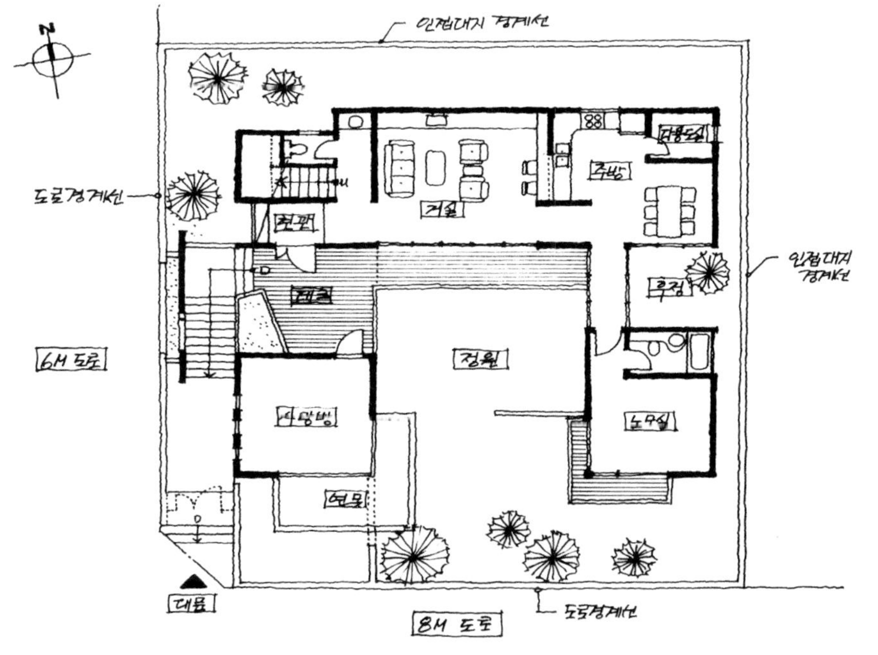

그림 4-50 배치 및 1층 평면계획

2층 평면계획

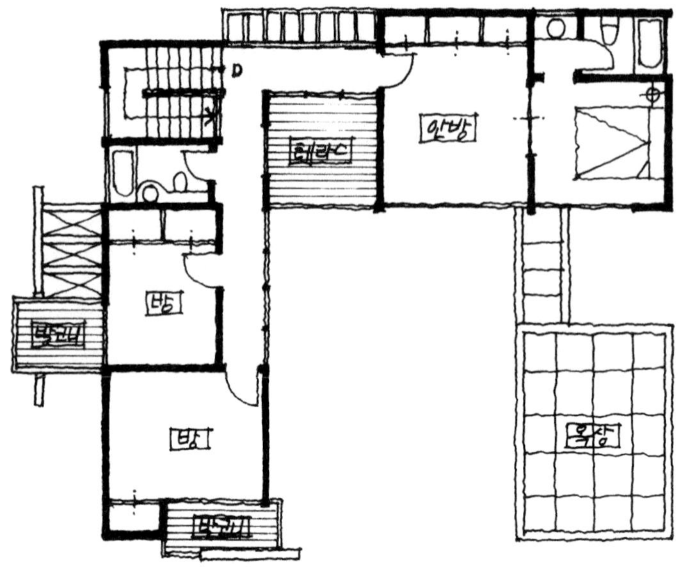

그림 4-51 2층 평면계획

지하층 평면계획

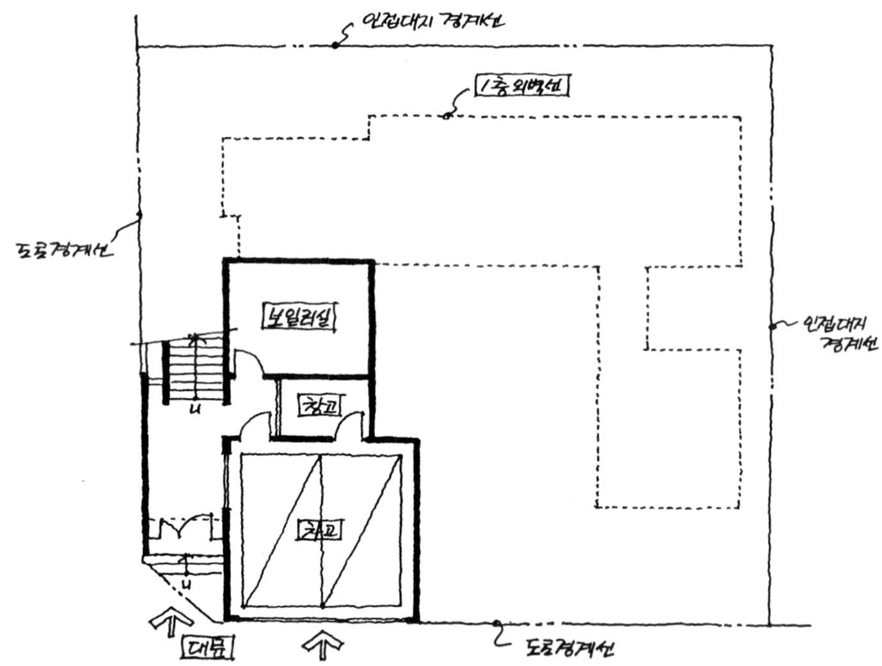

그림 4-52 지하층 평면계획

(4) 입면계획(Elevation Design)

입면계획은 매스플랜(Mass Plan)의 결과를 기본으로 계획하되 평면계획과 단면계획을 종합적으로 고려하여 진행된다. 이는 입면상 나타나는 형태뿐만 아니라 벽면의 구성비례, 창문의 형태와 크기 및 위치, 벽과 개구부의 면 비례, 외장재료의 조합에 따른 질감, 음영에 의해 나타나는 형상 등과 기타 의장계획에 관련된 모든 사항들을 고려하여 계획한다.

계획된 입면상의 모든 내용들은 평면과 유기적으로 관련된 내용으로 각 단계를 동시에 수정 보완하여야 한다. 입면계획에서도 역시 정 축척을 적용하여 계획하며 표현시 사람, 자동차, 나무 등을 표현하여 스케일감을 부여할 수 있으며 도면 표현효과도 함께 기대할 수 있다.

입면계획은 정면도, 좌·우측면도, 배면도의 4면을 계획한다. 그림 4-53~56은 입면계획의 결과이다.

■ 남측 입면계획

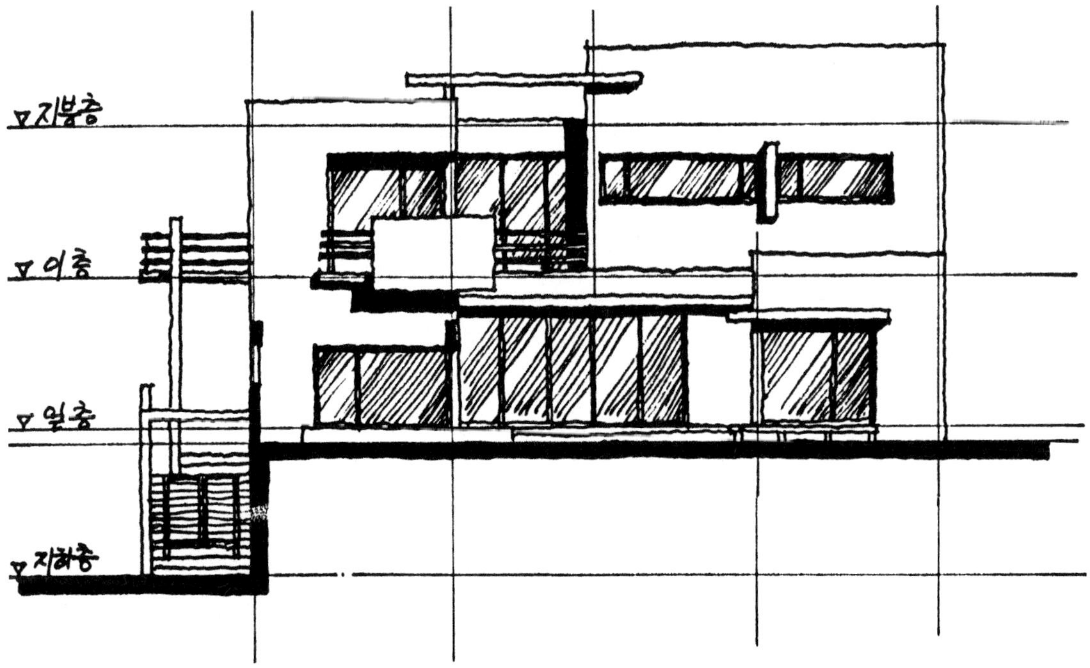

그림 4-53 남측 입면계획(정면)

■ 동측 입면계획

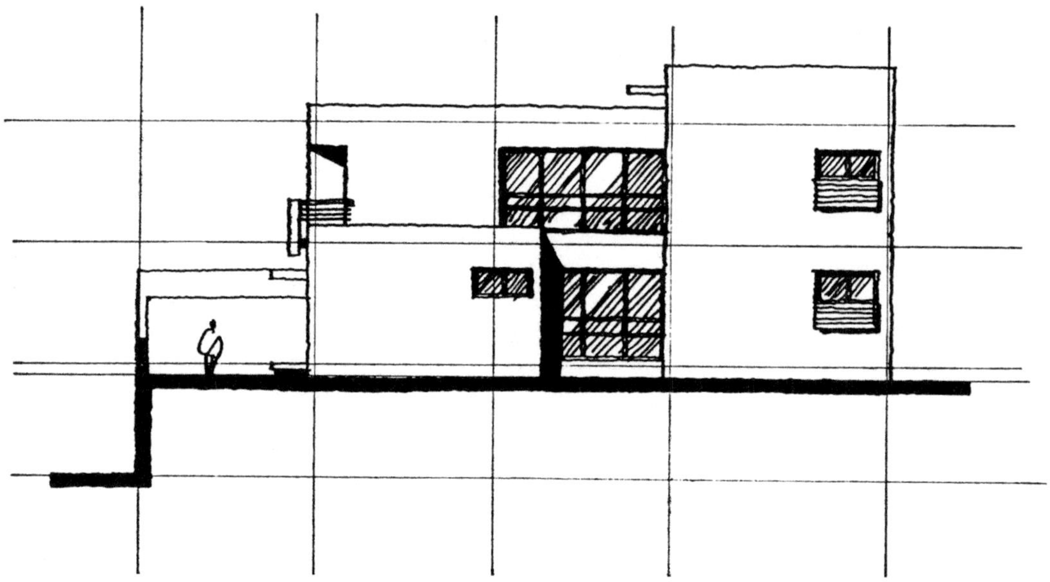

그림 4-54 동측 입면계획

■ 서측 입면계획

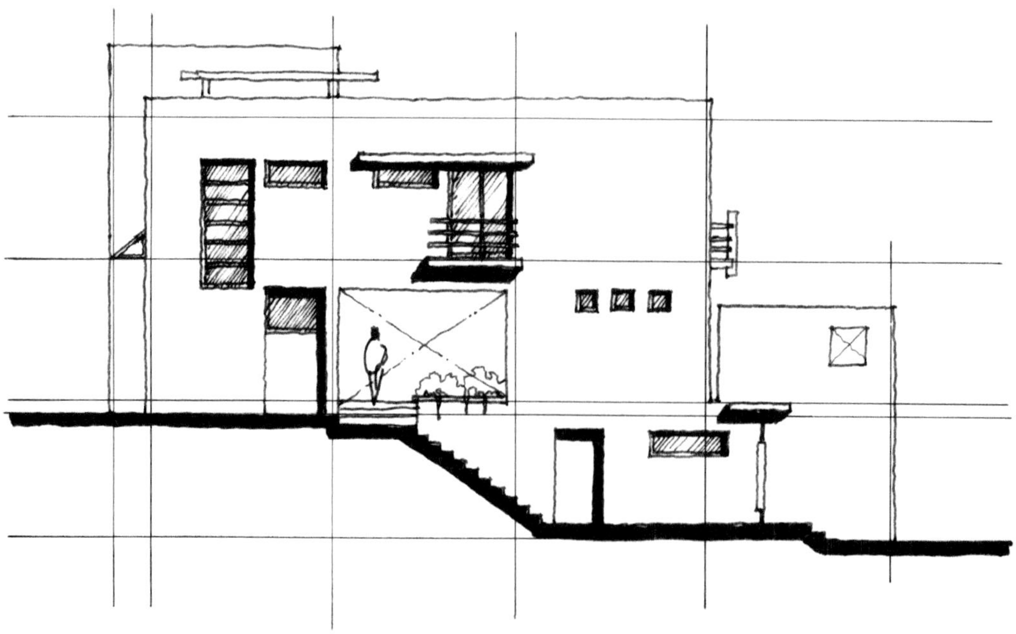

그림 4-55 서측 입면계획

(5) 단면계획(Section Design)

단면계획은 평면적 내용을 입체적으로 이해하고 입면계획상 건물의 볼륨(Volumn) 및 형태를 결정하는 중요한 계획이다. 따라서 단면계획은 입면계획과 동시에 병행하여 작업되어야 한다. 계획상 고려할 사항은 단위실의 기능, 크기, 용도에 따라 층고 및 천장고를 결정하며, 이는 내부공간계획의 중요한 인자이며, 특히 건물과 지반고와의 관계를 검토하여 계획한다.

단면도는 기본적으로 종·횡축상의 2개의 단면을 계획한다. 종단면계획(그림 4-57)은 건물을 세로방향으로 절단하여 한쪽 면을 바라본 것이며, 횡단면계획(그림 4-58)은 건물을 가로방향으로 절단하여 한쪽 면을 바라본 것이다.

그 외에도 주요실 및 계단 부분, 옥외공간과 연결되는 부분 등 필요에 따라 부분적인 단면계획이 이루어질 수 있다.

■ 북측 입면계획

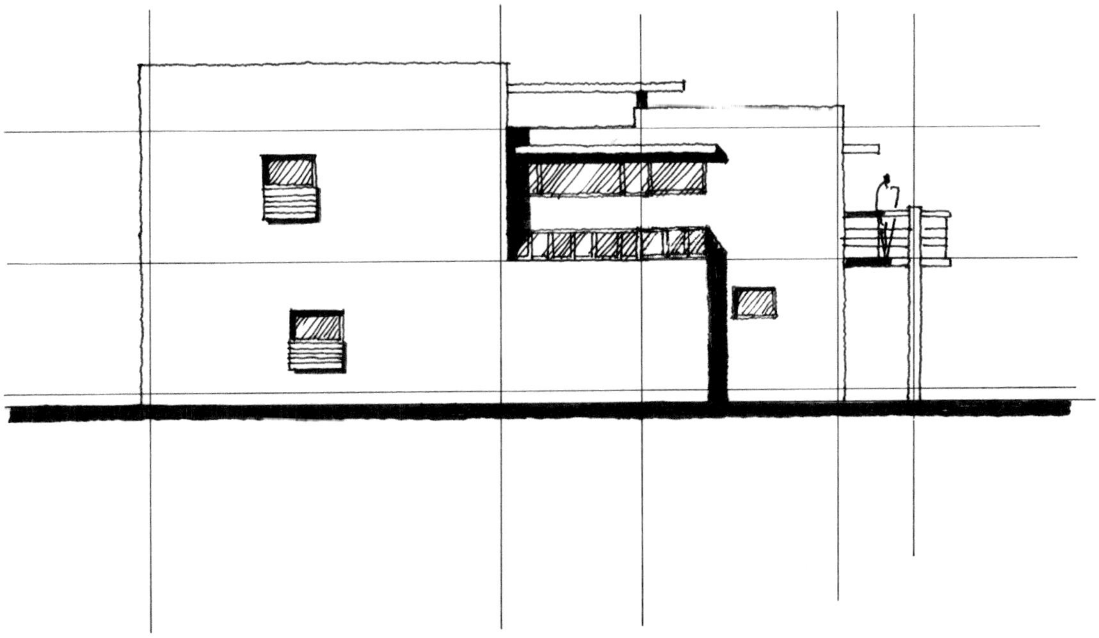

그림 4-56 북측 입면계획(배면)

종단면계획

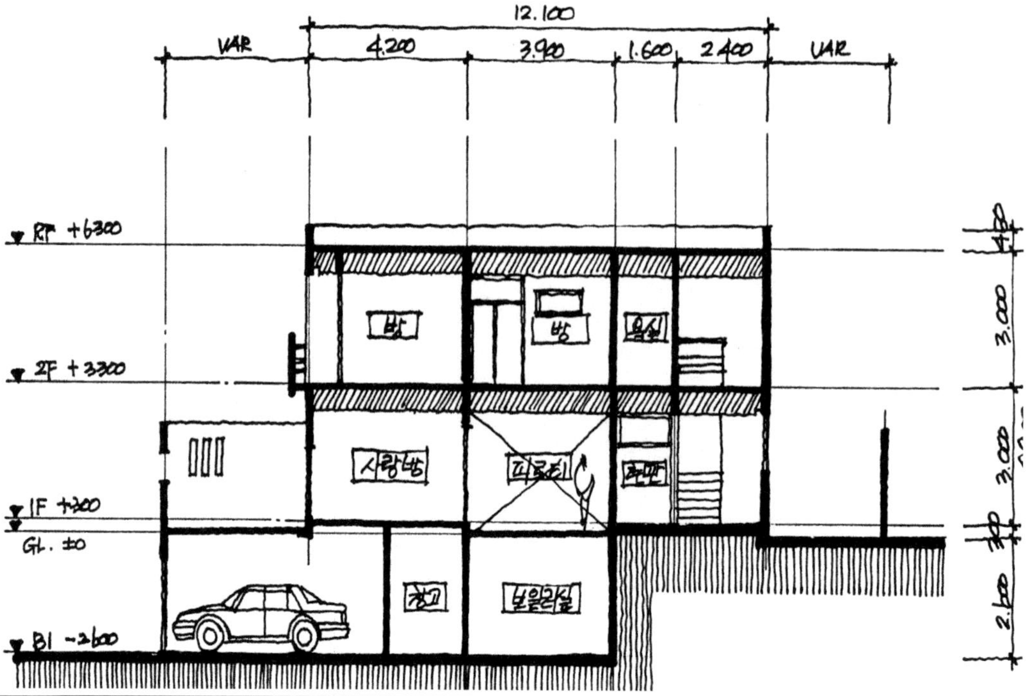

그림 4-57 종단면계획

횡단면계획

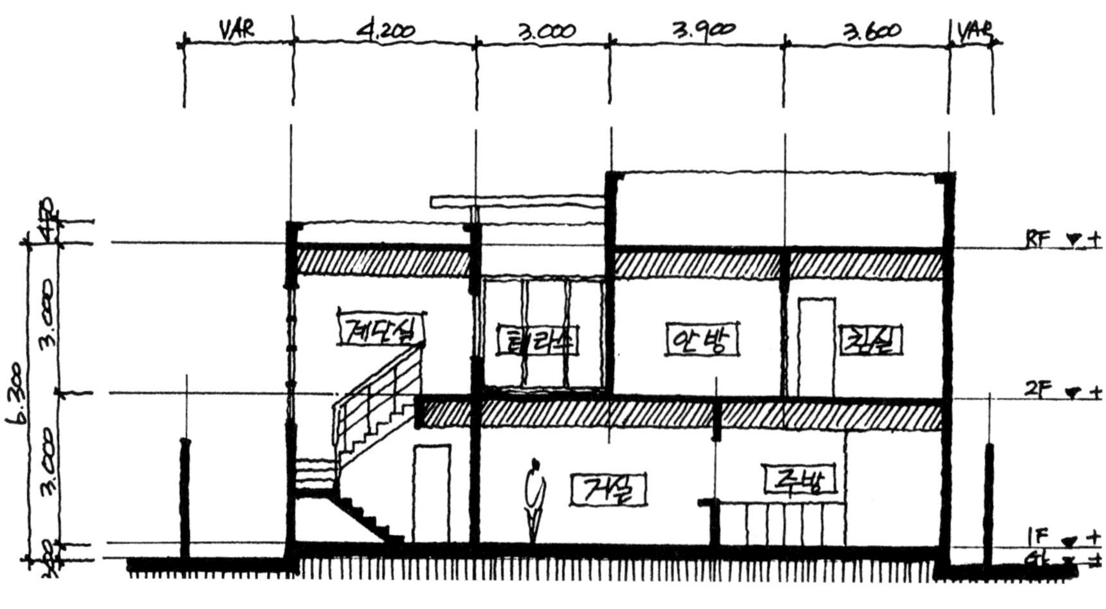

그림 4-58 횡단면계획

(6) 투시도(Perspective or Axonometric)

일반적으로 평면도, 입면도, 단면도 등은 건물을 평면적인 투상도로 분해해서 표현한 것으로서 입체적 구성감을 나타내기가 곤란하다. 따라서 직접 대상을 눈으로 보는 것같이 입체적으로 보이는 도면이나 모형을 필요로 한다.

투시도는 2차원적인 종이 위에 3차원적인 형상을 입체적으로 표현할 수 있는 수단으로서 형태계획의 내용을 검토하고 확인하여 수정, 보완할 수 있는 중요한 작업이며 제안용의 최종 결과물로 활용될 수 있다.

투시도는 계획단계에서 표현되는 개념 스케치와 제안용 도서로서 투시도 작도법에 의해 작성될 수 있다. 투시도는 채색하면 더욱 효과적이고 현실감이 나는데, 색연필이나 마카 등으로 가볍게 채색하거나 또는 포스터칼라 등을 이용하여 제대로 채색하기도 한다. 요즘에는 컴퓨터를 이용하여 투시도를 그리고 채색하기도 한다.

그림 4-59는 남서쪽에서 바라본 모습을 그린 것이고, 그림 4-60은 남동쪽에서 바라본 모습을 그린 투시도이다. 또한, 그림 4-61은 실내투시도이다.

그림 4-62~63은 축측투상도(Axonometric)이다. 여기에는 등각투상도(Isometric), 2등각투상도(Dimetric), 3등각투상도(Trimetric) 등이 있다.

■ 외관 투시도(I)

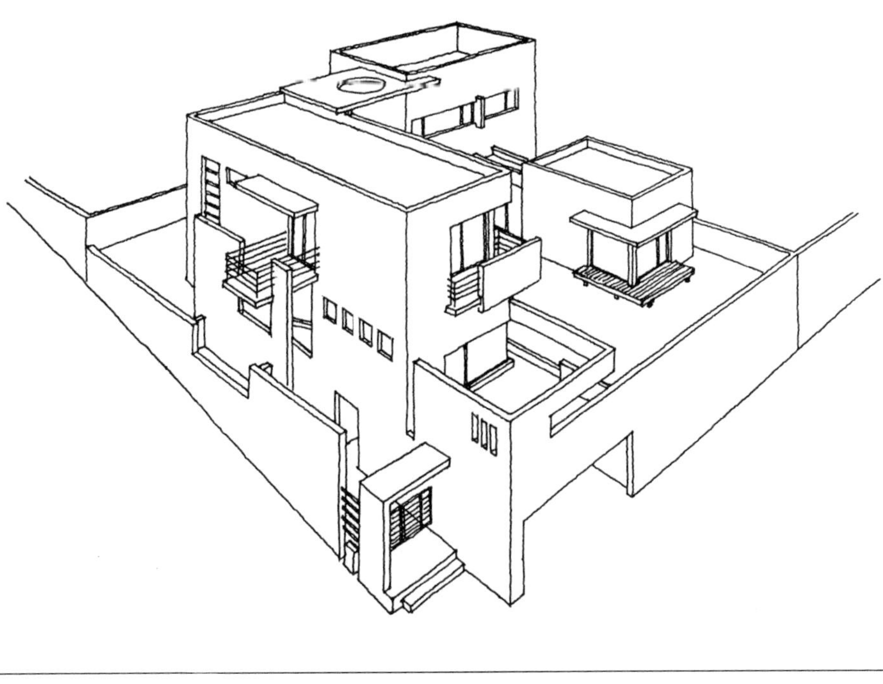

그림 4-59 외관투시도(I)

외관 투시도(II)

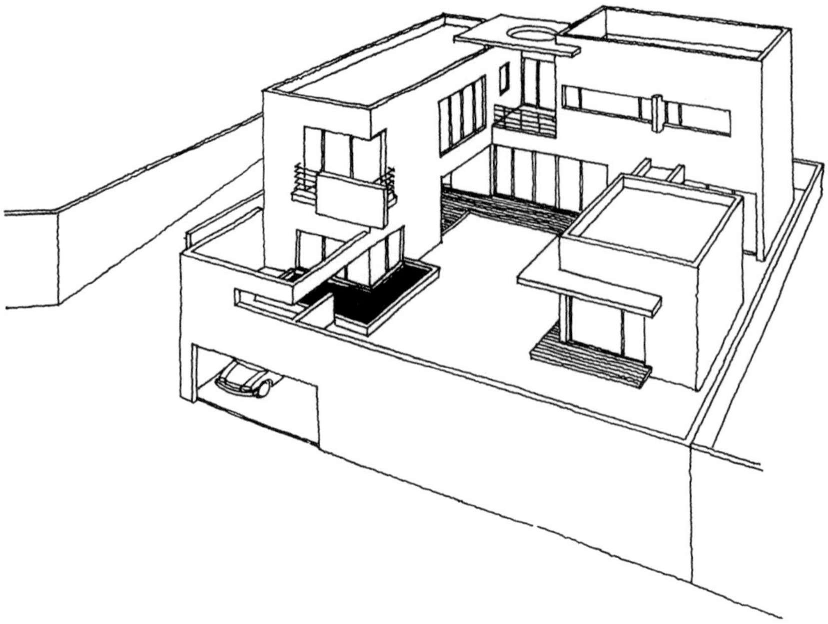

그림 4-60 외관투시도(II)

실내 투시도

그림 4-61 실내 투시도

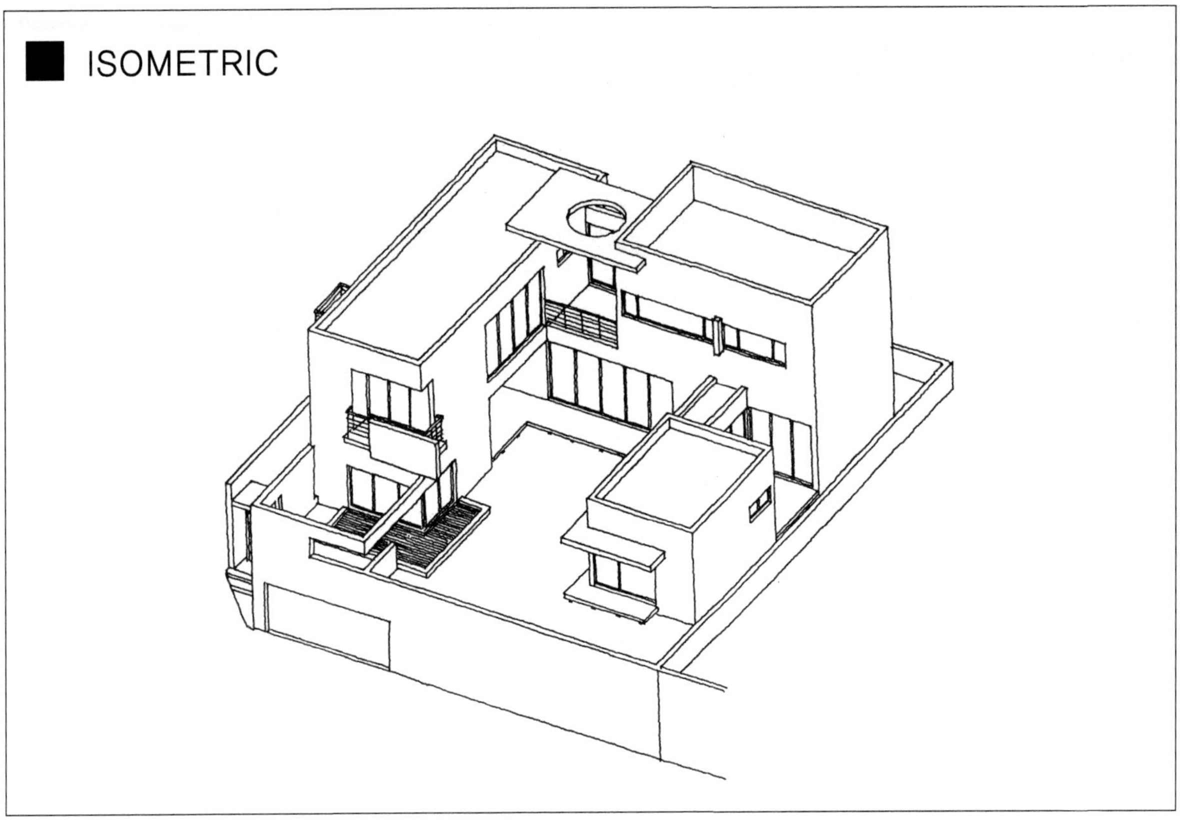

그림 4-62 Isometric

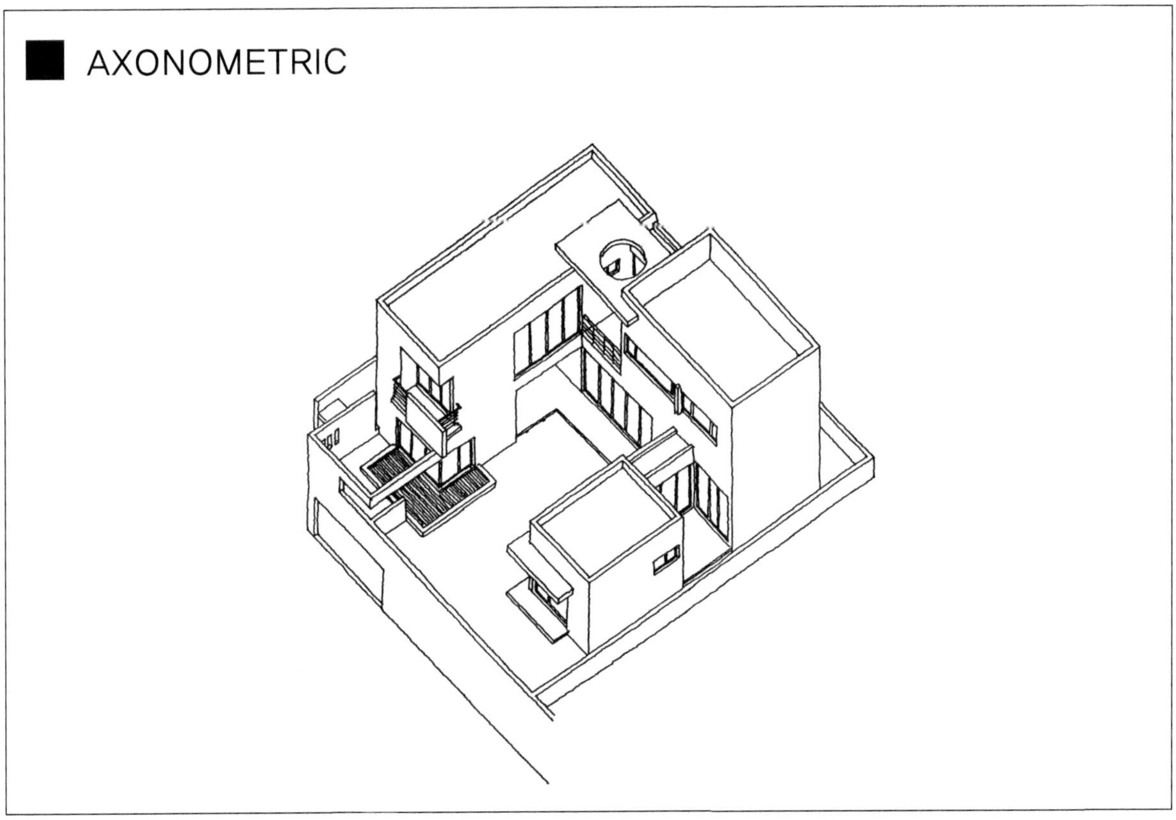

그림 4-63 Axonometric

(7) 모형(Model)

투시도와 마찬가지로 모형은 입체적으로 표현할 수 있는 수단으로서 전반적인 형태계획의 내용을 검토, 확인하여 수정 · 보완할 수 있는 중요한 작업이며 제안용의 최종 결과물로도 활용될 수 있다.

모형은 앞에서 작성한 배치, 평면, 입면, 단면, 투시도를 바탕으로 각종 모형용 재료를 사용해 실제의 건물 모습을 축소하여 실감이 나도록 만든 것이다. 그림 4-64~65는 지금까지 계획한 각종 도면을 바탕으로 하여 압축 스티로폼으로 제작한 모형으로서 여러 방향에서 촬영한 사진이다.

(8) 종합평가 및 결정(Total Assessment & Decision)

계획설계가 모두 끝나면 종합평가를 실시하여 최종안을 선택함과 동시에 다소 불만족스럽거나 잘못된 곳을 Feed Back하여 수정 및 보완 작업을 한다. 특히, 종합평가는 평면계획 이후에도 대안을 복수(3개 또는 5개)로 마련한 경우에는 반드시 실시할 필요가 있다. 그러나 여기서는 토지이용계획과 블록 및 매스 플랜에서 대안을 각각 두 차례나 평가하였으며, 평면계획 이후에는 단일안을 계획하였으므로 생략한다.

■ 모형(MODEL)

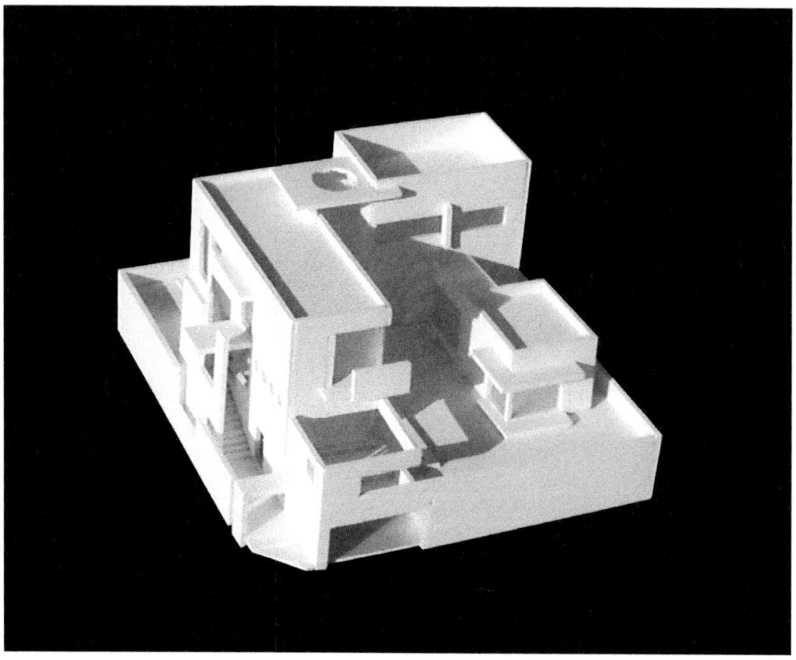

그림 4-64 모형(Model)

종합평가의 경우에도 앞에서 살펴 본 바와 같이, 평가요소를 적절하게 설정하는 것이 중요한 문제인데, 보통 기능성(동선, 편리성, 접근성 등), 조형성(창의성, 예술성, 조화감 등), 공간성(개방감, 조망감, 독립성 등), 합리성(재료, 구조 선택 등), 경제성(건축비, 유지관리비 등), 융통성(가변성, 변화성 등) 등의 평가요소가 설정될 수 있다. 또한 프로젝트의 종류 및 성격에 따라 또 다른 평가요소가 채택되거나 제외되고, 그 중요도에 따라 가중치가 부여될 수 있다.

여러 방향에서 본 모형

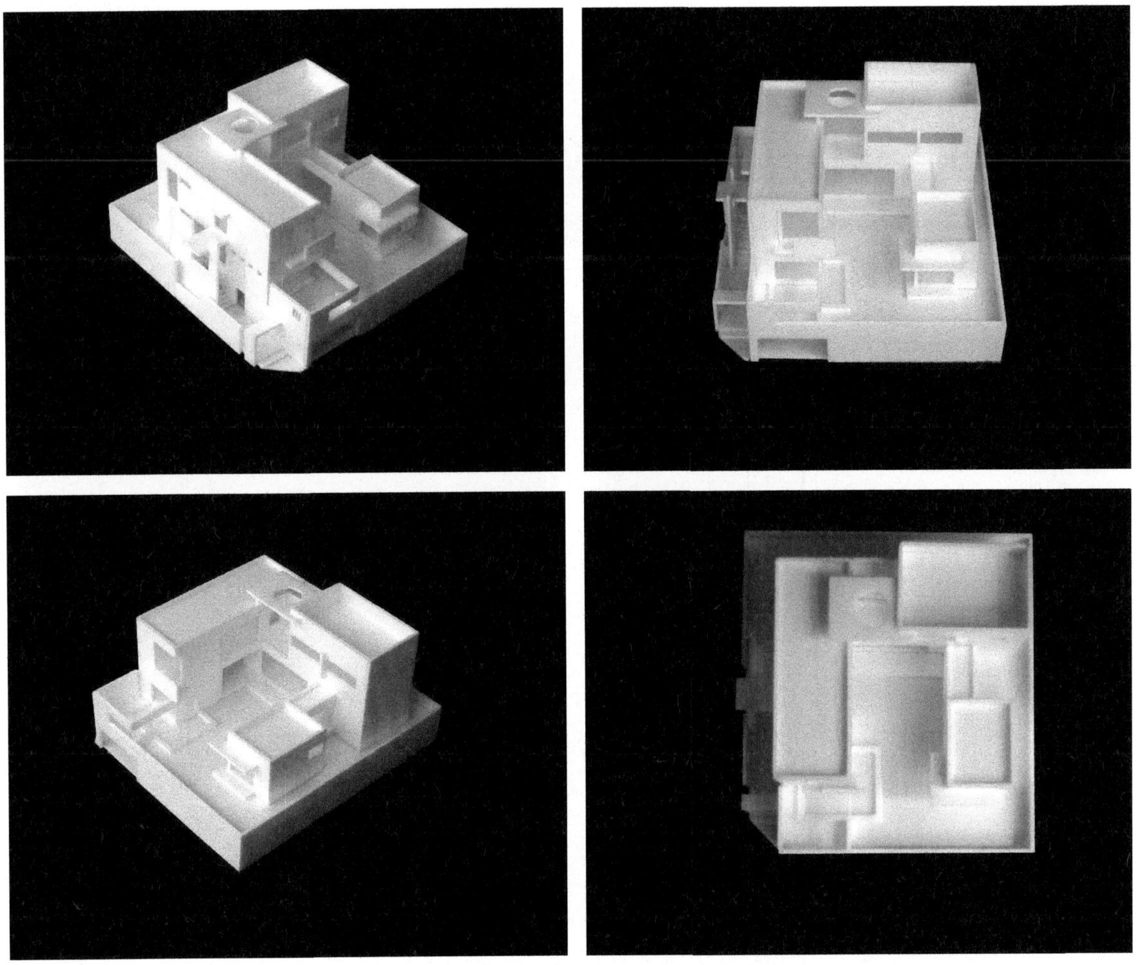

그림 4-65 여러 방향에서 본 모형

5 계획설계 도면작성(Drawing of Schematic Design)

계획설계 결과에 대한 종합평가를 실시하여 수정 · 보완을 거친 최종안이 마련되면 계획설계 내용 중 설계개요 및 배치도, 평면도, 입면도, 단면도, 투시도 등의 도면은 트레이싱지 또는 켄트지 등에 작성하고, 모형은 적절한 재료를 사용하여 세밀하게 제작한다.

여기에서 도면 작성 및 입체도형 제작시 참고해야 할 사항을 구체적으로 살펴보면 다음과 같다.

1) 배치도(Site Plan)

① 원칙적으로 북쪽을 도면의 위쪽으로 하여 대지(인접 대지경계선 및 도로경계선)를 그리고 각 변의 치수를 기입한다.
② 건물의 배치를 정하고 기준선을 그은 후 평면도를 그리거나 건물의 외형선을 그어 표시한다.
③ 도로와의 관계를 나타내고 주요 출입구의 위치와 사람 및 자동차의 어프로치를 명시한다.
④ 건물과 경계선과의 거리, 도로폭 등을 기입하고 도로는 인도와 차도를 구분하여 표시한다.
⑤ 경계선 주위의 울타리와 대문, 창고 및 주차장 등의 상황을 표시한다.
⑥ 상하수도, 정화조, 맨홀, 배수구, 옥외조명 등 설비의 위치와 크기를 그린다.
⑦ 연못, 분수, 정원의 나무 · 잔디 등의 조경 및 서비스 야드 등의 옥외시설을 그린다.
⑧ 도로와 대지와의 고저차, 등고선 등을 기입한다.
⑨ 바닥의 타일이나 돌의 줄눈, 포장, 연석, 자갈길 등을 표시한다.
⑩ 방위, 축척을 그려 넣고 전체의 균형 및 누락된 것이 없는지 확인한다.

2) 평면도(Floor Plan)

① 원칙적으로 도면의 위쪽을 북쪽으로 하여 표제란 및 그림의 위치 등이 균형잡힌 레이아웃이 되도록 한다.
② 수평방향의 기둥, 벽 등 설계의 기준이 되는 중심선을 1점쇄선으로 긋는다. 이때 모듈이 있는 경우에는 그리드를 긋는다.
③ 수직방향의 중심선을 수평방향에서와 같은 방법으로 그린다.
④ 치수선을 긋고 치수를 정확하게 기입한다.
⑤ 기둥의 크기, 벽의 두께를 가는선(세선 ; hair line)으로 긋는다.
⑥ 창, 문 등 개구부의 치수를 잡고 창호를 그린다. 이때 단면선과 보이는 선과의 농도를 구분하여 선의 구별에 조심한다.
⑦ 기둥이나 벽 등 구조체의 윤곽선을 그린다.
⑧ 칸막이, 가구, 선반, 위생 및 주방기구 등을 그린다.
⑨ 줄눈, 재료의 표시 등과 평면도로는 나타나지 않는 개방공간, 차양의 선 등을 긋는다.

⑩ 공간의 용도, 명칭, 치수 등의 문자와 기호를 적절히 기입한다.
⑪ 도면의 제목, 축척, 방위를 기입한다.

3) 입면도(Elevation)

① 건축물의 평면도, 단면도를 정리하여 준비한다.
② 그리려는 입면도 아래에 평면도를, 측면에 단면도를 놓고 그리면 편리하다.
③ 도면상의 레이아웃을 정한다.
④ 지반면(G.L)을 실선의 굵은선으로 그린다.
⑤ 수평방향인 각층 바닥, 지붕, 창, 난간 등의 높이를 잡아 가는선(hair line)으로 그린다.
⑥ 수직방향인 기둥, 벽의 중심선과 각 두께를 가는선으로 그린다.
⑦ 기둥, 벽의 중심선에서 창호까지의 거리를 잡아 창틀 및 울거미를 그린다.
⑧ 외벽의 윤곽선을 진하게 그린다. 창틀, 창문의 선들이 겹치지 않도록 세심한 주의를 한다.
⑨ 지붕, 옥상 등을 그린다.
⑩ 도로, 인접대지 등과의 관계, 사선제한 등 건물주변의 상황을 표시한다.
⑪ 도면 전체의 균형을 보아 필요한 경우에는 나무, 사람 등의 점경을 그려 넣는다.
⑫ 입면도에는 일반적으로 치수를 기입하지 않는다.

4) 단면도(Section)

① 평면도에 절단면의 위치를 표시한다.
② 단면도의 크기를 파악하고 도면의 레이아웃을 정한다.
③ 지반면(G.L)의 위치를 정하고 1점쇄선으로 긋는다.
④ 기둥, 벽의 기준선(중심선)을 1점쇄선으로 그린다.
⑤ 각 층의 바닥높이(F.L)를 취하고, 슬래브 두께를 가는선으로 긋는다.
⑥ 바닥, 지붕, 보 등의 형태를 그린다.
⑦ 기둥의 중심선에서 창틀, 문틀의 위치를 정하고 유리 및 새시를 그린다.
⑧ 창대, 문 등 내외벽을 그린다.
⑨ F.L에서 천장높이를 잡고 커튼 박스, 간접조명장치 등을 그린다.
⑩ 계단과 난간 등을 그린다.
⑪ 실내의 주요한 부분을 그린다.
⑫ 각 기준선의 기호, 치수, 실명 등을 기입한다.

5) 투시도(Perspective or Axonometric)

투시도법에 의해 투시도 또는 투상도 작도법에 의한 투상도를 작도한 후, 적당한 크기로 확대하거나 또는 축소하여 조정한다. 그리고 이것을 다시 켄트지 또는 켄손지 등의 종이에 트레이스 다운하여 옮긴 뒤, 여기에 적절하게 채색하여 마무리한다. 컴퓨터상에서 CAD 또는 C.G 프로그램을 사용하여 표현하고 마무리하기도 한다.

6) 모형(Model)

스터디 모형에서는 주로 스티로폼을 이용하여 형태 위주로 간략하게 제작하지만, 본 모형에서는 컬러보드, 하드보드, 우드락, 발사, 골판지, 아크릴, 각종 필름 등의 다양한 모형 재료를 이용하여 실물에 가깝도록 보다 섬세하게 제작한다.

6 계획설계 프레젠테이션 I (CAD를 이용한 경우)

지금까지 계획설계한 내용을 컴퓨터 및 CAD 프로그램를 이용하여 그 결과를 정리하고 도면으로 작성하여 표현한 것이다(P.141~204 참조).

7 계획설계 프레젠테이션 II (C.G로 표현한 경우)

앞에서와 같이 계획설계한 내용을 컴퓨터(CAD)를 이용하여 프레젠테이션한 결과에 다시 컴퓨터그래픽(C.G) 프로그램을 이용하여 도면효과를 내어 표현한 것이다(P.207~267 참조).

계획설계 프레젠테이션 Ⅰ

(CAD를 이용한 경우)

※ 앞에서 계획설계한 내용을 컴퓨터를 이용하여 그 결과를 정리하고 도면으로 작성하여 표현한 예

○○동 K씨 주택 기본계획안

설계일 : ○○년 ○○월 ○○일

학년반 : 건축과 ○학년 ○반

학　번 : ○○○○○○번

설계자 : ○ ○ ○

■ 설계개요

1) 대지위치 : ○○시 ○○구 ○○동 00번지	2) 대지면적 : 348.01㎡(105.27평)
3) 지역지구 : 일반주거지역, ○○지구	4) 도로관계 : 8M, 6M 도로에 접
5) 가족구성 : 5인	6) 건축면적 : 131.46㎡(39.77평)
7) 연 면 적 : 272.61㎡(82.47평)	8) 건 폐 율 : 37.77%
9) 용 적 율 : 61.61%	10) 층 수 : 1-2층, 지하층
11) 주요구조 : 조적조 + 스라브	12) 주요재료 : 벽돌 + 홍송널붙이기
13) 주차대수 : 2대	14) 조경면적 : 104.40㎡(31.58평)

15) 난방방식 : 패널히팅 + 라디에이터 (도시가스 보일러)

■ 설계방향

주택은 인간 정주의 기본적 요소로서 그 시대의 문화생활의 수준을 반영하는 그릇이며, 가치를 창조시켜주는 터전이다.

따라서 주거는 쾌적한 환경과 편익한 시설 및 관리, 그리고 안정된 생활을 영위하기 위하여 설계의 독창성과 개성적 아이디어의 전개로 주거시설이 필요로 하는 개념과 계획을 반영하여야 한다.

지역의 문화적 특성의 고려, 단위공간의 개별성, 합리성과 경제성, 기능성, 현대적 이미지의 조형성 등을 목표로 설정한다.

본 계획은 도시의 기존 주택가 내에서 대지를 선정하여 3대로 구성된 5인 가족을 위한 도시형 주택의 모형을 제시하고자 한다.

■ 단계별 건축계획 진행표

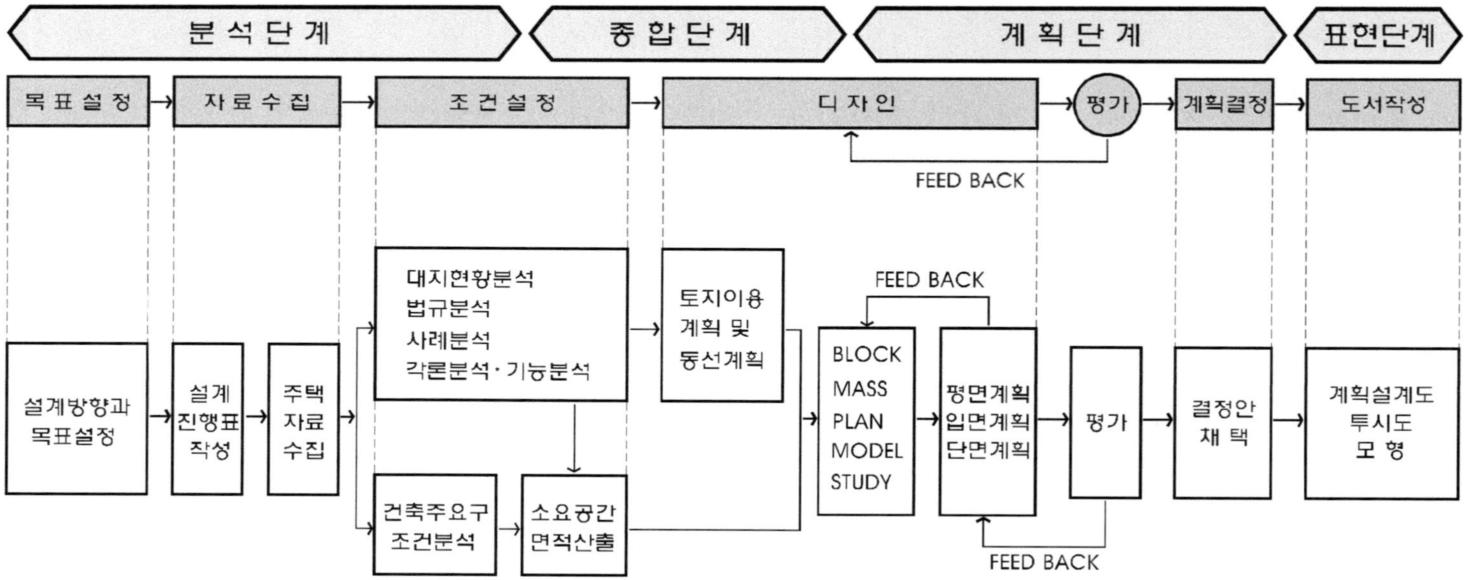

분석단계
종합단계
계획단계
표현단계
목표설정
자료수집
조건설정
디자인
평가
계획결정
도서작성
FEED BACK
설계방향과 목표설정
설계 진행표 작성
주택 자료 수집
대지현황분석 법규분석 사례분석 각론분석·기능분석
건축주요구 조건분석
소요공간 면적산출
토지이용 계획 및 동선계획
FEED BACK
BLOCK MASS PLAN MODEL STUDY
평면계획 입면계획 단면계획
평가
FEED BACK
결정안 채택
계획설계도 투시도 모형

■ 일정별 계획 진행표

MONTH	1				2			
WEEK	1	2	3	4	1	2	3	4
PHASE	목표설정	정보수집	조 건 설 정		모 델 화	평가 및 계획결정	계획설계도 및 모형	
SCHEDULE	과제·설계방침 결정	계획진행표 작 성	대지분석(외부조건 검토)		대지사용계획			
		자료수집	내부조건분석	공간면적산출	계획설계			
					기 능 동 선 분 석	평가 및 계획결정		
	각 단계별 참고자료 및 참고도서 수집						계획설계도 및 모형제작	
REMARKS	O 전제설정	O 해당참고서수집 O 사례조사	O 대지분석(SITE ANALYSIS) • MAP OF LAND RESISTER • SITE LOCATION • SITE EXISTING PHOTOGRAPH • SITE AREA CALCULATION • TOPOGRAPHY • SITE SECTION • SOLOR & WIND • VISUAL QUALITY • APPROACH • INFRASTRUCTURE • NUISANCE & PRIVACY • REGULATION STUDY O 조건분석 (건축주 요구) O 공간면적산출 (SPACE PROGRAM)		O LAND USE ALT O ZONING O FUNCTION O BLOCK PLAN O MASS PLAN O FLOOR PLAN O ELEVATION O SECTION O PERSPECTIVE O BIRD'S EYE VIEW O MODEL	CHECK ↓ FEED BACK ↓ DESIGN	O SITE PLAN O FLOOR PLAN O ELEVATION O SECTION O PERSPECTIVE O BIRD'S EYE VIEW ISOMETRIC AXONOMETRIC O MODEL	

대지현황분석표

구 분	내 용		
토지내역	소 재 지	시 구 동 번지	
	지 목	전, 답, 임야, 대지, 기타( )	
	대 지 면 적	m^2(평)	
	소 유 자		
	토 지 가 격	추정 원	감정가격 원
제한사항	도시계획관계	전용주거, 일반주거, 준주거, 상업, 공업, 준공업, 녹지, 기타 지역	
	건 축 법	경관, 고도, 미관, 방재, 보존, 시설보호, 취락, 아파트, 기타 지구	
	군사시설보호법	저촉, 미저촉	
	기 타	국유림, 사방시설지, 시험림, 채종림, 산림개발지구, 화전지	

생활여건조사 구분	시 설 명	조사 사항	구분	시 설 명		조사 사항
공공시설	시 청	km	도로교통	버 스 노 선	시내	, 번
	구 청	km			시외	
	동사무소	m		정류장	시내	m
	파 출 소	m			시외	역
	우 체 국	km		주 차 장		m
	우 편 함	m		지 하 철 역		m
	공중전화	m	위생시설	의 료 시 설		m
	은 행	m		약 국		m
교육시설	유 치 원	m		공중 목욕탕		m
	초등학교	m		체 육 시 설		m
	중 학 교	남 km		운 동 장		m
		여 km	편의시설	시 장		m
	고등학교	남 km		수 퍼 마 켇		m
		여 km		할 인 매 장		m

건축현황				
	건설가능세대수	세대	용 적 율	%
	배치가능 향	동, 서, 남, 북, 남서, 남동	파일공사여부	불필요, 필요(%)
	파일공사비추정	원	평 당	원

토목현황								
	지 형	평지,급경사지,완경사지,저습지,경사지			공해•재해	소음, 악취, 매연, 기타		
	지 질	나토, 사질토, 연질토, 점질토, 풍화, 연암, 경암			진입 도로			
	고 저 차	m	폭	m		계획폭 m	거리	m
	경 사 도	%	토지형태		배수현황			
	지반상태	원지반, 매립지, 절토지				규 격		
	지 상 물	고압선, 분묘, 전주, 가옥, 수목			보 호 물	평 당		
		수 량			주위환경	양 호		
	토공소요공사비	원			평 당	원		

설비현황	급 수				전 기			
	인입관계	ø500mm	거 리	m	인입전압	200 V	거리	m
	공사비 간선시설	원	평 당	원	공사비			
	공사비 가압시설	원	평 당	원		평 당		원
의견및 문제점								

■ 토지이용계획확인서(앞면)

<table>
<tr><td colspan="5">토지이용계획확인(신청)서
축척 : 1/수치
도호 : 137호</td><td>처리기간
1일</td></tr>
<tr><td>신청인</td><td>성 명</td><td></td><td>주 소</td><td colspan="2"></td></tr>
<tr><td rowspan="2">대상지</td><td colspan="2">토 지 소 재 지</td><td>지 번</td><td>지 목</td><td>면 적(㎡)</td></tr>
<tr><td colspan="2">서울특별시 서초구 서초동</td><td>1514- 7</td><td></td><td></td></tr>
</table>

<table>
<tr><td rowspan="19">확인내용</td><td rowspan="3">1</td><td rowspan="3">국토이용</td><td>용 도 지 역</td><td>도시지역</td></tr>
<tr><td>용 도 지 구</td><td>[해당없음]</td></tr>
<tr><td>개발계획 등의 수립여부</td><td>[해당없음]</td></tr>
<tr><td rowspan="6">2</td><td rowspan="6">도시계획</td><td>용 도 지 역</td><td>일반주거지역</td></tr>
<tr><td>용 도 지 구</td><td>[해당없음]</td></tr>
<tr><td>도시계획시설</td><td>[해당없음]</td></tr>
<tr><td>도시개발사업</td><td>[해당없음]</td></tr>
<tr><td>구 역</td><td>[해당없음]</td></tr>
<tr><td>기 타</td><td>[해당없음]</td></tr>
<tr><td>3</td><td>군사시설</td><td colspan="2">[해당없음]</td></tr>
<tr><td>4</td><td>농 지</td><td colspan="2">[해당없음]</td></tr>
<tr><td>5</td><td>산 림</td><td colspan="2">[해당없음]</td></tr>
<tr><td>6</td><td>자연공원</td><td colspan="2">[해당없음]</td></tr>
<tr><td>7</td><td>수 도</td><td colspan="2">[해당없음]</td></tr>
<tr><td>8</td><td>하 천</td><td colspan="2">[해당없음]</td></tr>
<tr><td>9</td><td>문 화 재</td><td colspan="2">[해당없음]</td></tr>
<tr><td>10</td><td>전원개발</td><td colspan="2">[해당없음]</td></tr>
<tr><td>11</td><td>토지거래</td><td colspan="2">[해당없음]</td></tr>
<tr><td colspan="2">기 타</td><td colspan="2">[해당없음]</td></tr>
</table>

<table>
<tr><td rowspan="2">귀하의 신청에 대한 현재의 토지이용계획사항을 위와 같이 확인합니다.

2000 6년 20월 일
서 초 구 청 장
(수입증지가 인영(날인)되지 아니한 증명은 그 효력을 보증할 수 없습니다)</td><td>수수료</td></tr>
<tr><td>1천원</td></tr>
</table>

토지이용계획확인서(뒷면)

※ 참고사항

1. 이 확인원은 1필지에 대한 앞쪽의 1내지 11에 대한 토지이용계획사항의 확인입니다.
2. 이 확인원은 부동산에 관한 주요 제한사항을 기재하였으나, 이 기재사항이 모든 법령의 제한사항을 망라한 것이 아님을 유의하시기 바랍니다.
3. 토지이용계획확인도면은 발급하지 아니하며, 필요한 경우 도시계획구역에서는 도시계획확인도면을, 준도시지역에서는 개발계획도면을 발급하여 드립니다.
4. 군사시설란중 군용항공기지구역에 대하여는 확인원의 발급이 불가능한 경우가 있습니다. 이 경우 군용항공기지구역에 해당되는지 여부에 대하여는 별도로 확인하셔야 합니다.
5. 전원개발란중 전원개발사업구역은 발전소 및 변전소에 한하여 확인이 가능합니다.

☞ **아래 도면에 표시된 도시계획선은 개략적이므로 정밀을 요하는 경우 별도확인하시기 바랍니다.**

도시계획 확인도면	제 호	축척 : 1/500 1/600 1/1,200 1/3,000 1/6,000

토지대장

토 지 대장

고유번호	1165010800-11514-0007		
토지소재	서울특별시 서초구 서초동		
지번	1514-7	축척	수치

도면번호	137	발급번호	000630-0242-07
장번호	1-1	처리시각	15시 03분 38초
비고		작성자	김아무개

토지표시			소유권		
지목	면적(㎡)	사유	변동일자 / 변동원인	주소 / 주소 또는 명칭	등록번호
(08) 대	*458.2	(51)1988년 1월 1일 행정관할구역변경	1999년 5월21일	1514-7	
			(04)주소변경	홍길동	000000-0000000
		이 하 여 백		이 하 여 백	

등급수정년월일	1986. 3.29 설정	1989. 1. 1 수정	1990. 1. 1 수정	1991. 1. 1 수정	1992. 1. 1 수정	1993. 1. 1 수정	1994. 1. 1 수정	1995. 1. 수정
토지등급(기준수확량등급)	200	204	218	224	230	234	238	239

토 지 대장에 의하여 작성한 등본입니다.

2000 년 월 30 일

서 초 구 청 장

(수입증지가 인영(첨부)되지 아니한 증명은 그 효력을 보증할 수 없습니다.)

* 수입증지가 첨부 소인되지 아니한 등본은 그 효력을 보증할 수 없습니다.

■ 지적도

N

축척 : 1 / 1000

■ 위치도 및 주위 현황도

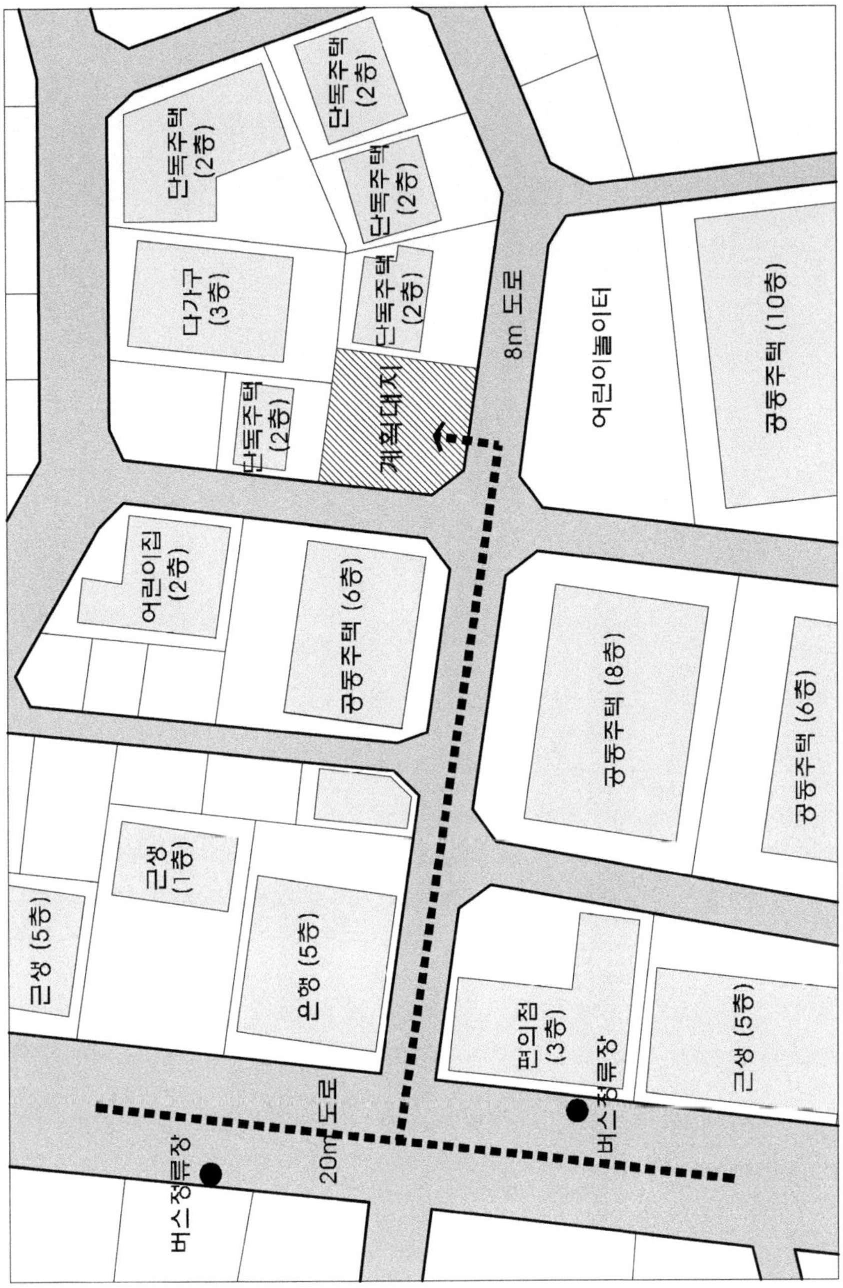

축척 : NONE

■ 대지현황사진(Ⅰ)

■ 대지현황사진(Ⅱ)

■ 대지면적 산출

■ 구 적 도

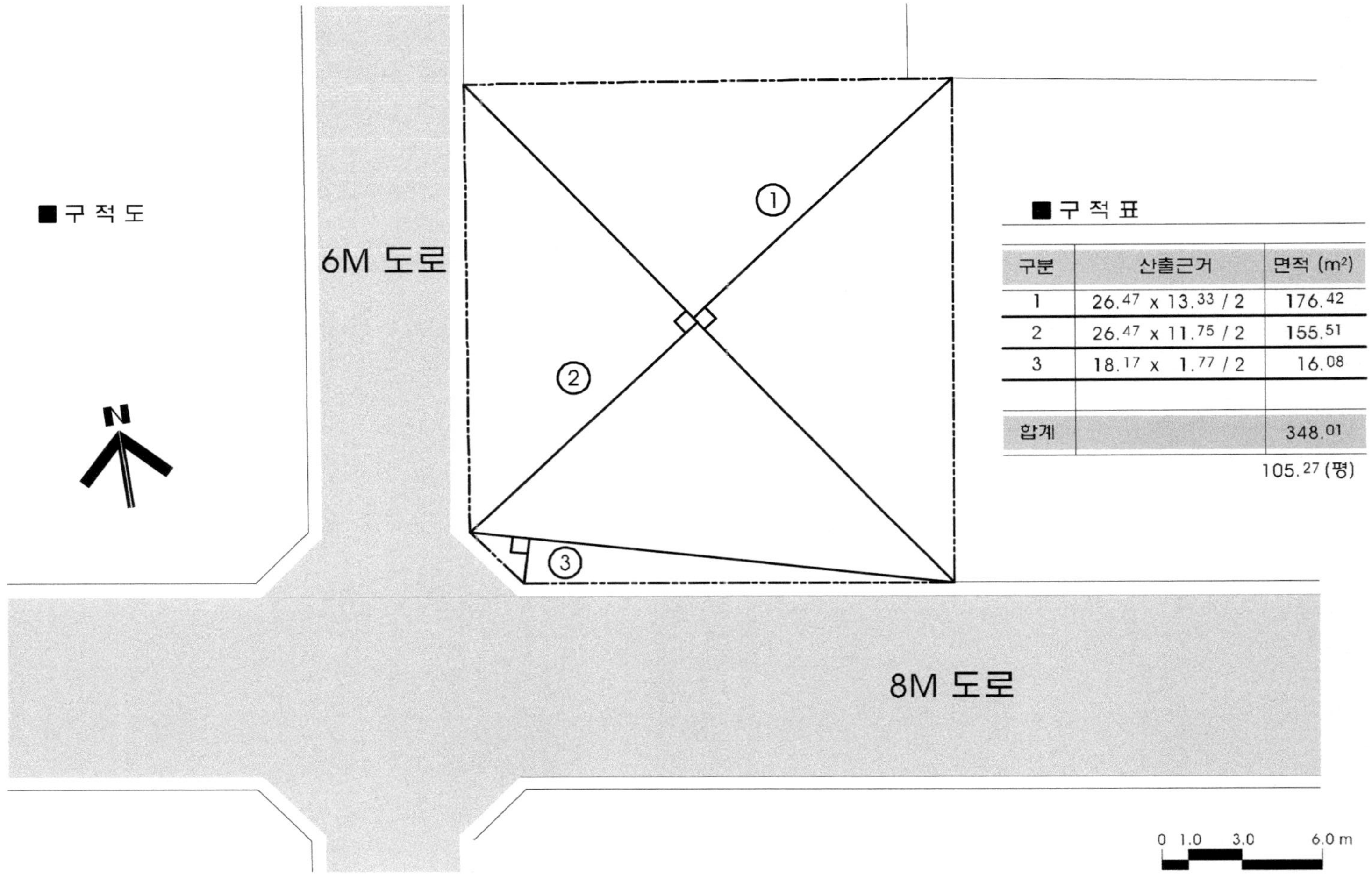

■ 구 적 표

구분	산출근거	면적 (m^2)
1	26.47 x 13.33 / 2	176.42
2	26.47 x 11.75 / 2	155.51
3	18.17 x 1.77 / 2	16.08
합계		348.01

105.27 (평)

■ 지형분석도

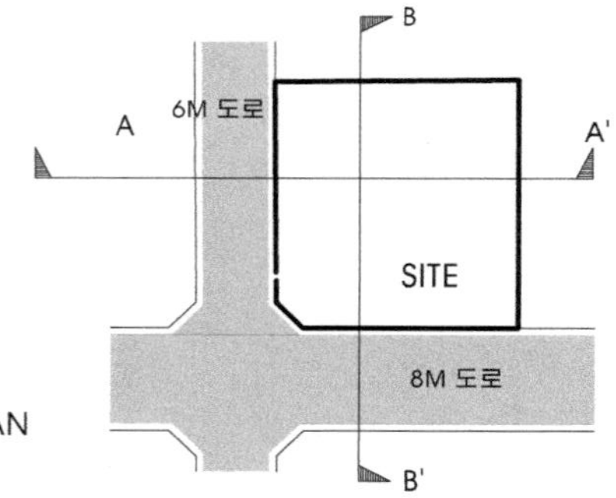

KEY PLAN

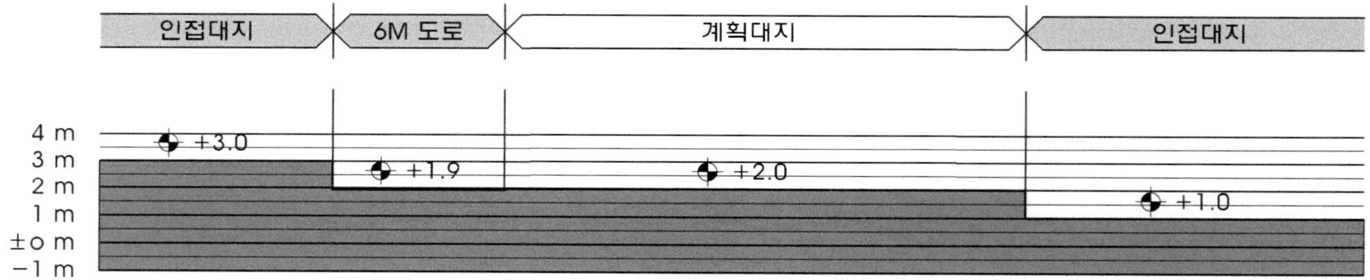

● A – A' 대지 단면도

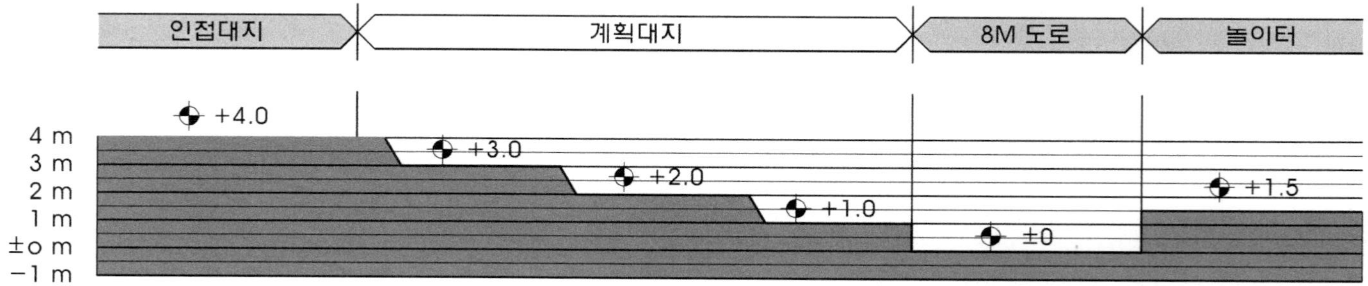

● B – B' 대지 단면도

■ 일조, 일사 및 바람

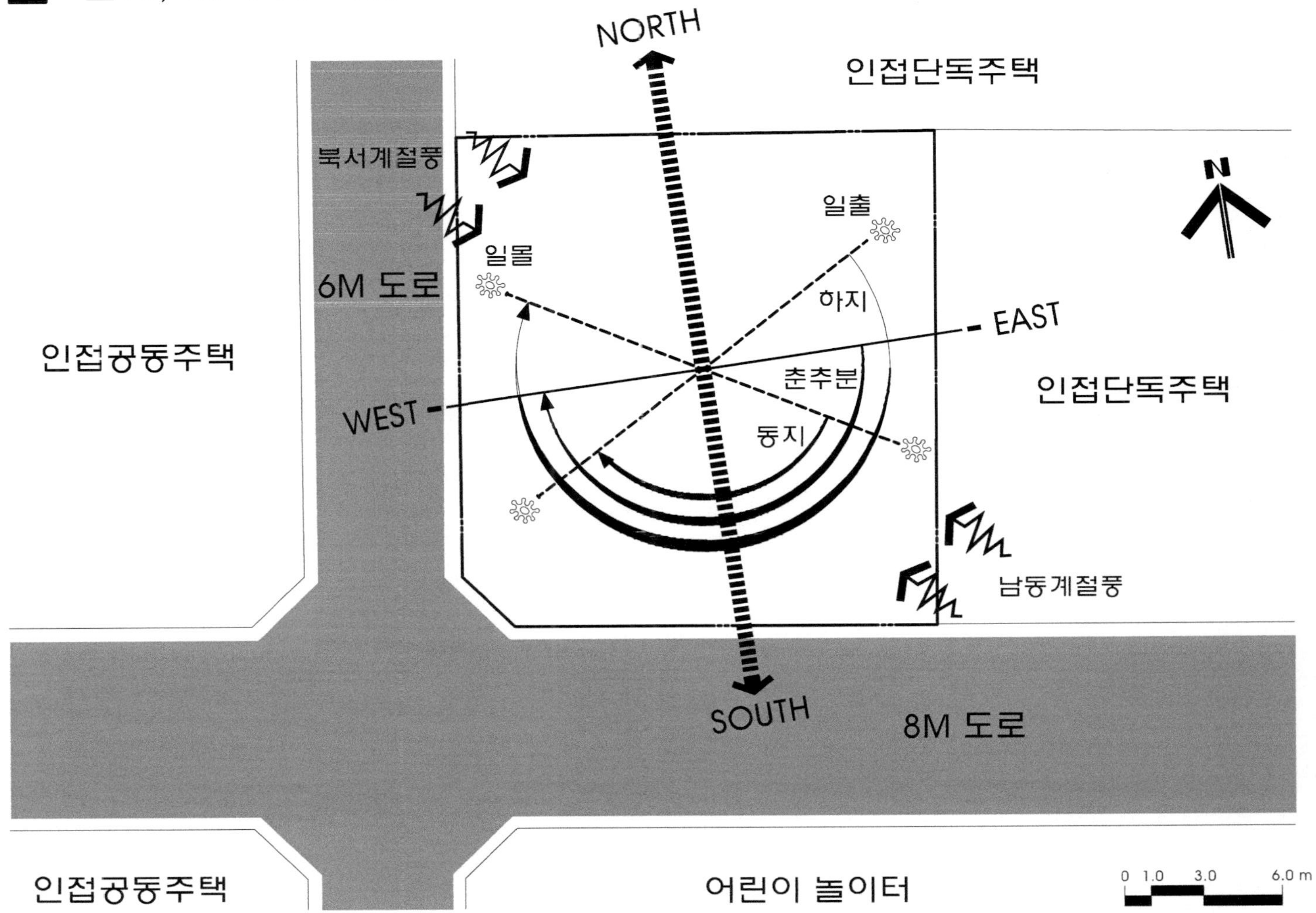
NORTH
인접단독주택
북서계절풍
일출
일몰
6M 도로
하지
EAST
인접공동주택
춘추분
인접단독주택
WEST
동지
남동계절풍
SOUTH
8M 도로
인접공동주택
어린이 놀이터
0 1.0 3.0 6.0 m

■ 기후분석표

(2000년 기상청 자료)–서울

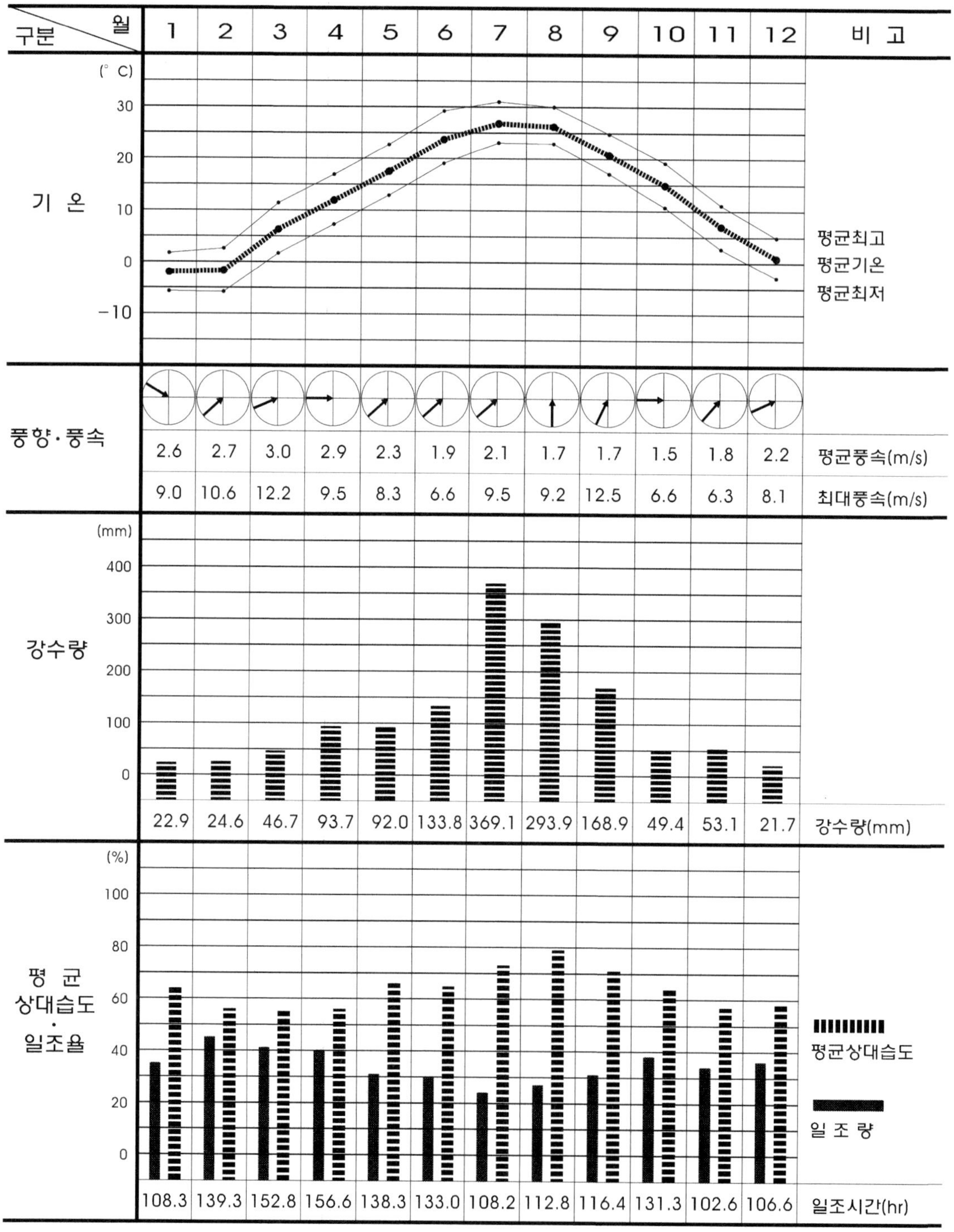

구분 \ 월	1	2	3	4	5	6	7	8	9	10	11	12	비 고
풍향·풍속	2.6	2.7	3.0	2.9	2.3	1.9	2.1	1.7	1.7	1.5	1.8	2.2	평균풍속(m/s)
	9.0	10.6	12.2	9.5	8.3	6.6	9.5	9.2	12.5	6.6	6.3	8.1	최대풍속(m/s)
강수량	22.9	24.6	46.7	93.7	92.0	133.8	369.1	293.9	168.9	49.4	53.1	21.7	강수량(mm)
평균 상대습도·일조율	108.3	139.3	152.8	156.6	138.3	133.0	108.2	112.8	116.4	131.3	102.6	106.6	일조시간(hr)

■ 조망분석 – 1 (In ▶ Out)

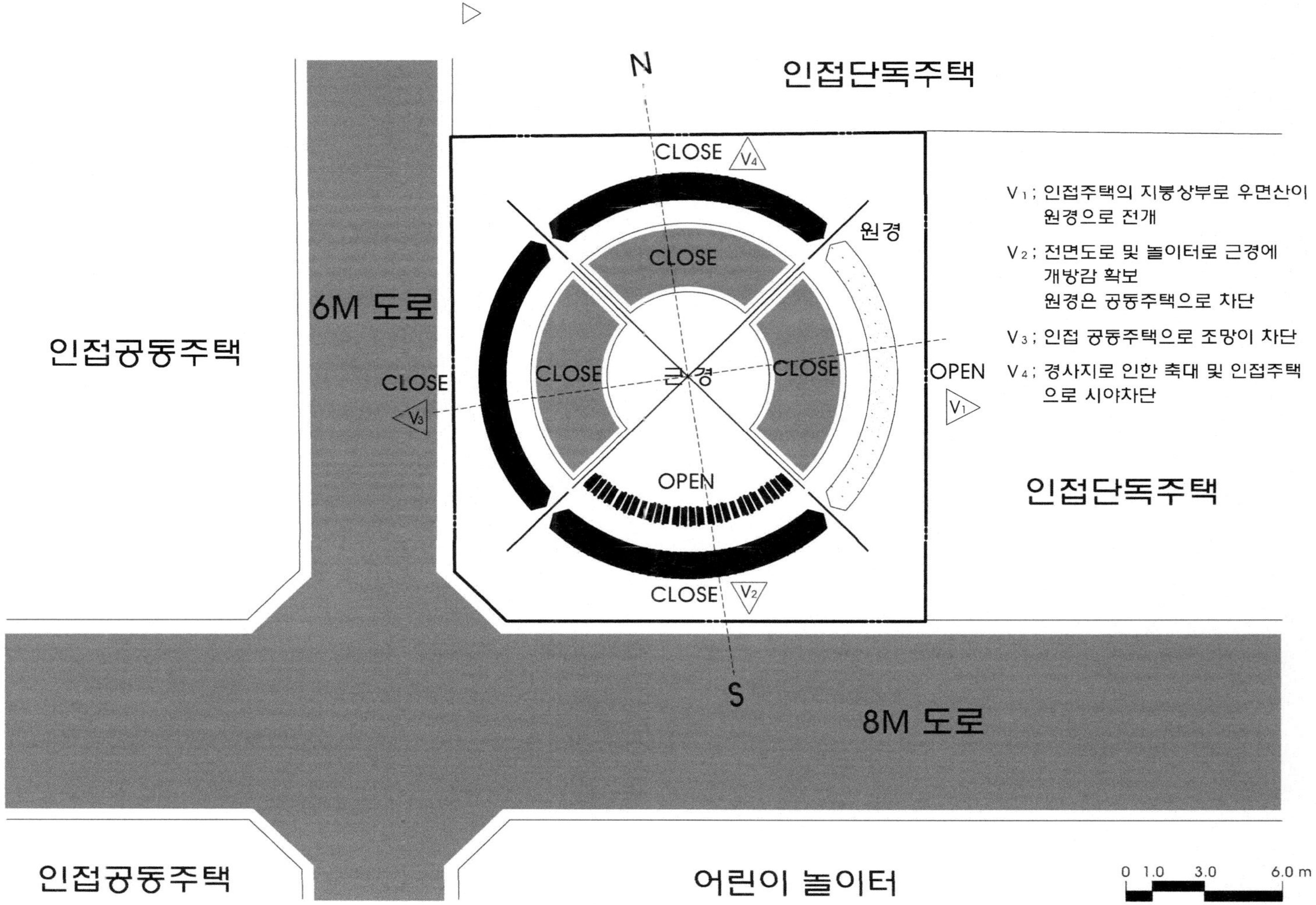
N
인접단독주택
CLOSE V4
원경
CLOSE
6M 도로
인접공동주택
CLOSE
V3
CLOSE
근경
CLOSE
OPEN
V1
OPEN
인접단독주택
CLOSE V2
S
8M 도로
인접공동주택
어린이 놀이터
0 1.0 3.0 6.0 m
V1 ; 인접주택의 지붕상부로 우면산이
원경으로 전개
V2 ; 전면도로 및 놀이터로 근경에
개방감 확보
원경은 공동주택으로 차단
V3 ; 인접 공동주택으로 조망이 차단
V4 ; 경사지로 인한 축대 및 인접주택
으로 시야차단

■ 조망분석 – 2 (Out ▶ In)

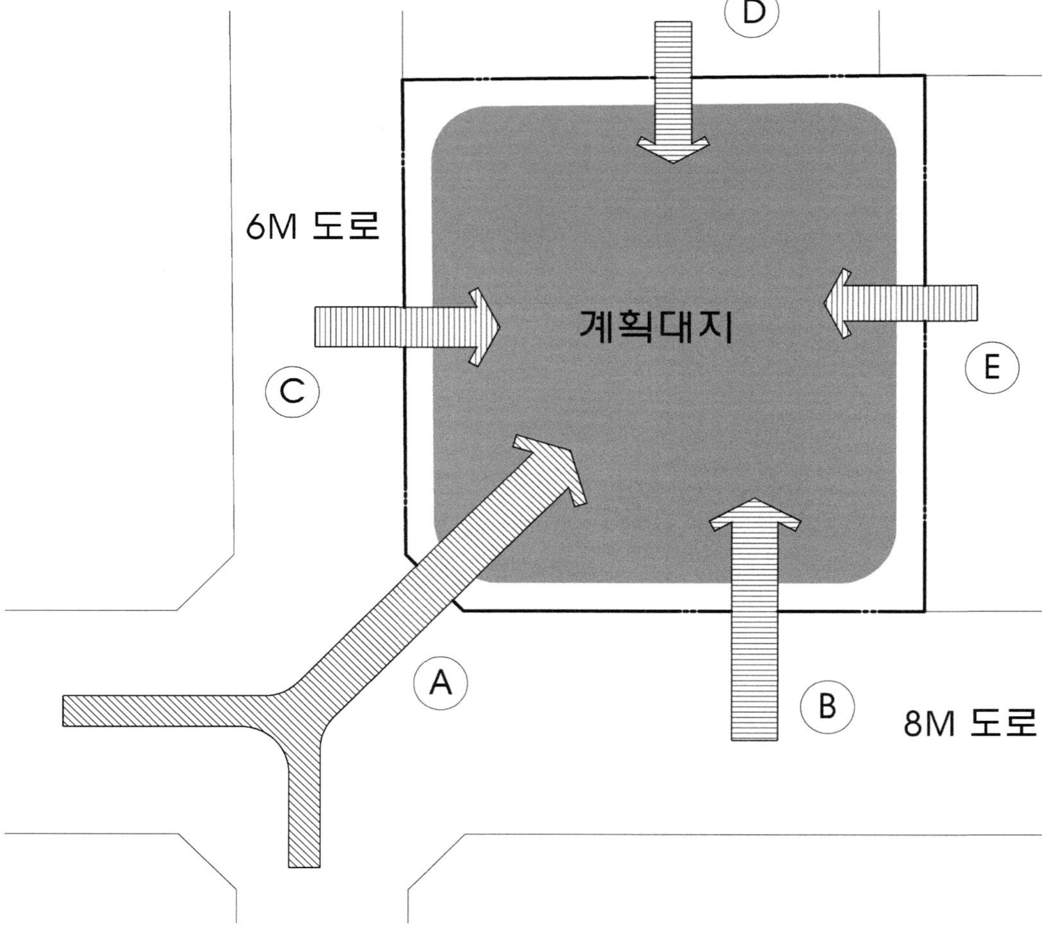

A : 주접근 방향에서 대지로의 시야
B : 전면도로 및 어린이놀이터 (OPEN SPACE)에서 보는 시야
C : 측면도로에서 보는 시야
D : 북측 인접주택지에서 보는 시야
E : 동측 인접주택지에서 보는 시야

의장계획상 대지를 향한 시야에 반응하는 상대적인 중요도는 아래와 같다
A > B > C > D = E

■ 교통분석

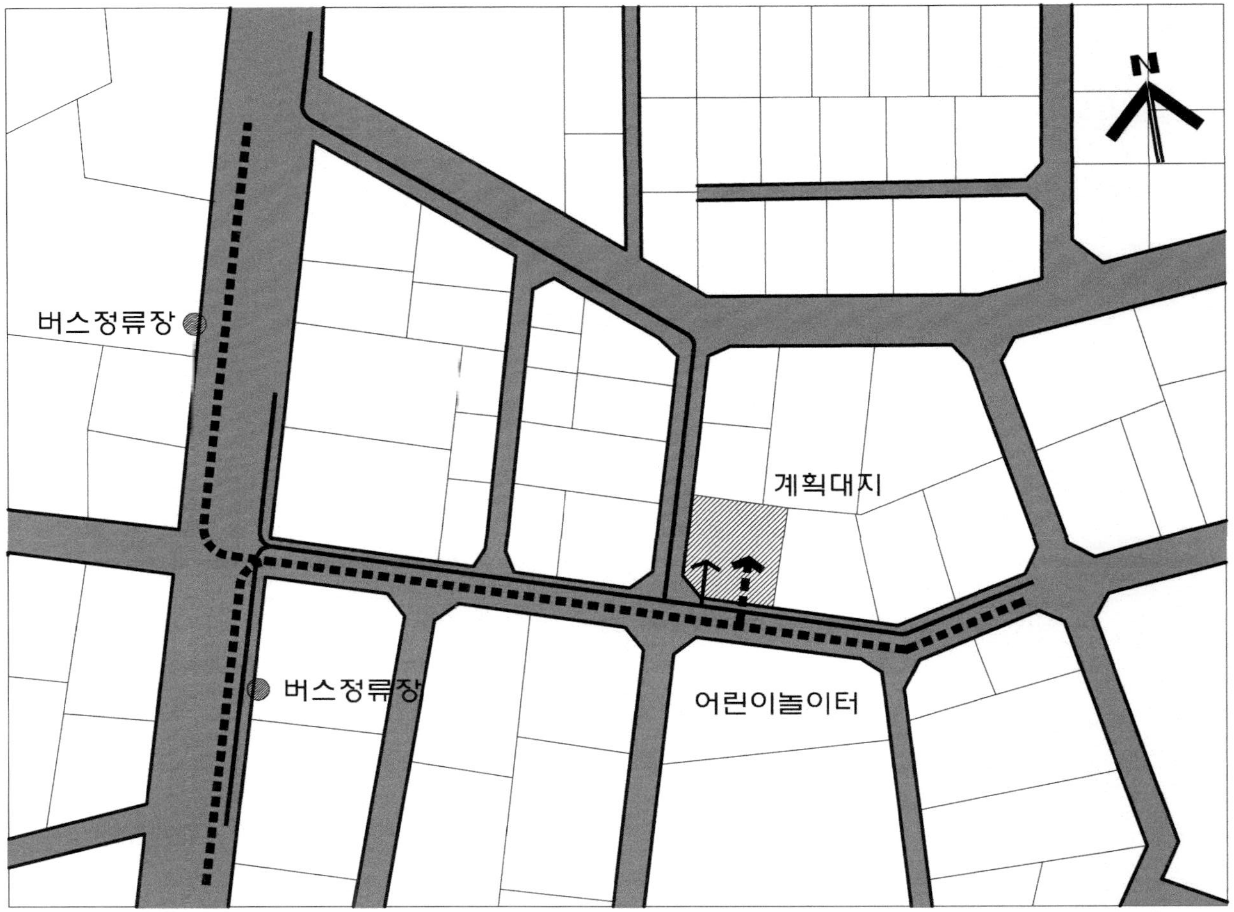

범 례

—— 차량동선

■■■■ 보행동선

축척 : NONE

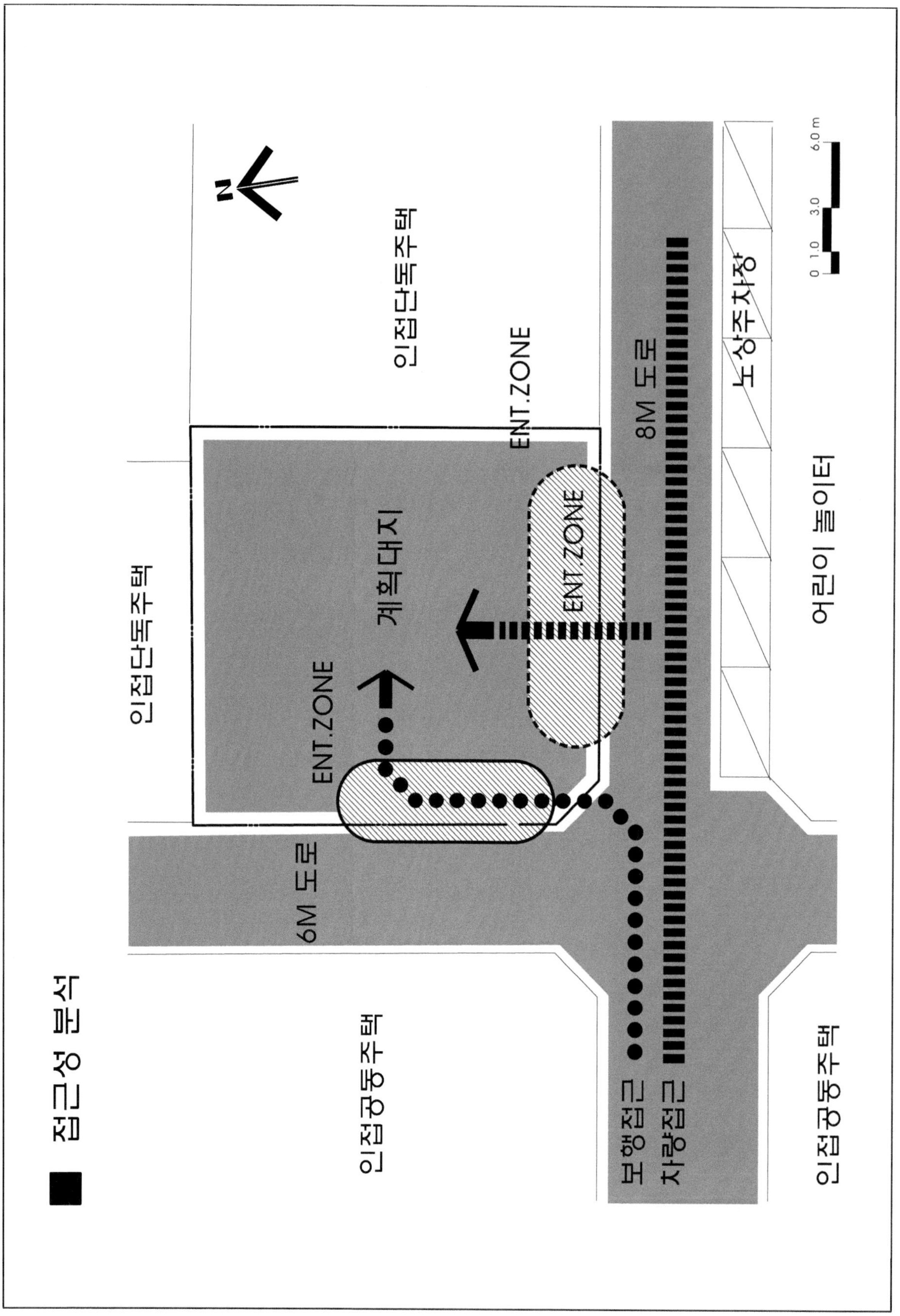
■ 접근성 분석
N
인접단독주택
인접단독주택
계획대지
ENT.ZONE
ENT.ZONE
ENT.ZONE
6M 도로
8M 도로
노상주차장
어린이 놀이터
인접공동주택
인접공동주택
보행접근
차량접근
0 1.0 3.0 6.0 m

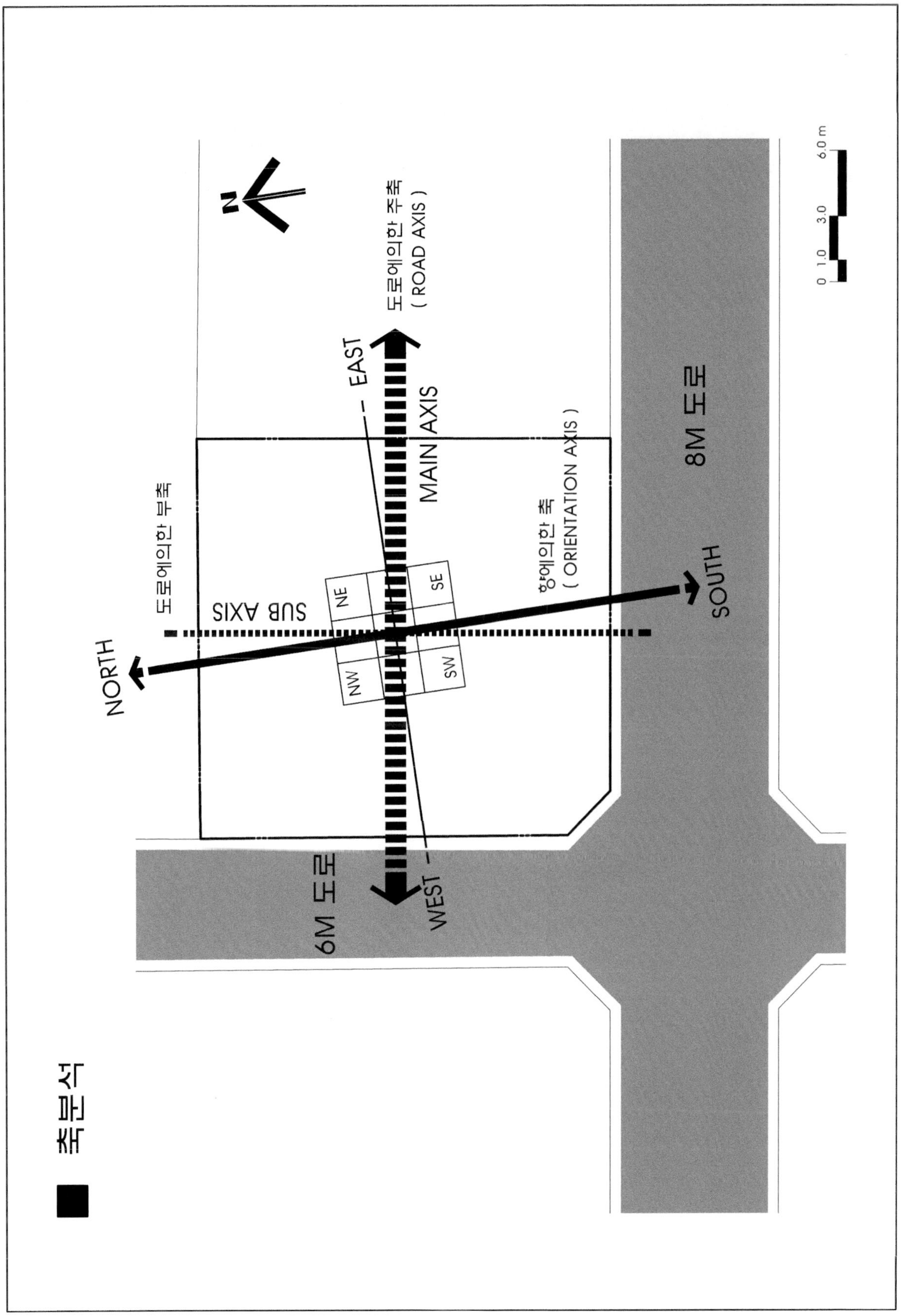
축분석
도로에의한 주축
(ROAD AXIS)
도로에의한 부축
향에의한 축
(ORIENTATION AXIS)
MAIN AXIS
SUB AXIS
NORTH
SOUTH
EAST
WEST
NE
SE
NW
SW
N
6M 도로
8M 도로
0 1.0 3.0 6.0 m

■ 소음 · 공해 · 프라이버시

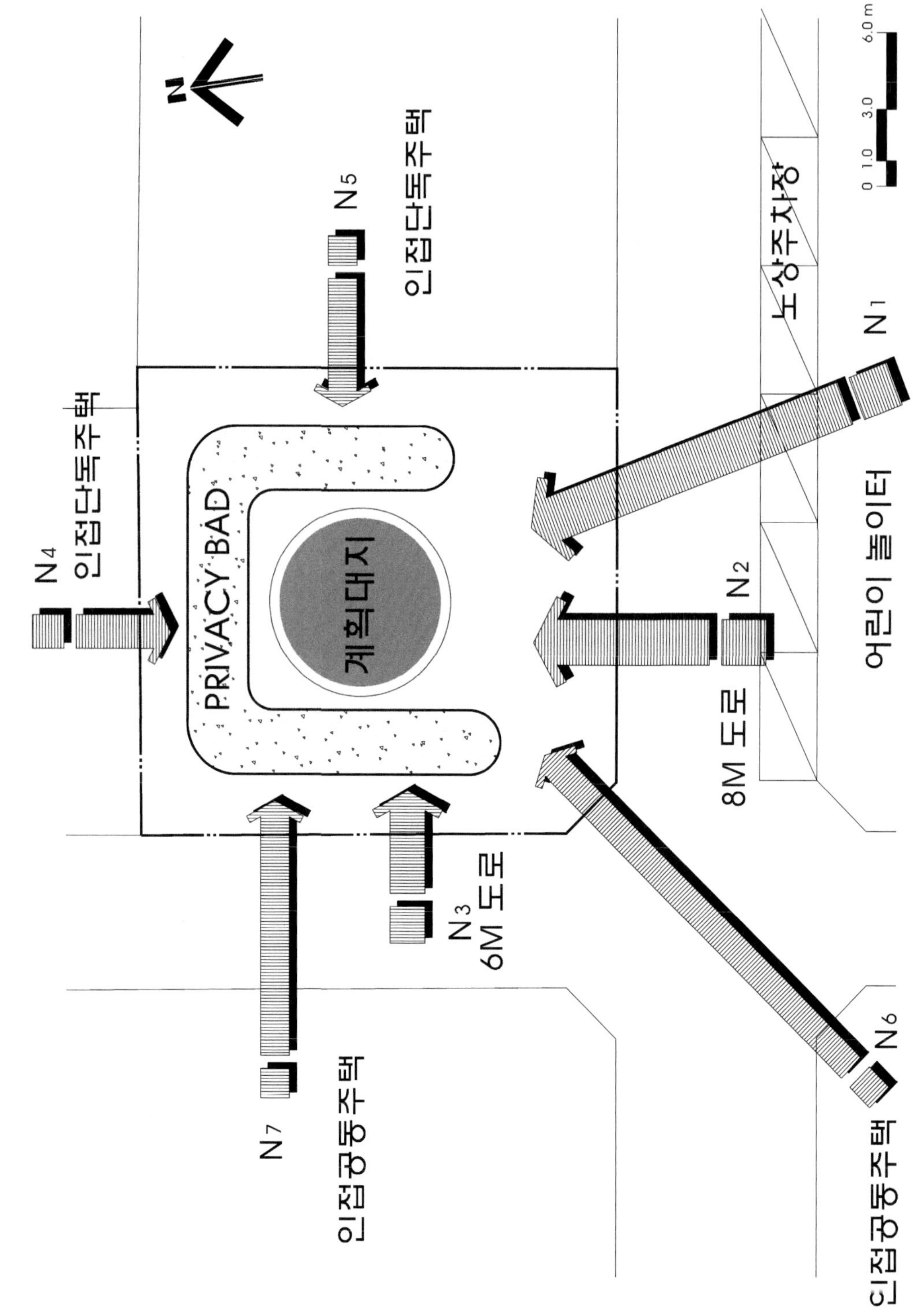
N
N4
인접단독주택
N5
인접단독주택
노상주차장
N1
PRIVACY BAD
계획대지
N2
어린이 놀이터
8M 도로
N3
6M 도로
N7
인접공동주택
N6
인접공동주택
0 1.0 3.0 6.0m

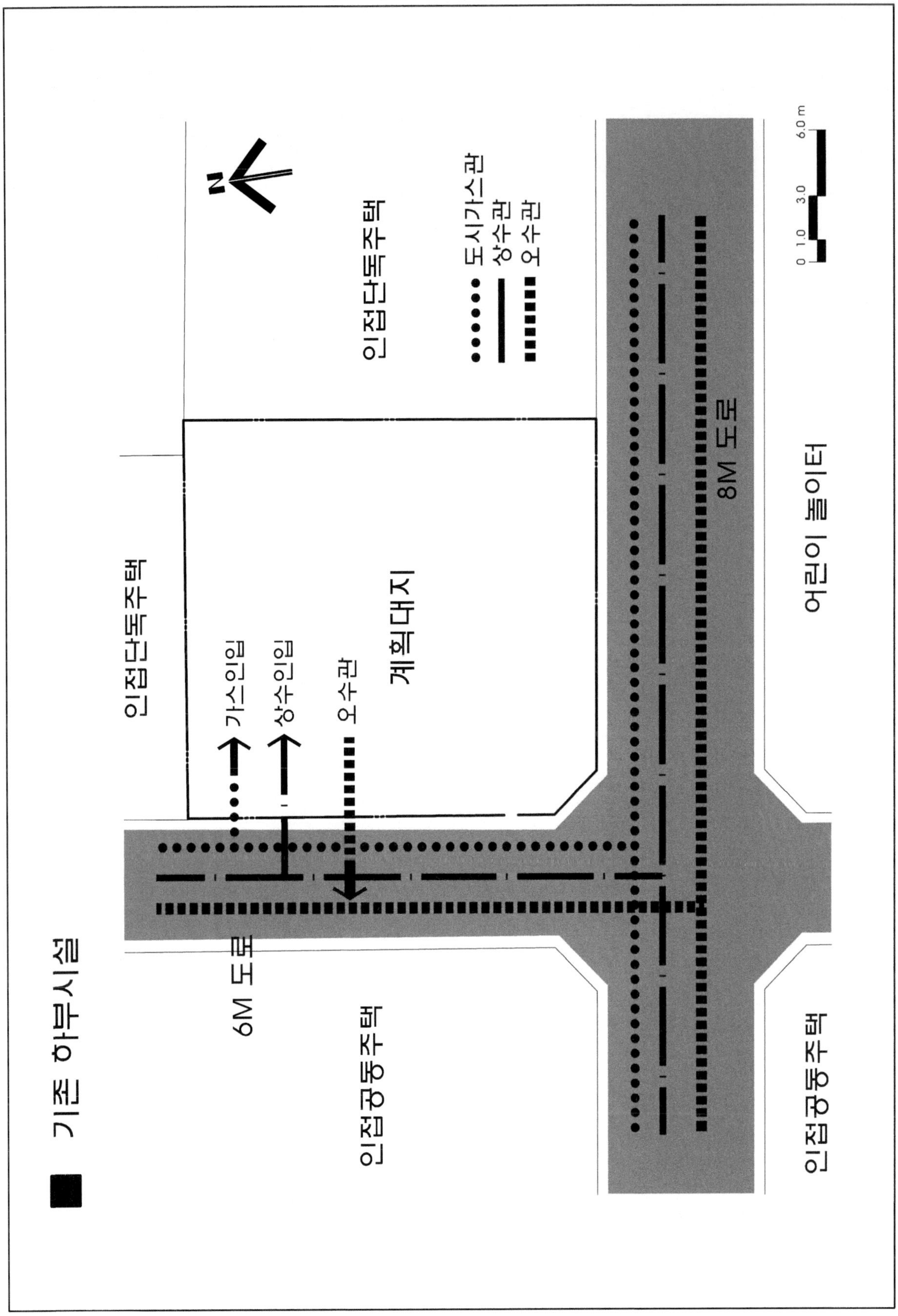
■ 기존 하부시설
인접단독주택
인접단독주택
가스인입
상수인입
오수관
계획대지
도시가스관
상수관
오수관
6M 도로
8M 도로
인접공동주택
인접공동주택
어린이 놀이터
0 1.0 3.0 6.0 m

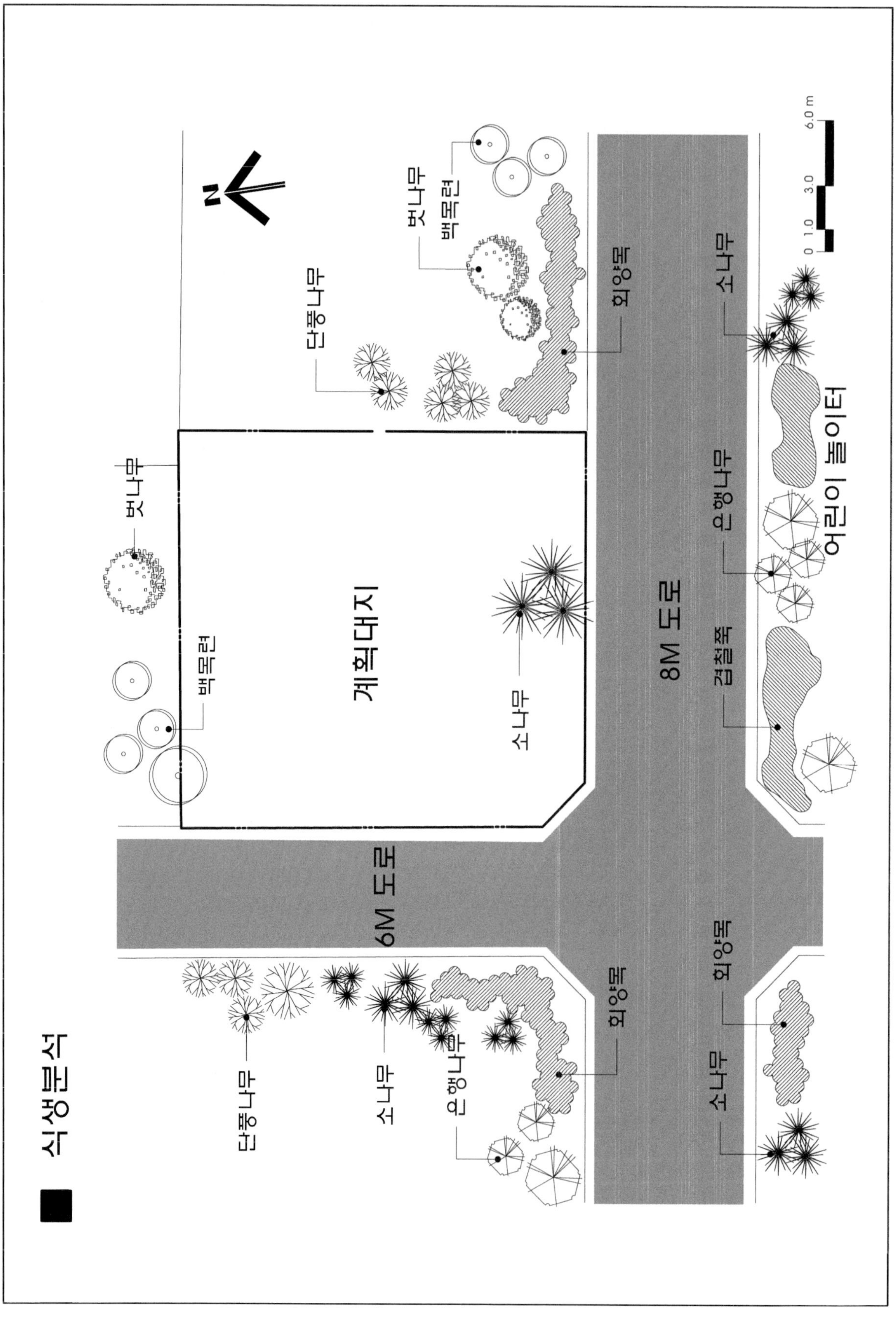
식생분석
계획대지
8M 도로
6M 도로
벚나무
백목련
소나무
단풍나무
벚나무
백목련
회양목
소나무
은행나무
겹철쭉
어린이 놀이터
단풍나무
소나무
은행나무
회양목
회양목
소나무
0 1.0 3.0 6.0 m

■ 기본 법규사항 검토

<table>
<tr><th>항 목</th><th>법 규</th><th colspan="2">검 토 기 준</th><th>비 고</th></tr>
<tr><td>건 폐 율</td><td>국토의 계획 및 이용에 관한 법률 제 84조</td><td>일반주거지역</td><td>50~60 % 이하</td><td>시 조례에 정하는 비율</td></tr>
<tr><td>용 적 률</td><td>국토의 계획 및 이용에 관한 법률 제 85조</td><td>일반주거지역</td><td>100~300 % 이하</td><td>시 조례에 정하는 비율</td></tr>
<tr><td rowspan="2">건축물 높이제한
(전용주거지역)</td><td rowspan="2">건 축 법
제 51조 ·
영 제 82조</td><td colspan="2">원칙: 층수 2층 이하, 높이 8m 이하</td><td></td></tr>
<tr><td colspan="2">① 1층 바닥높이(h)가 지표면상 0.5m를 넘는 건축물
$H \leqq (h-0.5m)+8m \leqq 12m$
② 지붕경사가 3:10 이상인 건축물은 $H \leqq 12m$
③ 주택 외의 용도에 쓰이는 건축물은 $H \leqq 11m$</td><td>완화규정</td></tr>
<tr><td rowspan="4">일조 등의 확보를 위한 건축물 높이제한
(전용·일반 주거지역)</td><td rowspan="4">건 축 법
제 53조 ·
영 제 86조</td><td>층수 및 높이</td><td>인접대지 경계선 이격거리</td><td rowspan="4">정북방향으로의 인지 경계선으로부터 띄어야 할 거리
(조례에 정하는 기준)</td></tr>
<tr><td>높이 4m 이하 부분</td><td>1m 이상</td></tr>
<tr><td>높이 8m 이하 부분</td><td>2m 이상</td></tr>
<tr><td>높이 8m 초과 부분</td><td>1/2H 이상</td></tr>
<tr><td>전면도로에 의한 건축물의 높이제한</td><td>건 축 법
제 51 조</td><td colspan="2">건축물의 각 부분의 높이는 전면도로 반대편 경계선까지의 수평거리의 1.5배를 초과할 수 없다.</td><td>조례에 정하는 기준</td></tr>
<tr><td>대지안의 조경</td><td>건 축 법
제 32 조</td><td colspan="2">대지면적 $200m^2$ 이상인 대지</td><td>조례에 정하는 기준</td></tr>
<tr><td rowspan="2">주 차 장</td><td rowspan="2">주차장 법
영 제 6조
(부설주차장설치기준)</td><td rowspan="2">단독주택</td><td>시설면적 $130m^2$ ~ $200m^2$ 경우 1대</td><td rowspan="2">조례에 정하는 지준</td></tr>
<tr><td>시설면적 $200m^2$ 초과 경우 1대에 $200m^2$를 초과하는 $130m^2$당 1대를 더한 대수</td></tr>
</table>

■ 전용주거지역안의 건축물 최고높이

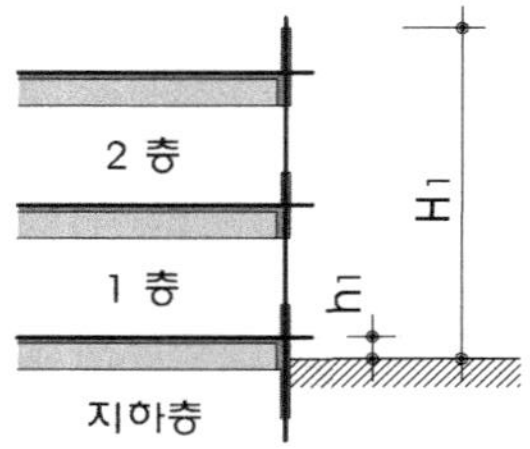

1 층 바닥 높이
$h_1 \leq 0.5m$ 일때 ;
$H_1 < 8m$

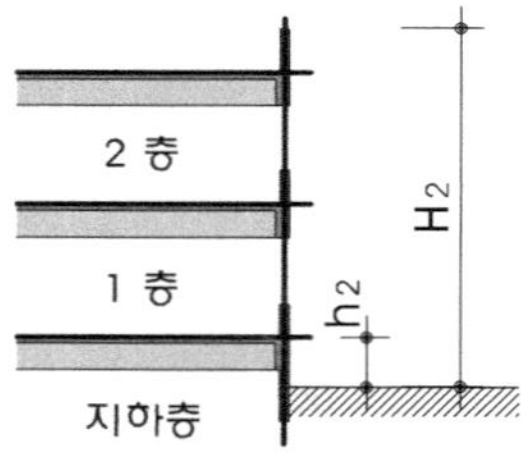

1 층 바닥 높이
$h_2 > 0.5m$ 일때 ;
$H_2 \leq (h_2 - 0.5m) + 8m \leq 12m$

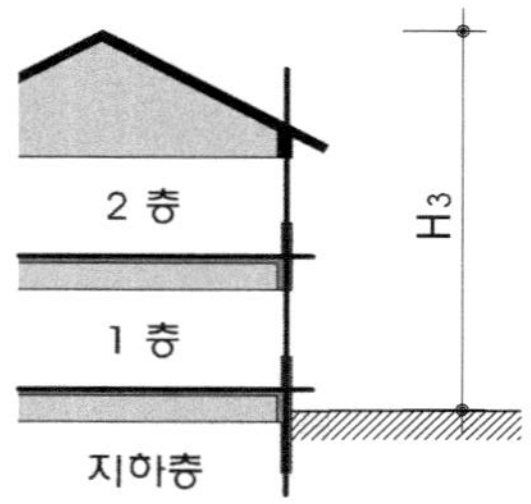

지붕경사가 3 ; 10 이상인
주택 ; $H_3 \leq 12m$
주택 외의 건축물 ; $H_3 \leq 11m$

■ 전면도로에 의한 건축물의 높이제한

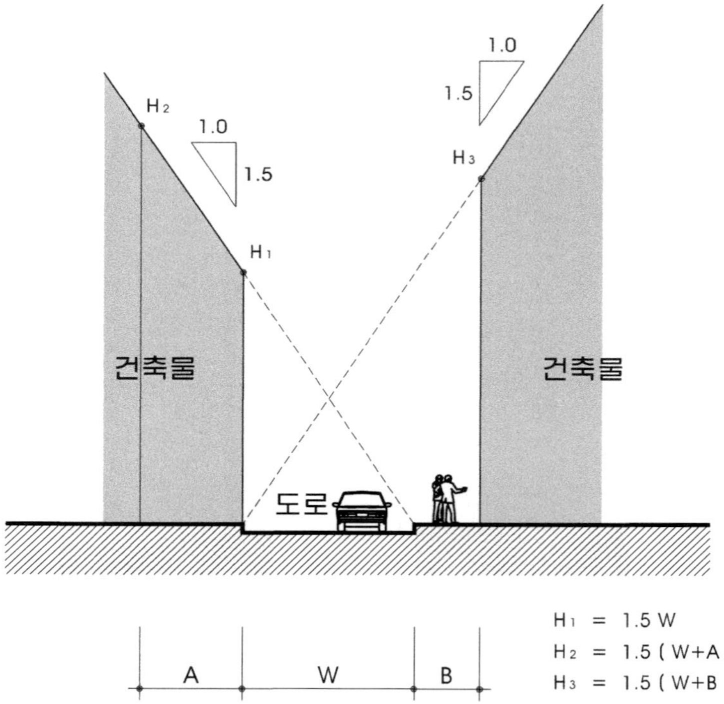

$H_1 = 1.5W$
$H_2 = 1.5(W+A)$
$H_3 = 1.5(W+B)$

■ 일조 등의 확보를 위한 높이 제한 (전용주거지역 / 일반주거지역)

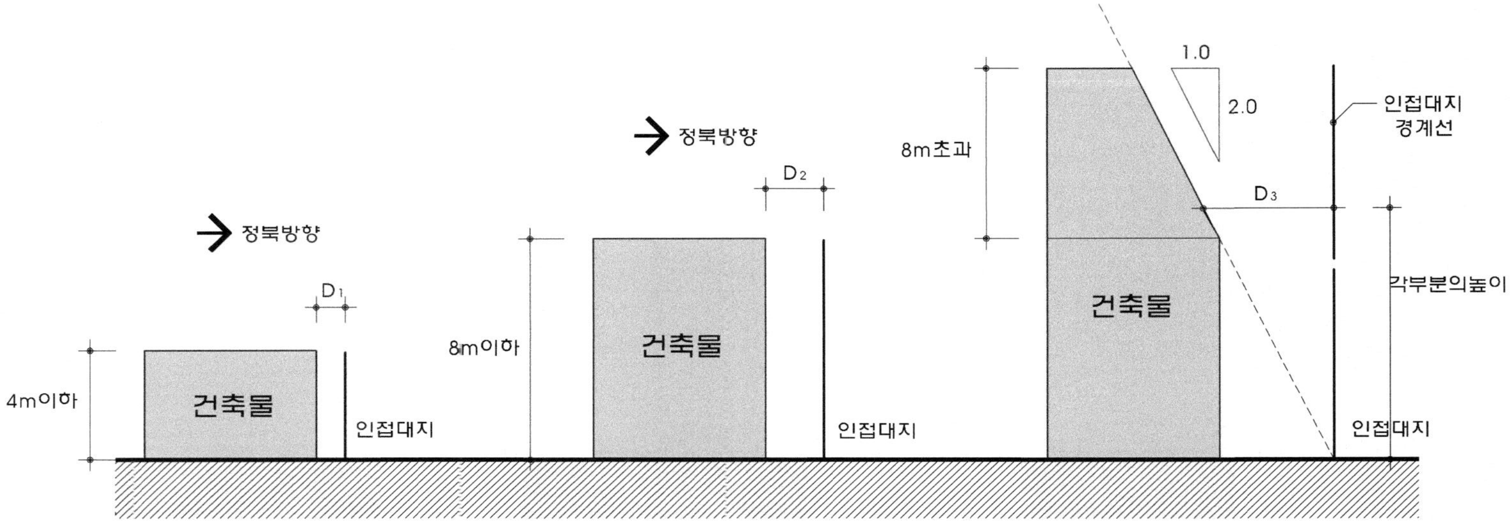

● 높이 4m 이하인 부분
D1 : 1m 이상
(절대거리제한)

● 높이 8m 이하인 부분
D2 : 2m 이상
(절대거리제한)

● 높이 8m 초과하는 부분
D3 : 각 부분의 높이의 1/2 이상
(사선제한)

가족 구성원표

구 성 원	성별	연령	직 업	취 미	특 기	종 교	비 고
노 모	여	73	무	화초가꾸기	서 예	기독교	
남 편	남	50	사 업	골 프	바 둑	〃	
아 내	여	49	무	독 서	성 악	〃	
아 들	남	21	대 학 생	여 행	바 둑	〃	
딸	여	18	고등학생	음악 감상	바이올린	〃	

생활구조(Life Cycle)

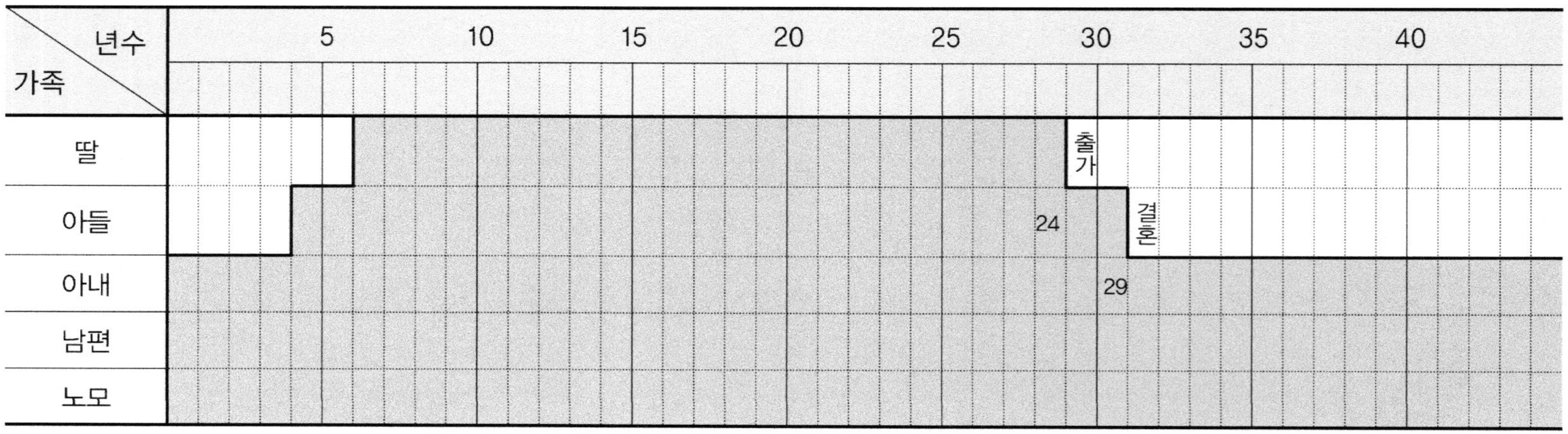

■ 주거내 생활행위 및 활동

가족	주부		남편		자녀		노모	
시각	행위/활동	장소	행위/활동	장소	행위/활동	장소	행위/활동	장소
06	기상 · 세면	침실						
	식사준비	주방	기상 · 세면	침실	기상 · 세면	침실	기상 · 세면	침실
07	식사	식당	식사	식당	식사	식당	식사	식당
08	설거지	주방	출근	현관	등교	현관	화초가꾸기	정원
	청소	각방						
09	청소	각방					휴식	거실
	집안정리	각방						
10	세탁	다용도실					취미생활	방
	휴식	거실						
11	휴식	거실					취미생활	방
12	휴식	거실					취미생활	방
	식사준비	주방						
13	식사	식당					식사	식당
	설거지	주방					휴식	거실
14	휴식	거실					오침	방
	취미생활	사랑방						
15	취미생활	사랑방					나들이	현관
16	취미생활	사랑방						
17	장보기	시장						
18	식사준비	주방			귀가	현관	귀가	현관
19			귀가	현관	휴식	거실		
	식사	식당	식사	식당	식사	식당	식사	식당
20	설거지	주방	취미생활	사랑방	휴식	거실	휴식	거실
	휴식	거실	휴식	거실				
21	휴식	거실	휴식	거실	학습	각자 방	휴식	거실
22	휴식	거실	휴식	거실	학습	각자 방	휴식	거실
23	취침	침실	취침	침실	학습	각자 방	취침	침실
					취침	침실		

■ 생활공간 구성

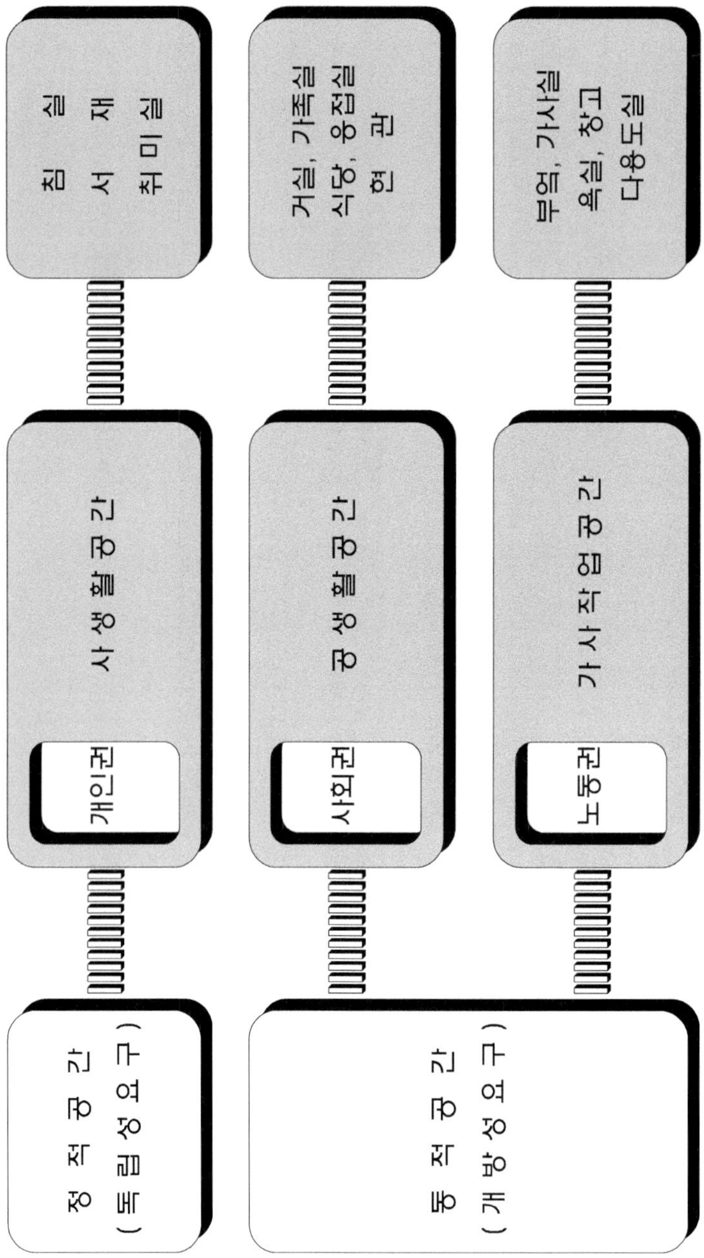
정적공간
(독립성요구)
사생활공간
개인권
침실
서재
취미실
동적공간
(개방성요구)
공생활공간
사회권
거실, 가족실
식당, 응접실
현관
가사작업공간
노동권
부엌, 가사실
욕실, 창고
다용도실

■ 생활공간의 구성모델

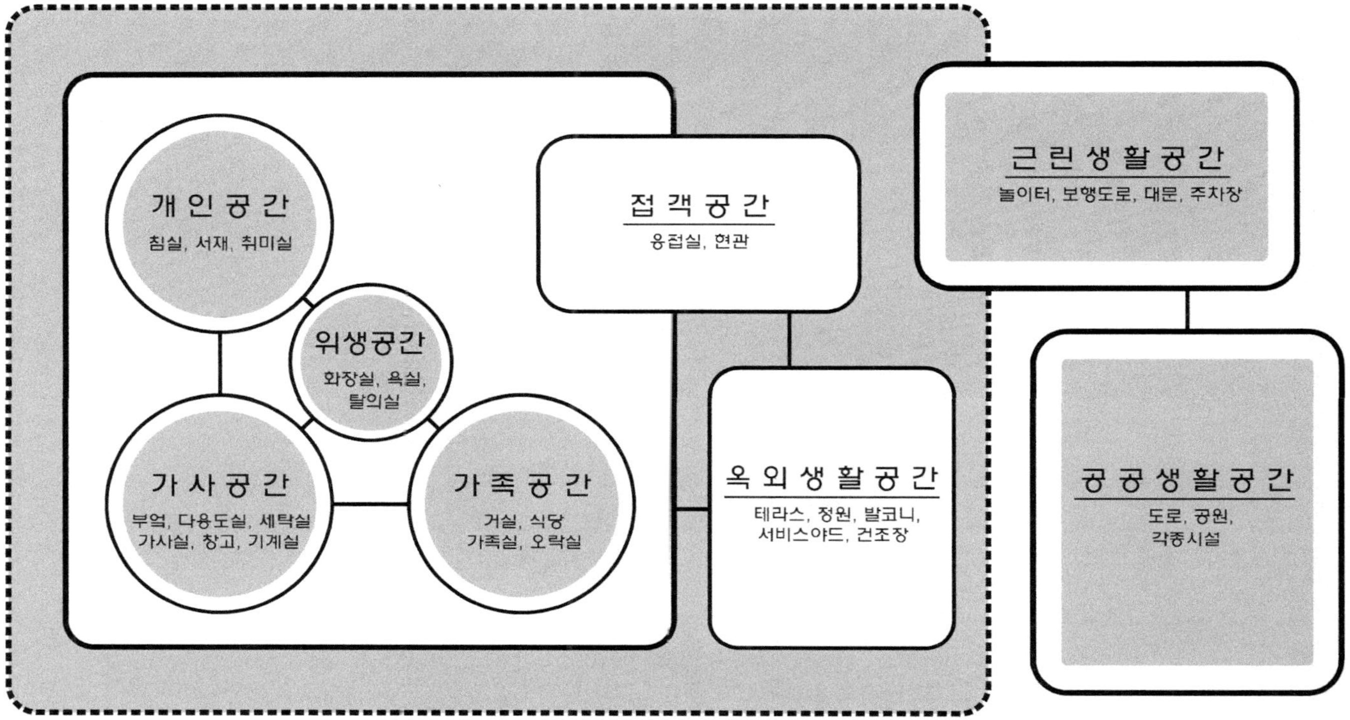
개인공간
침실, 서재, 취미실
위생공간
화장실, 욕실,
탈의실
가사공간
부엌, 다용도실, 세탁실
가사실, 창고, 기계실
가족공간
거실, 식당
가족실, 오락실
접객공간
응접실, 현관
옥외생활공간
테라스, 정원, 발코니,
서비스야드, 건조장
근린생활공간
놀이터, 보행도로, 대문, 주차장
공공생활공간
도로, 공원,
각종시설

■ 주택의 공간분석

(생활공간과 환경조건의 관계)

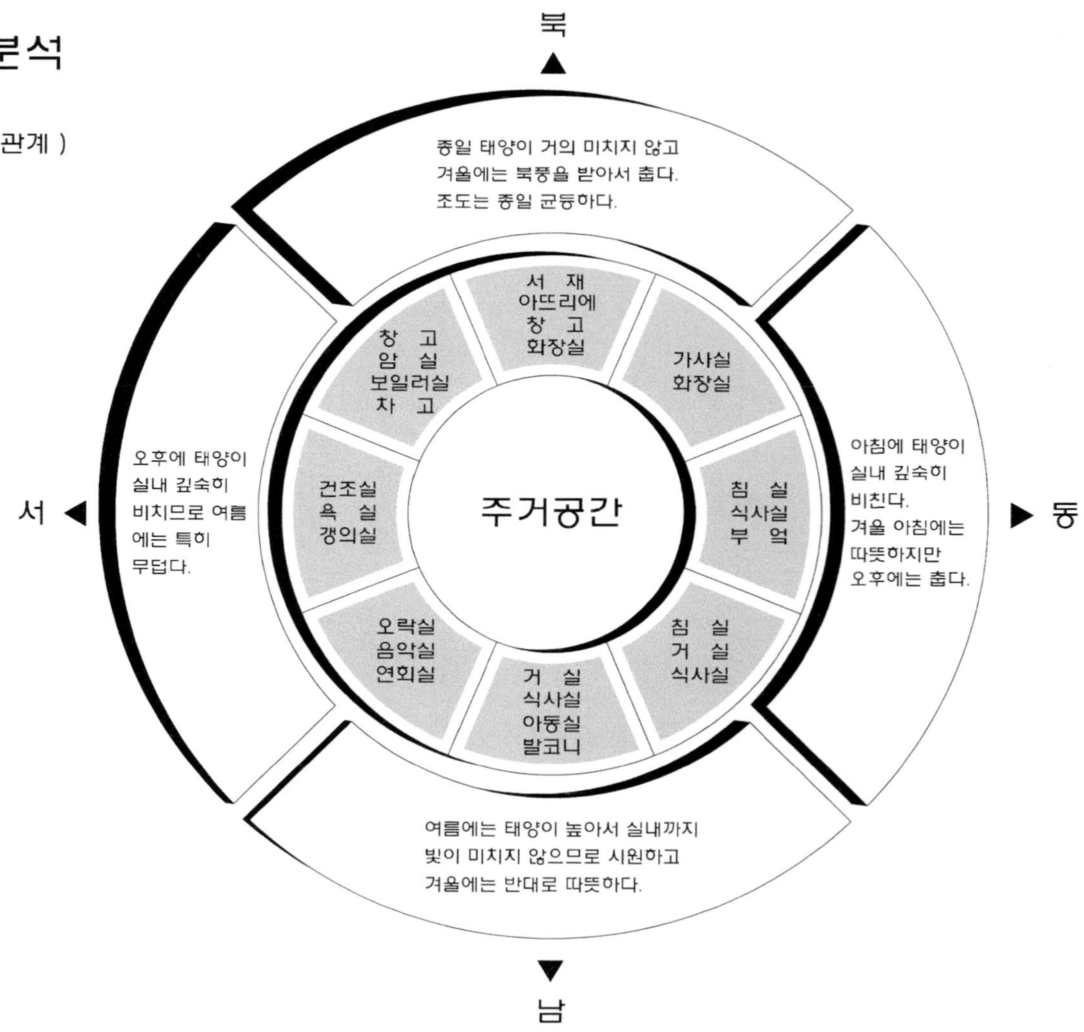

건축주 요구사항표

<table>
<tr><th>구 분</th><th colspan="6">내 용</th></tr>
<tr><td rowspan="6">요 구 공 간
및 면 적</td><td colspan="2">지 하 층</td><td colspan="2">1 층</td><td colspan="2">2 층</td></tr>
<tr><td>보일러실</td><td>10m²</td><td>거 실</td><td>25m²</td><td>안방 및 침실</td><td>25m²</td></tr>
<tr><td>창 고</td><td>10m²</td><td>주방 · 식당</td><td>20m²</td><td>아 들 방</td><td>12m²</td></tr>
<tr><td>차 고</td><td>30m²</td><td>사 랑 방</td><td>15m²</td><td>딸 방</td><td>12m²</td></tr>
<tr><td></td><td></td><td>노 모 실</td><td>15m²</td><td>욕 실</td><td>5m²</td></tr>
<tr><td></td><td></td><td>화 장 실</td><td>3m²</td><td>테 라 스</td><td></td></tr>
<tr><td rowspan="7">요 구 사 항</td><td>규모 · 구조</td><td colspan="5">지하1층, 지상2층, 철근콘크리트조, 연면적 75~80평</td></tr>
<tr><td>주차 공간</td><td colspan="5">옥내주차로 2대, 출입구 전동셔터 설치</td></tr>
<tr><td>욕 실</td><td colspan="5">노모실 및 부부침실내 전용욕실 설치</td></tr>
<tr><td>수납 공간</td><td colspan="5">안방, 자녀실은 각각 반침설치, 지하실 창고 설치</td></tr>
<tr><td>설 비</td><td colspan="5">도시가스 보일러에 의한 패널히팅, 패키지형 에어컨 냉방</td></tr>
<tr><td>창 호 재</td><td colspan="5">시스템창호(단열바), 방충망설치, THK18 칼라복층유리</td></tr>
<tr><td>기 타</td><td colspan="5">· 응접실 겸 가족 취미활동을 위한 별도실 설치 요망
· 원예를 위한 정원 및 수경공간 요망
· 각 실별 독립된 발코니 설치</td></tr>
<tr><td rowspan="5">희망 마감재</td><td>외 벽 재</td><td>지 붕 재</td><td>실 별</td><td>바 닥</td><td>벽</td><td>천 정</td></tr>
<tr><td rowspan="4">외단열시스템
홍송널붙이기</td><td rowspan="4">철근콘크리트
스라브</td><td>침 실</td><td>온돌마루</td><td>고급벽지</td><td>고급천정지</td></tr>
<tr><td>거 실</td><td>온돌마루</td><td>핸디코트</td><td>지정형도장</td></tr>
<tr><td>주방 · 식당</td><td>대 리 석</td><td>타일/핸디코트</td><td>지정형도장</td></tr>
<tr><td>욕 실</td><td>논슬립타일</td><td>자기질타일</td><td>PVC 천정판</td></tr>
<tr><td>희망 디자인</td><td colspan="6">전통공간을 고려한 현대식 주택</td></tr>
<tr><td>희망
소요예산</td><td colspan="6">건축비 : 억 천만원</td></tr>
<tr><td>기 타</td><td colspan="6"></td></tr>
</table>

■ 면적계획표(Space Program)

구 분	실 명	면 적		비 고
		m^2	평	
지 하 층	보일러 및 창고	$20m^2$	6.05	–
	차 고	$30m^2$	9.01	2대 수용가능
1 층	계 단 실	$12m^2$	3.63	–
	거 실	$24m^2$	7.56	홈바 포함
	주방 및 식당	$25m^2$	7.56	다용도실 포함
	사 랑 방	$20m^2$	6.05	–
	노 인 실	$20m^2$	6.05	전용욕실 포함
2 층	안 방	$18m^2$	5.45	반침 포함
	침 실	$15m^2$	4.54	전용욕실 포함
	방 – 1	$12m^2$	3.63	반침 포함
	방 – 2	$12m^2$	3.63	반침 포함
	공 동 욕 실	$4m^2$	1.21	–
	계 단 실	$12m^2$	3.63	–
기 타	홀 및 복 도	$33m^2$	6.65	연면적 15%
합 계		$258m^2$	78.05	–

■ 주요 실별 공간규모 비교표

실 명	거 실		식 당		주 방		사랑방		안 방	
규 모										
치 수	4.0 X 6.0	24.0 m²	3.0 X 4,0	12.0 m²	3.0 X 3.0	9.0 m²	3.9 X 5.1	20.0 m²	3.6 X 5.0	18.0 m²

실 명	부부 침실		자녀방		노인실		계단실		차 고	
규 모										
치 수	3.3 X 4.5	15.0 m²	3.0 X 4.0	12.0 m²	3.9 X 5.1	20.0 m²	2.4 X 5.0	12.0 m²	5.0 X 6.0	30.0 m²

■ 기능도(동선도)

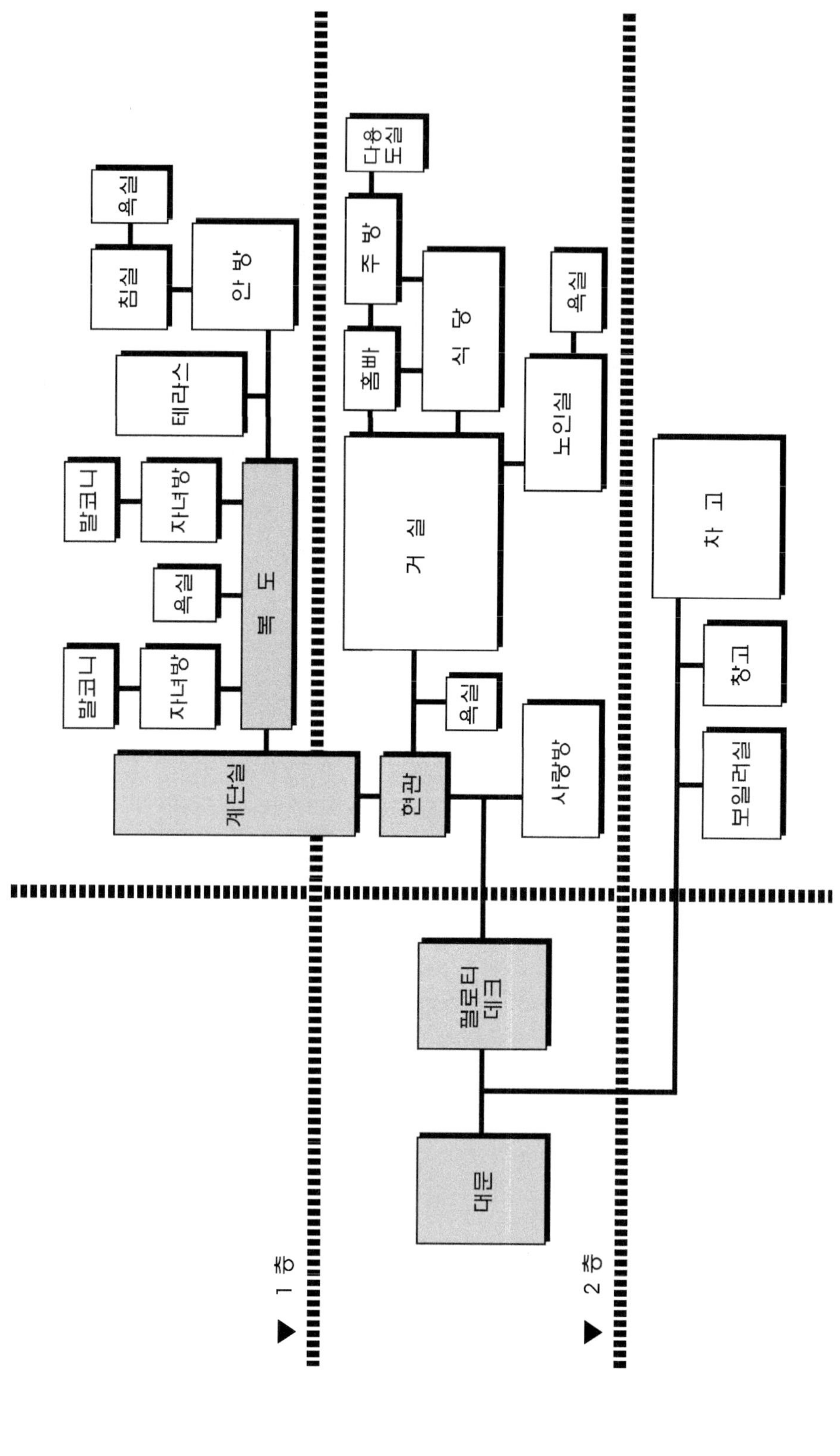

▼ 1층
▼ 2층
대문
필로티 데크
계단실
현관
사랑방
욕실
거실
노인실
욕실
홈바
식당
주방
다용도실
차고
창고
보일러실
복도
자녀방
발코니
욕실
자녀방
발코니
테라스
안방
침실
욕실

■ 토지이용계획

ALT – 1	ALT – 2	ALT – 3
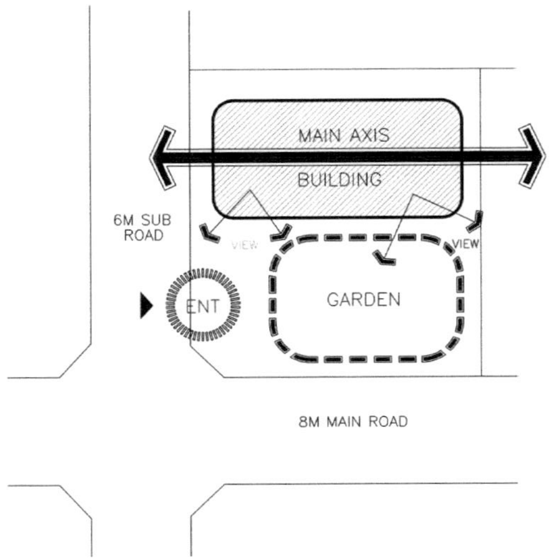	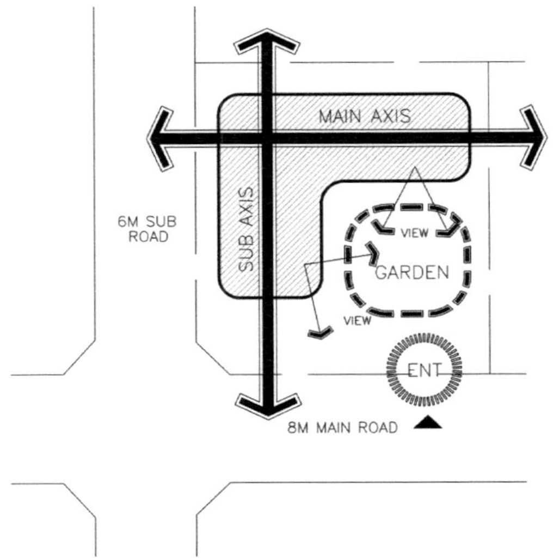	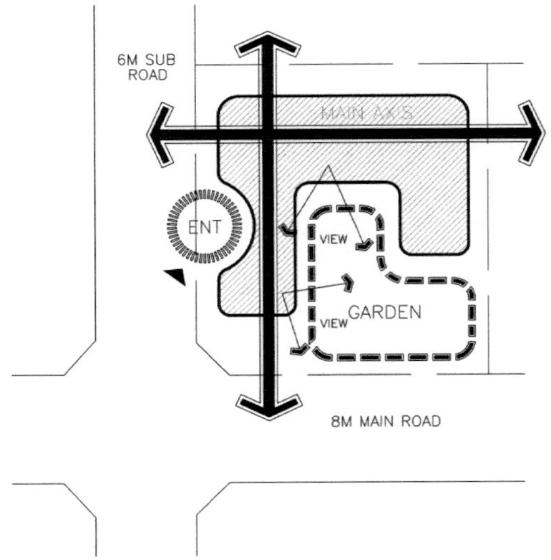
· 대지의 북측에 건물을, 남측에는 정원을 배치 · 건물의 축을 동서방향으로 ㅡ자형 배치 · 서남측에서 진출입	· 건물의 주축을 동서방향으로, 부축을 남북방향으로 하여 배치 · 부지의 동남측에서 진출입을 하도록 하며, 정원도 동남측에 배치	· 건물의 주축을 동서방향으로, 부축을 남북방향으로 하여 배치 · 부치의 서측에서 진출입을 하도록 하며, 정원을 남측 중앙에 배치

■ 토지이용계획 대안평가

평 가 요 소	ALT. – 1	ALT. – 2	ALT. – 3
독립성 (PRIVACY)	2	3	5
토지효율성 (SITE AVAILABILITY)	5	4	3
위계성 (HIERARCHY)	2	4	5
조망성 (VIEW)	3	4	5
향 (ORIENTATION)	5	4	3
연계성 (SPACE SEQUENCE)	2	4	5
기능성 (FUNCTION LINKAGE)	5	3	3
접근성 (ACCESS)	3	4	5
평 가	27	30	34

■ 블록 플랜(BLOCK PLAN)

ALT – 1	ALT – 2	ALT – 3
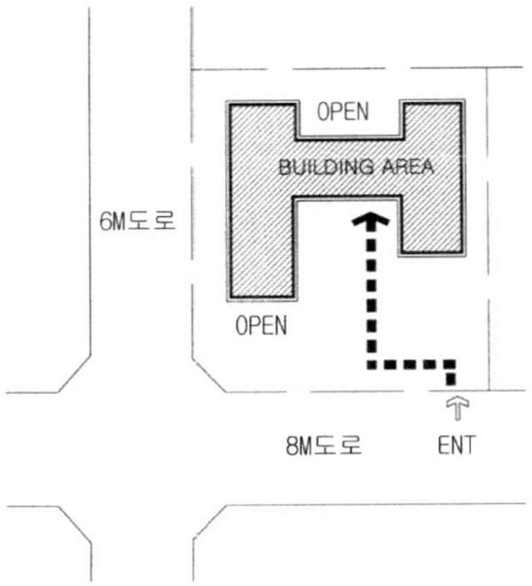	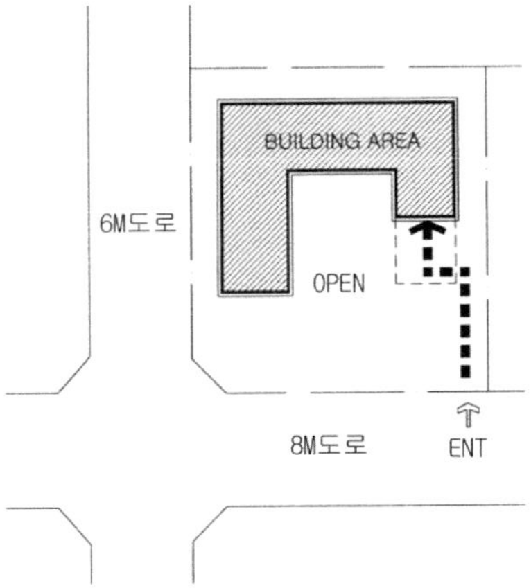	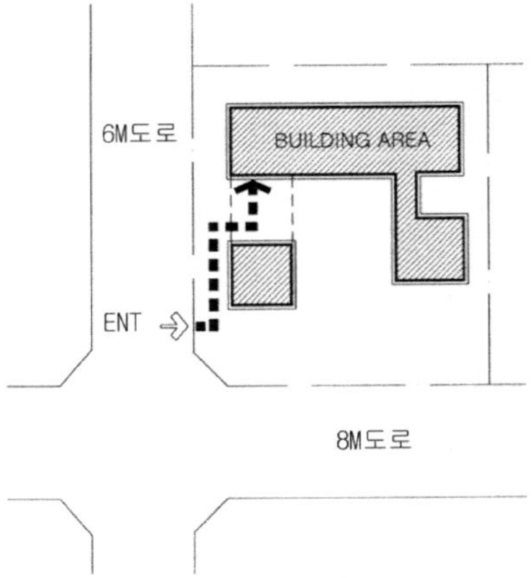
· 건물을 I 자형으로 하여 부지의 북측에 배치 · 동남측에서 진출입 · 정원을 남측에 배치	· 건물을 ㄱ자형으로 하여 북측 및 서측에 배치 · 동남측에서 진출입 · 정원을 남측에 배치	· 건물을 ㄷ자형으로 하여 북측, 동측 및 서측에 배치 · 서측에서 진출입 · 정원을 중앙 및 남측에 배치

매스 플랜(MASS PLAN)

ALT – 1	ALT – 2	ALT – 3
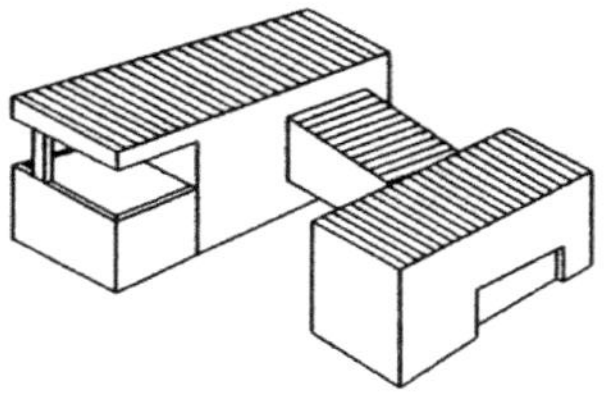	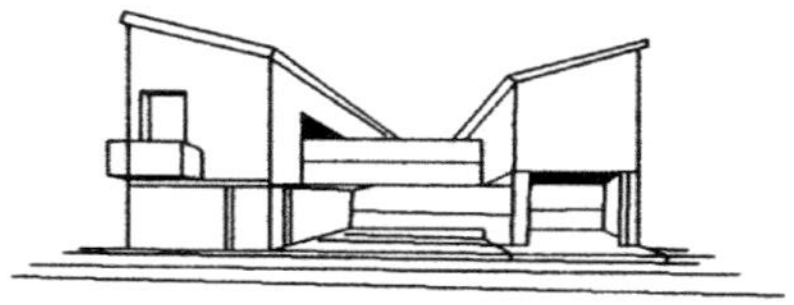	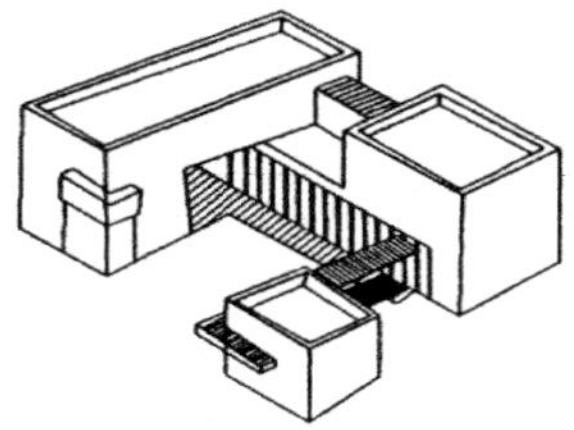
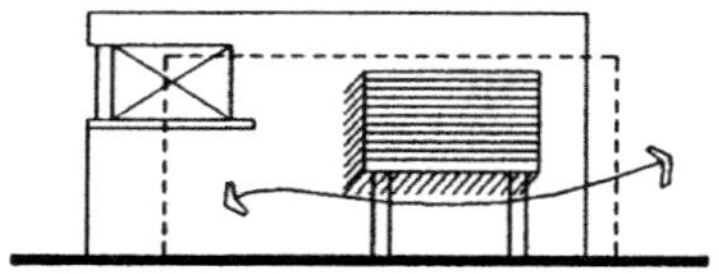 〈동측면〉	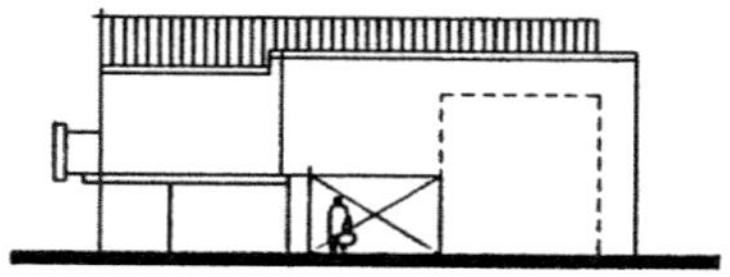 〈동측면〉	 〈서측면〉
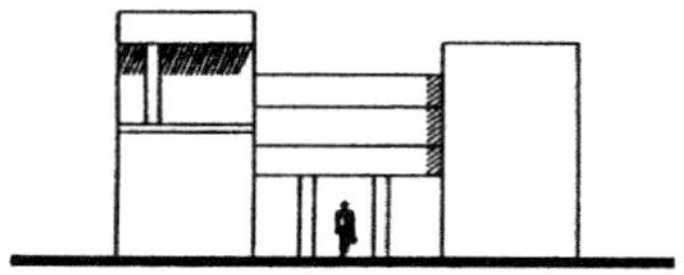 〈남측면〉	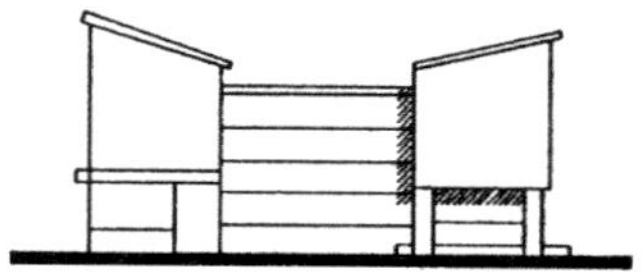 〈남측면〉	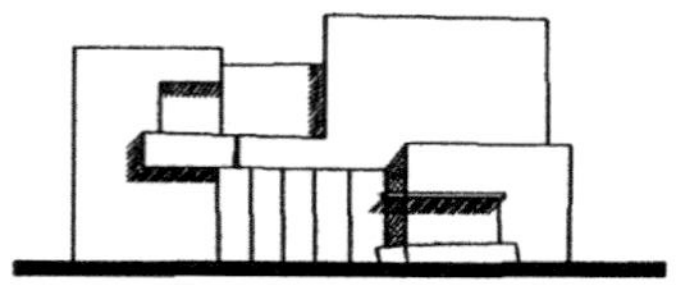 〈남측면〉

■ 블록 및 매스 플랜 ALT-1

■ 블록 플랜(BLOCK PLAN), ALT-1

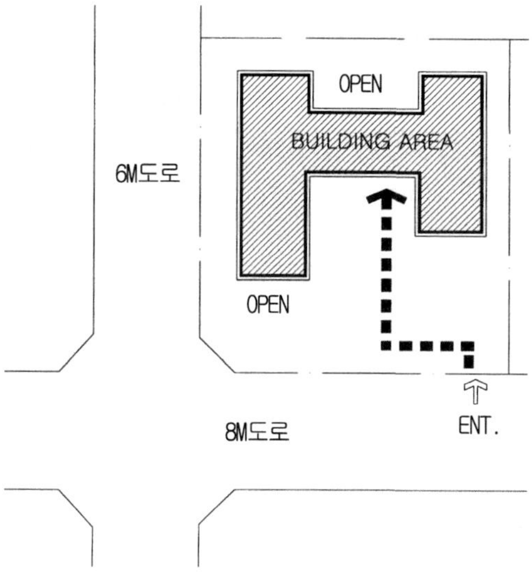

■ 매스 플랜(MASS PLAN), ALT-1

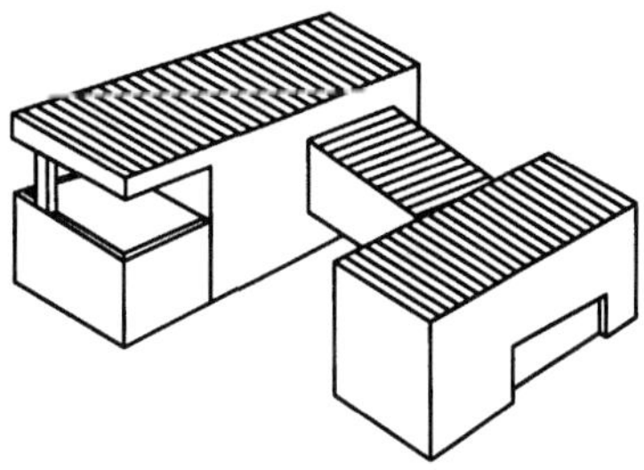

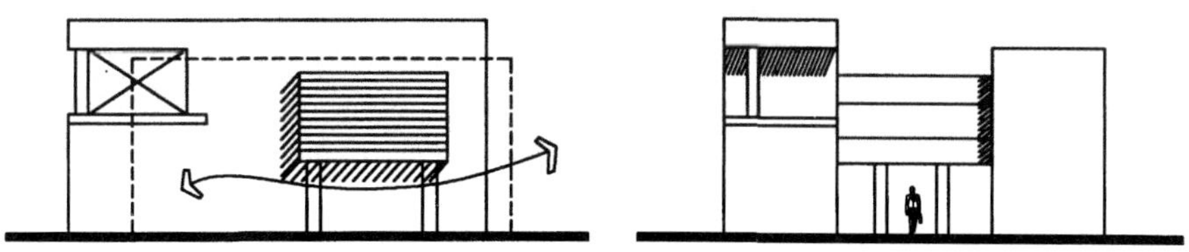

■ 블록 및 매스 플랜 ALT-2

■ 블록 플랜(BLOCK PLAN), ALT-2

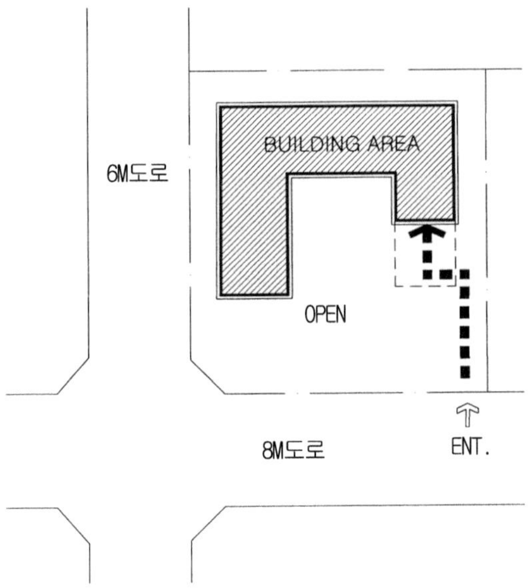

■ 매스 플랜(MASS PLAN), ALT-2

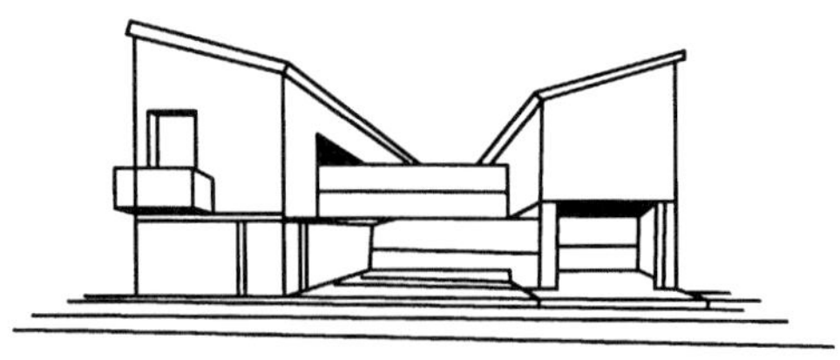

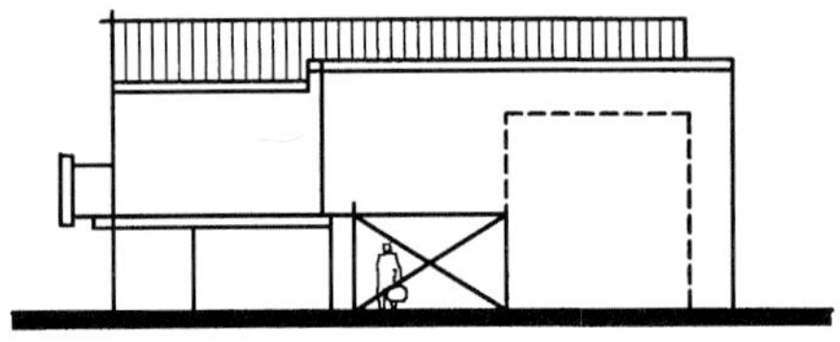

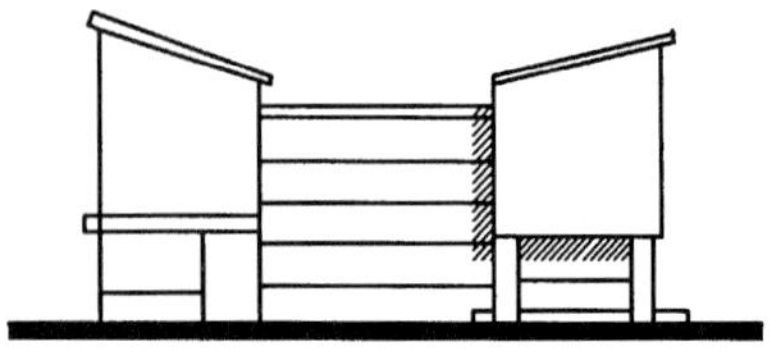

■ 블록 및 매스 플랜 ALT-3

■ 블록 플랜(BLOCK PLAN), ALT-3

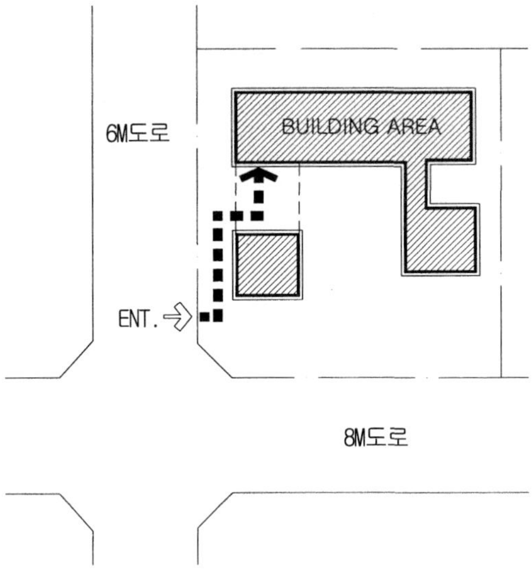

■ 매스 플랜(MASS PLAN), ALT-3

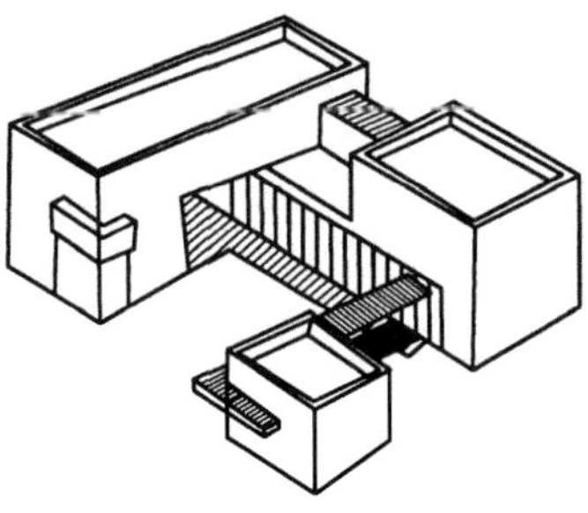

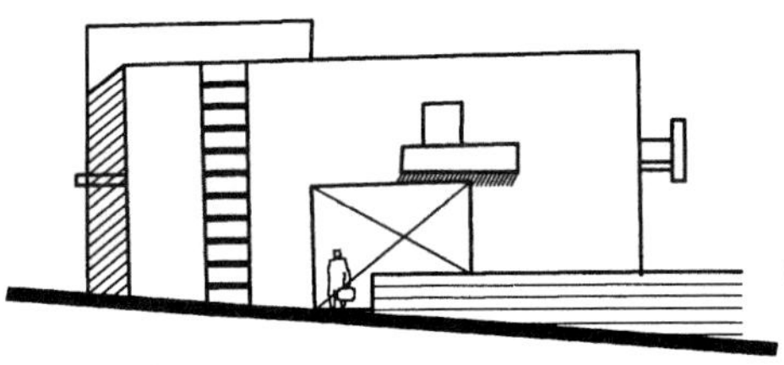

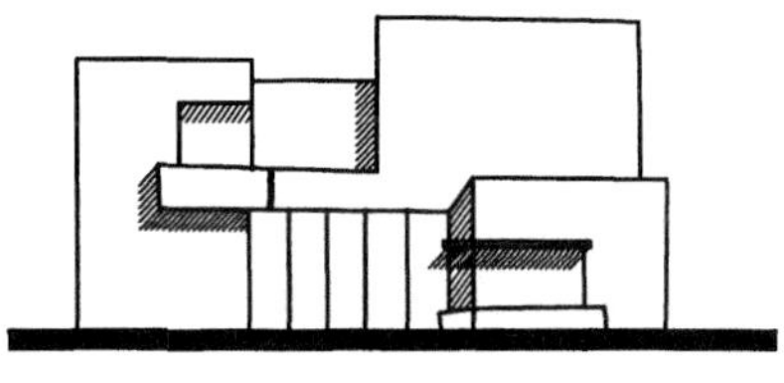

■ 블록 및 매스 플랜 대안평가

평 가 요 소	ALT. – 1	ALT. – 2	ALT. – 3
접근성 (ACCESS)	3	4	5
독립성 (PRIVACY)	4	5	5
공간성 (SPACE QUALITY)	3	4	5
조형성 (SHAPE)	3	4	5
조망성 (VIEW)	5	4	4
기능성 (FUCNTION LINKAGE)	5	4	4
인지성 (IDENTIFICATION)	4	4	5
위계성 (HIERARCHY)	4	4	5
평 가	31	33	38

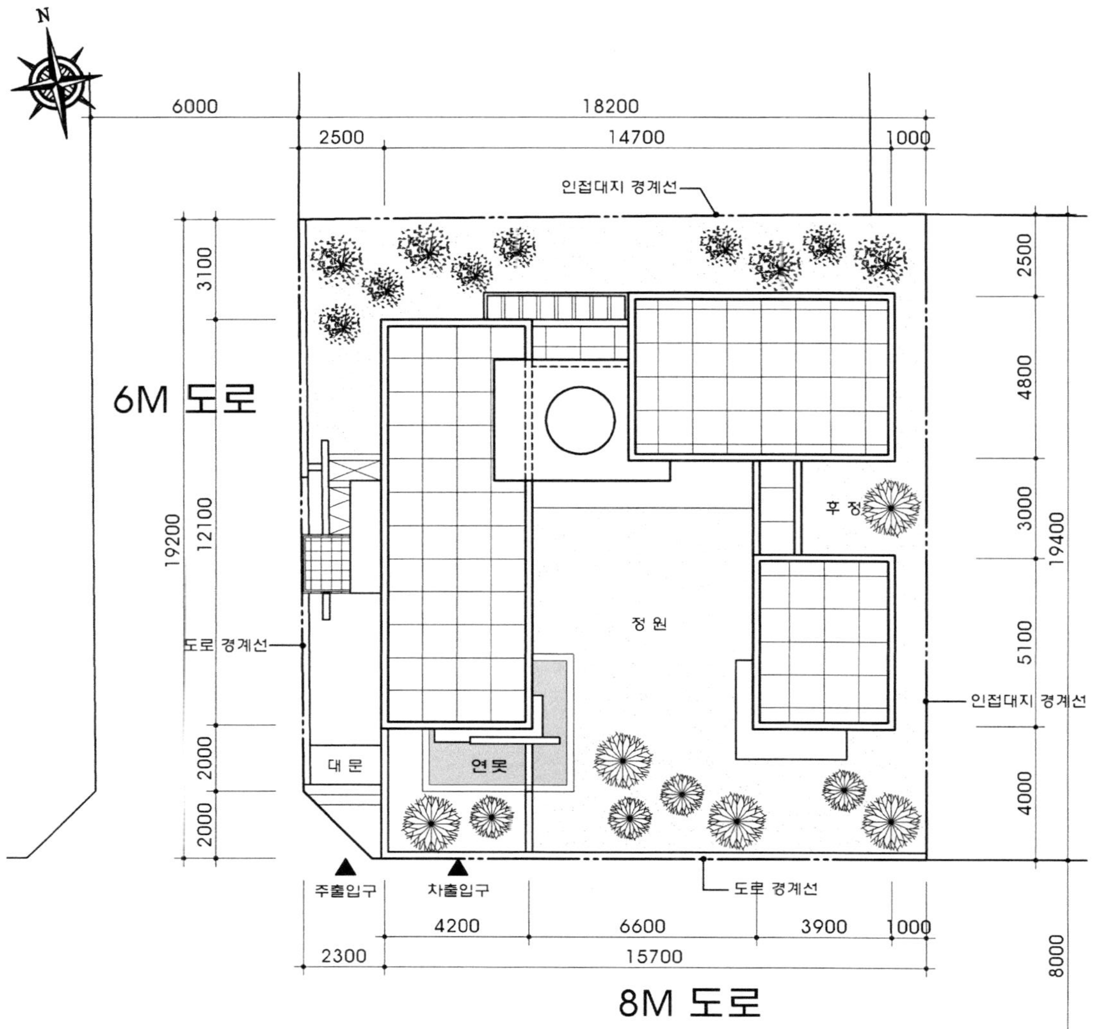

■ 건축개요

구 분	내 용		
대지위치	서울특별시 00구 00동 00번지		
지 역	도시지역, 일반주거지역		
대지면적	348.01 M^2 (105.27평)		
동 별	M^2	평	비 고
지하층	58.20	17.61	
1층	123.99	37.51	
2층	90.42	27.35	
합 계	272.61	82.47	
건축면적	131.46 M^2		
연 면 적	272.61 M^2		
건 폐 율	37.77 %		60 %
용 적 률	61.61 %		300 %
주차대수	2 대		
조경면적			

1/A 배치도

SCALE: 1/200

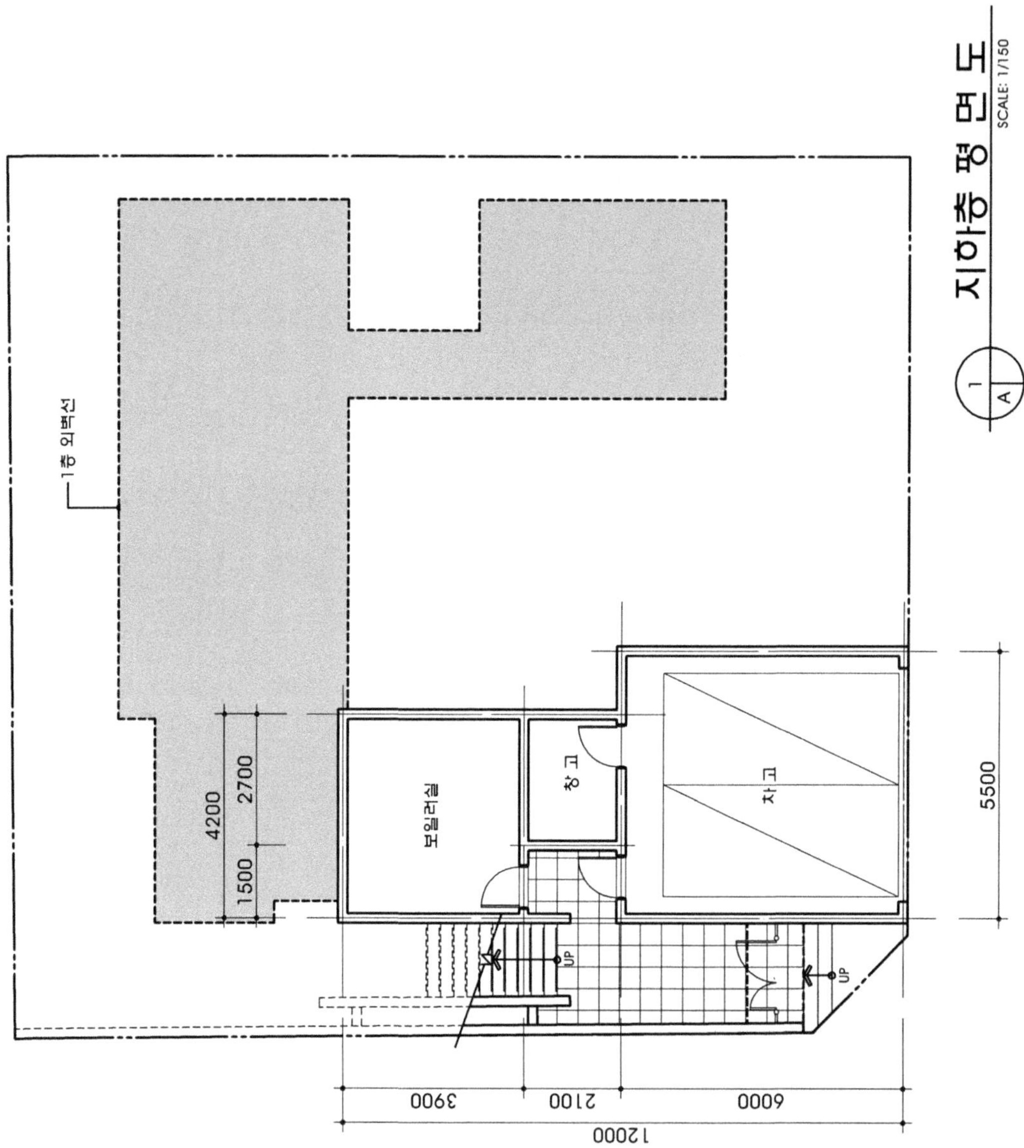
1층 외벽선
보일러실
창고
차고
UP
UP
4200
2700
1500
5500
3900
2100
6000
12000
1
A
지하층 평면도
SCALE: 1/150

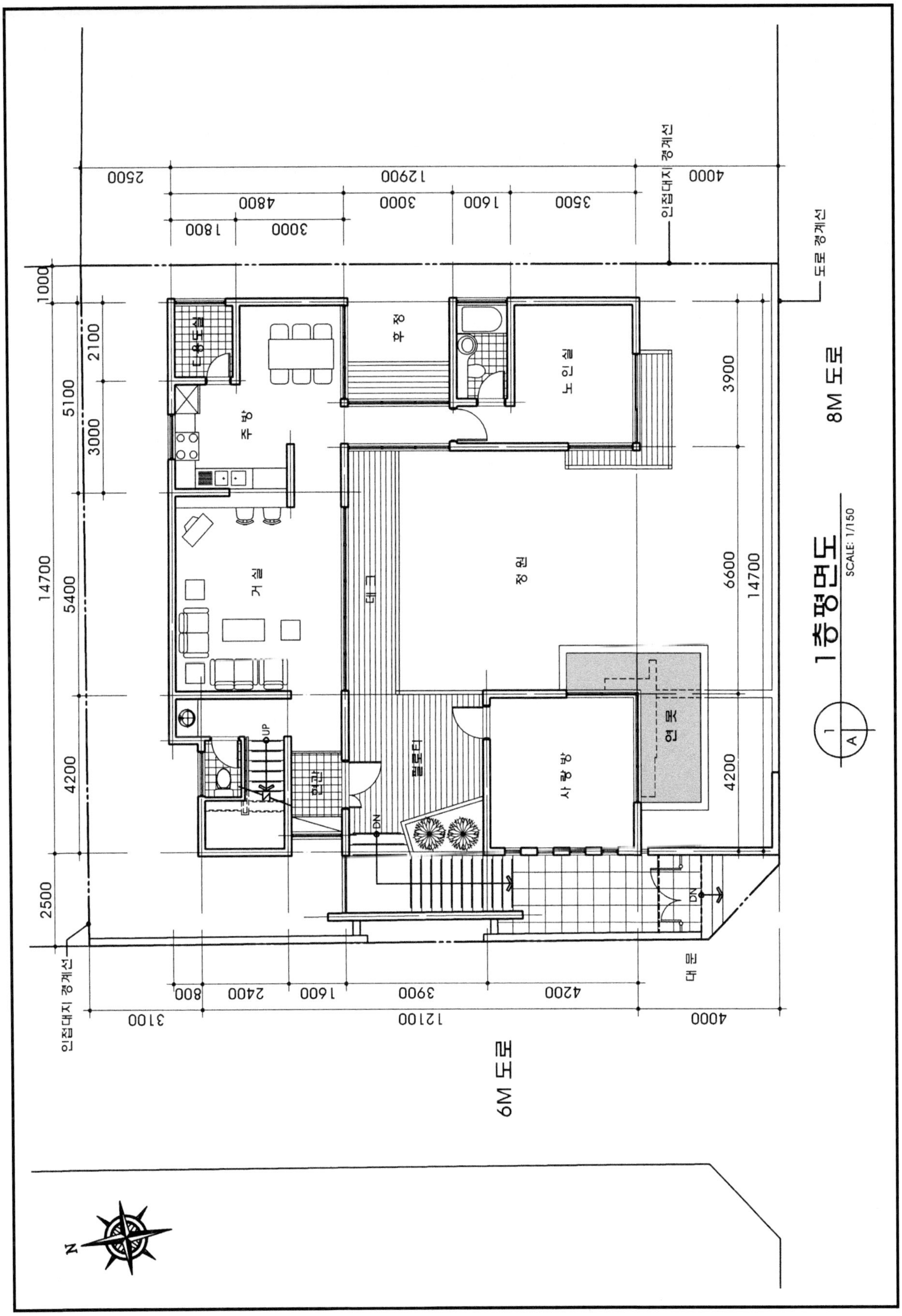
1층평면도
SCALE: 1/150
8M 도로
6M 도로
인접대지 경계선
도로 경계선
주방
거실
데크
정원
후정
노인실
사랑방
연못
필로티
현관
대문
14700
12900
12100

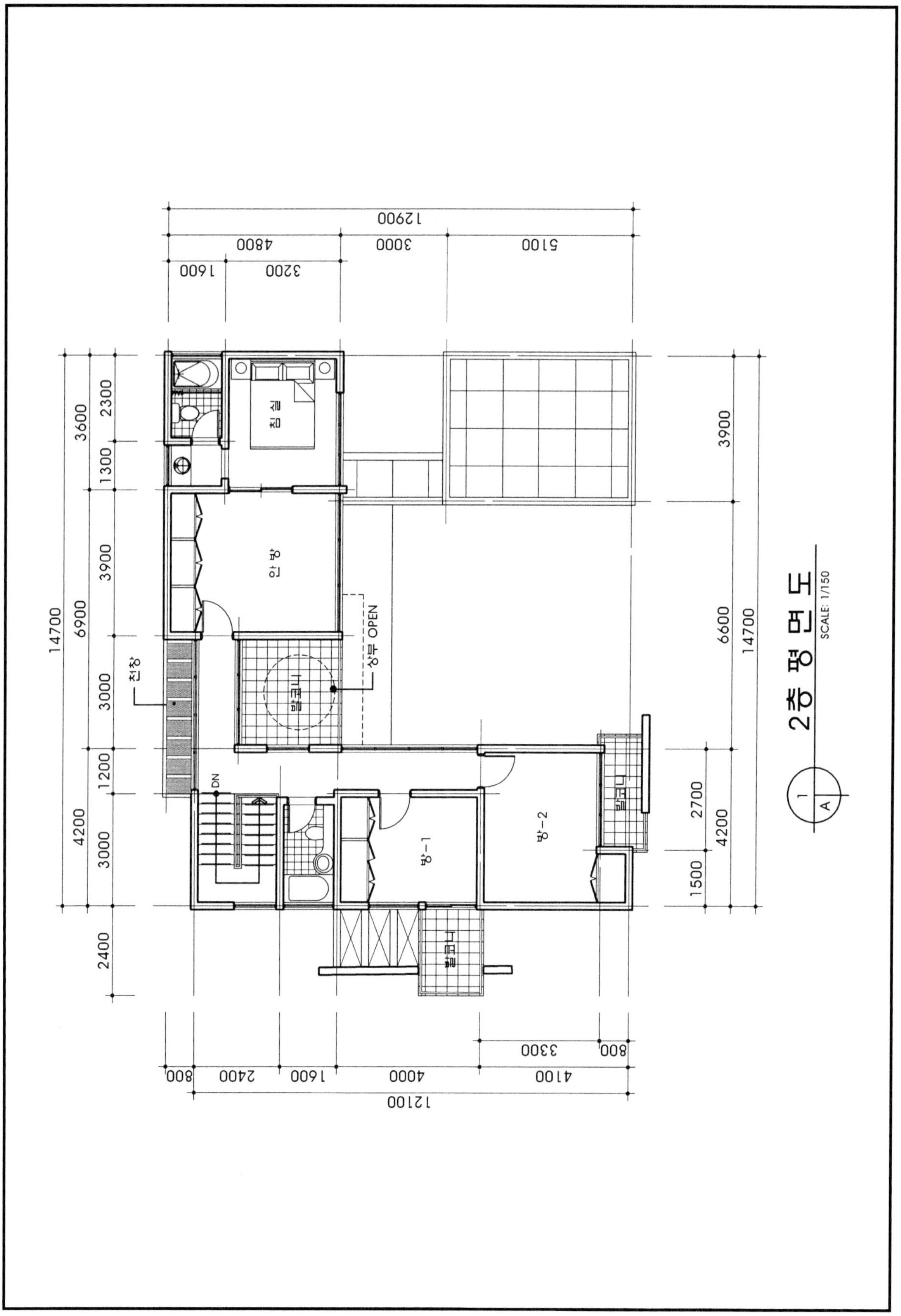
침실
안방
발코니
상부 OPEN
천창
DN
방-1
방-2
2층 평면도
SCALE: 1/150

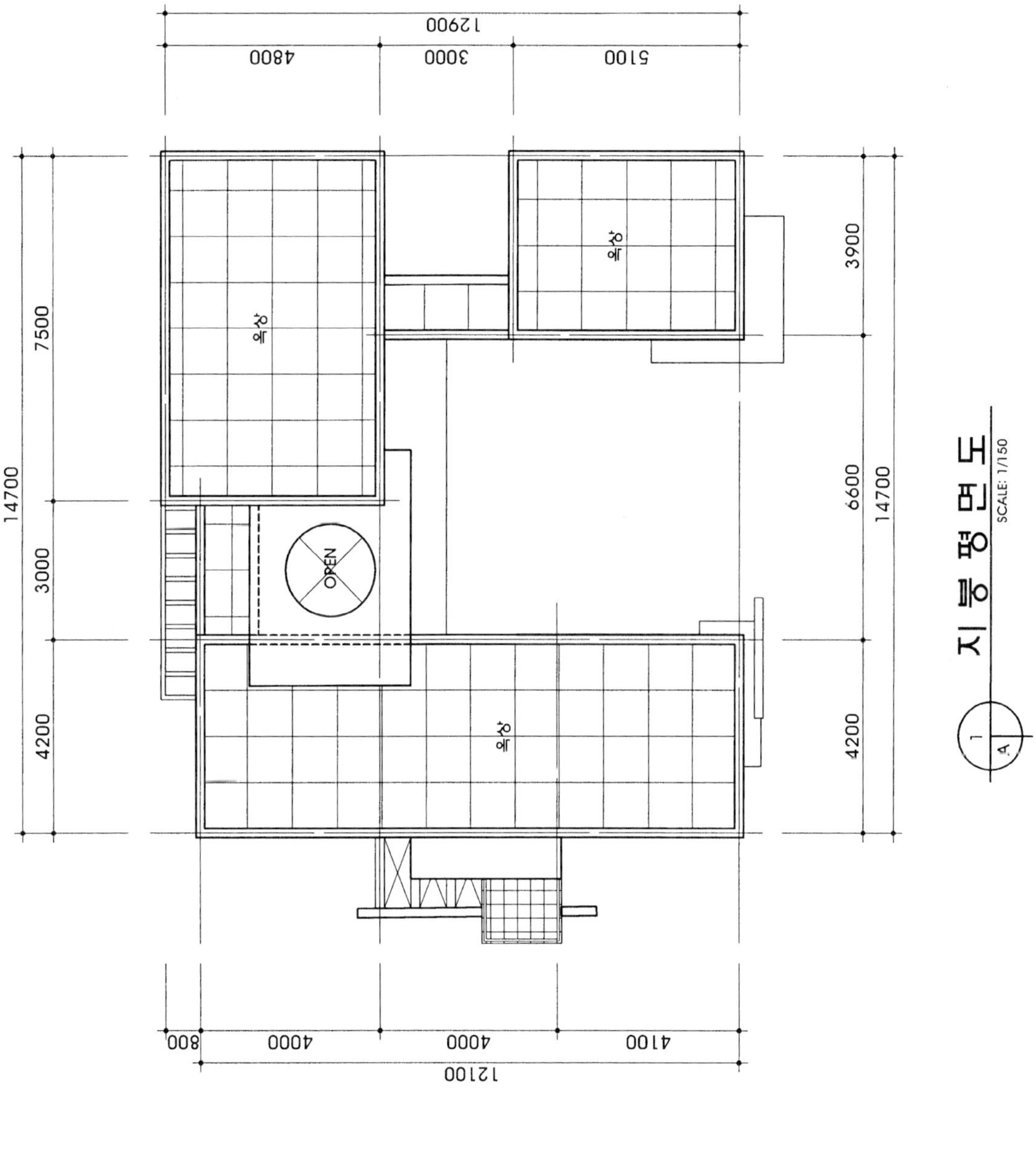
12900
4800
3000
5100
7500
3000
4200
14700
3900
6600
4200
14700
옥상
옥상
옥상
OPEN
800
4000
4000
4100
12100
지붕평면도
SCALE: 1/150

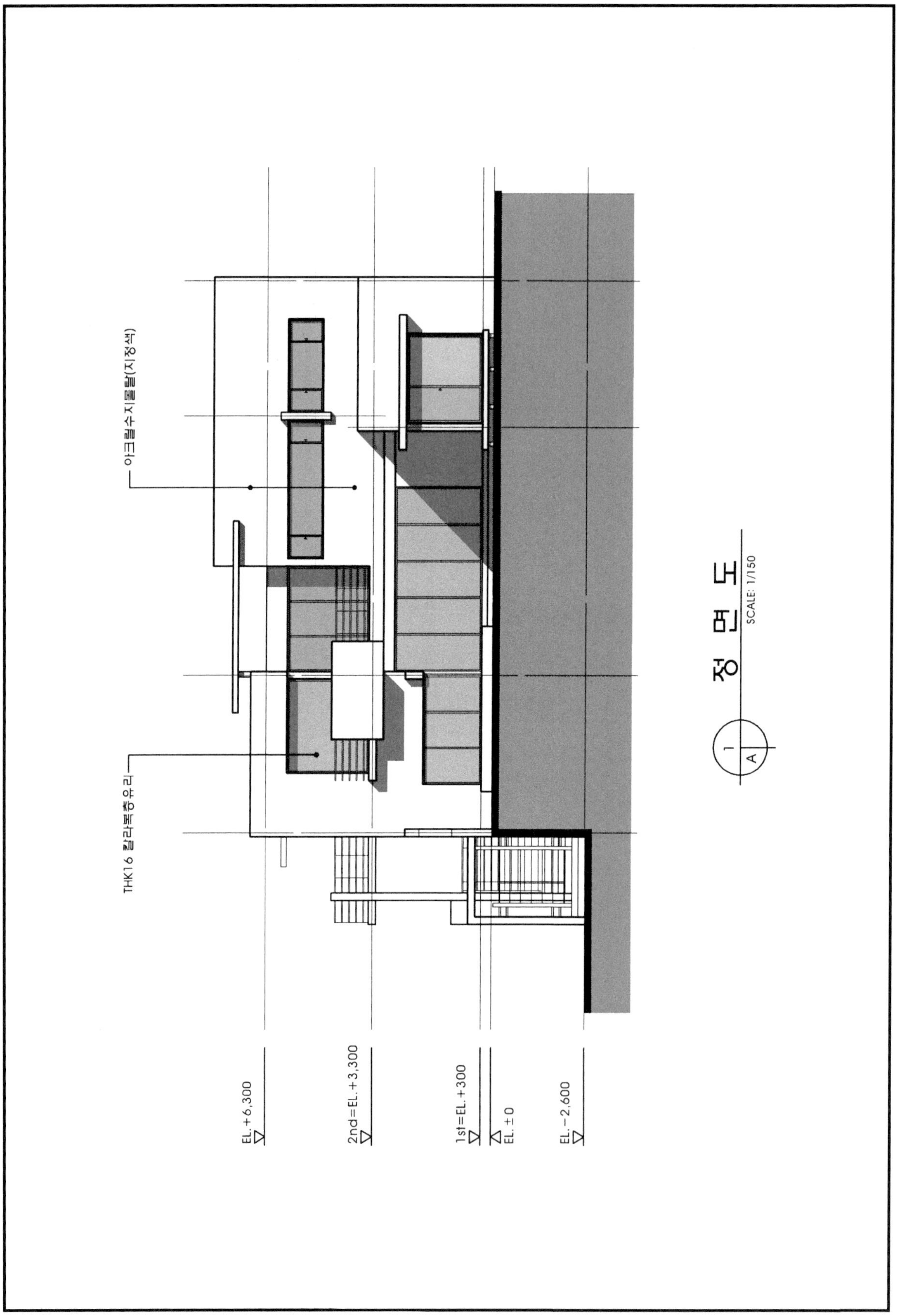

정면도
SCALE: 1/150

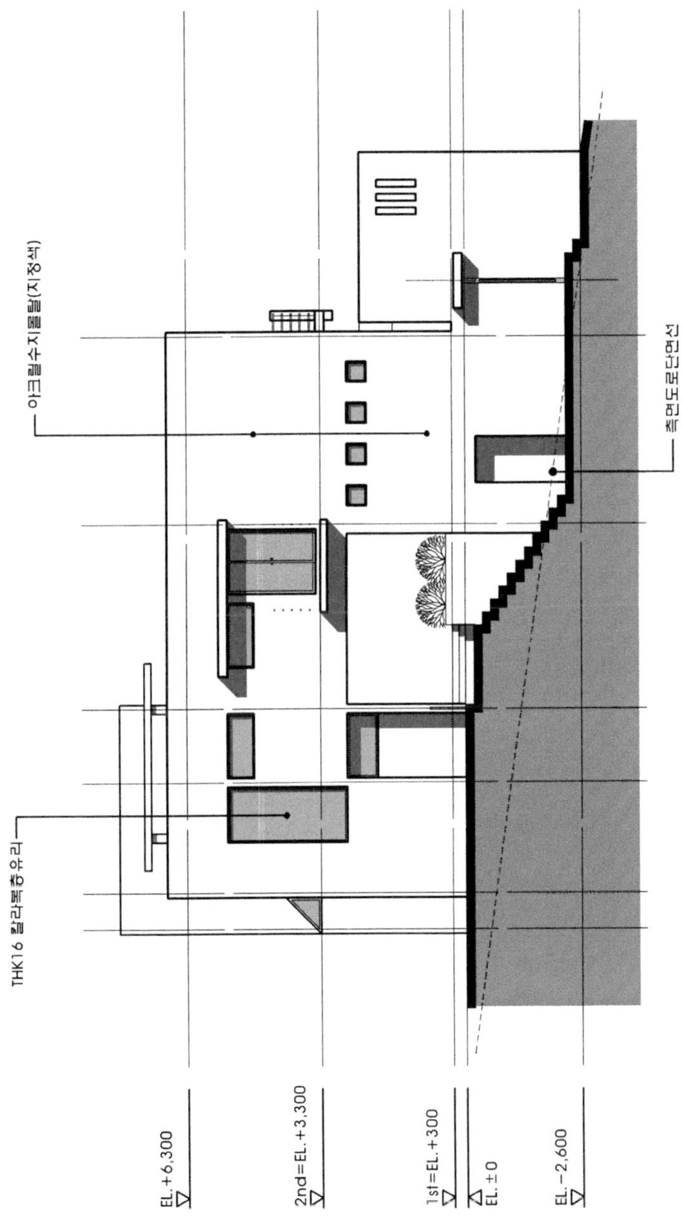

1 A 좌 측 면 도
SCALE: 1/150

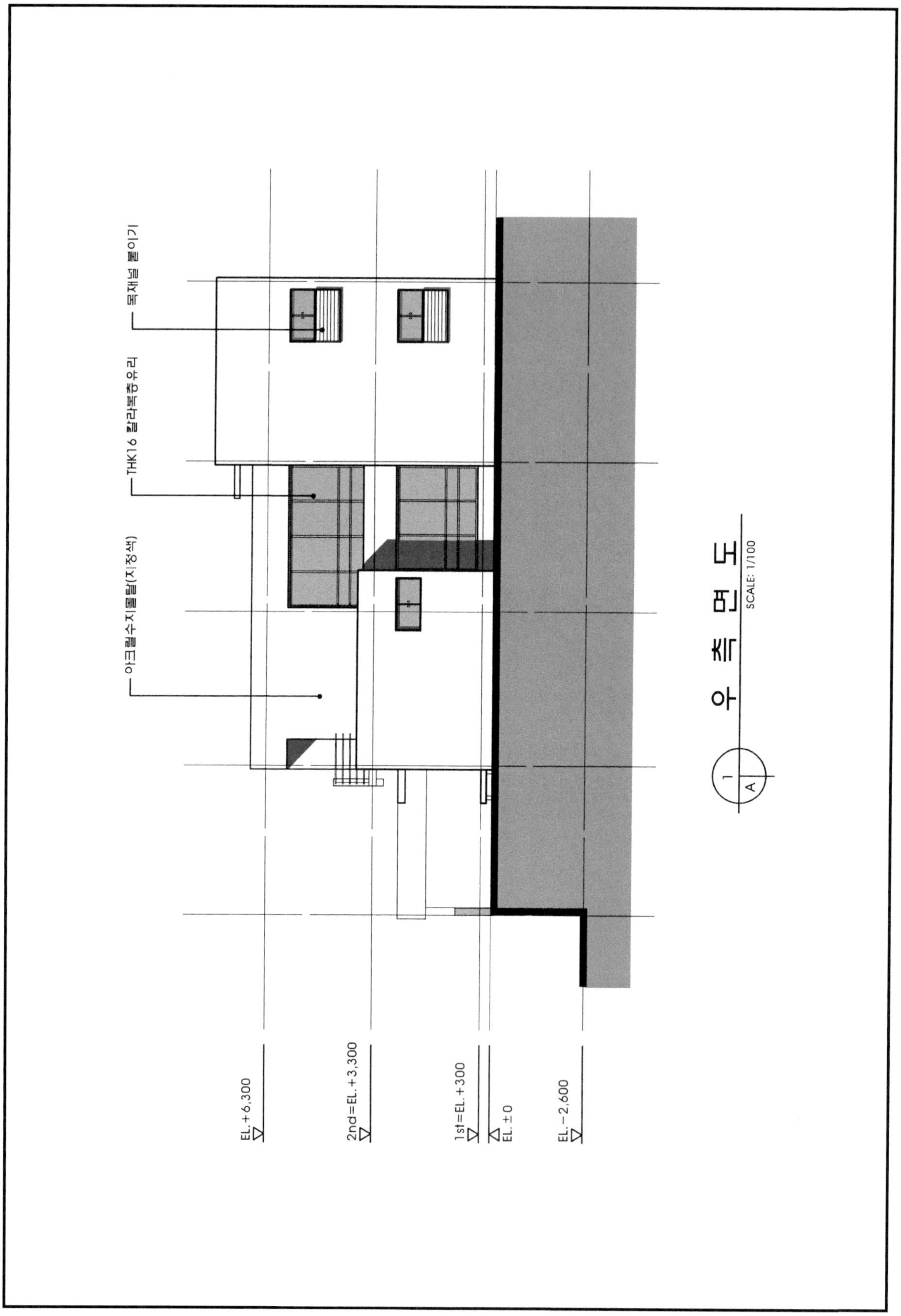
목재널 붙이기
THK16 칼라복층유리
아크릴수지몰탈(지정색)
EL.+6,300
2nd=EL.+3,300
1st=EL.+300
EL.±0
EL.-2,600
1
A
우 측 면 도
SCALE: 1/100

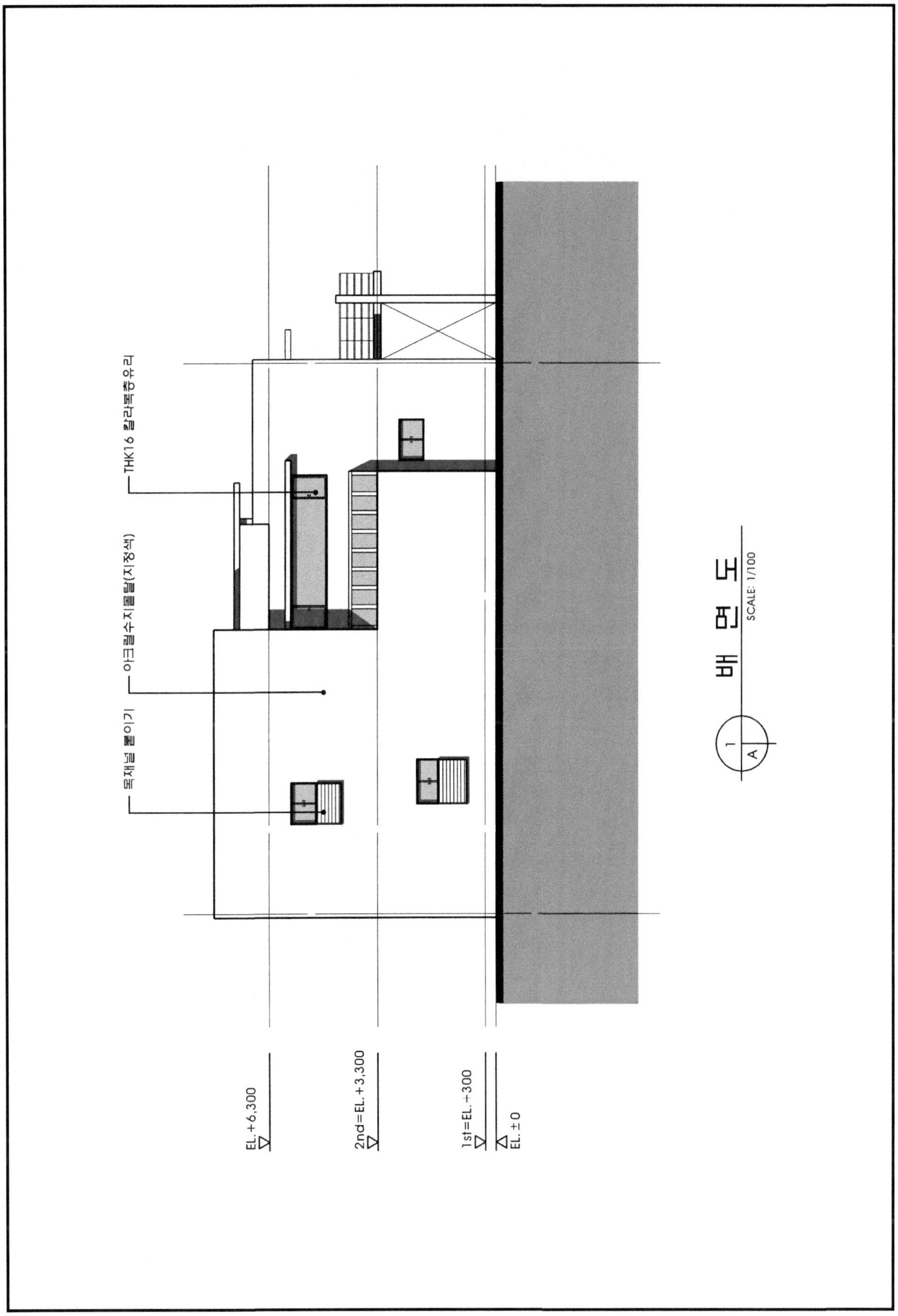
목재널 붙이기
아크릴수지몰탈(지정색)
THK16 칼라복층유리
EL.+6,300
2nd=EL.+3,300
1st=EL.+300
EL.±0
1
A
배면도
SCALE: 1/100

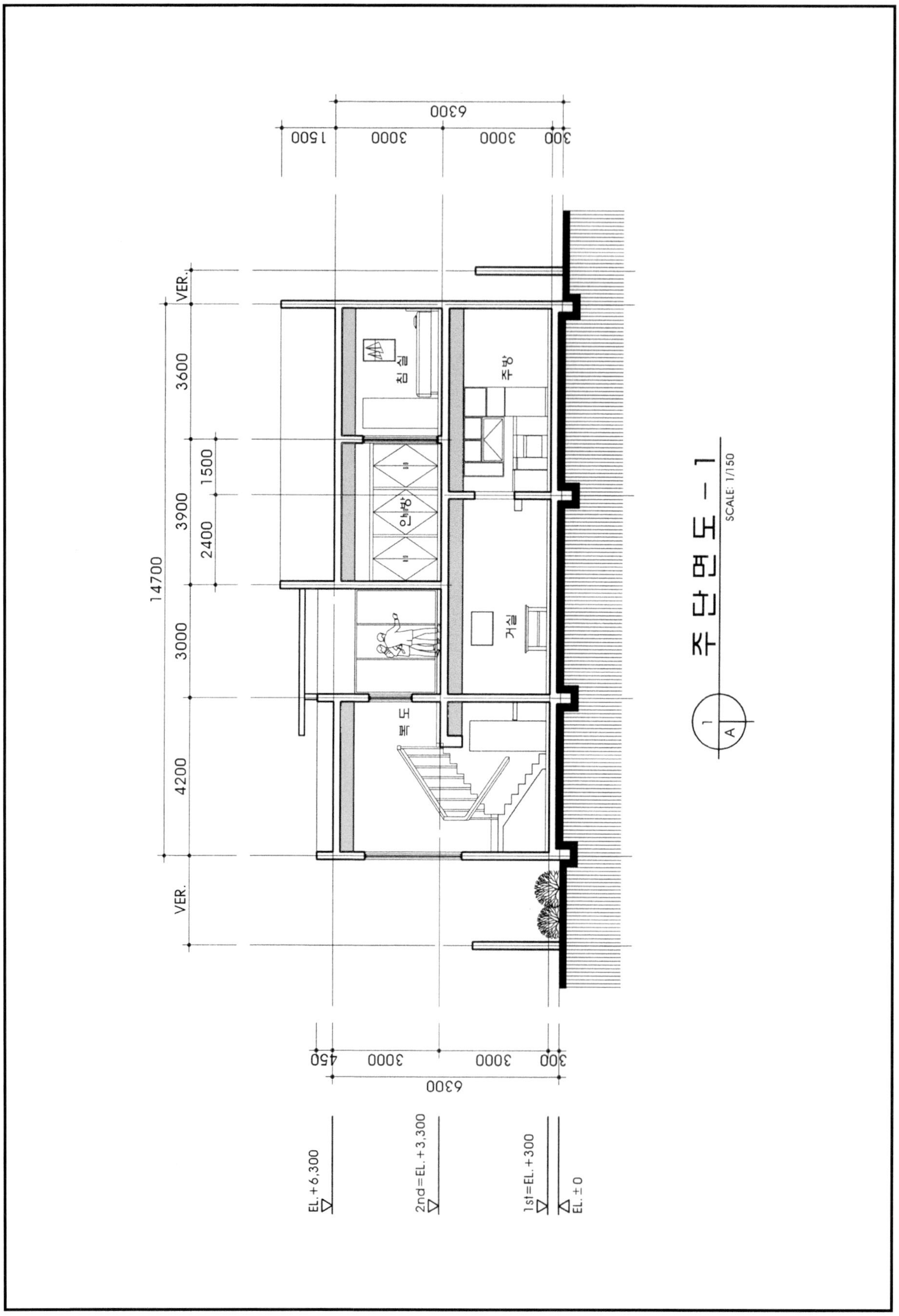

주단면도 - 1
SCALE: 1/150
침실
주방
안방
거실
복도
14700
3600
3900
1500
2400
3000
4200
VER.
VER.
6300
1500
3000
3000
300
450
3000
3000
300
6300
EL.+6,300
2nd=EL.+3,300
1st=EL.+300
EL.±0

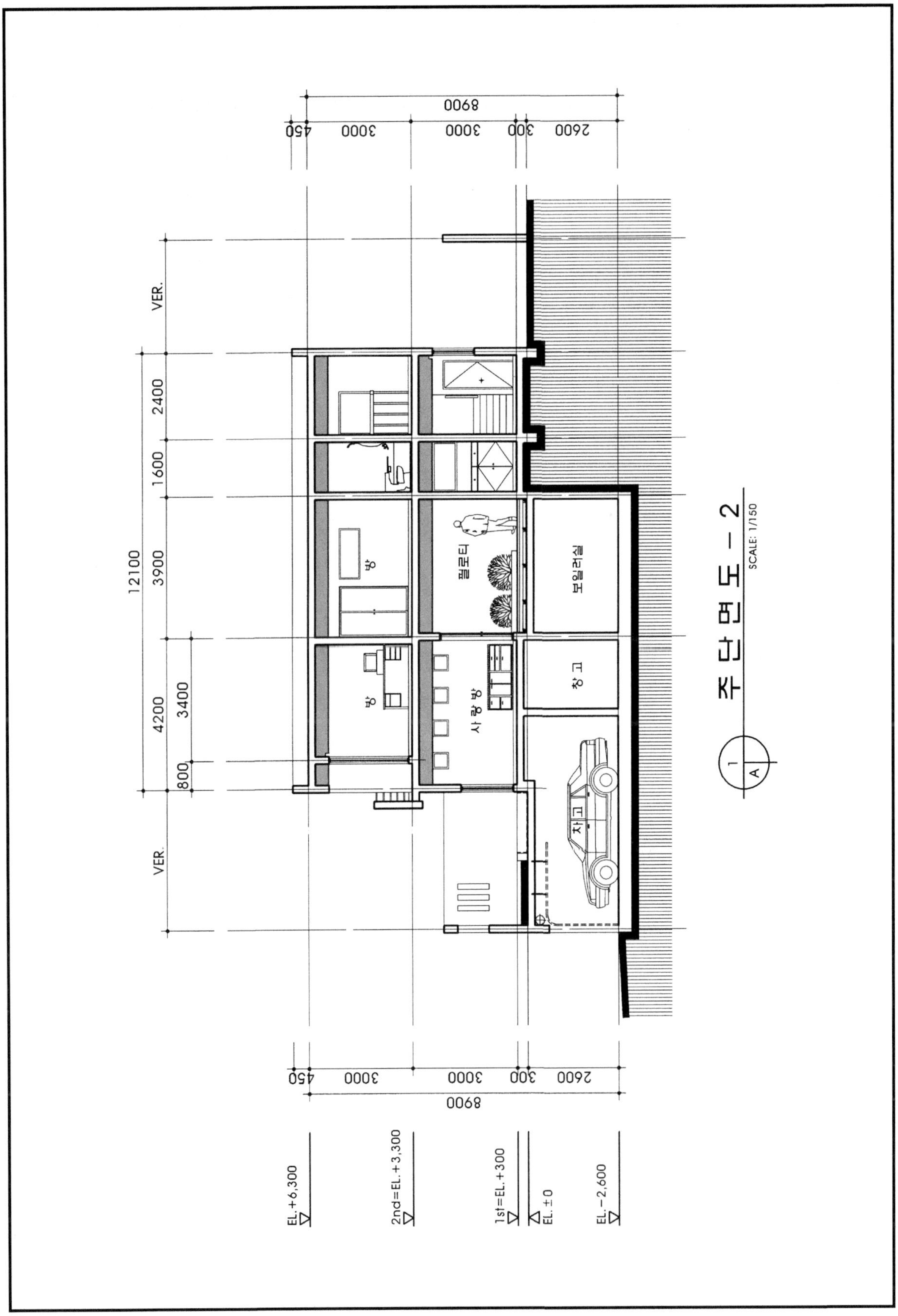

주단면도 - 2
SCALE: 1/150

■ 외관 투시도(I)

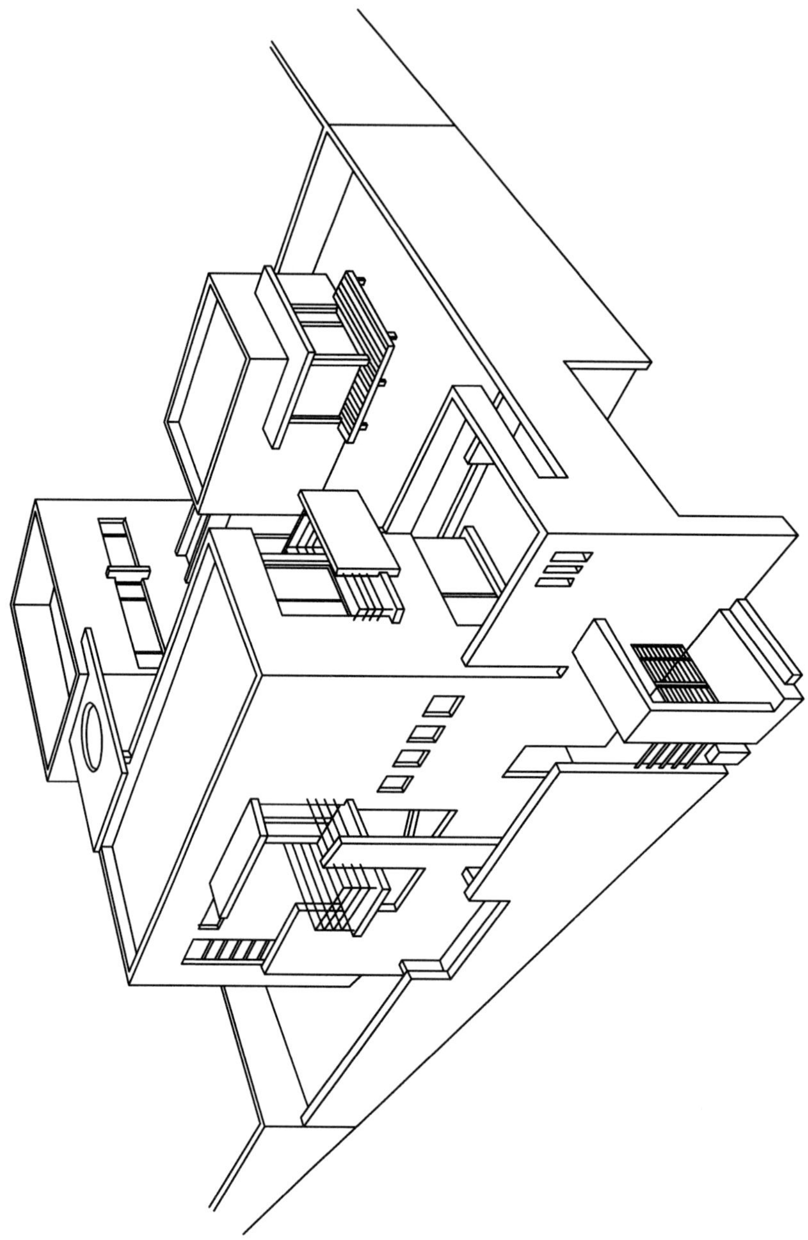

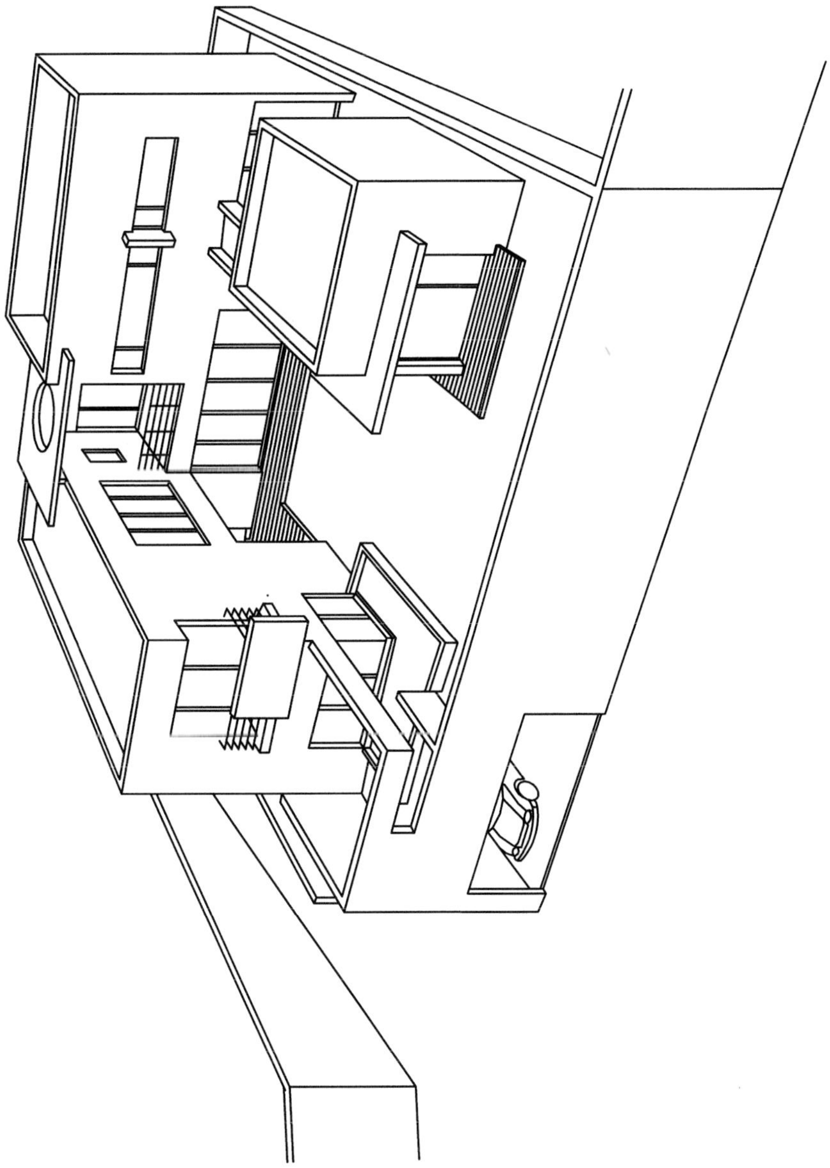

■ 외관 투시도(II)

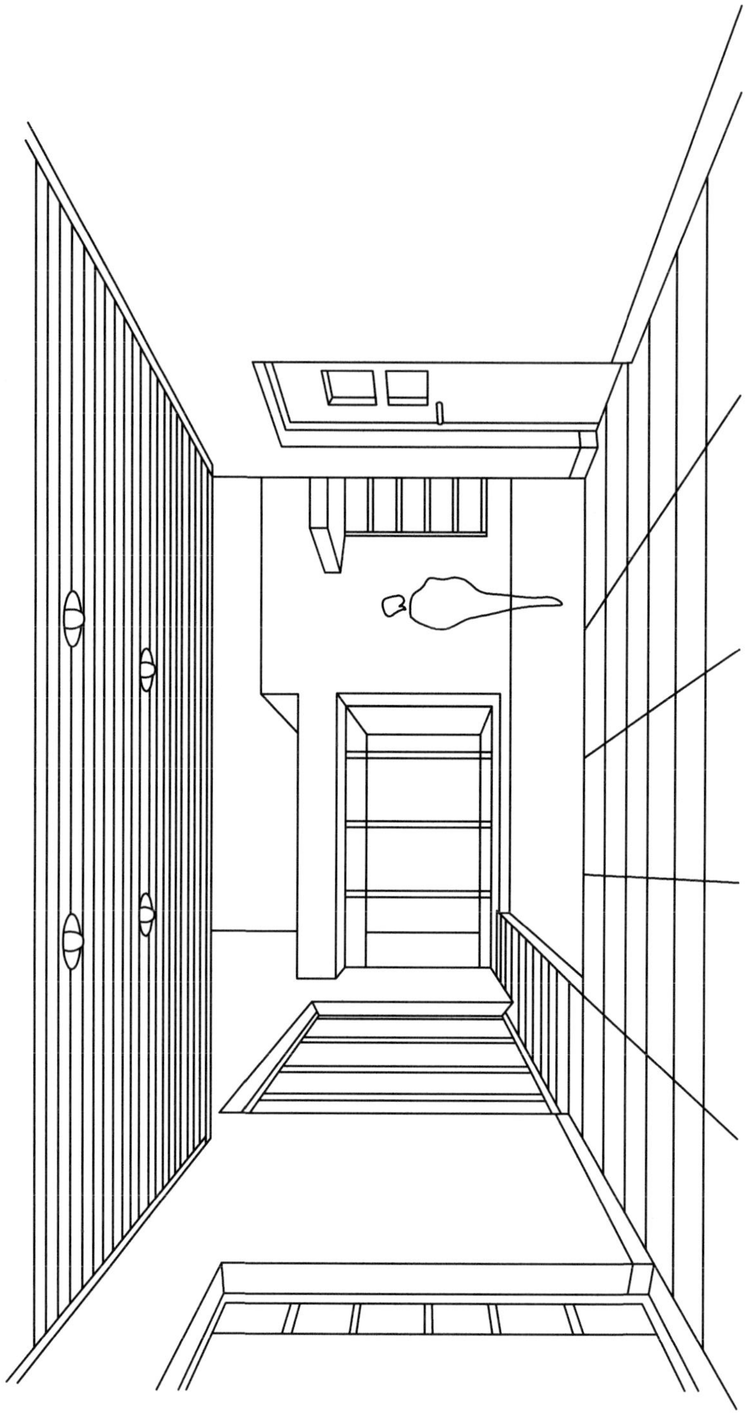

■ 실내 투시도

■ ISOMETRIC (I)

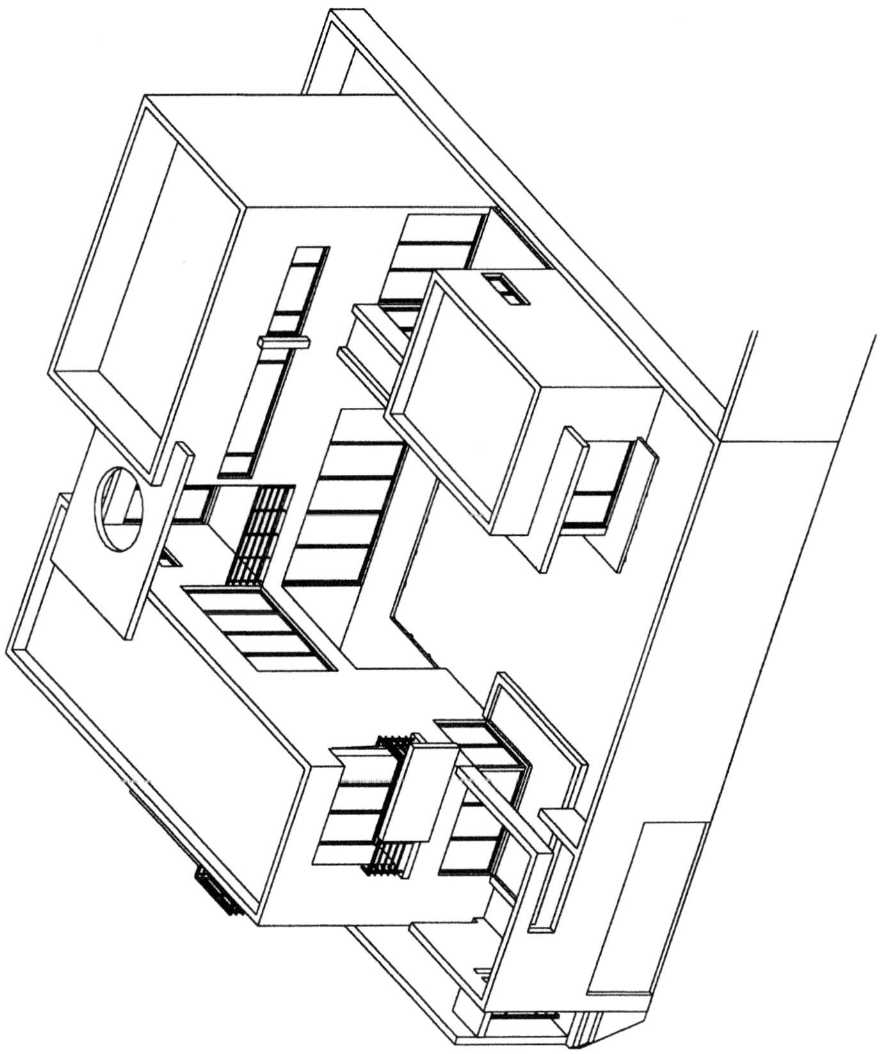

■ ISOMETRIC (Ⅱ)

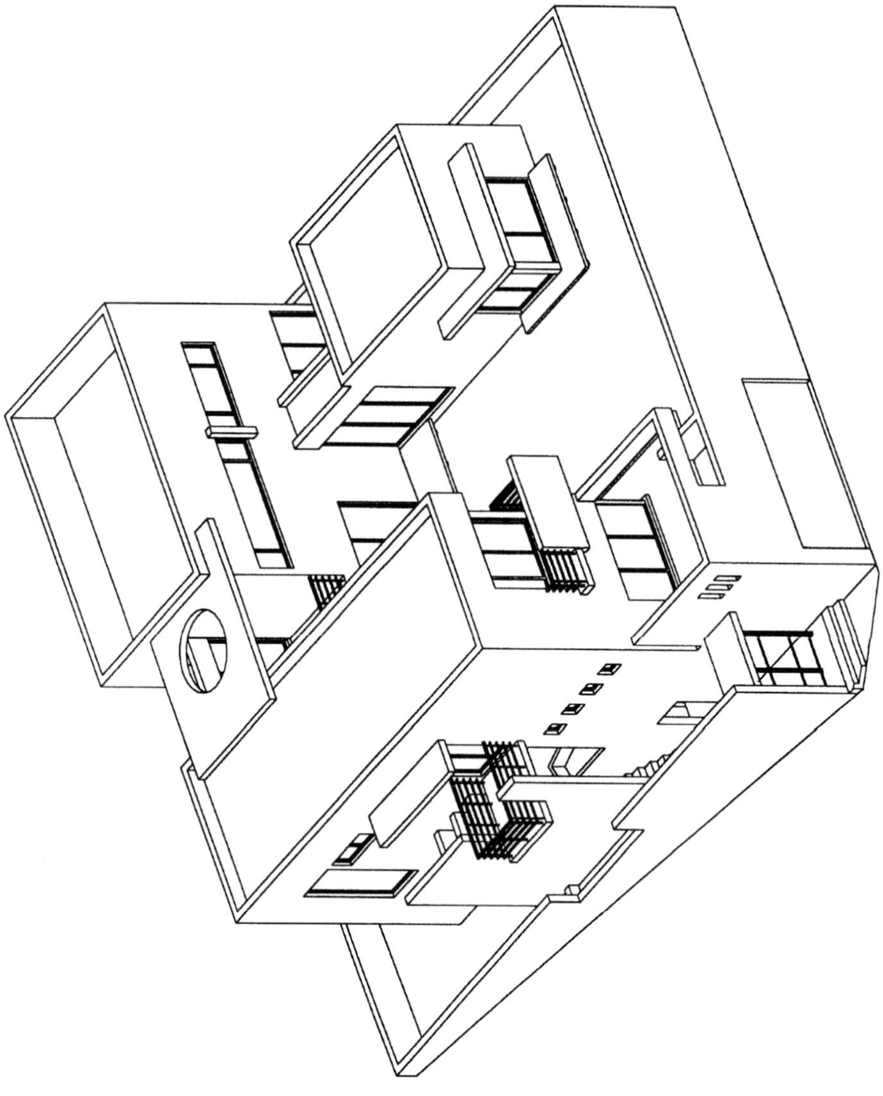

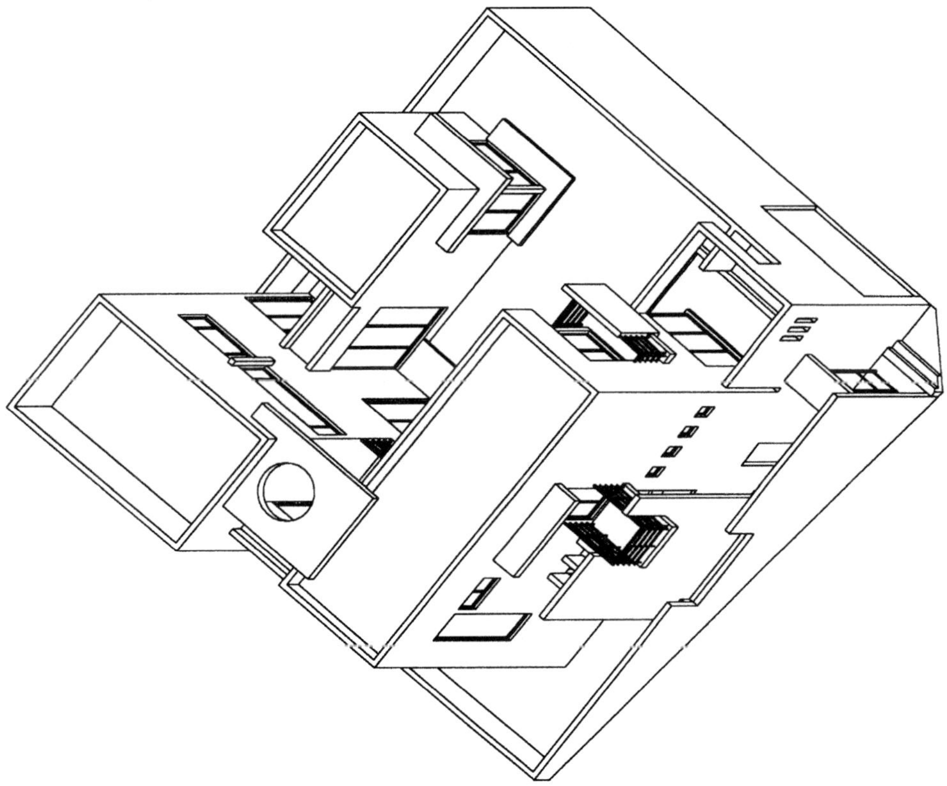

■ AXONOMETRIC (I)

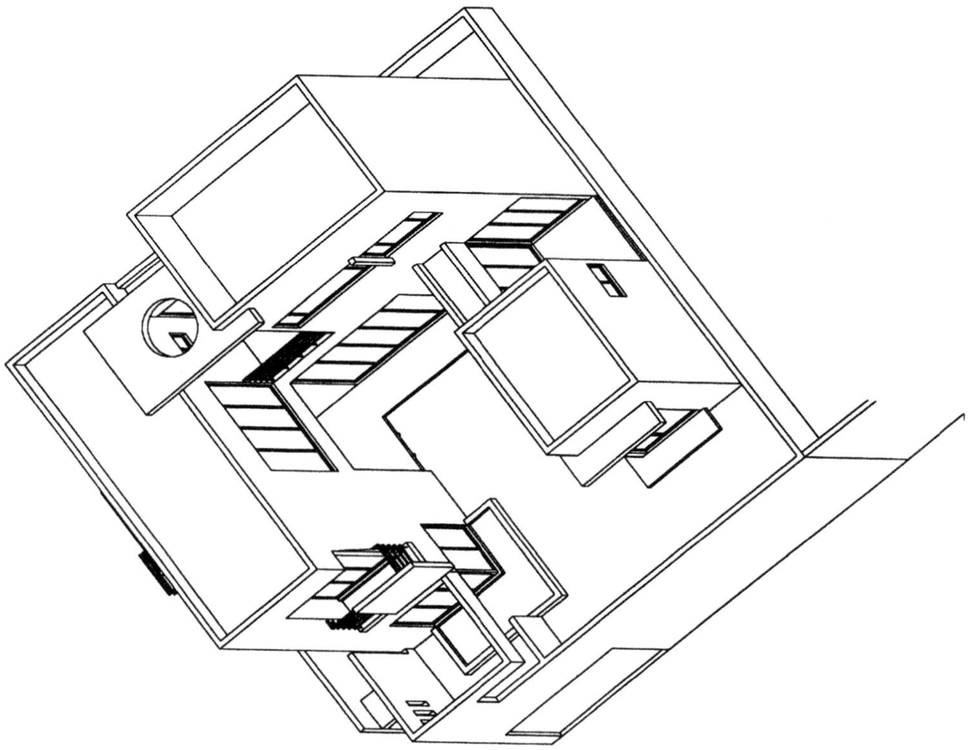

■ AXONOMETRIC (II)

■ 모형 사진 (1)

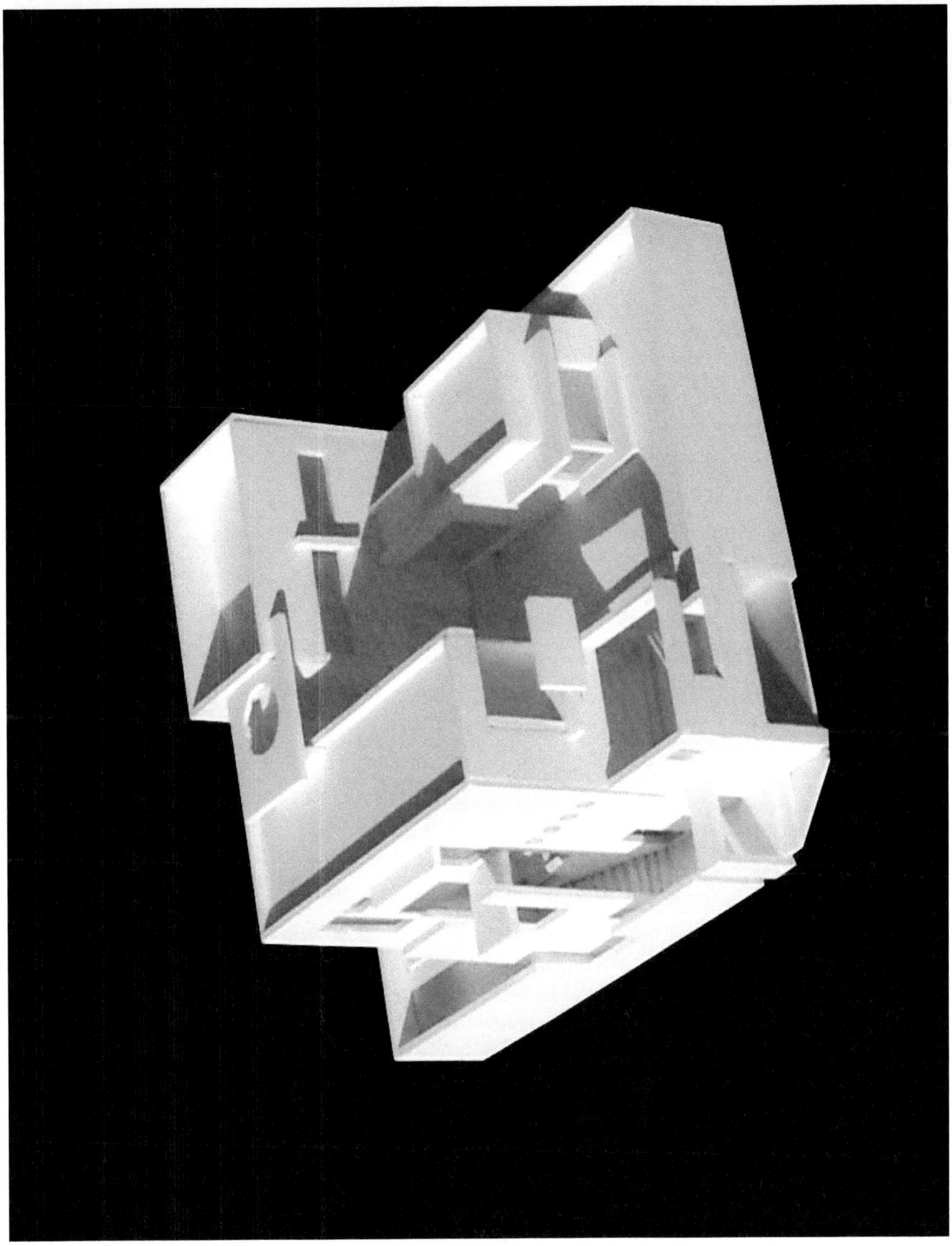

■ 모형 사진 (2)

계획설계 프레젠테이션 II

(C.G로 표현한 경우)

※ 앞에서 계획설계한 내용을 컴퓨터(CAD)를 이용하여 프레젠테이션 한 결과에 다시 컴퓨터 그패픽(Computer Graphic)을 이용하여 도면효과를 내어 표현한 예

OO 동 K씨 주택 기본계획안

설계일 : OO년 OO월 OO일

학년반 : 건축과 O학년 O반

학　번 : OOOOOO번

설계자 : ○○○

■ 설계개요

1) 대지위치 : ○○시 ○○구 ○○동 00번지
2) 대지면적 : 348.01㎡(105.27평)
3) 지역지구 : 일반주거지역, ○○지구
4) 도로관계 : 8M, 6M 도로에 접
5) 가족구성 : 5인
6) 건축면적 : 131.46㎡(39.77평)
7) 연 면 적 : 272.61㎡(82.47평)
8) 건 폐 율 : 37.77%
9) 용 적 율 : 61.61%
10) 층　 수 : 1-2층, 지하층
11) 주요구조 : 조적조 + 스라브
12) 주요재료 : 벽돌 + 홍송널붙이기
13) 주차대수 : 2대
14) 조경면적 : 104.40㎡(31.58평)
15) 난방방식 : 패널히팅 + 라디에이터 (도시가스 보일러)

■ 설계방향

주택은 인간 정주의 기본적 요소로써 그 시대의 문화생활의 수준을 반영하는 그릇이며, 가치를 창조시켜주는 터전이다.

따라서 주거는 쾌적한 환경과 편익한 시설 및 관리, 그리고 안정된 생활을 영위하기 위하여 설계의 독창성과 개성적 아이디어의 전개로 주거시설이 필요로 하는 개념과 계획을 반영하여야 한다.

지역의 문화적 특성의 고려, 단위공간의 개별성, 합리성과 경제성, 기능성, 현대적 이미지의 조형성 등을 목표로 설정한다.

본 계획은 도시의 기존 주택가 내에서 대지를 선정하여 3대로 구성된 5인 가족을 위한 도시형 주택의 모형을 제시하고자 한다.

■ 건축설계진행표

구 분	MASTER PLAN		설 계						공 사	
단 계	기 획 조 사		계 획 설 계		기 본 설 계		실 시 설 계		감 리	
PHASE	1		2		3		4		5	
진 행	BASIC STUDY		SCHEMATIC PLANNING		PRELIMINARY DESIGN		WORKING DRAWINGS		SUPER VISION	
LEVEL	작업착수	기초연구	자료수집	개념계획	기본계획	기본설계	도면작성	총 정 리	감 리	
내 용	과업내용의 제시	개념 STUDY	과업내용의 분석	목표의 설정	계획방향의 확정	DESIGN DEVELOP	각도면의 작성			
	기초 조사	분석 • 검토	대지분석	개념의 설정	계획요소의 선정	배치도 작성		각도서의 검토		
			주위현황의 분석	개념도 작성	계획의 원칙확정			각도서의 수정	도면보완 및 수정작업	
	기능·목표의 제시	사업성 검토	요구조건의 분석		배치방향의 확정					
	현황의 제시	자금계획	기능의 분석	배치개념의 설정	건물의 각부계획	DETAIL원칙작성				
			SPACE PROGRAM 분석	설계기준의 설정	평면·입면·단면	평면·입면·단면		시방서의 작성	시방서의 보완	
	일정표 작성			FACTOR의 선정		디자인 디테일			공사진행상의 문제점 검토	
			VOLUME CHECK	VOLUME STUDY	STUDY MODEL				감리일정표의 보완/검토	
									감리일지의 작성	
			구조자료의 분석	구조해석 STUDY	구조계획	구조계산서 작성	구조계산서 작성		준공도의 CHECK	
				각부분별SYSTEM STUDY	설비 SYSTEM	용량·부하 계산	설비도면의 작성			
							용량·부하 계산서	감리일정 작성	감리자료의 정리	
					토목조경 CHECK	조경개념 CHECK	조경도면의 작성			
			법규의 분석	법규의 적용한계	법규의 재검토	법규의 재확인	토목도면의 작성			
									중간설계변경협의	
					개략예산산출	대안작성		내역서의 작성		
	○ 작업방향확정을 위한 STUDY ○ 요구조건확정 ○ 설계준비작업		○ 전체규모 기능의 확정	○ 목표설정을 위한 STUDY	○ 방향과 목표의 설정	○ 대안들의 작성 -확정	○ 실시설계도면 작성	○ 최종도면의 작성	○ 시공중의 문제점검토 보완·수정	
행 정	○ 계약		○ 대지조건에 대한 서류의 구비	○ 법규에 의한 범위 CHECK		○ 심의도면의 작성	○ 심의사항의 분석	○ 허가도면의 제출 시공준비	○ 중간검사	○ 준공검사
성과품	○ MASTER PLAN 보고서			○ 이미지 CHECK	○ 구조계산서 ○ 개략예산서 ○ 기본설계도서	○ 설비 전기계산서 ○ STUDY MODEL ○ 청사진 ○ 심의도서	○ 투시도 ○ 시방서 ○ 구조계산서	○ 보고서 ○ MODEL 사진 ○ 내역서 ○ 허가도서 ○ 설계설명서	○ 감리일지	
비 고										

■ 단계별 건축계획 진행표

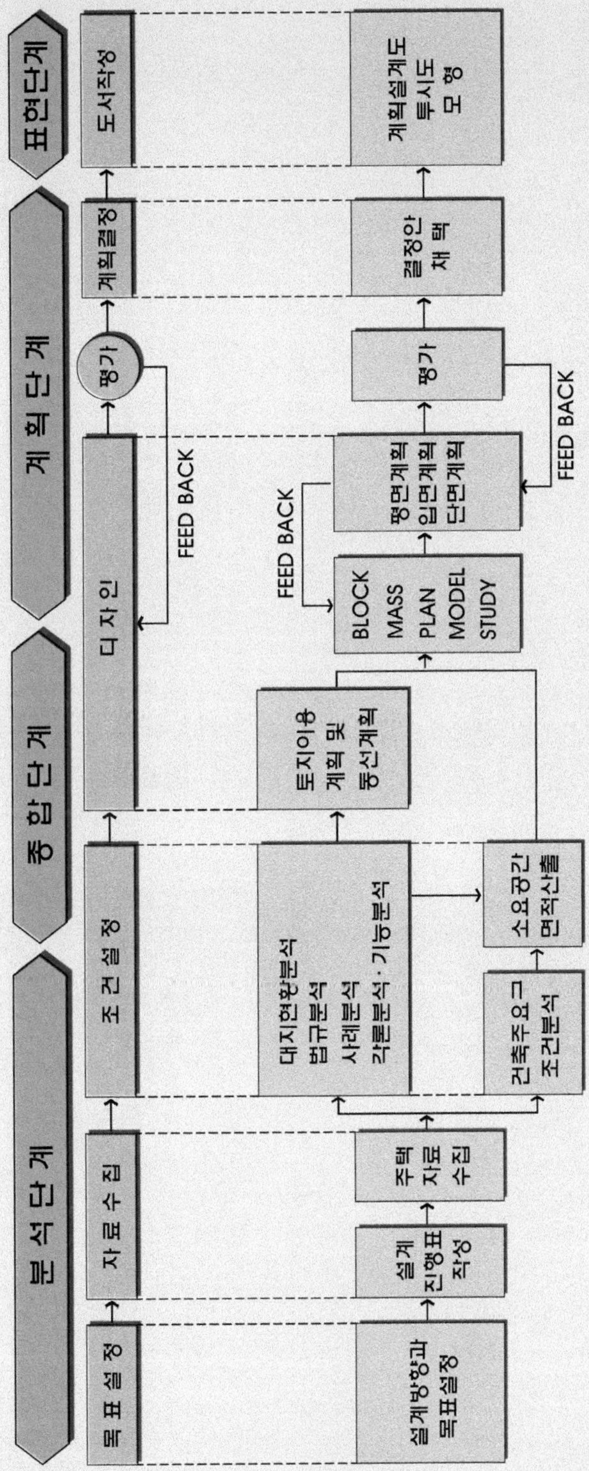
분 석 단 계
종 합 단 계
계 획 단 계
표현단계
목 표 설 정
자 료 수 집
조 건 설 정
디 자 인
평가
계획결정
도서작성
설계방향과 목표설정
설계 진행표 작성
주택 자료 수집
대지연환분석 법규분석 사례분석 각론분석·기능분석
건축주요구 조건분석
소요공간 면적산출
토지이용 계획 및 동선계획
BLOCK MASS PLAN MODEL STUDY
평면계획 입면계획 단면계획
평가
결정안 채 택
계획설계도 투시도 모 형
FEED BACK
FEED BACK
FEED BACK

일정별 계획 진행표

MONTH	1				2			
WEEK	1	2	3	4	1	2	3	4
PHASE	목표설정	정보수집	조 건 설 정		모 델 화	평가 및 계획결정	계획설계도 및 모형	
SCHEDULE	과제·설계방침 결정	계획진행표 작 성	대지분석(외부조건 검토)		대지사용계획			
		자료수집	내부조건분석	공간면적산출	계획설계			
					기 능 동 선 분 석	평가 및 계획결정	계획설계도 및 모형제작	
	각 단계별 참고자료 및 참고도서 수집							
REMARKS	O 전제설정	O 해당참고서수집 O 사례조사	O 대지분석(SITE ANALYSIS) • MAP OF LAND RESISTER • SITE LOCATION • SITE EXISTING PHOTOGRAPH • SITE AREA CALCULATION • TOPOGRAPHY • SITE SECTION • SOLOR & WIND • VISUAL QUALITY • APPROACH • INFRASTRUCTURE • NUISANCE & PRIVACY • REGULATION STUDY O 조건분석 (건축주 요구) O 공간면적산출 (SPACE PROGRAM)		O LAND USE ALT O ZONING O FUNCTION O BLOCK PLAN O MASS PLAN O FLOOR PLAN O ELEVATION O SECTION O PERSPECTIVE O BIRD'S EYE VIEW O MODEL	CHECK ↓ FEED BACK ↓ DESIGN	O SITE PLAN O FLOOR PLAN O ELEVATION O SECTION O PERSPECTIVE O BIRD'S EYE VIEW ISOMETRIC AXONOMETRIC O MODEL	

대지현황분석표

구 분	내 용		
토지내역	소 재 지	시 구 동 번지	
	지 목	전, 답, 임야, 대지, 기타( )	
	대 지 면 적	m^2(평)	
	소 유 자		
	토 지 가 격	추정 원	감정가격 원
제한사항	도시계획관계	전용주거, 일반주거, 준주거, 상업, 공업, 준공업, 녹지, 기타 지역	
	건 축 법	경관, 고도, 미관, 방재, 보존, 시설보호, 취락, 아파트, 기타 지구	
	군사시설보호법	저촉, 미저촉	
	기 타	국유림, 사방시설지, 시험림, 채종림, 산림개발지구, 화전지	

생활여건조사 구분	시 설 명		조사 사항	구분	시 설 명		조사 사항
공공시설	시 청		km	도로교통	버스 노선	시내	, 번
공공시설	구 청		km	도로교통	버스 노선	시외	
공공시설	동사무소		m	도로교통	정류장	시내	m
공공시설	파 출 소		m	도로교통	정류장	시외	역
공공시설	우 체 국		km	도로교통	주 차 장		m
공공시설	우 편 함		m	도로교통	지 하 철 역		m
공공시설	공중전화		m	위생시설	의 료 시 설		m
공공시설	은 행		m	위생시설	약 국		m
교육시설	유 치 원		m	위생시설	공중 목욕탕		m
교육시설	초등학교		m	위생시설	체 육 시 설		m
교육시설	중 학 교	남	km	위생시설	운 동 장		m
교육시설	중 학 교	여	km	편의시설	시 장		m
교육시설	고등학교	남	km	편의시설	수 퍼 마 켓		m
교육시설	고등학교	여	km	편의시설	할 인 매 장		m

건축현황			
건설가능세대수	세대	용 적 율	%
배치가능 향	동, 서, 남, 북, 남서, 남동	파일공사여부	불필요, 필요(%)
파일공사비추정	원	평 당	원

토목현황							
지 형	평지, 급경사지, 완경사지, 저습지, 경사지			공해•재해	소음, 악취, 매연, 기타		
지 질	나토, 사질토, 연질토, 점질토, 풍화, 연암, 경암			진입 도로			
고 저 차	m	폭	m		계획폭 m	거리	m
경 사 도	%	토지형태		배수현황			
지반상태	원지반, 매립지, 절토지				규 격		
지 상 물	고압선, 분묘, 전주, 가옥, 수목			보 호 물	평 당		
	수 량			주위환경	양 호		
토공소요공사비	원			평 당	원		

설비현황	급 수				전 기			
	인입관계		ø500mm	거 리 m	인입전압	200 V	거리	m
	공사비	간선시설	원	평 당 원	공사비			
	공사비	가압시설	원	평 당 원		평 당		원

의견및 문제점	

■ 지적도

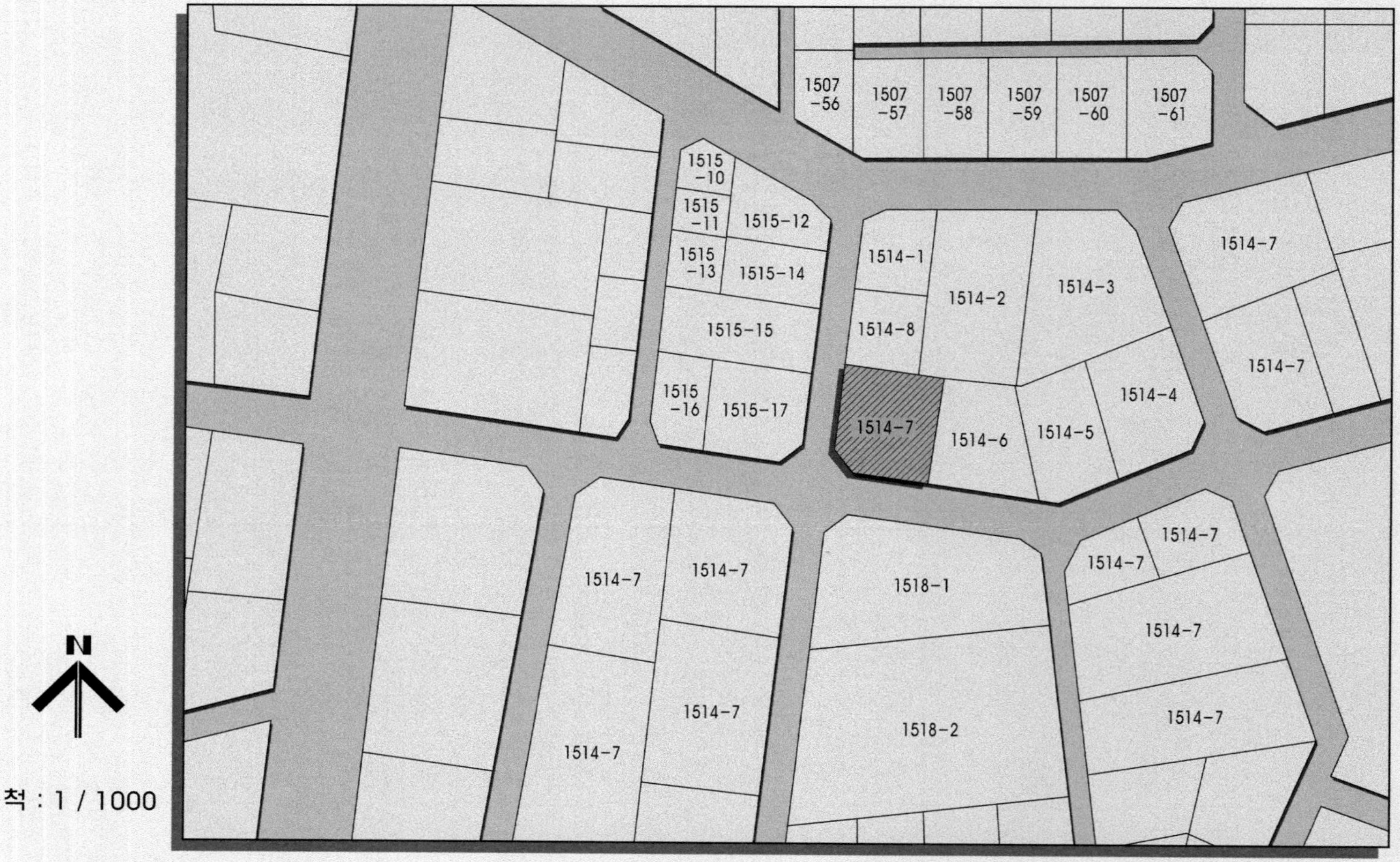
1507
-56
1507
-57
1507
-58
1507
-59
1507
-60
1507
-61
1515
-10
1515
-11
1515-12
1515
-13
1515-14
1515-15
1515
-16
1515-17
1514-1
1514-2
1514-3
1514-8
1514-4
1514-7
1514-6
1514-5
1514-7
1514-7
1514-7
1514-7
1514-7
1518-1
1514-7
1514-7
1514-7
1514-7
1514-7
1518-2
1514-7
N

축척 : 1 / 1000

■ 위치도 및 주위현황도

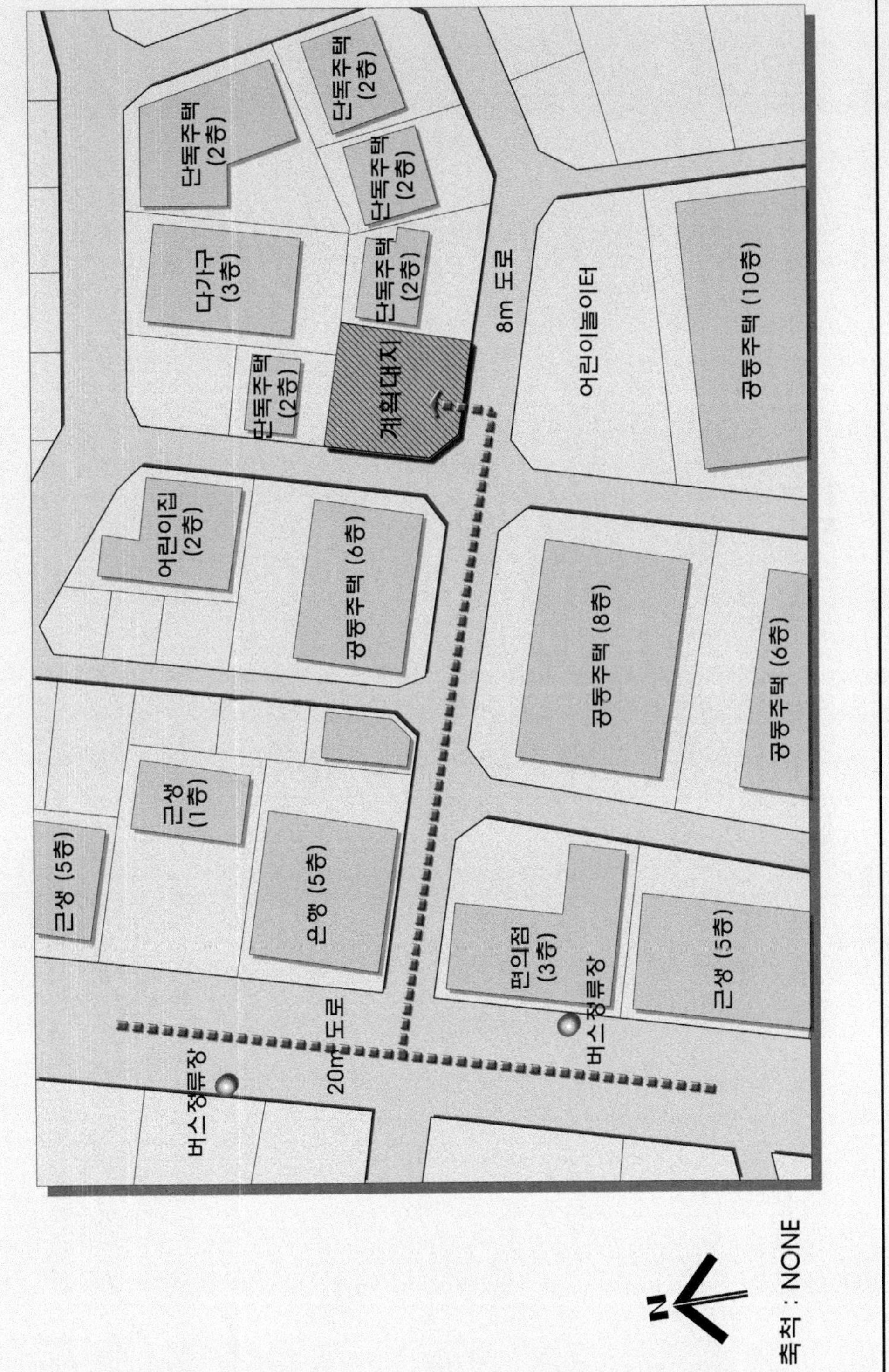

단독주택 (2층)
단독주택 (3층)
단독주택 (2층)
단독주택 (2층)
다가구 (3층)
단독주택 (2층)
계획대지
8m 도로
어린이놀이터
공동주택 (10층)
어린이집 (2층)
공동주택 (6층)
공동주택 (8층)
공동주택 (6층)
근생 (1층)
근생 (5층)
은행 (5층)
편의점 (3층)
근생 (5층)
버스정류장
버스정류장
20m 도로
N
축척 : NONE

대지현황사진(Ⅰ)

대지현황사진(Ⅱ)

대지면적산출

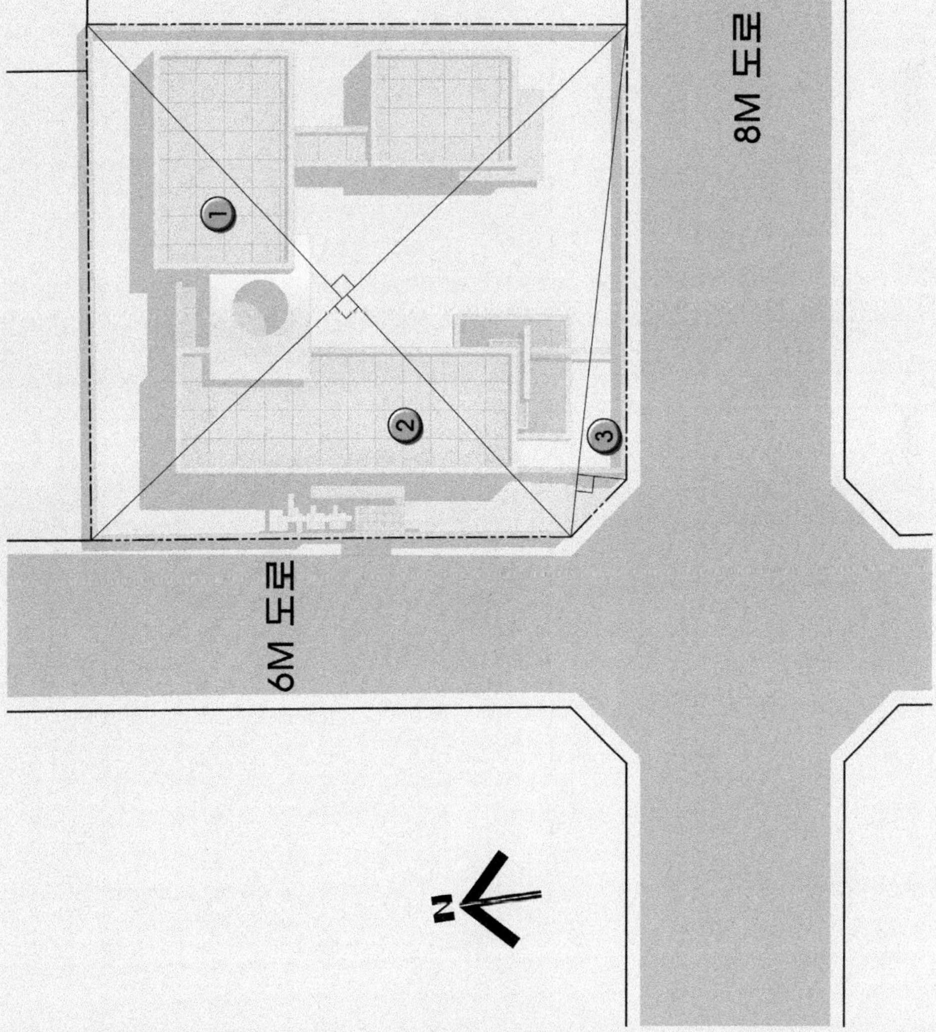

■구 적 표

구분	산출근거	면적 (m²)
1	26.47 x 13.33 /2	176.42
2	26.47 x 11.75 /2	155.51
3	18.17 x 1.77 /2	16.08
합계		348.01

105.27 (평)

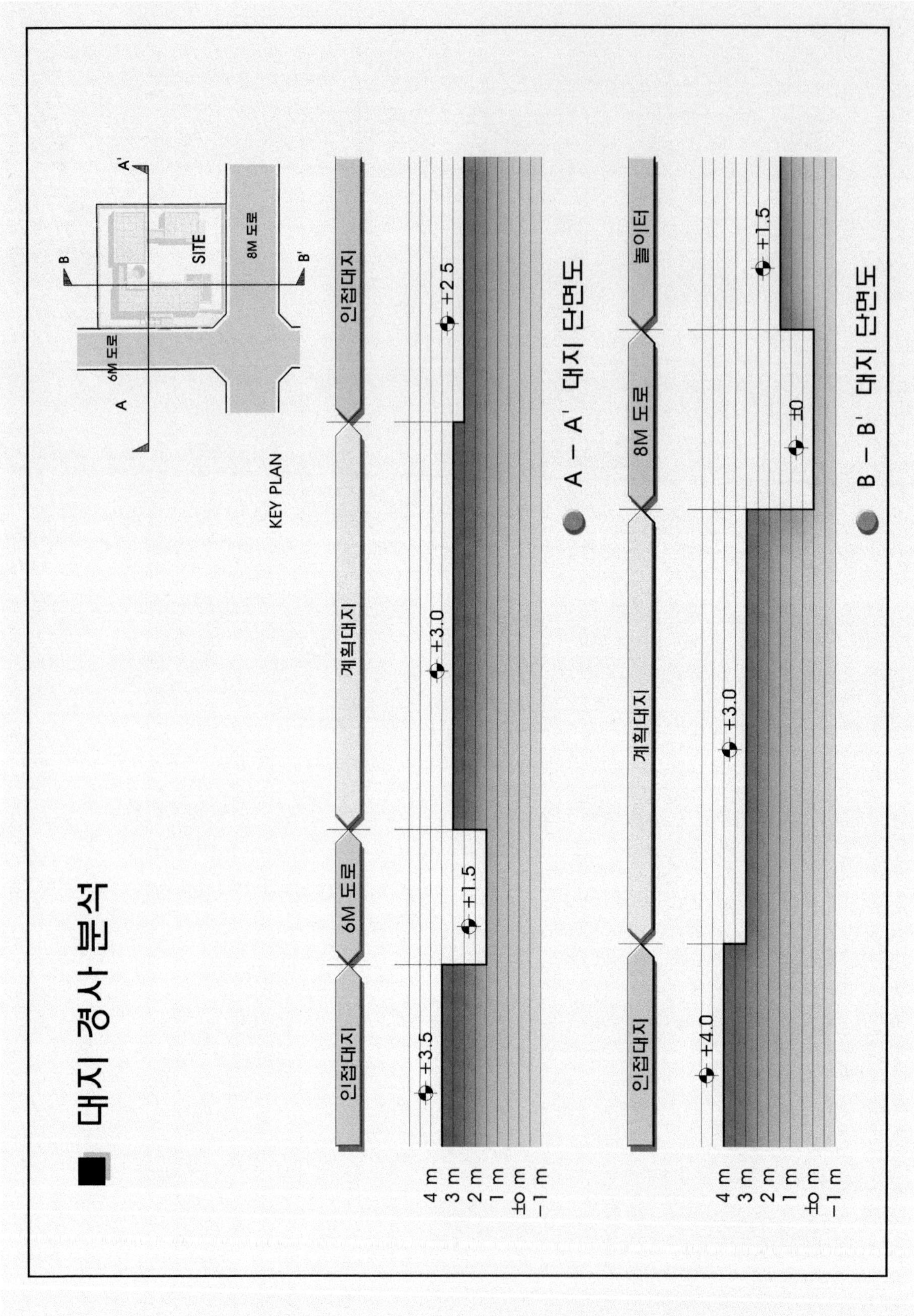
대지 경사 분석
KEY PLAN
SITE
6M 도로
8M 도로
A
A'
B
B'
인접대지
6M 도로
계획대지
인접대지
+3.5
+1.5
+3.0
+2.5
4 m
3 m
2 m
1 m
±0 m
-1 m
A - A' 대지 단면도
인접대지
계획대지
8M 도로
놀이터
+4.0
+3.0
±0
+1.5
4 m
3 m
2 m
1 m
±0 m
-1 m
B - B' 대지 단면도

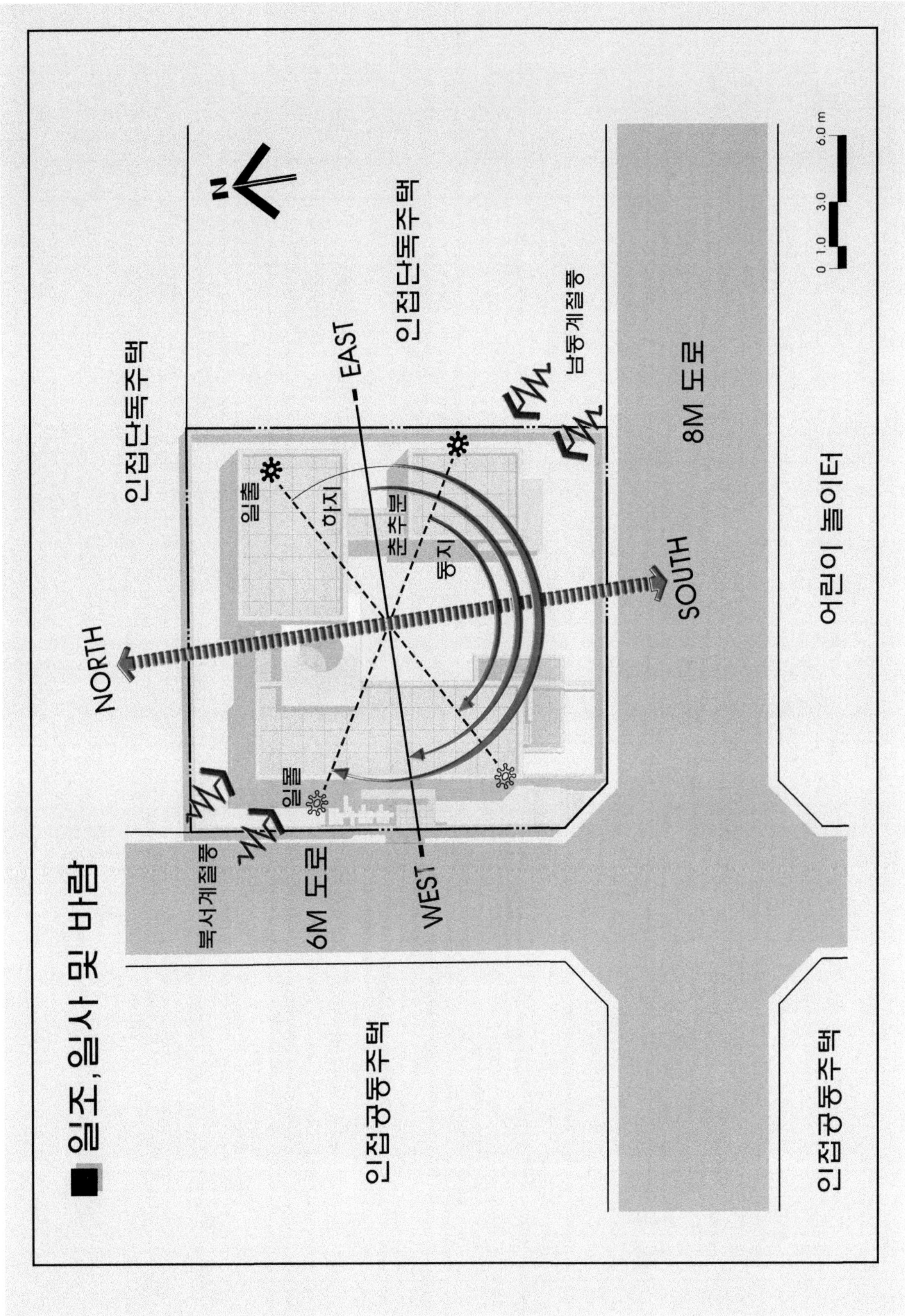
■ 일조,일사 및 바람
인접단독주택
NORTH
EAST
WEST
SOUTH
일출
일몰
하지
춘추분
동지
북서계절풍
남동계절풍
6M 도로
8M 도로
인접단독주택
인접공동주택
인접공동주택
어린이 놀이터
N
0 1.0 3.0 6.0 m

기후분석표

(2000년 기상청 자료)–서울

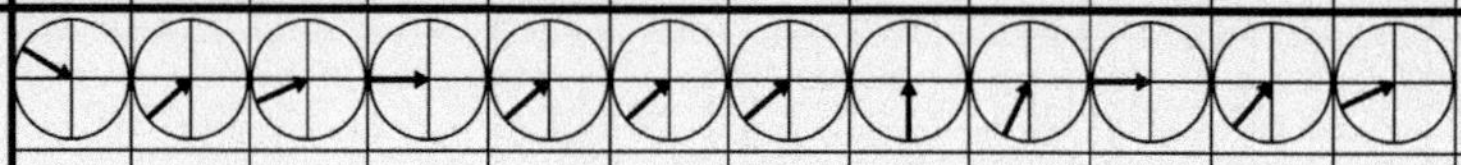

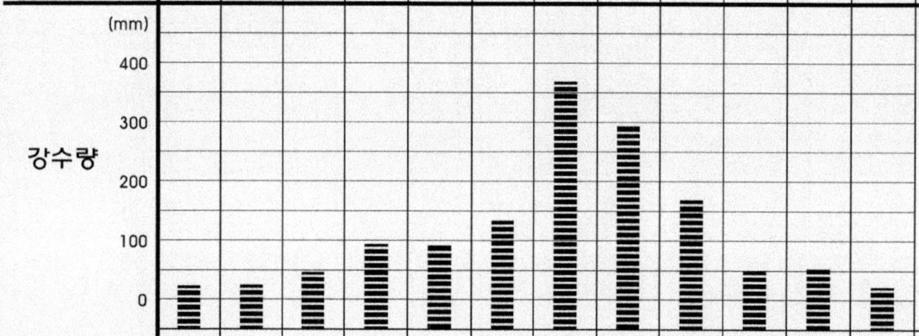

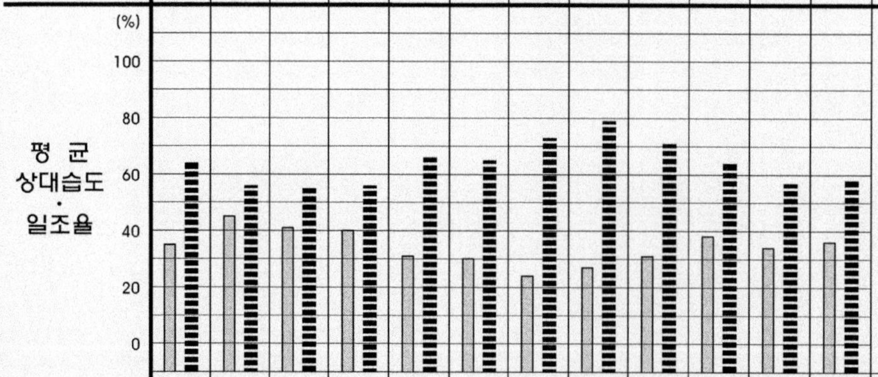

구분 \ 월	1	2	3	4	5	6	7	8	9	10	11	12	비 고
풍향·풍속	2.6	2.7	3.0	2.9	2.3	1.9	2.1	1.7	1.7	1.5	1.8	2.2	평균풍속(m/s)
	9.0	10.6	12.2	9.5	8.3	6.6	9.5	9.2	12.5	6.6	6.3	8.1	최대풍속(m/s)
강수량	22.9	24.6	46.7	93.7	92.0	133.8	369.1	293.9	168.9	49.4	53.1	21.7	강수량(mm)
평균 상대습도 · 일조율	108.3	139.3	152.8	156.6	138.3	133.0	108.2	112.8	116.4	131.3	102.6	106.6	일조시간(hr)

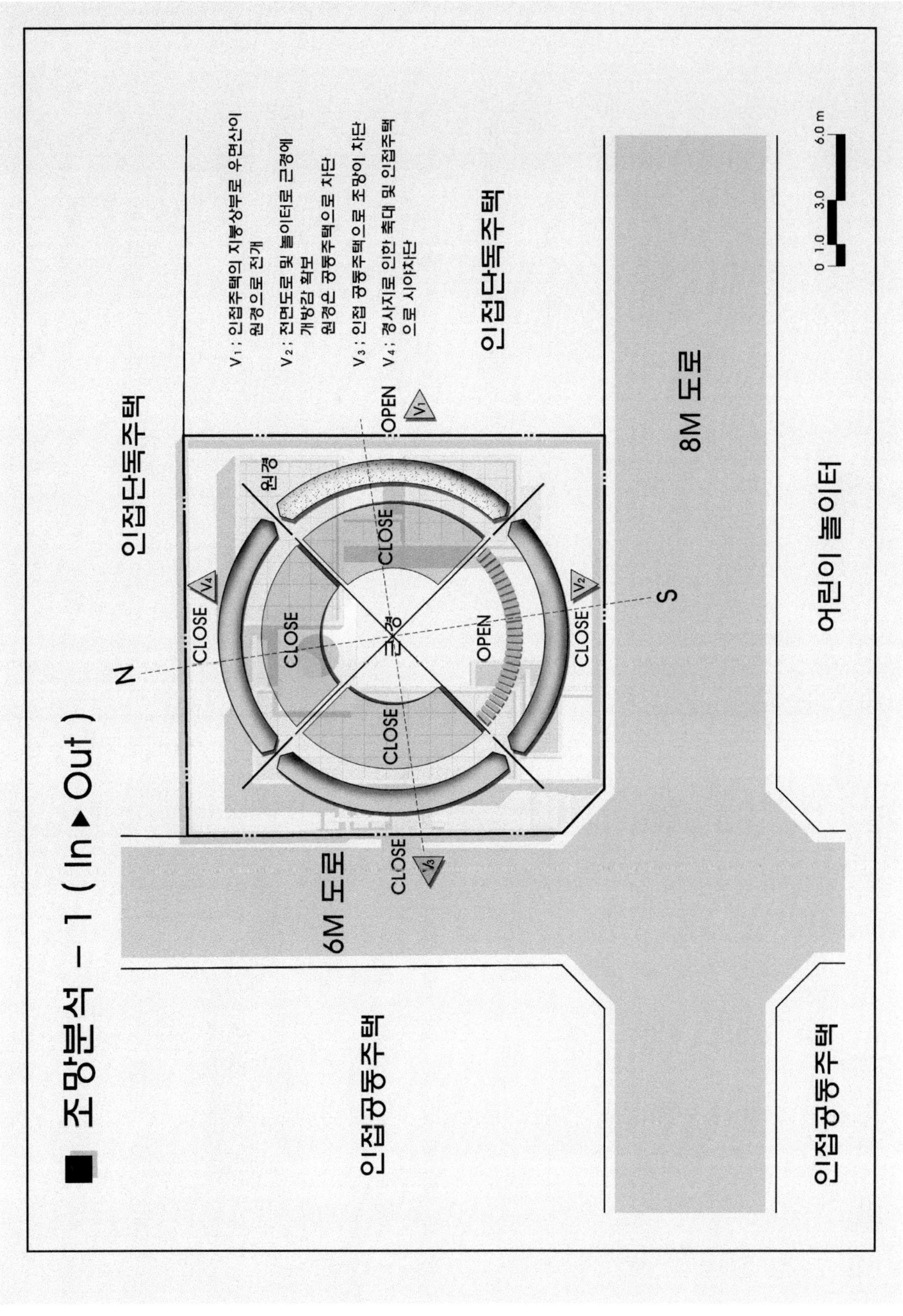
■ 조망분석 – 1 (In ▸ Out)
인접단독주택
인접공동주택
인접단독주택
인접공동주택
어린이 놀이터
6M 도로
8M 도로
N
S
원경
근경
CLOSE
OPEN
V₁ ; 인접주택의 지붕상부로 우면산이 원경으로 전개
V₂ ; 전면도로 및 놀이터로 근경에 개방감 확보 원경은 공동주택으로 차단
V₃ ; 인접 공동주택으로 조망이 차단
V₄ ; 경사지로 인한 축대 및 인접주택으로 시야차단
0 1.0 3.0 6.0 m

■ 조망분석 – 2 (Out ▸ In)

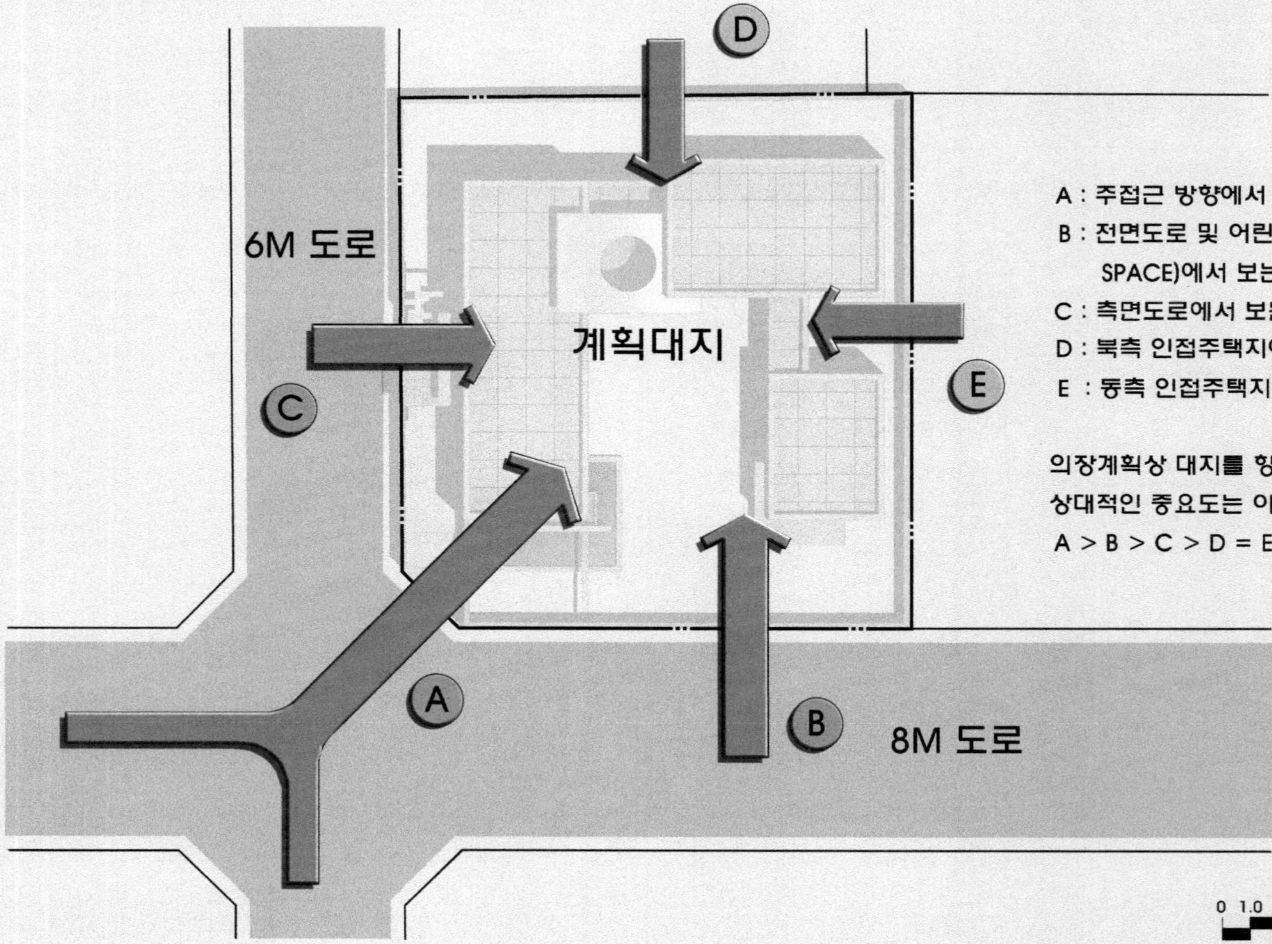

A : 주접근 방향에서 대지로의 시야
B : 전면도로 및 어린이놀이터 (OPEN SPACE)에서 보는 시야
C : 측면도로에서 보는 시야
D : 북측 인접주택지에서 보는 시야
E : 동측 인접주택지에서 보는 시야

의장계획상 대지를 향한 시야에 반응하는 상대적인 중요도는 아래와 같다
A > B > C > D = E

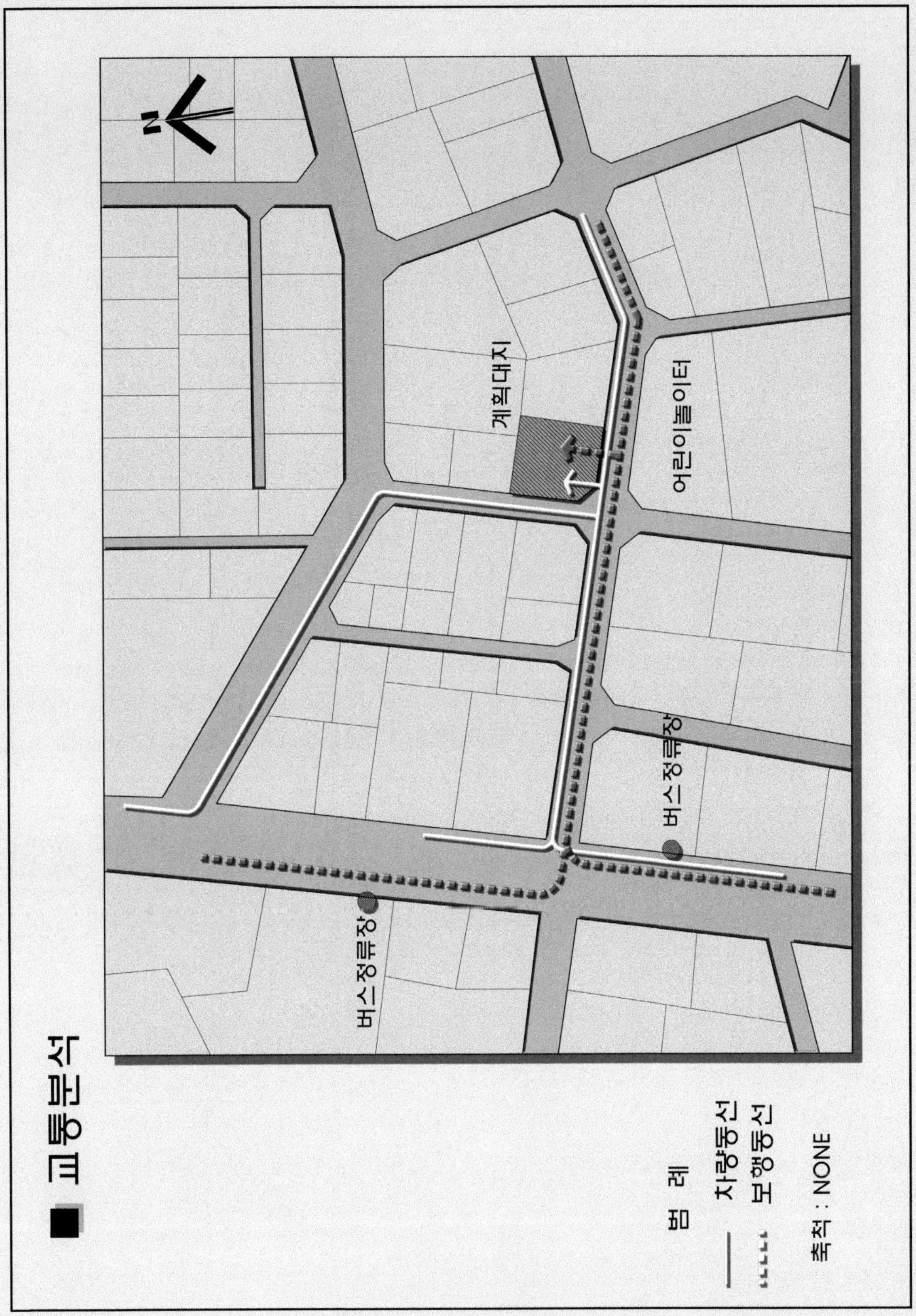
■ 교통분석
N
계획대지
어린이놀이터
버스정류장
버스정류장
범 례
차량동선
보행동선
축척 : NONE

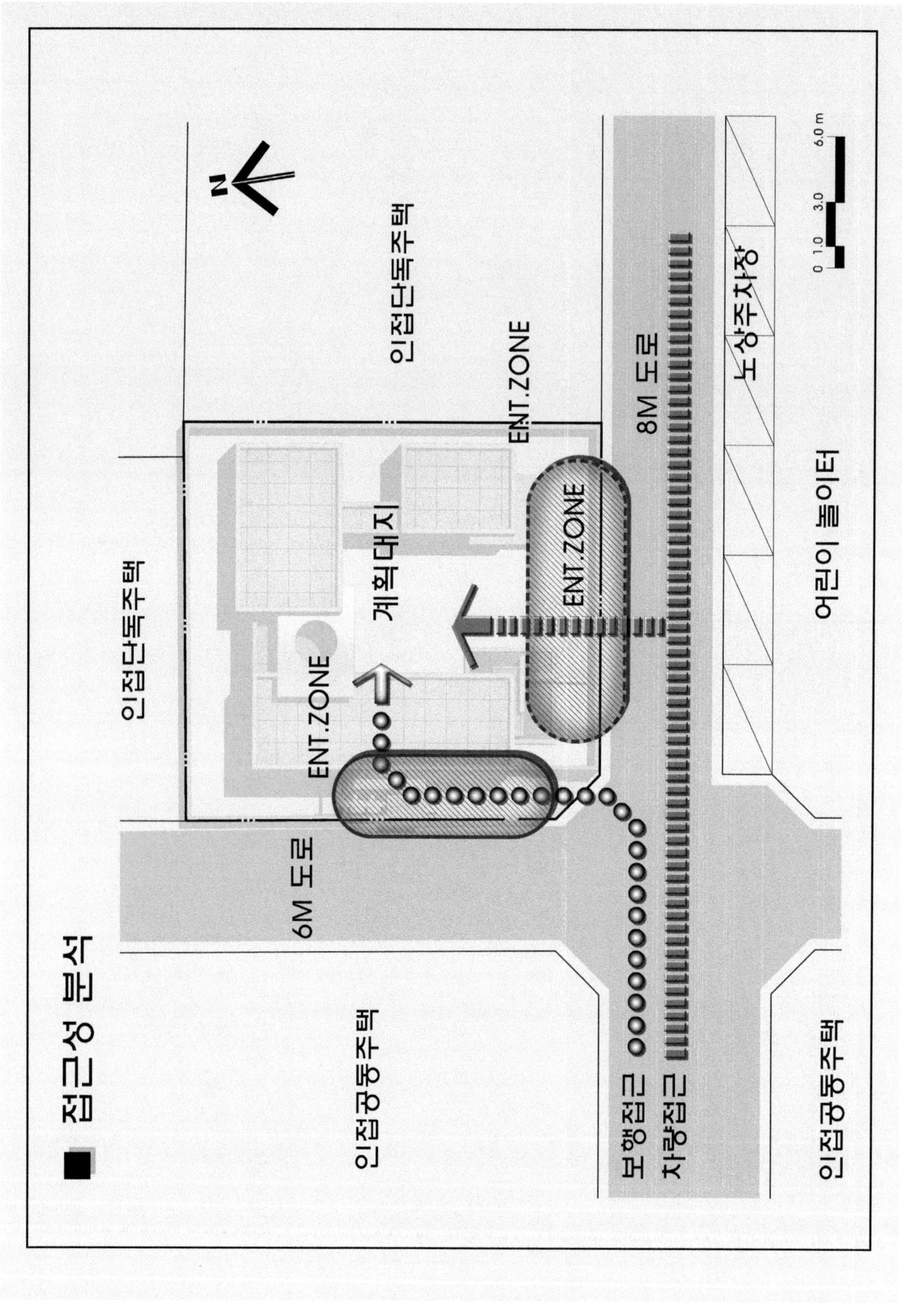

■ 접근성 분석
인접공동주택
6M 도로
인접단독주택
ENT.ZONE
계획대지
ENT.ZONE
ENT.ZONE
인접단독주택
N
8M 도로
노상주차장
0 1.0 3.0 6.0 m
어린이 놀이터
보행접근
차량접근
인접공동주택

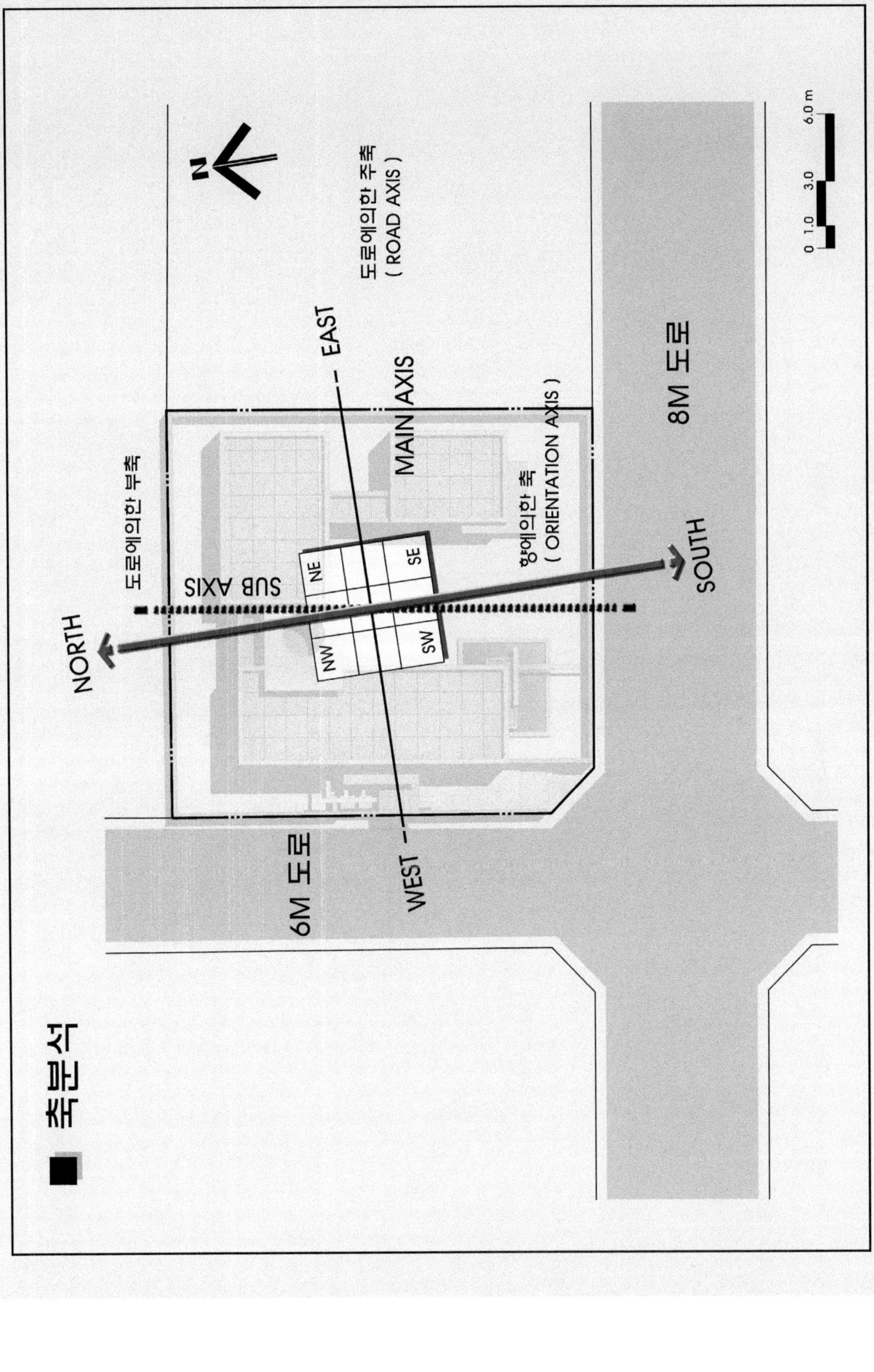
■ 축분석
NORTH
SOUTH
EAST
WEST
MAIN AXIS
SUB AXIS
도로에의한 부축
도로에의한 주축
(ROAD AXIS)
향에의한 축
(ORIENTATION AXIS)
NE
SE
NW
SW
6M 도로
8M 도로
N
0 1.0 3.0 6.0 m

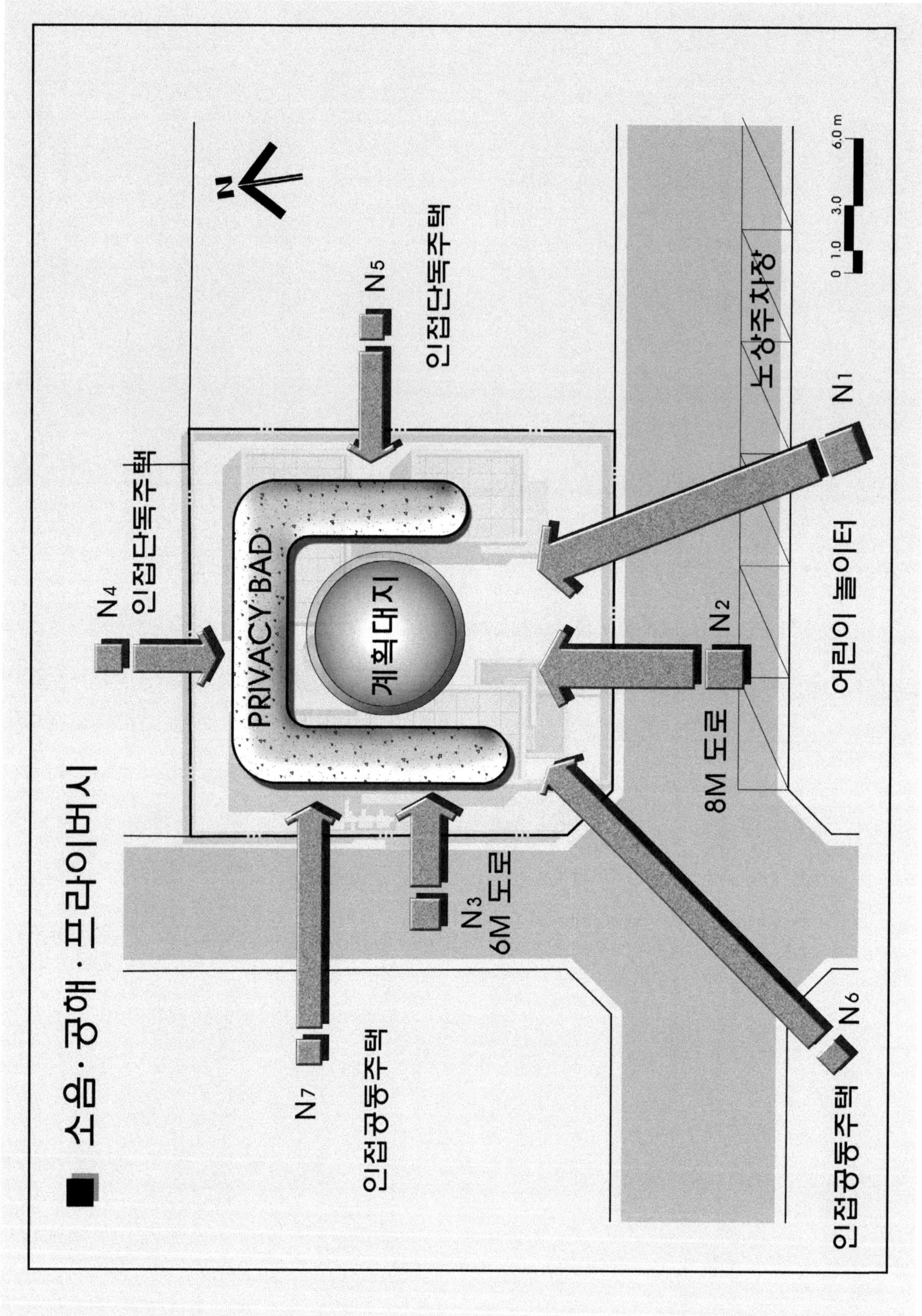
소음·공해·프라이버시
N
인접단독주택
N4
N5
인접단독주택
PRIVACY BAD
계획대지
N3
6M 도로
N7
인접공동주택
N2
8M 도로
노상주차장
N1
어린이 놀이터
N6
인접공동주택
0 1.0 3.0 6.0 m

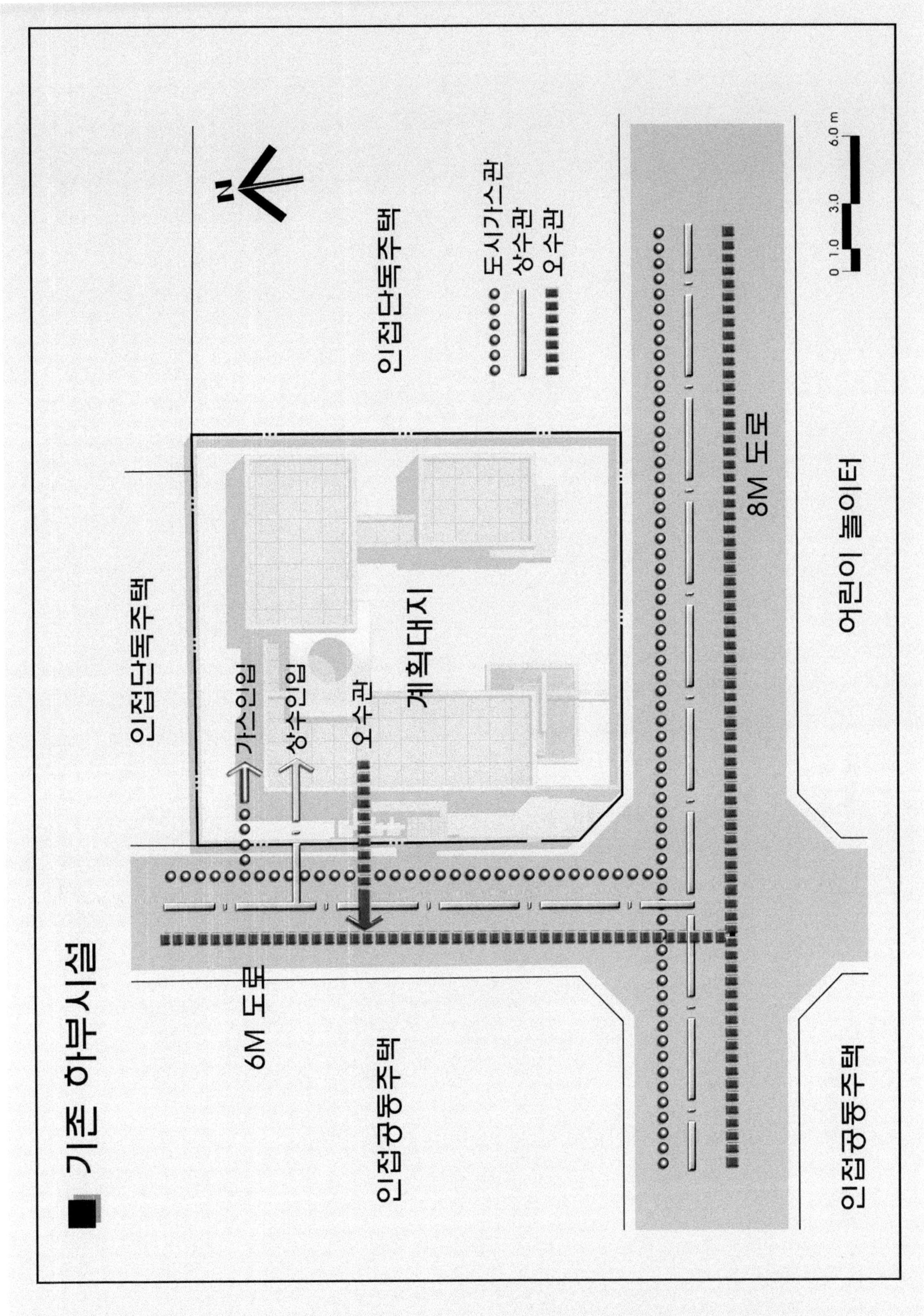
■ 기존 하부시설
인접단독주택
인접단독주택
N
가스인입
상수인입
오수관
계획대지
6M 도로
인접공동주택
8M 도로
어린이 놀이터
인접공동주택
도시가스관
상수관
오수관
0 1.0 3.0 6.0 m

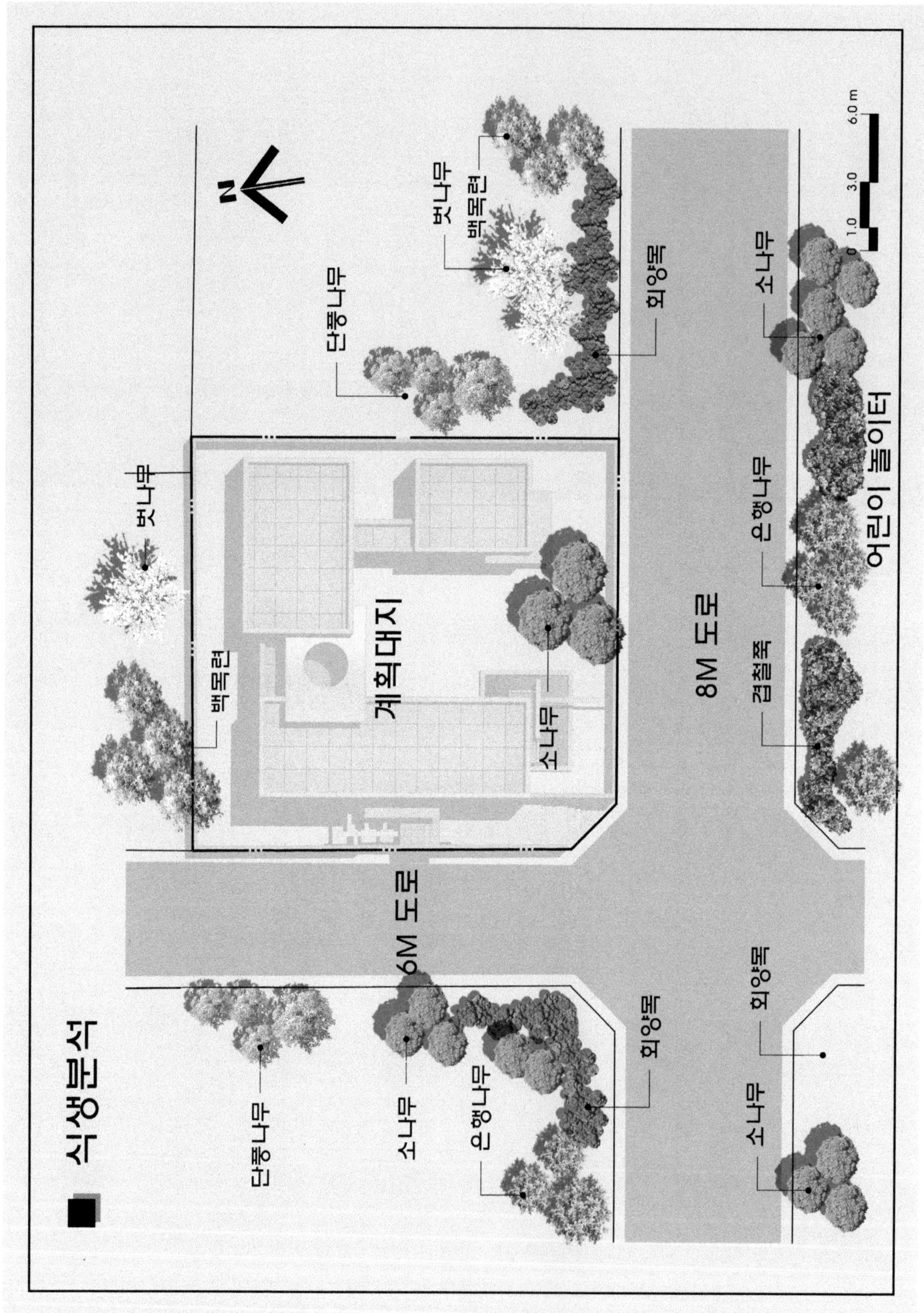
식생분석
단풍나무
소나무
은행나무
회양목
6M 도로
회양목
소나무
계획대지
백목련
벗나무
소나무
8M 도로
경철쭉
은행나무
어린이 놀이터
소나무
회양목
단풍나무
백목련
벗나무
N
0 1.0 3.0 6.0 m

기본 법규사항 검토

항 목	법 규	검 토 기 준		비 고
건 폐 율	국토의 계획 및 이용에 관한 법률 제 84조	일반주거지역	50~60% 이하	시 조례에 정하는 비율
용 적 률	국토의 계획 및 이용에 관한 법률 제 85조	일반주거지역	100~300% 이하	시 조례에 정하는 비율
건축물 높이제한 (전용주거지역)	건 축 법 제 51조・영 제 82조	원칙: 층수 2층 이하, 높이 8m 이하		
		① 1층 바닥높이(h)가 지표면상 0.5m를 넘는 건축물 $H \leq (h-0.5m)+8m \leq 12m$ ② 지붕경사가 3:10 이상인 건축물은 $H \leq 12m$ ③ 주택 외의 용도에 쓰이는 건축물은 $H \leq 11m$		완화규정
일조 등의 확보를 위한 건축물 높이제한 (전용・일반 주거지역)	건 축 법 제 53조・영 제 86조	층수 및 높이	인접대지 경계선 이격거리	정북방향으로의 인지 경계선으로부터 띄어야 할 거리 (조례에 정하는 기준)
		높이 4m 이하 부분	1m 이상	
		높이 8m 이하 부분	2m 이상	
		높이 8m 초과 부분	1/2H 이상	
전면도로에 의한 건축물의 높이제한	건 축 법 제 51 조	건축물의 각 부분의 높이는 전면도로 반대편 경계선까지의 수평거리의 1.5배를 초과할 수 없다.		조례에 정하는 기준
대지안의 조경	건 축 법 제 32 조	대지면적 $200m^2$ 이상인 대지		조례에 정하는 기준
주 차 장	주차장 법 영 제 6조 (부설주차장설치기준)	단독주택	시설면적 $130m^2$ ~ $200m^2$ 경우 1대	조례에 정하는 지준
			시설면적 $200m^2$ 초과 경우 1대에 $200m^2$를 초과하는 $130m^2$당 1대를 더한 대수	

■ 전용주거지역안의 건축물 최고높이

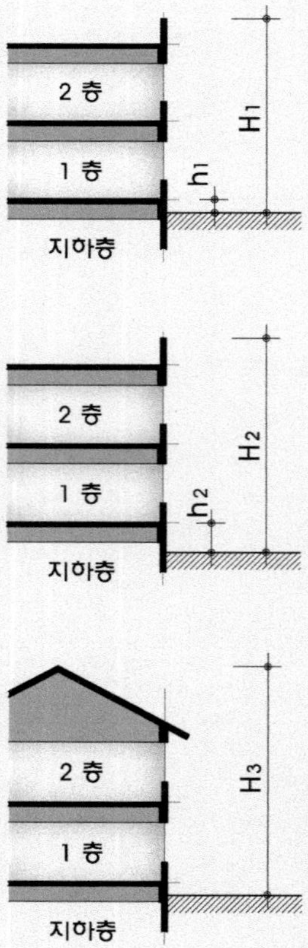

1 층 바닥 높이
$h_1 \leq 0.5m$ 일때 ;
$H_1 < 8m$

1 층 바닥 높이
$h_2 > 0.5m$ 일때 ;
$H_2 \leq (h_2 - 0.5m) + 8m \leq 12m$

지붕경사가 3 ; 10 이상인
주택 ; $H_3 \leq 12m$
주택 외의 건축물 ; $H_3 \leq 11m$

■ 전면도로에 의한 건축물의 높이제한

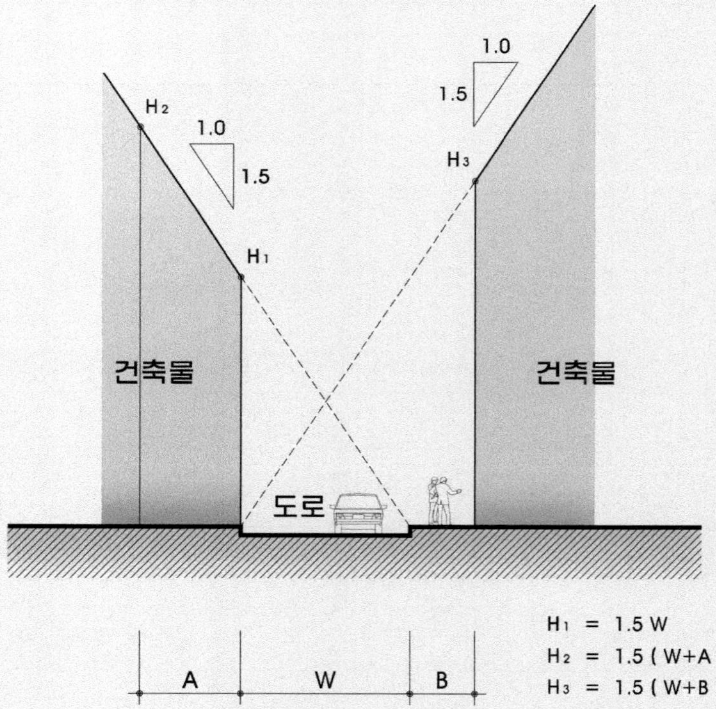

$H_1 = 1.5\,W$
$H_2 = 1.5\,(W+A)$
$H_3 = 1.5\,(W+B)$

■ 일조 등의 확보를 위한 높이제한 (전용주거지역 / 일반주거지역)

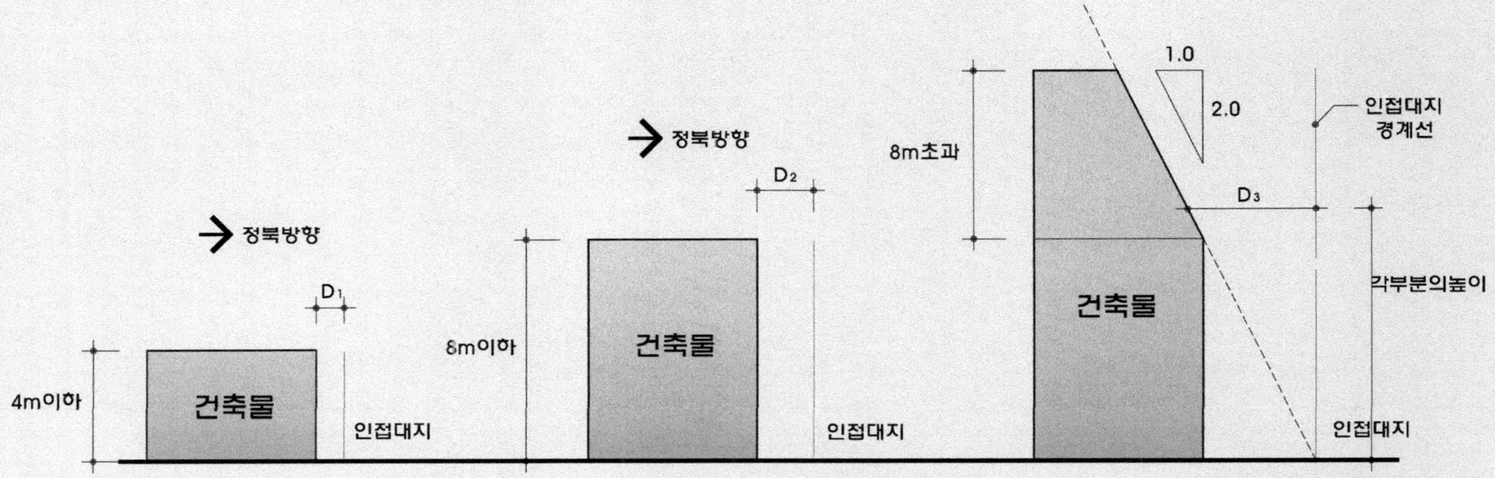

- 높이 4m 이하인 부분
  D_1 : 1m 이상
  (절대거리제한)
- 높이 8m 이하인 부분
  D_2 : 2m 이상
  (절대거리제한)
- 높이 8m 초과하는 부분
  D_3 : 각 부분의 높이의 1/2 이상
  (사선제한)

가족 구성원표

구성원	성별	연령	직업	취미	특기	종교	비고
노모	여	73	무	화초가꾸기	서예	기독교	
남편	남	50	사업	골프	바둑	〃	
아내	여	49	무	독서	성악	〃	
아들	남	21	대학생	여행	바둑	〃	
딸	여	18	고등학생	음악 감상	바이올린	〃	

생활구조(Life Cycle)

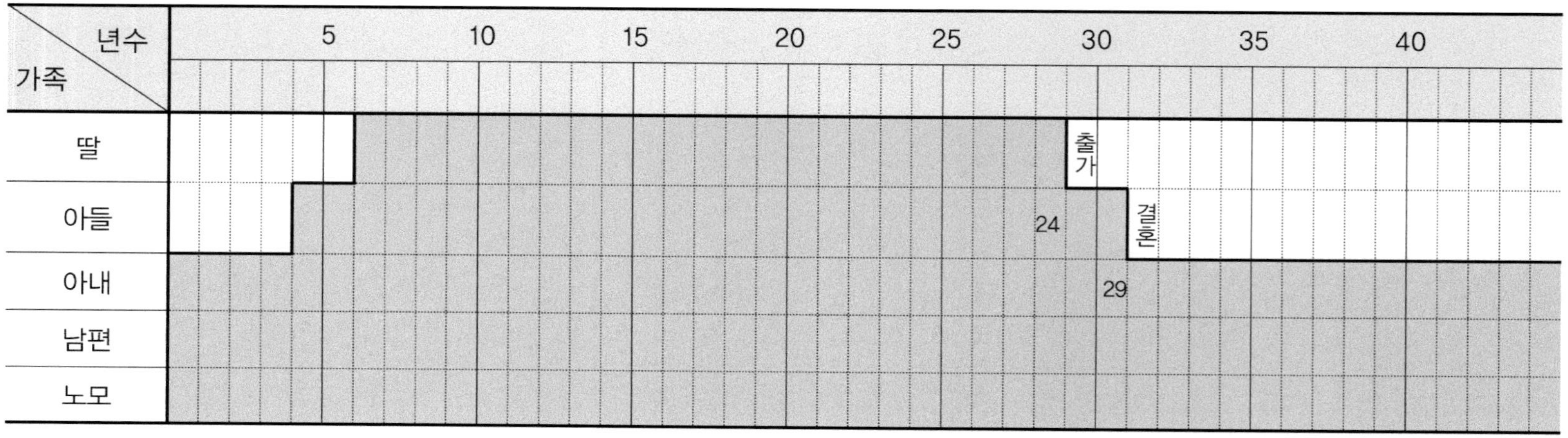

주거내 생활행위 및 활동

가족	주부		남편		자녀		노모	
시각	행위/활동	장소	행위/활동	장소	행위/활동	장소	행위/활동	장소
06	기상 · 세면	침실						
	식사 준비	주방	기상 · 세면	침실	기상 · 세면	침실	기상 · 세면	침실
07	식사	식당	식사	식당	식사	식당	식사	식당
08	설거지	주방	출근	현관	등교	현관	화초가꾸기	정원
	청소	각방						
09	청소	각방					휴식	거실
	집안정리	각방						
10	세탁	다용도실					취미생활	방
	휴식	거실						
11	휴식	거실					취미생활	방
12	휴식	거실					취미생활	방
	식사준비	주방						
13	식사	식당					식사	식당
	설거지	주방					휴식	거실
14	휴식	거실					오침	방
	취미생활	사랑방						
15	취미생활	사랑방					나들이	현관
16	취미생활	사랑방						
17	장보기	시장						
18	식사준비	주방			귀가	현관	귀가	현관
19			귀가	현관	휴식	거실		
	식사	식당	식사	식당	식사	식당	식사	식당
20	설거지	주방	취미생활	사랑방	휴식	거실	휴식	거실
	휴식	거실	휴식	거실				
21	휴식	거실	휴식	거실	학습	각자 방	휴식	거실
22	휴식	거실	휴식	거실	학습	각자 방	휴식	거실
23	취침	침실	취침	침실	학습	각자 방	취침	침실
					취침	침실		

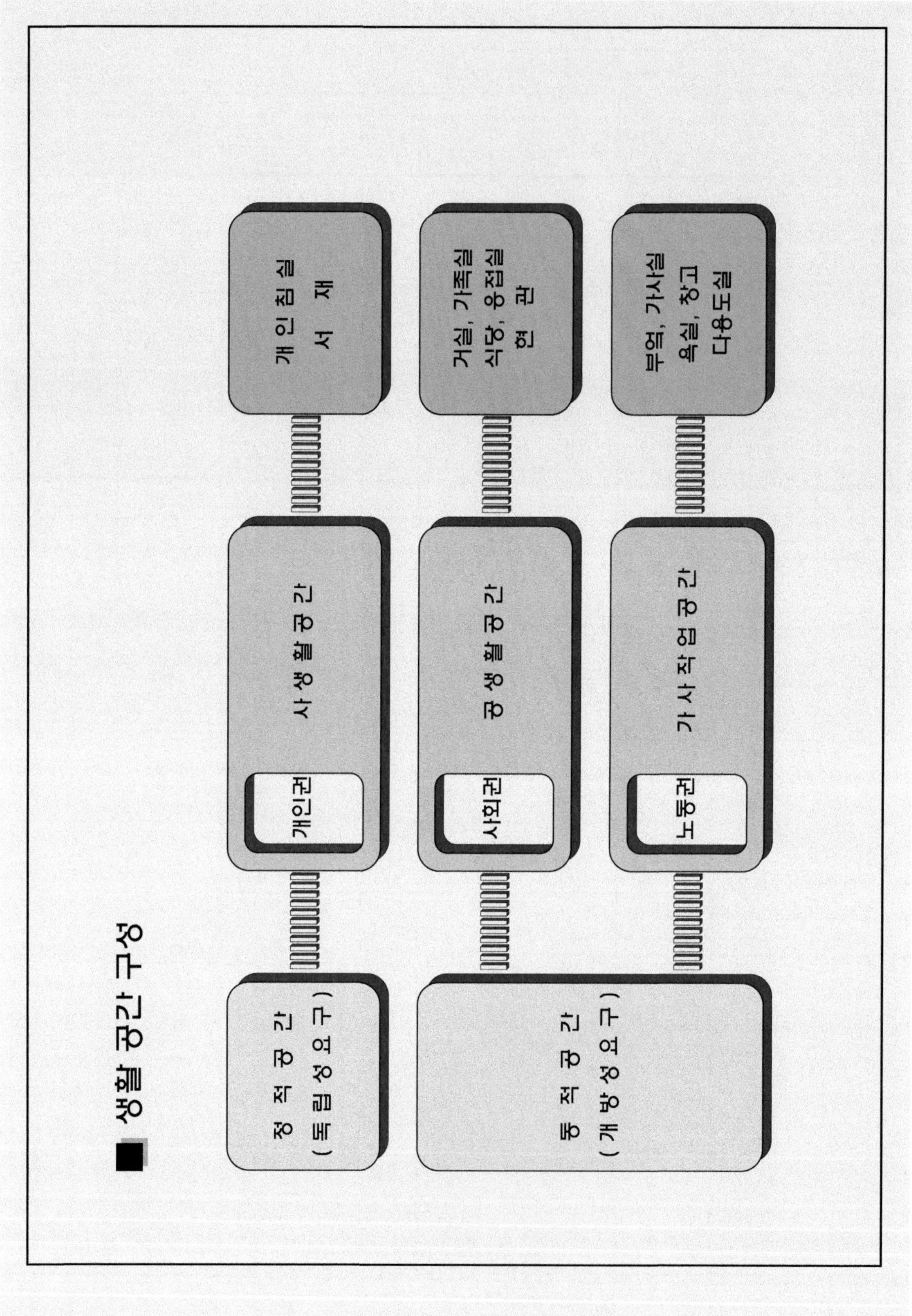
■ 생활 공간 구성
정 적 공 간
(독 립 성 요 구)
개인권
사 생 활 공 간
개 인 침 실
서 재
동 적 공 간
(개 방 성 요 구)
사회권
공 생 활 공 간
거실, 가족실
식당, 응접실
현 관
노동권
가 사 작 업 공 간
부엌, 가사실
욕실, 창고
다용도실

■ 생활공간의 구성모델

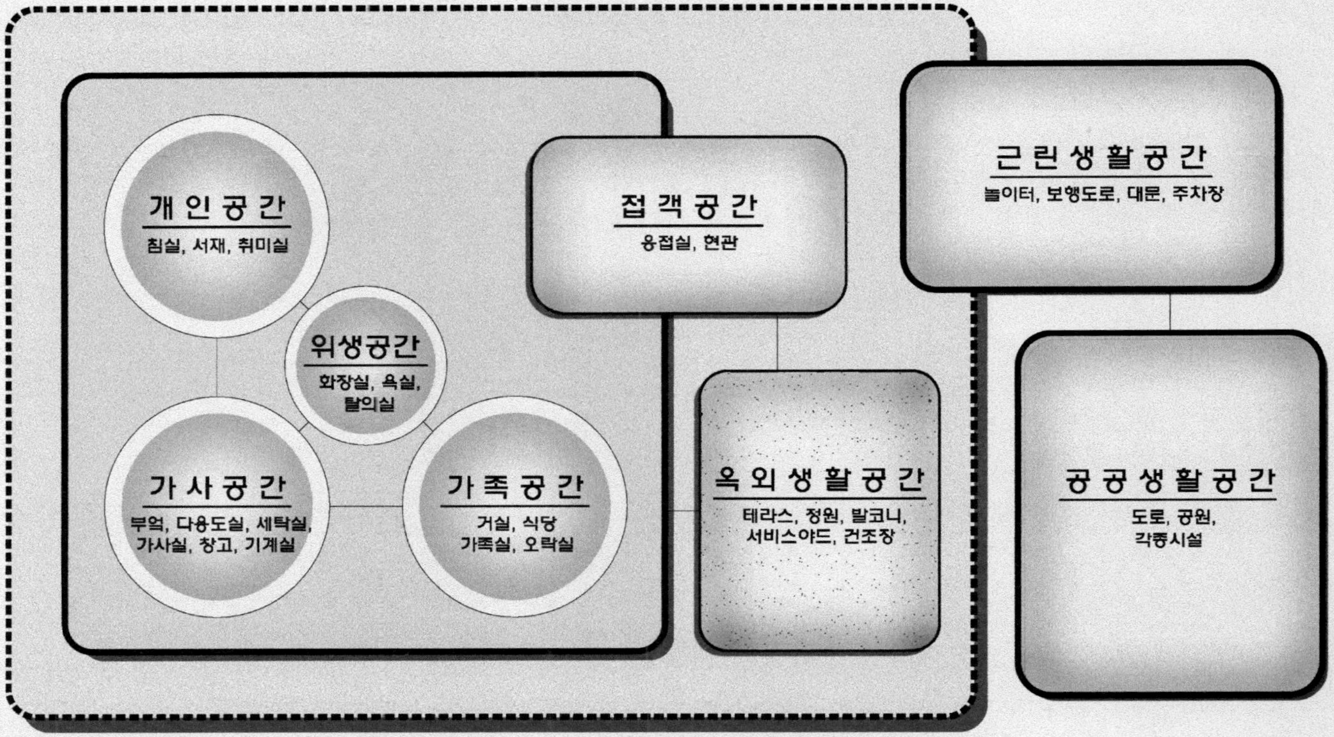
개인공간
침실, 서재, 취미실
위생공간
화장실, 욕실, 탈의실
가사공간
부엌, 다용도실, 세탁실, 가사실, 창고, 기계실
가족공간
거실, 식당
가족실, 오락실
접객공간
응접실, 현관
옥외생활공간
테라스, 정원, 발코니, 서비스야드, 건조장
근린생활공간
놀이터, 보행도로, 대문, 주차장
공공생활공간
도로, 공원, 각종시설

■ 주택의 공간분석

(생활공간과 환경조건의 관계)

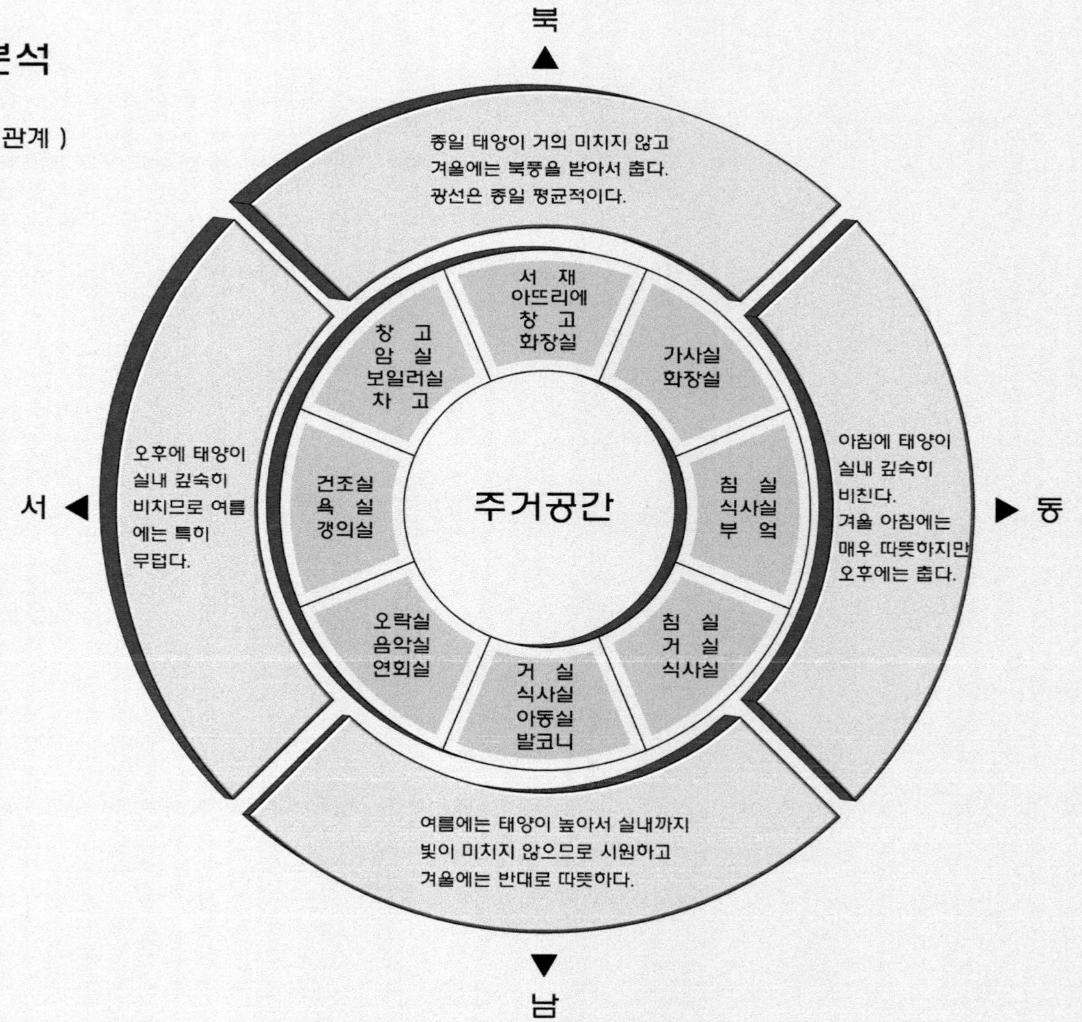

건축주 요구사항

구 분	내 용					
요 구 공 간 및 면 적	지 하 층		1 층		2 층	
	보일러실	$10m^2$	거 실	$25m^2$	안방 및 침실	$25m^2$
	창 고	$10m^2$	주방 · 식당	$20m^2$	아 들 방	$12m^2$
	차 고	$30m^2$	사 랑 방	$15m^2$	딸 방	$12m^2$
			노 모 실	$15m^2$	욕 실	$5m^2$
			화 장 실	$3m^2$	테 라 스	
요 구 사 항	규모 · 구조	지하1층, 지상2층, 철근콘크리트조, 연면적 75~80평				
	주차 공간	옥내주차로 2대, 출입구 전동셔터 설치				
	욕 실	노모실 및 부부침실내 전용욕실 설치				
	수납 공간	안방, 자녀실은 각각 반침설치, 지하실 창고 설치				
	설 비	도시가스 보일러에 의한 패널히팅, 패키지형 에어컨 냉방				
	창 호 재	시스템창호(단열바), 방충망설치, THK18 칼라복층유리				
	기 타	· 응접실 겸 가족 취미활동을 위한 별도실 설치 요망 · 원예를 위한 정원 및 수경공간 요망 · 각 실별 독립된 발코니 설치				
희망 마감재	외 벽 새	지 붕 재	실 별	바 닥	벽	천 정
	외단열시스템 홍송널붙이기	철근콘크리트 스라브	침 실	온돌마루	고급벽지	고급천정지
			거 실	온돌마루	핸디코트	지정형도장
			주방 · 식당	대 리 석	타일/핸디코트	지정형도장
			욕 실	논슬립타일	자기질타일	PVC 천정판
희망 디자인	전통공간을 고려한 현대식 주택					
희망 소요예산	건축비 : 억 천만원					
기 타						

면적계획표(Space Program)

구분	실명	면적		비고
		m^2	평	
지하층	보일러 및 창고	$20m^2$	6.05	–
	차고	$30m^2$	9.01	2대 수용가능
1층	계단실	$12m^2$	3.63	–
	거실	$24m^2$	7.56	홈바 포함
	주방 및 식당	$25m^2$	7.56	다용도실 포함
	사랑방	$20m^2$	6.05	–
	노인실	$20m^2$	6.05	전용욕실 포함
2층	안방	$18m^2$	5.45	반침 포함
	침실	$15m^2$	4.54	전용욕실 포함
	방 – 1	$12m^2$	3.63	반침 포함
	방 – 2	$12m^2$	3.63	반침 포함
	공동욕실	$4m^2$	1.21	–
	계단실	$12m^2$	3.63	–
기타	홀 및 복도	$33m^2$	6.65	연면적 15%
합계		$258m^2$	78.05	–

주요 실별 공간규모 비교표

실 명	거 실		식 당		주 방		사랑방		안 방	
규 모										
치 수	4.0 X 6.0	24.0 m^2	3.0 X 4,0	12.0 m^2	3.0 X 3.0	9.0 m^2	3.9 X 5.1	20.0 m^2	3.6 X 5.0	18.0 m^2

실 명	부부 침실		자녀방		노인실		계단실		차 고	
규 모										
치 수	3.3 X 4.5	15.0 m^2	3.0 X 4.0	12.0 m^2	3.9 X 5.1	20.0 m^2	2.4 X 5.0	12.0 m^2	5.0 X 6.0	30.0 m^2

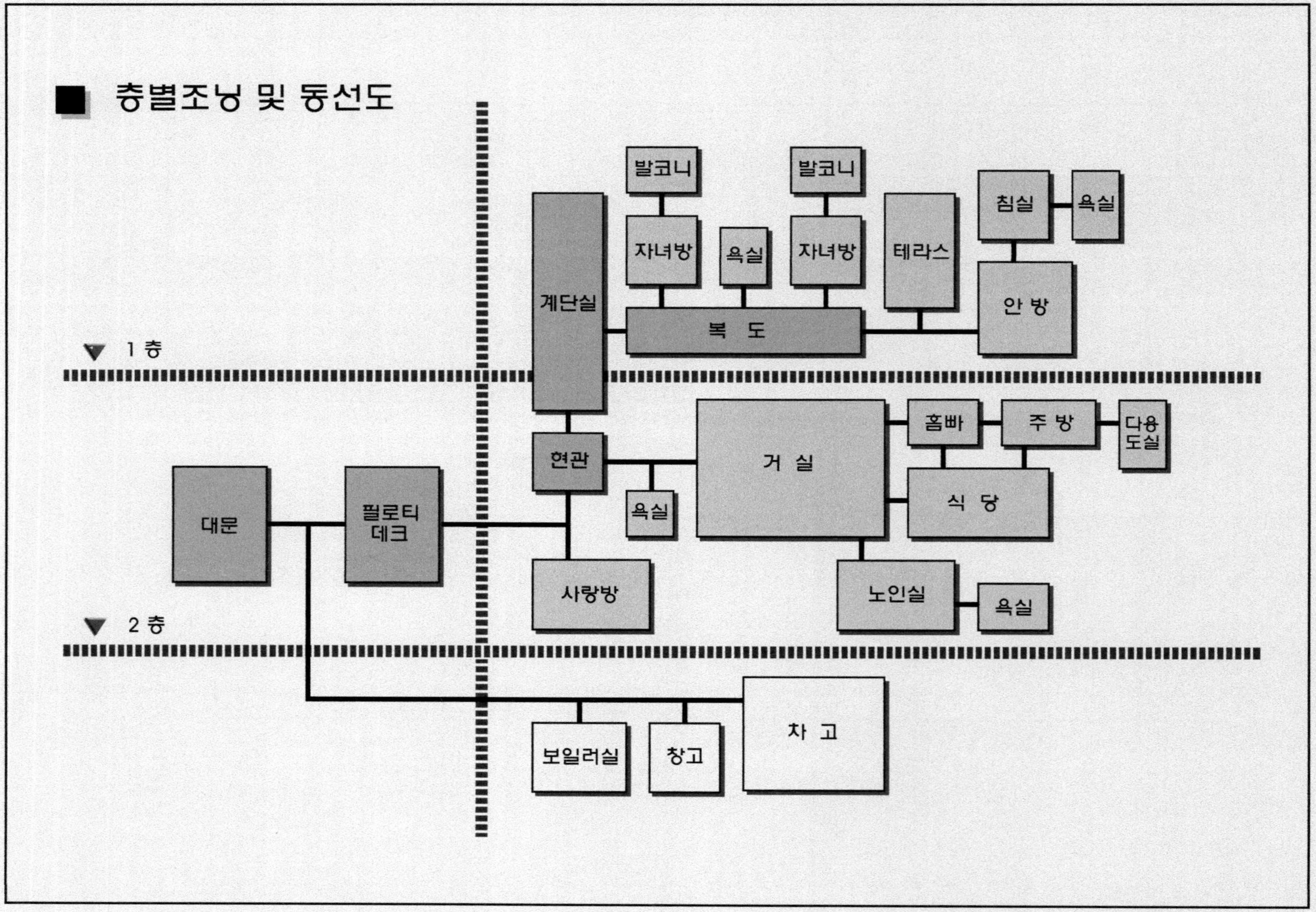
■ 층별조닝 및 동선도
1층
2층
발코니
자녀방
욕실
발코니
자녀방
테라스
침실
욕실
계단실
복 도
안 방
홈빠
주 방
다용도실
현관
거 실
욕실
식 당
대문
필로티 데크
사랑방
노인실
욕실
차 고
보일러실
창고

토지이용계획

ALT – 1

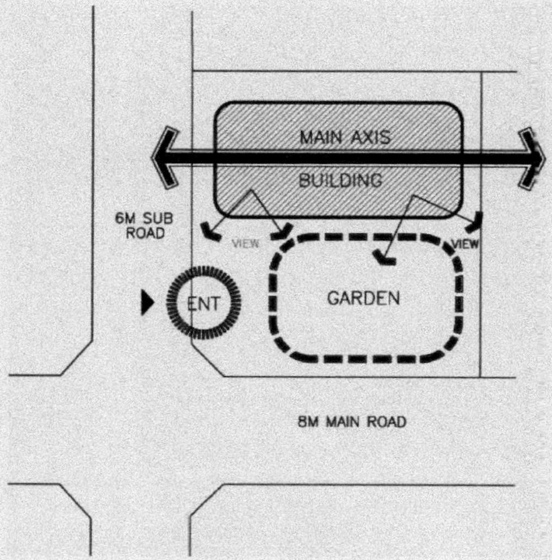

- 대지의 북측에 건물을, 남측에는 정원을 배치
- 건물의 축을 동서방향으로 一자형 배치
- 서남측에서 진출입

ALT – 2

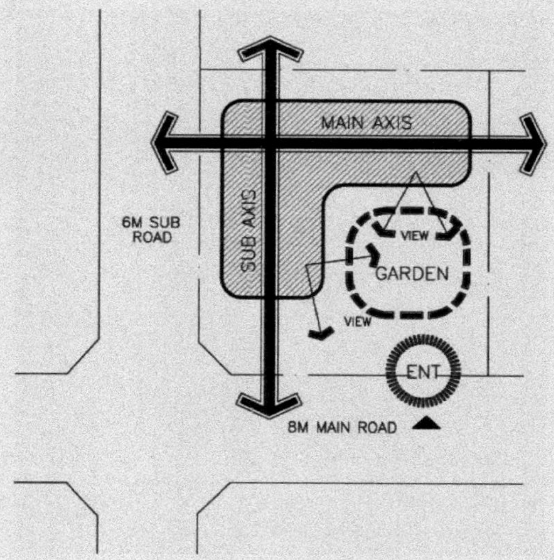

- 건물의 주축을 동서방향으로, 부축을 남북방향으로 하여 배치
- 부지의 동남측에서 진출입을 하도록 하며, 정원도 동남측에 배치

ALT – 3

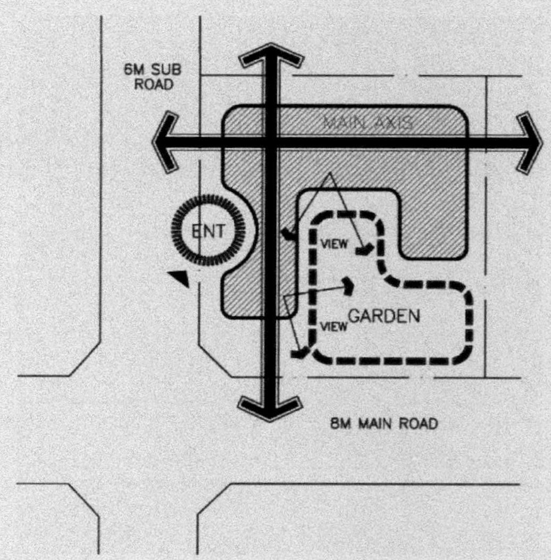

- 건물의 주축을 동서방향으로, 부축을 남북방향으로 하여 배치
- 부치의 서측에서 진출입을 하도록 하며, 정원을 남측 중앙에 배치

■ 대안평가 (토지이용계획)

계 획 기 준	ALT. - 1	ALT. - 2	ALT. - 3
독립성 (PRIVACY)	2	3	5
토지효율성 (SITE AVAILABILITY)	5	4	3
위계성 (HIERARCHY)	2	4	5
조망성 (VIEW)	3	4	5
향 (ORIENTATION)	5	4	3
연계성 (SPACE SEQUENCE)	2	4	5
기능성 (FUNCTION LINKAGE)	5	3	3
접근성 (ACCESS)	3	4	5
평 가	27	30	34

블록 플랜(BLOCK PLAN)

ALT – 1	ALT – 2	ALT – 3
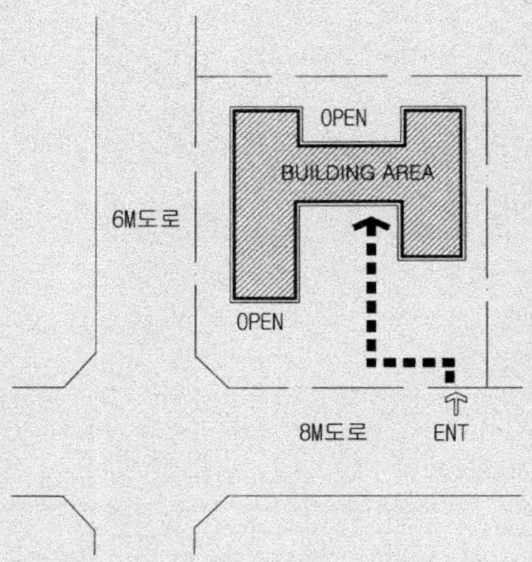	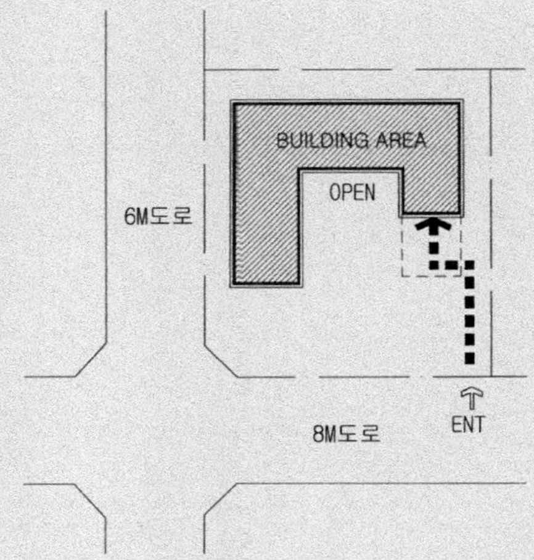	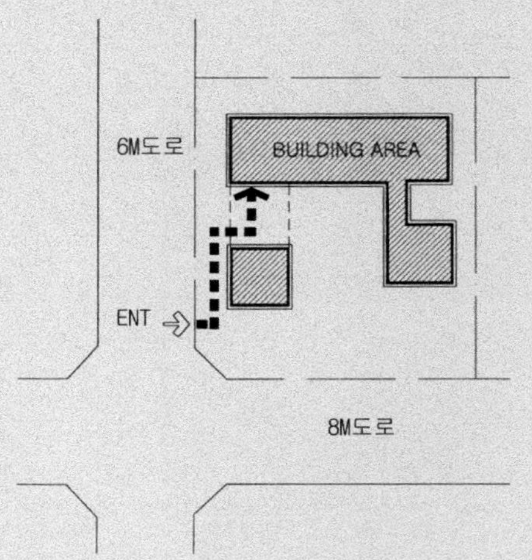
· 건물을 I 자형으로 하여 부지의 북측에 배치 · 동남측에서 진출입 · 정원을 남측에 배치	· 건물을 ㄱ자형으로 하여 북측 및 서측에 배치 · 동남측에서 진출입 · 정원을 남측에 배치	· 건물을 ㄷ자형으로 하여 북측, 동측 및 서측에 배치 · 서측에서 진출입 · 정원을 중앙 및 남측에 배치

매스 플랜(MASS PLAN)

ALT – 1	ALT – 2	ALT – 3
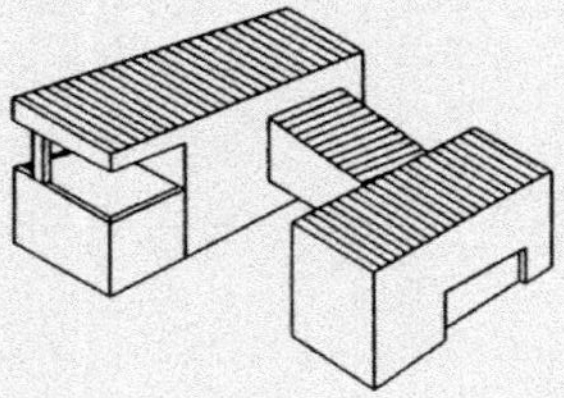		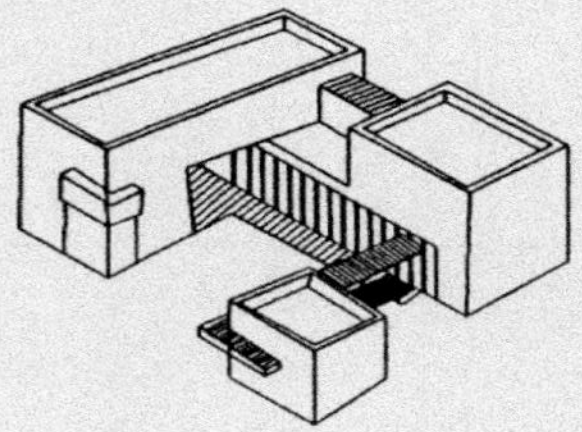
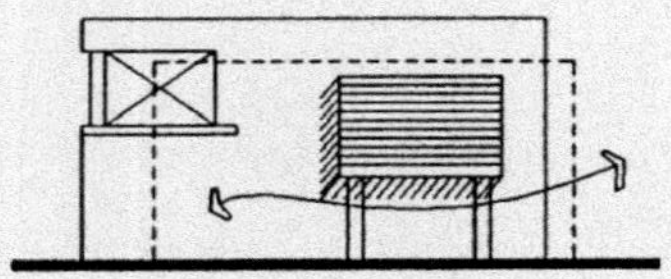 〈동측면〉	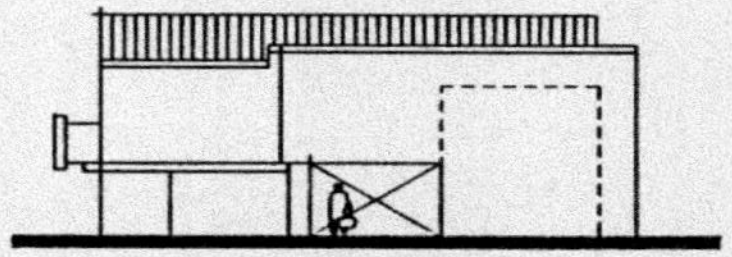 〈동측면〉	 〈서측면〉
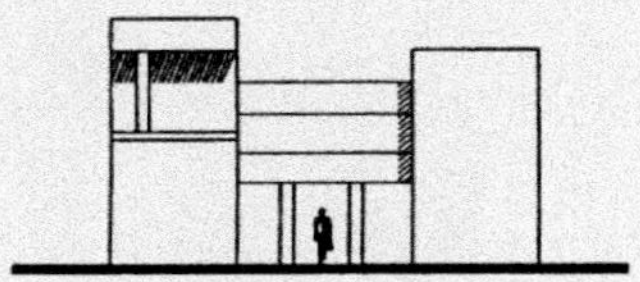 〈남측면〉	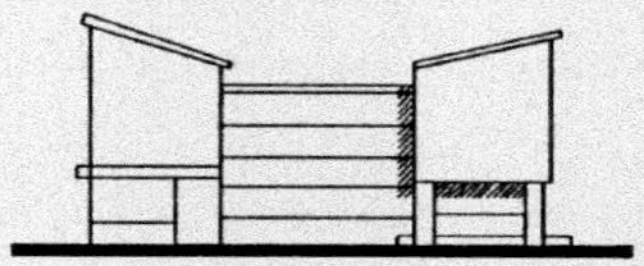 〈남측면〉	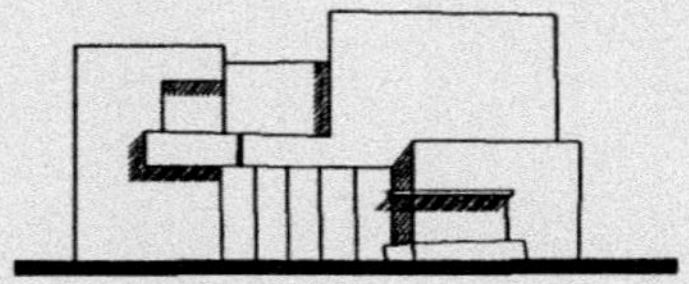 〈남측면〉

■ 대안평가 (BLOCK & MASS PLAN)

계 획 기 준	ALT. - 1	ALT. - 2	ALT. - 3
접근성 (ACCESS)	3	4	5
독립성 (PRIVACY)	4	5	5
공간성 (SPACE QUALITY)	3	4	5
조형성 (SHAPE)	3	4	5
조망성 (VIEW)	5	4	4
기능성 (FUCNTION LINKAGE)	5	4	4
인지성 (IDENTIFICATION)	4	4	5
위계성 (HIERARCHY)	4	4	5
평 가	31	33	38

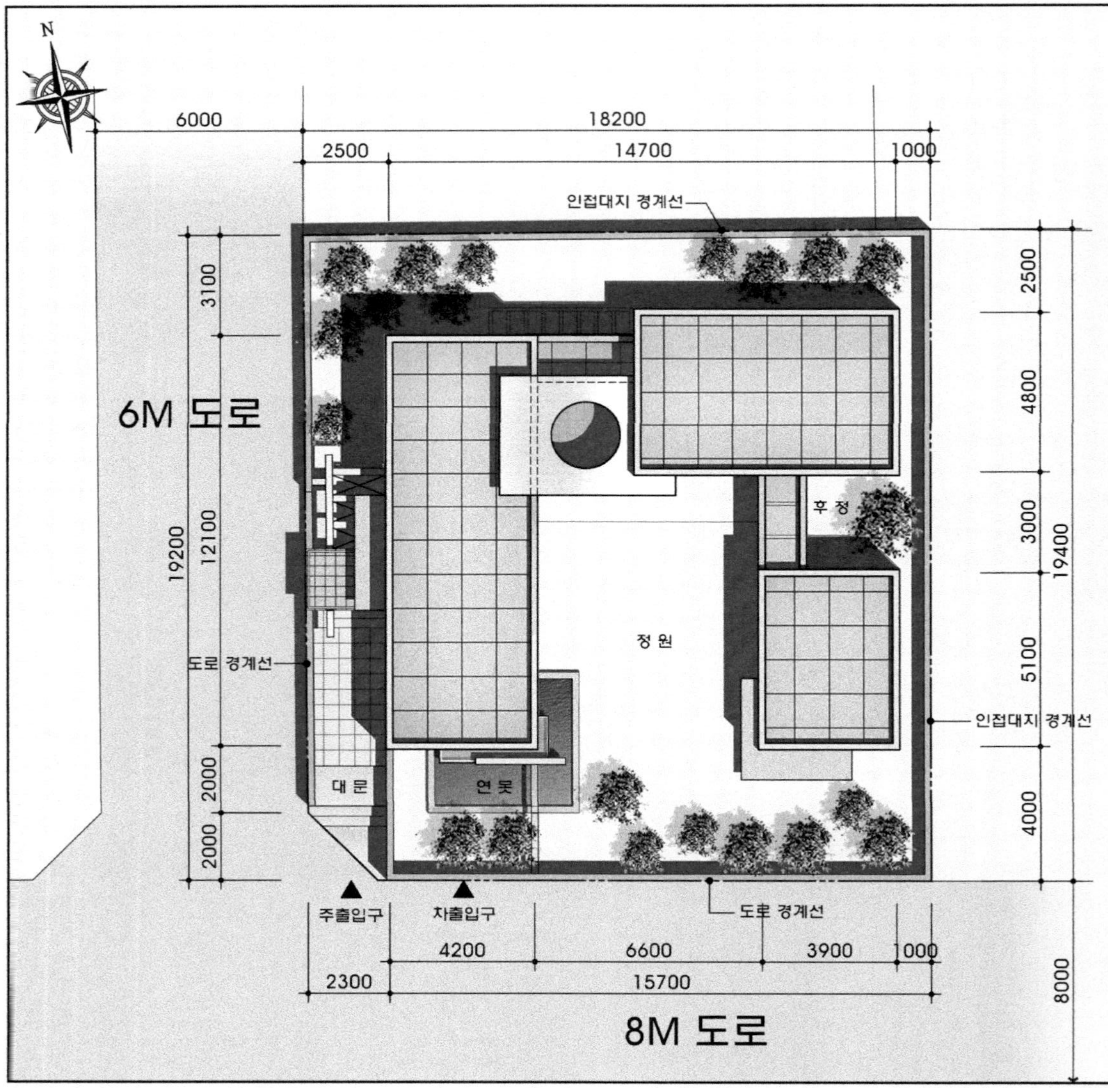

건축개요

구 분	내 용		
대지위치	서울특별시 00구 00동 00번지		
지 역	도시지역, 일반주거지역		
대지면적	$348.^{01}$ M^2 ($105.^{27}$ 평)		
동 별	M^2	평	비 고
지하 층	$58.^{20}$	$17.^{61}$	
1 층	$123.^{99}$	$37.^{51}$	
2 층	$90.^{42}$	$27.^{35}$	
합 계	$272.^{61}$	$82.^{47}$	
건축면적	$131.^{46}$ M^2		
연 면 적	$272.^{61}$ M^2		
건 폐 율	$37.^{77}$ %		60 %
용 적 률	$61.^{61}$ %		300 %
주차대수	2 대		
조경면적			

1 A **배치도**

SCALE: 1/200

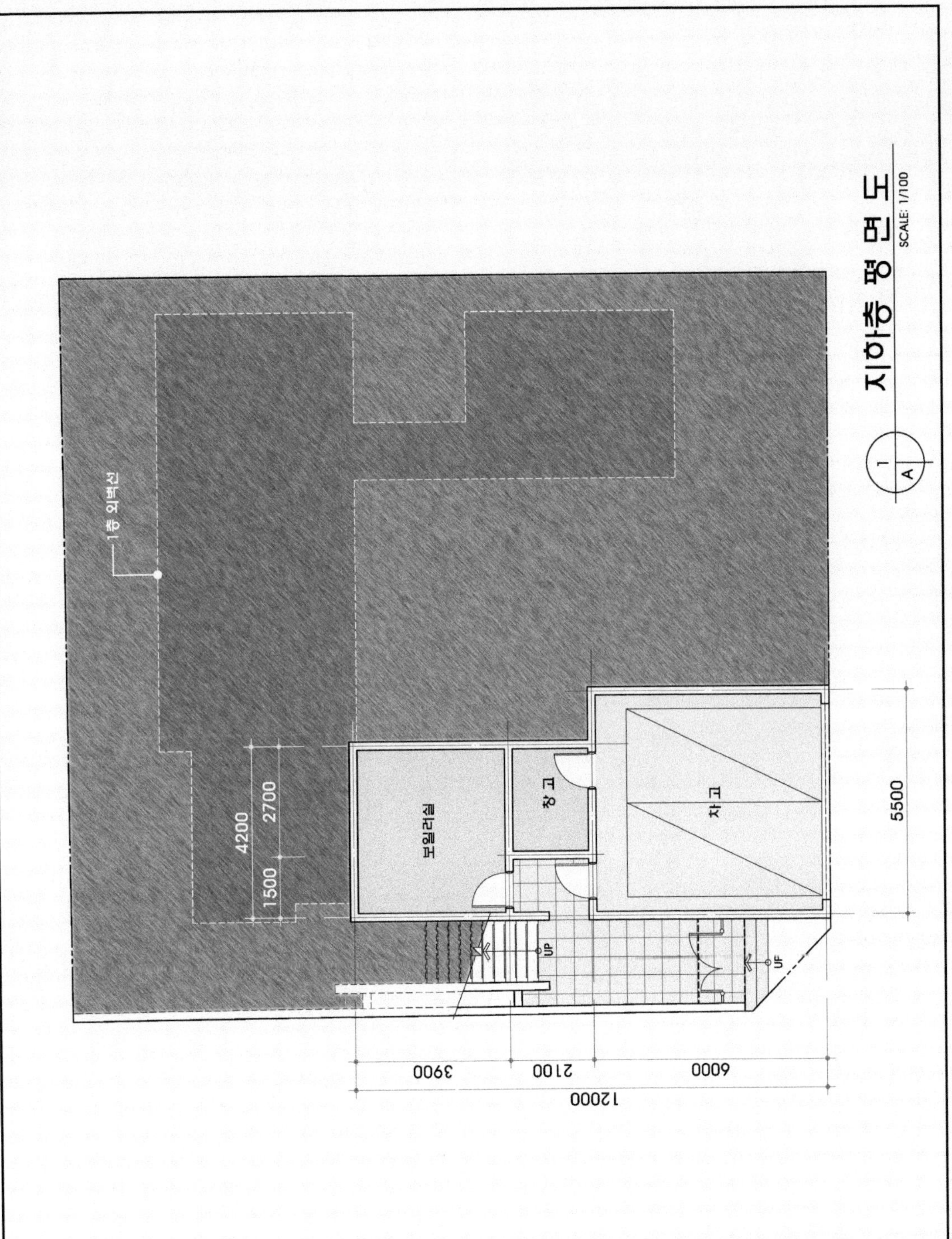
1층 외벽선
4200
2700
1500
보일러실
창고
차고
UP
UP
5500
3900
2100
6000
12000
1
A
지하층 평면도
SCALE: 1/100

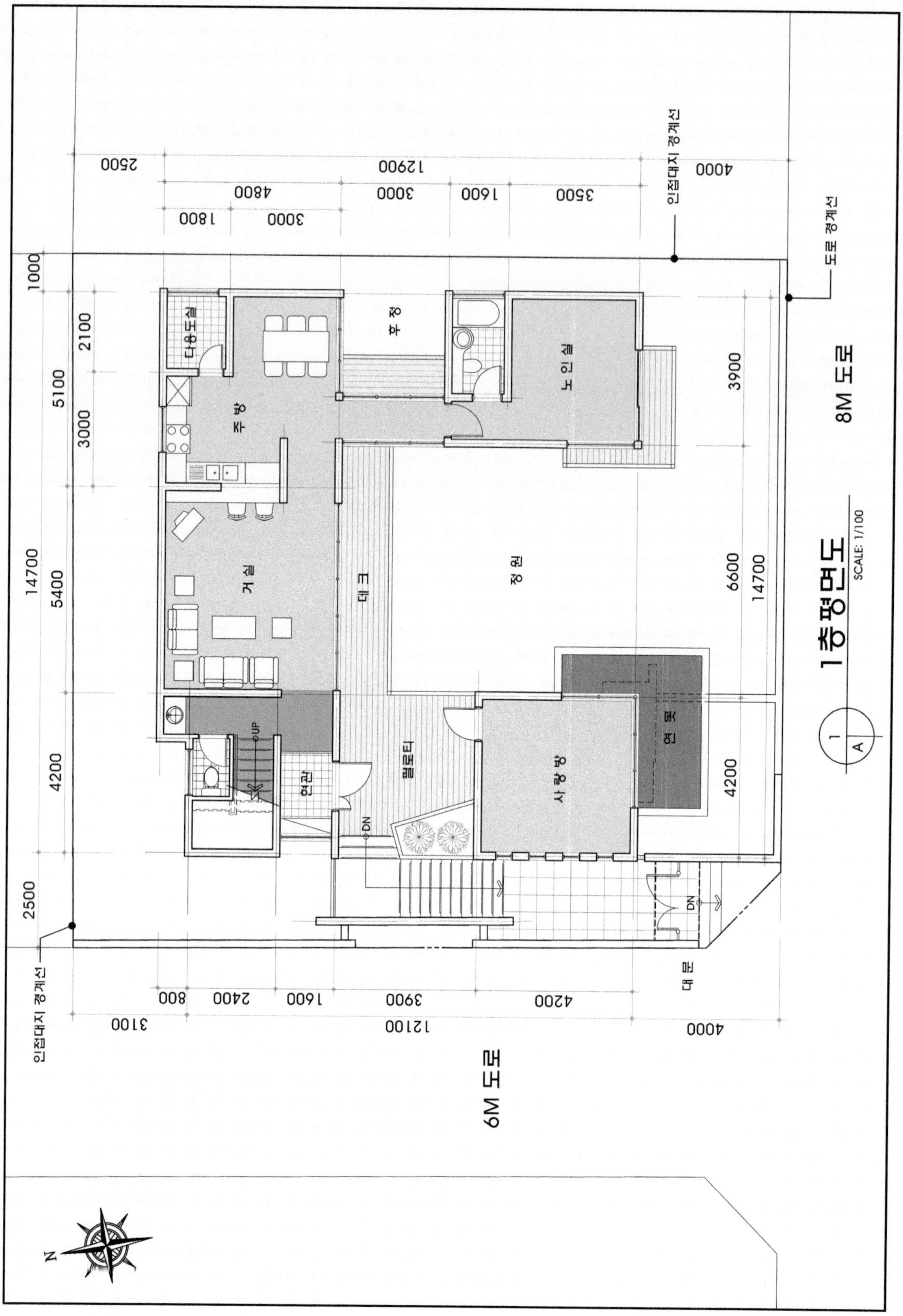
1층평면도
SCALE: 1/100
8M 도로
6M 도로
도로 경계선
인접대지 경계선
다용도실
주방
후정
노인실
거실
데크
정원
필로티
현관
사랑방
연못
대문

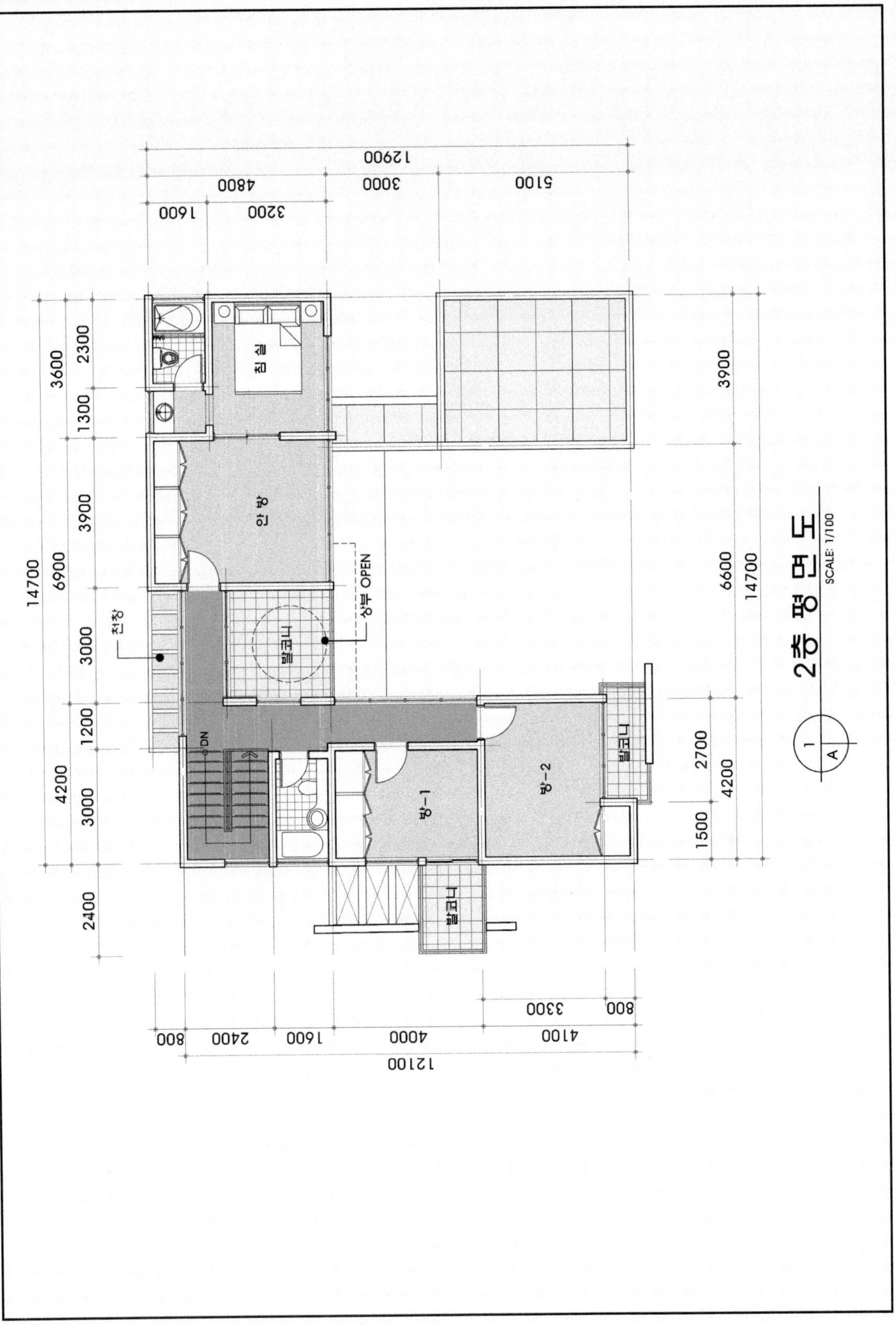

2층 평면도
SCALE: 1/100

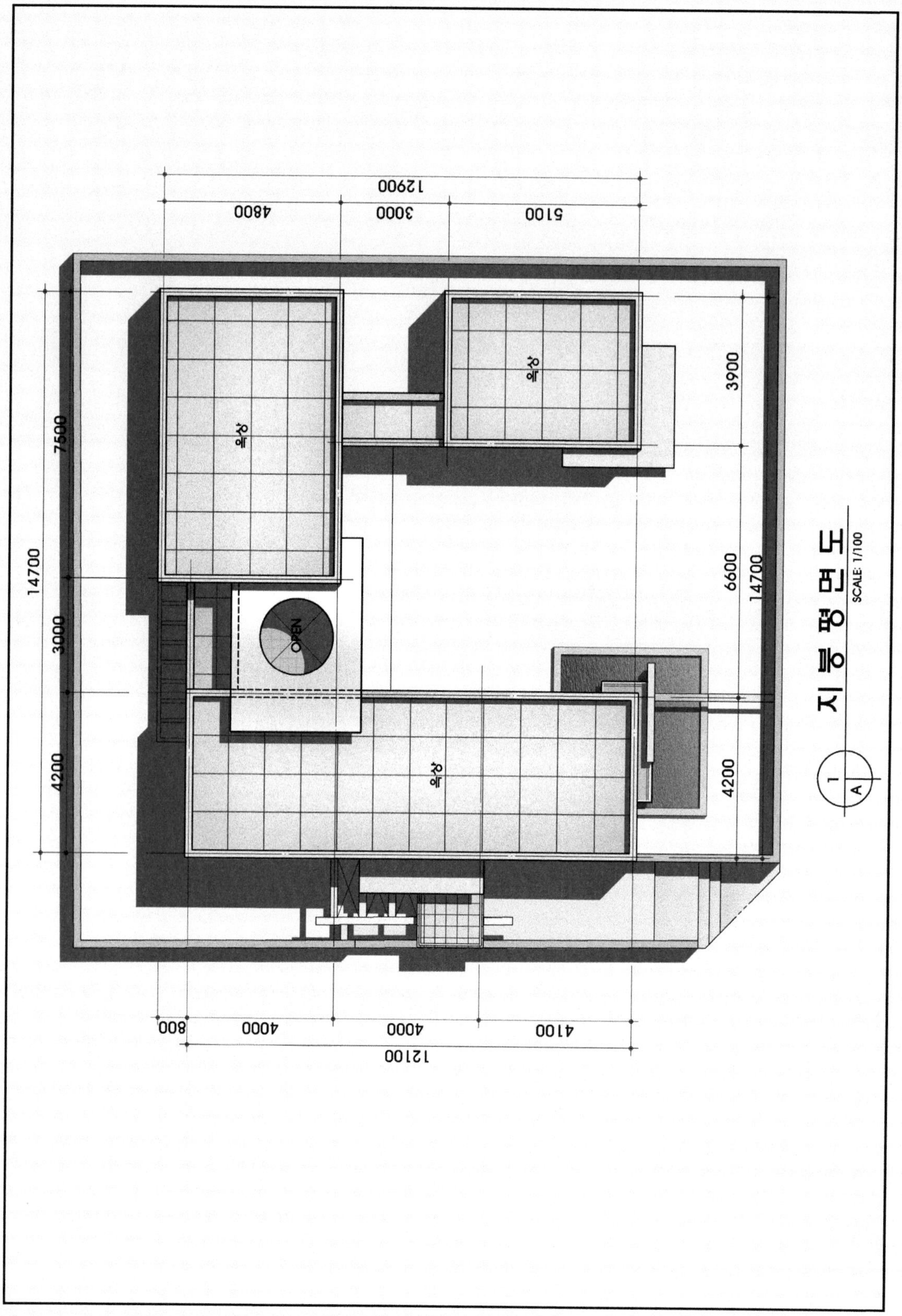
지붕평면도
SCALE: 1/100
1
A
옥상
옥상
옥상
OPEN
12900
4800
3000
5100
14700
7500
3000
4200
3900
6600
14700
4200
12100
800
4000
4000
4100

EL.+6,300
2nd=EL.+3,300
1st=EL.+300
EL.±0
EL.-2,600
정 면 도
SCALE: 1/100
1
A

좌 측 면 도
SCALE: 1/100
EL.+6,300
2nd=EL.+3,300
1st=EL.+300
EL.±0
EL.-2,600

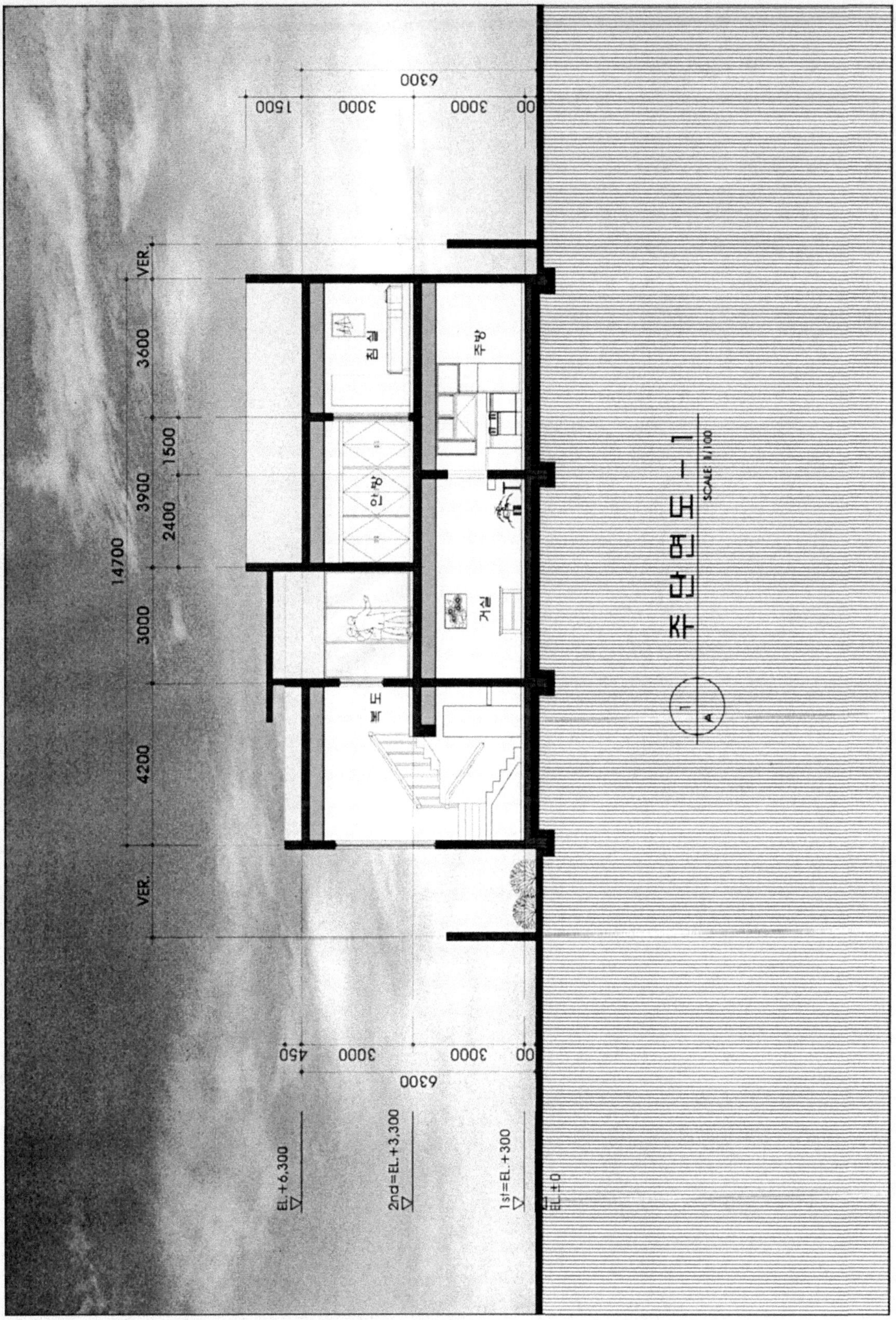
주단면도-1
SCALE 1/100
14700
VER.
침실
주방
안방
거실
복도
EL.+6,300
2nd=EL.+3,300
1st=EL.+300
EL.±0

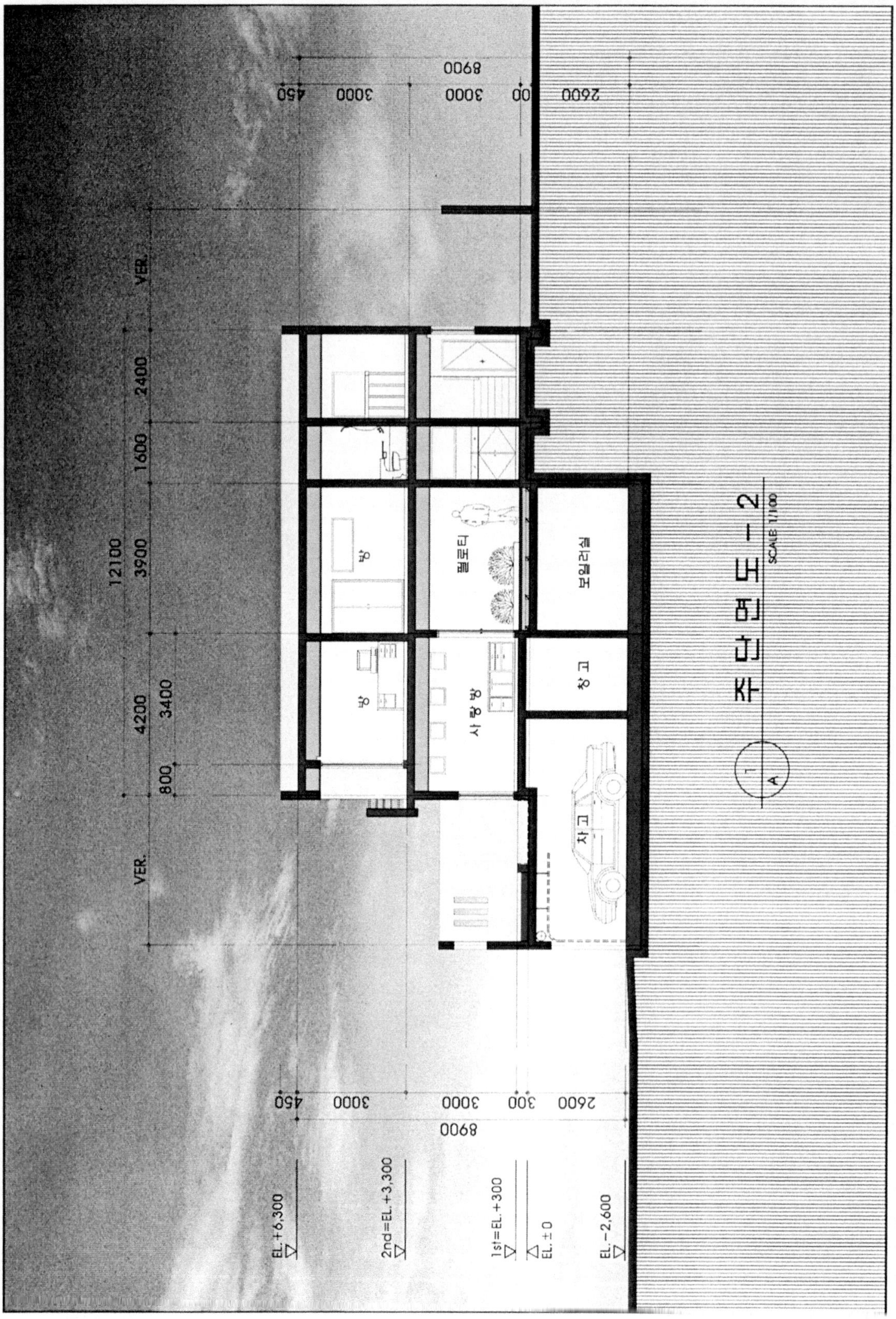

주단면도-2
SCALE 1/100
방
방
필로티
사랑방
보일러실
창고
차고
12100
4200
3900
1600
2400
3400
800
VER.
VER.
8900
450
3000
3000
300
2600
EL.+6,300
2nd=EL.+3,300
1st=EL.+300
EL.±0
EL.-2,600

■ 모형 사진 (1)

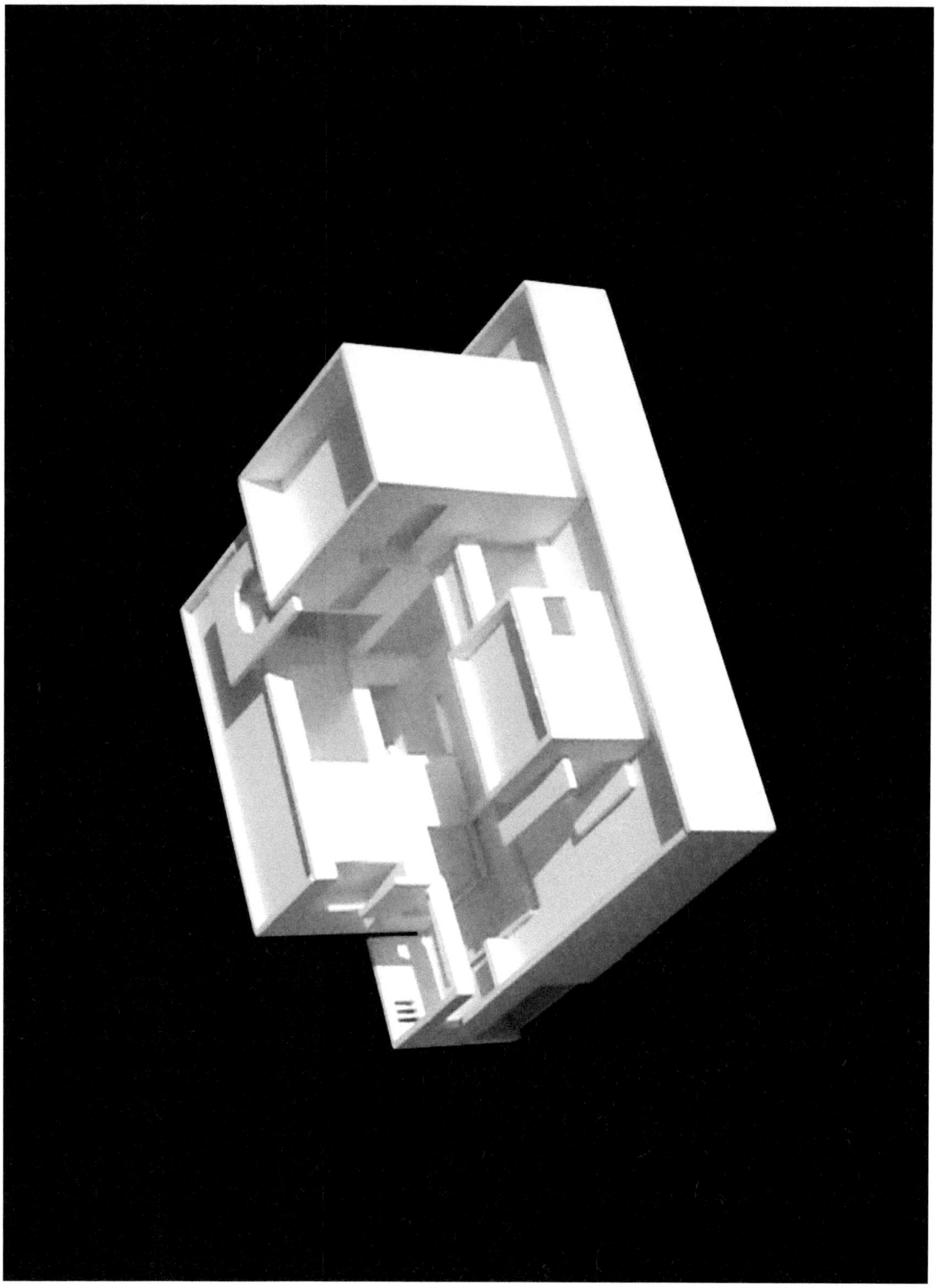

■ 모형 사진 (2)

제5장

주택설계도면 사례

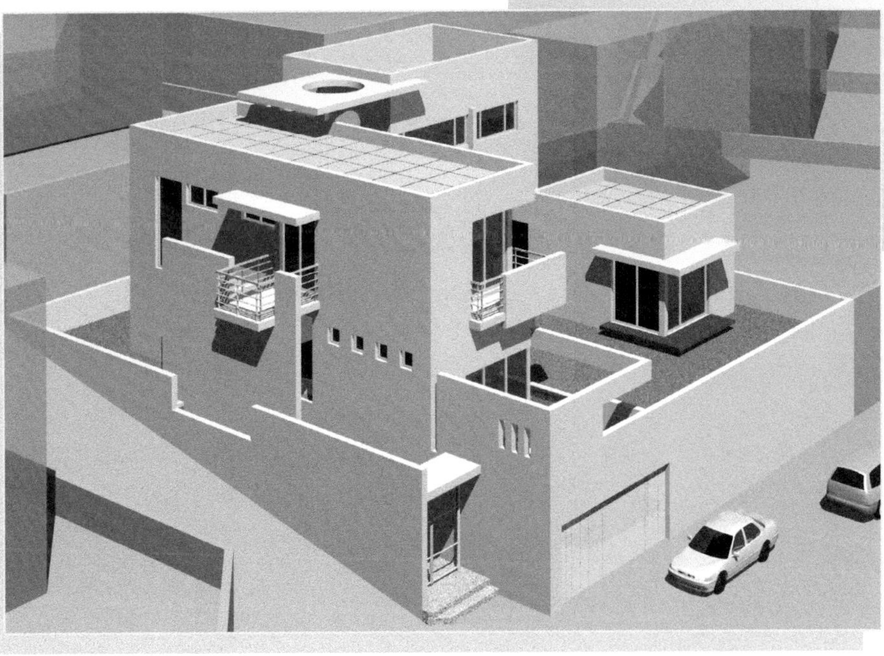

1. 단독주택 ① (도시지역)

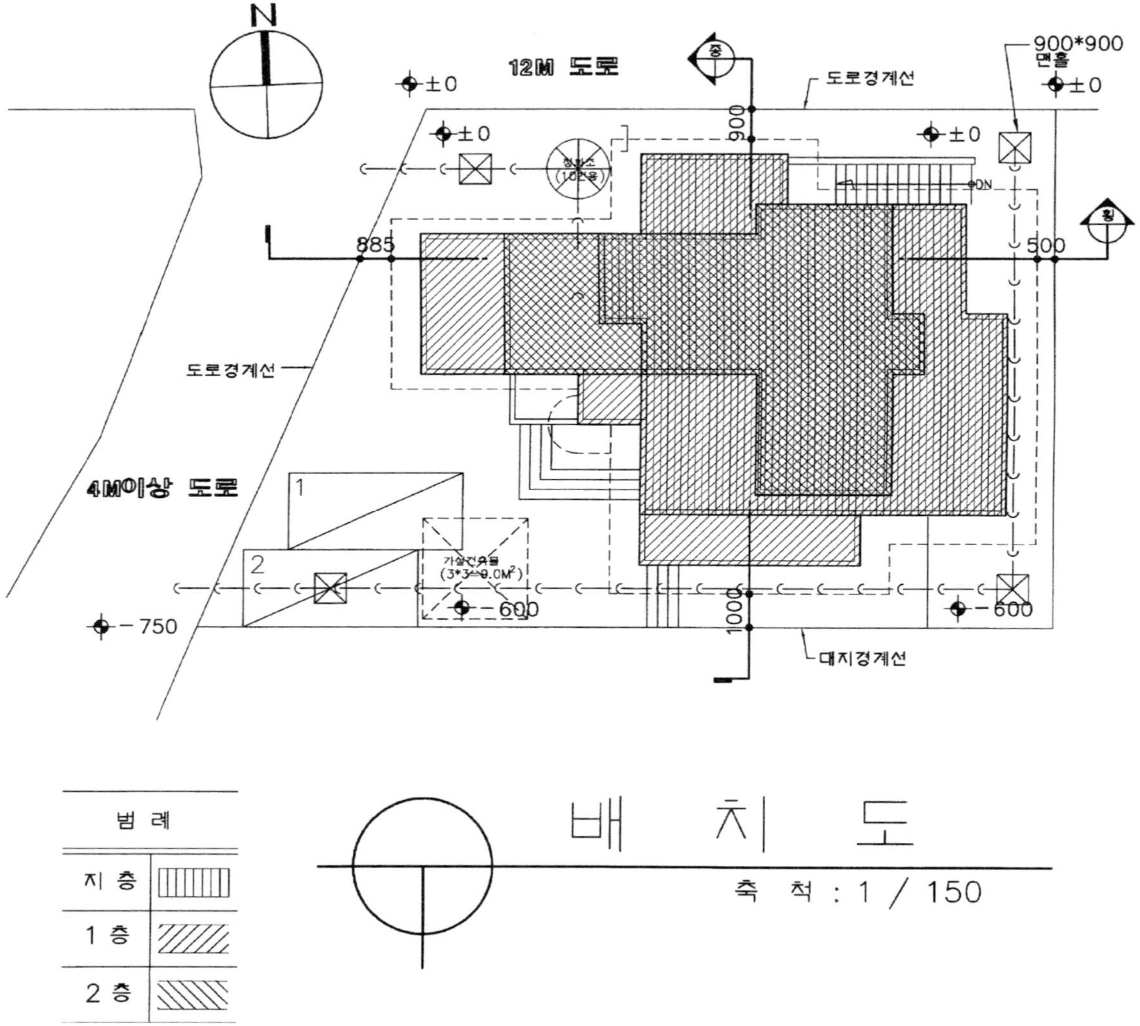

배 치 도

축 척 : 1 / 150

☑ 설계개요

대지위치	김포시 00면 00리 284−3		
대지면적	전체대지면적:1944.00M² 도로후퇴면적:74.00M²(22.39PY) 사용대지면적:329.00M²(99.52PY)		
지역지구	자연녹지지역,도시지역,최고고도지구,개발제한구역,군사시설보호구역		
전면도로	12M. 4M도로		
용 도	단독주택		
규 모	지하1층. 지상2층		
층별면적	면 적	용 도	비 고
지 층	96.57M² (29.21py)	단독주택	
1 층	129.96M² (39.31py)	단독주택	
2 층	59.67M² (18.05py)	단독주택	
합 계	286.20M² (86.58py)		
건축면적	129.96M²+1.25M²(수평투영면적)=131.21M²(39.69py)		
건 폐 율	131.21/329.00*100=39.88%		
용 적 율	189.63/329.00*100=57.64%		
주 차	단독주택:(286.20−200)=86.20/130=1.66대 계획:2대		
가설 건축물	3.0*3.0=9.0M²		

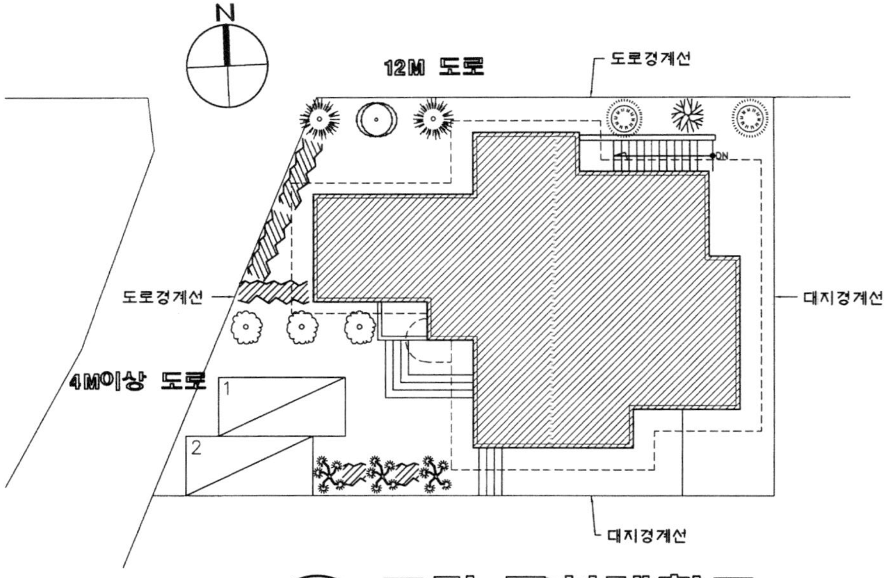

조경. 주차계획도

축 척 : 1 / 200

☑ 조경계획표

조경면적		법 정	329.00*0.05=16.45M²				
		설 계	20.00/329.00*100=6.08				
구 분	분 류	수 종	수 고	관 폭	본 수	형 상	비 고
교 목 20.00*0.3 =6본	상록수	가이즈카향	3.0	1.0	1		총14본
		향나무	3.0	1.0	2		
	계				3		
	낙엽수	은행나무	2.5	1.8	1		
		목 련	2.0	1.8	2		
	계				3		
소 계					6		
관 목 20.00*0.4 =8본		철 쭉	0.5	0.4	3		
		개나리	1.0	0.4	3		
		무궁화	1.0	0.4	2		
소 계					8		

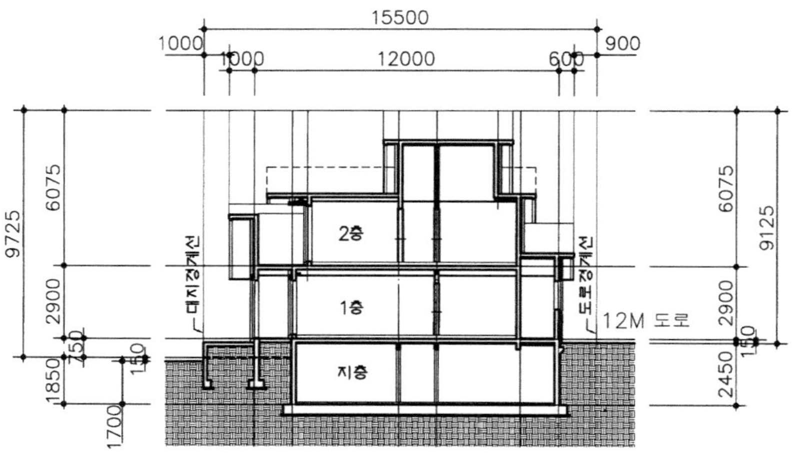

대지 종 단면도

축 척 : 1 / 2CO

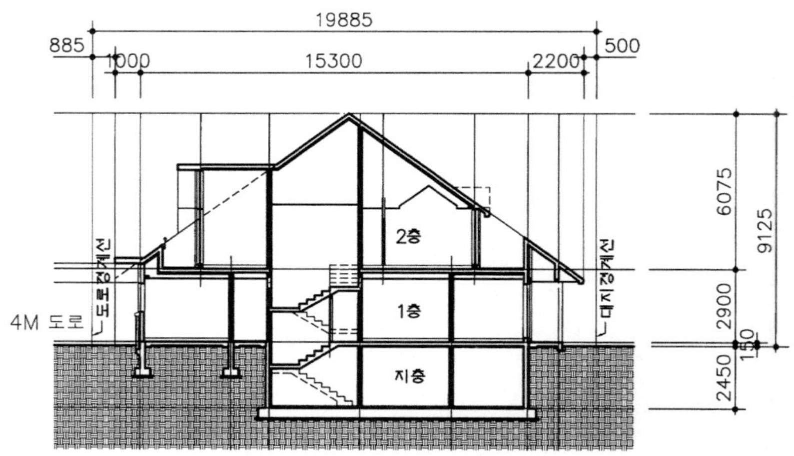

대지 횡 단면도

축 척 : 1 / 200

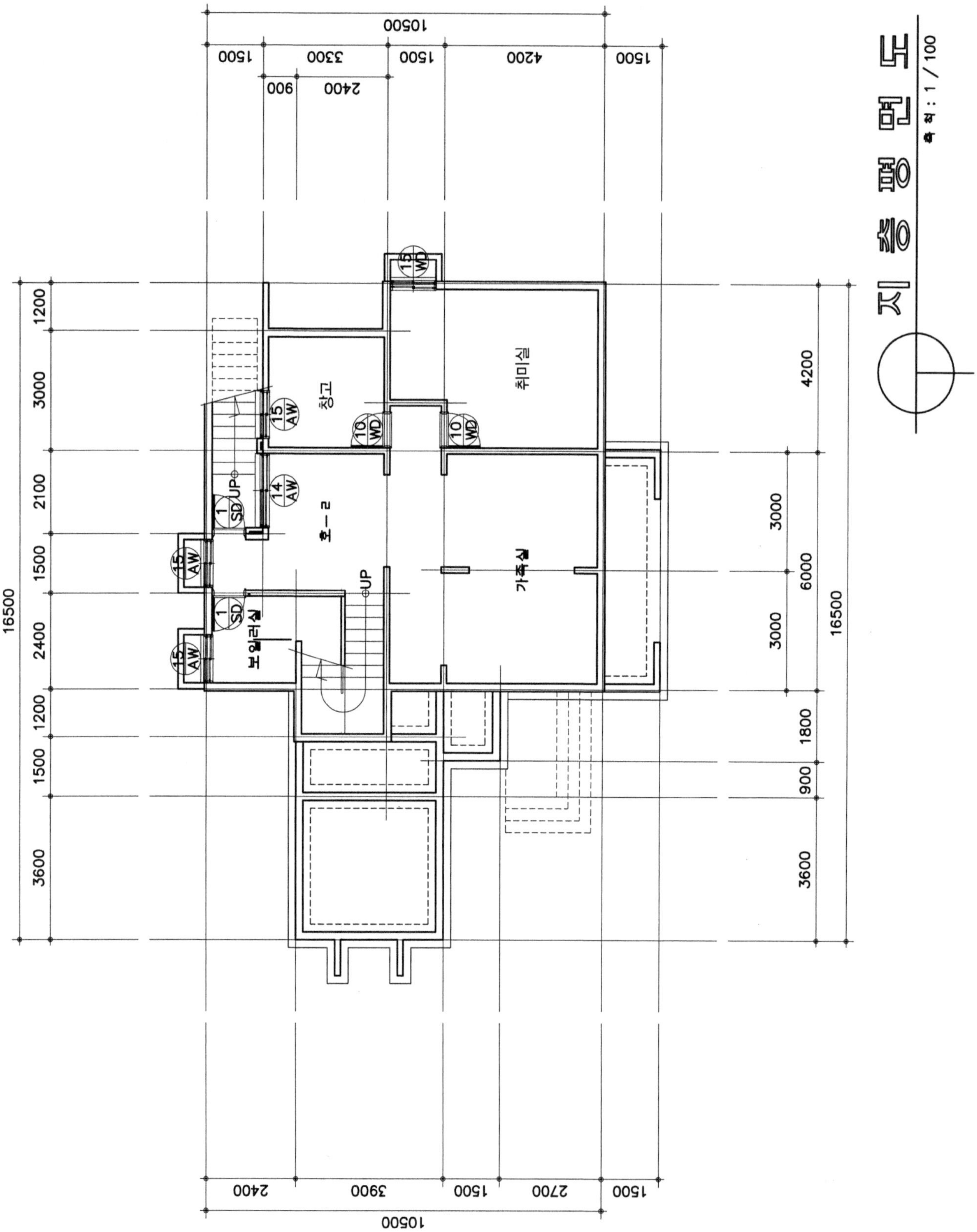
지층평면도
축척 : 1 / 100
취미실
창고
홀
가족실
보일러실

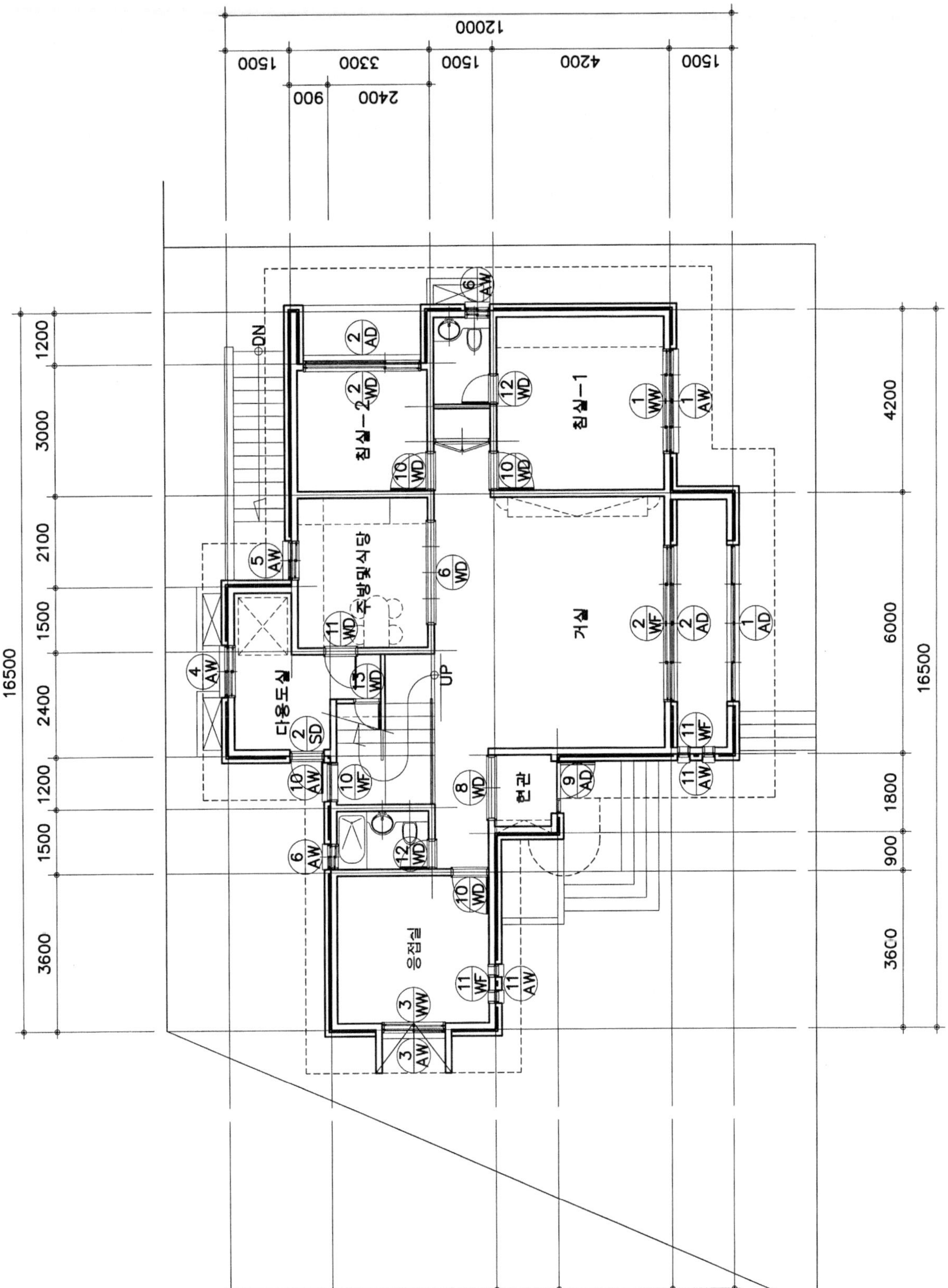

1층 평면도
축척 : 1 / 100

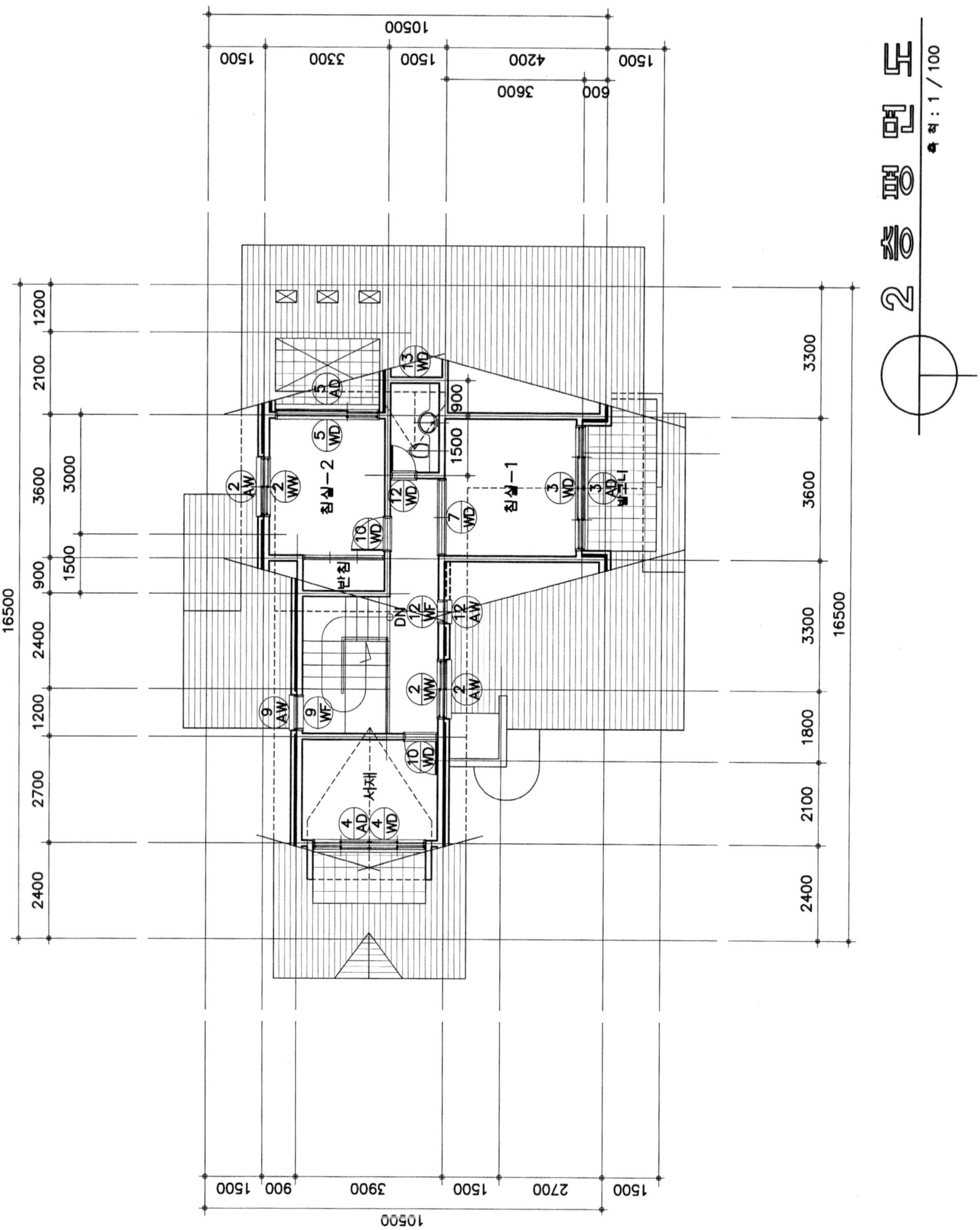
2층 평면도
축척 : 1 / 100
침실－1
침실－2
반침
서재
발코니
DN

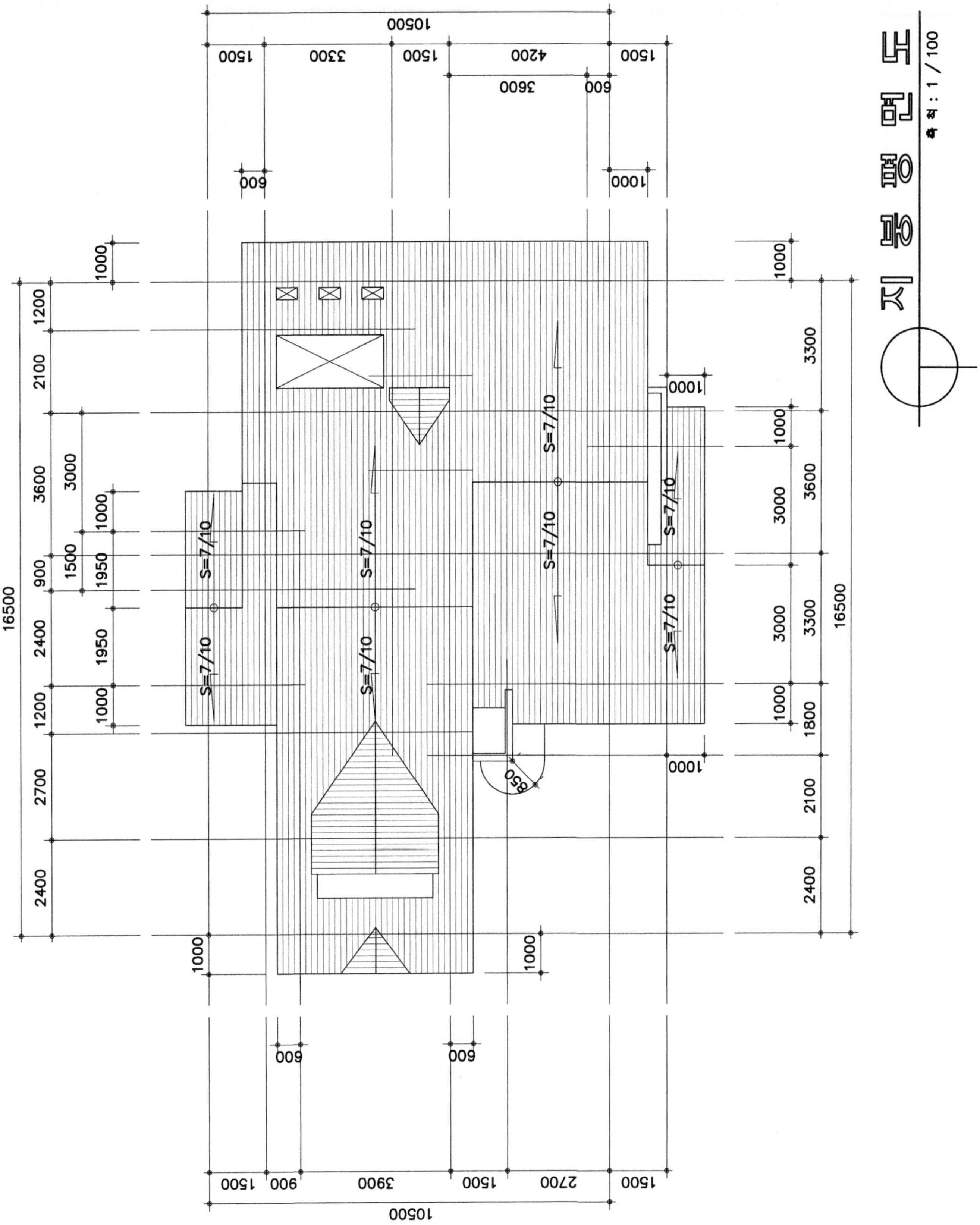
지붕평면도
축척 : 1 / 100
S=7/10
16500
10500

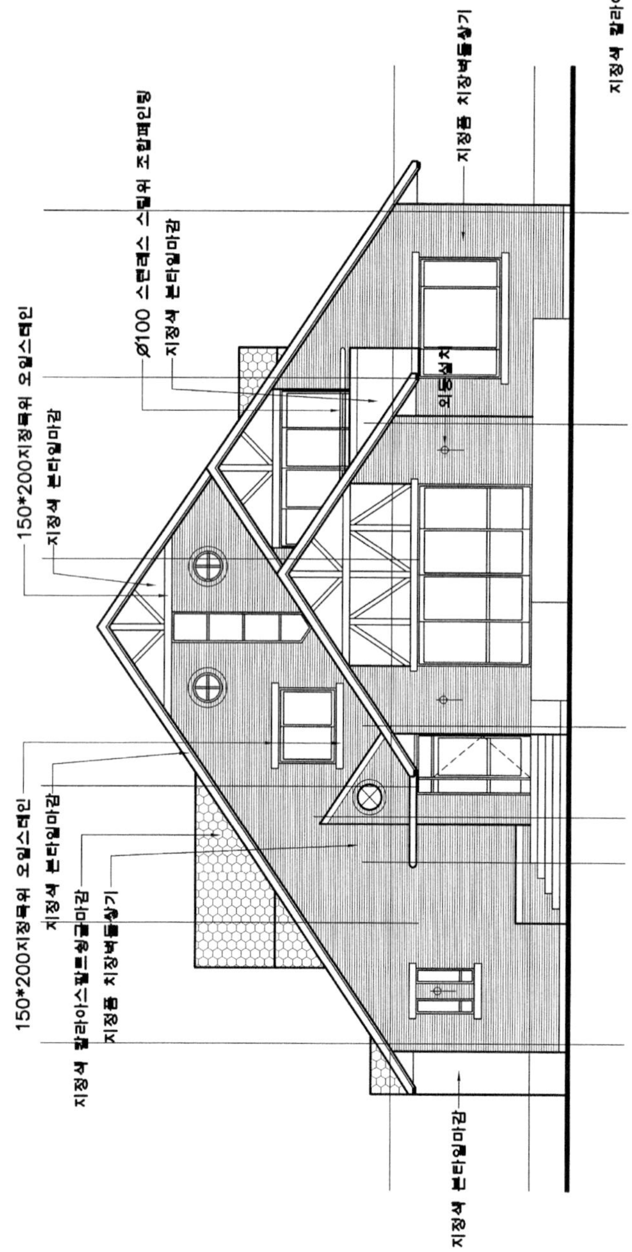

정 면 도
축 척 : 1 / 100

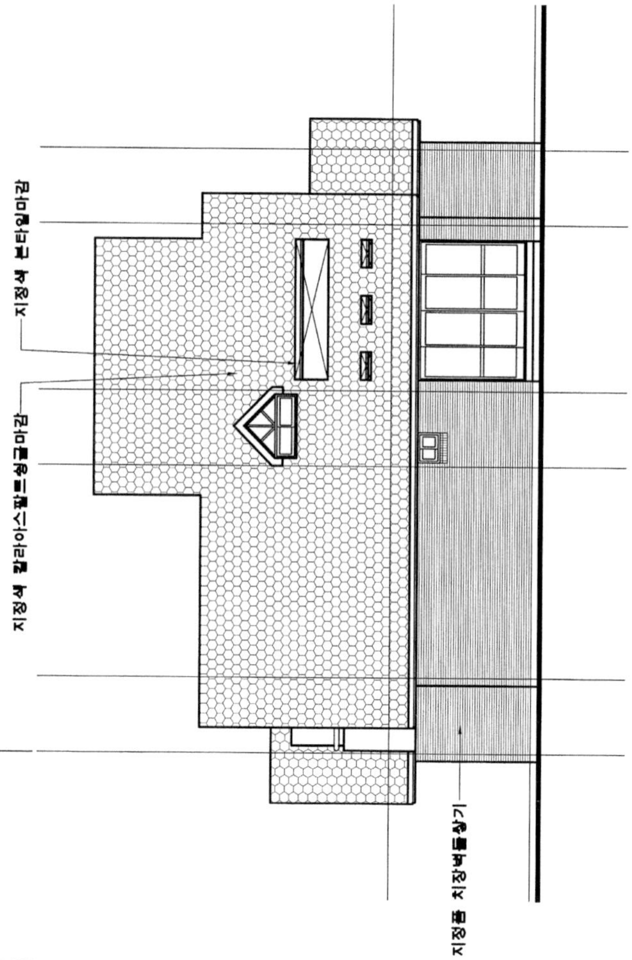

우 측 면 도
축 척 : 1 / 100

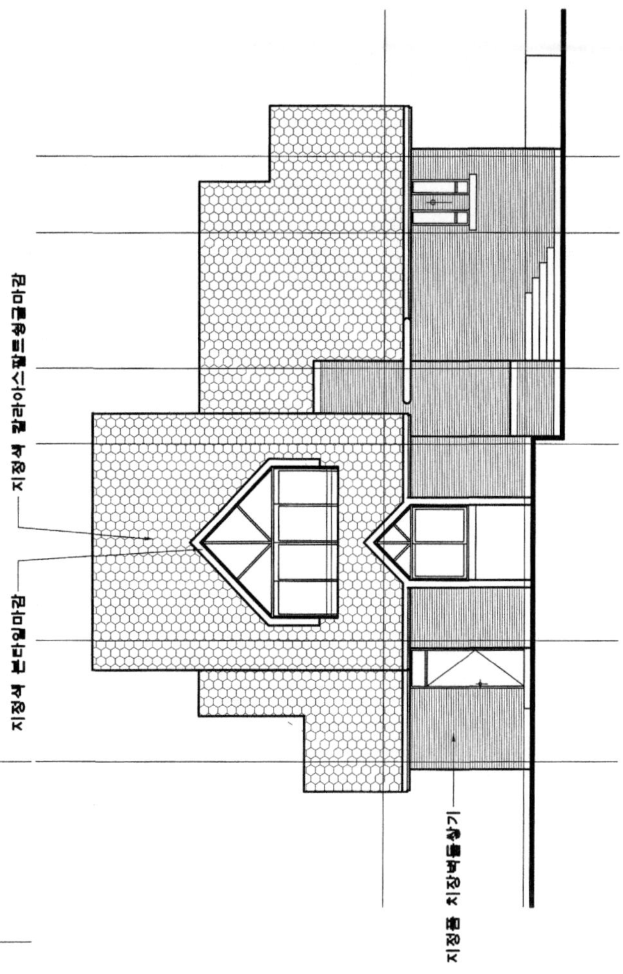

좌 측 면 도

축 척 : 1 / 100

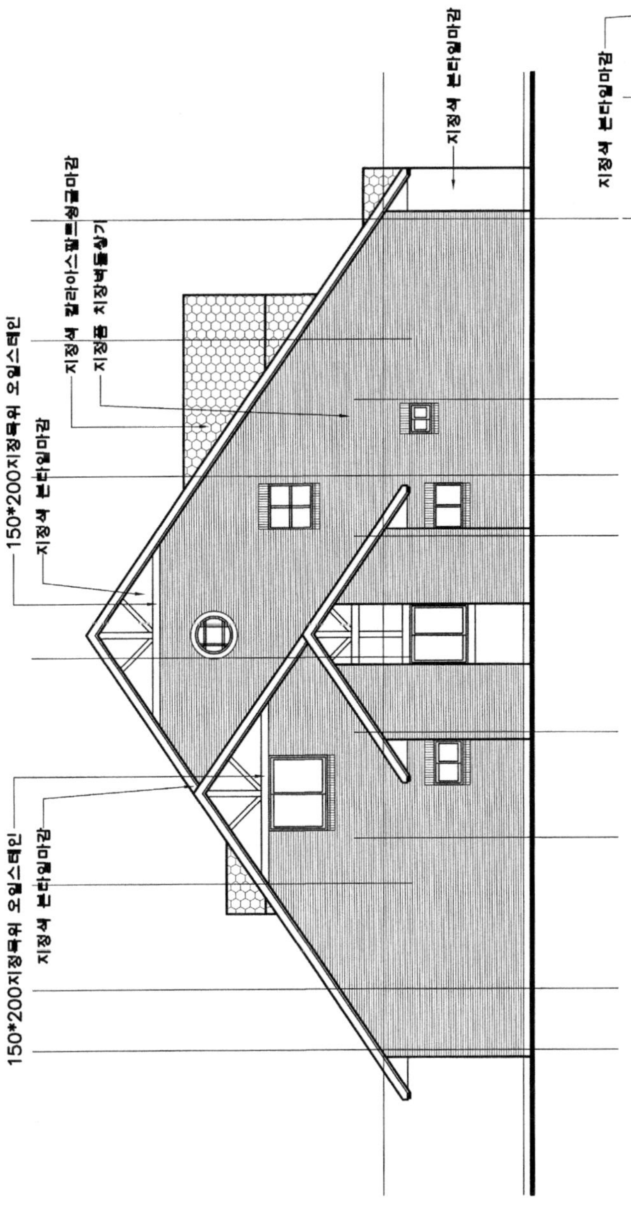

배 면 도

축 척 : 1 / 100

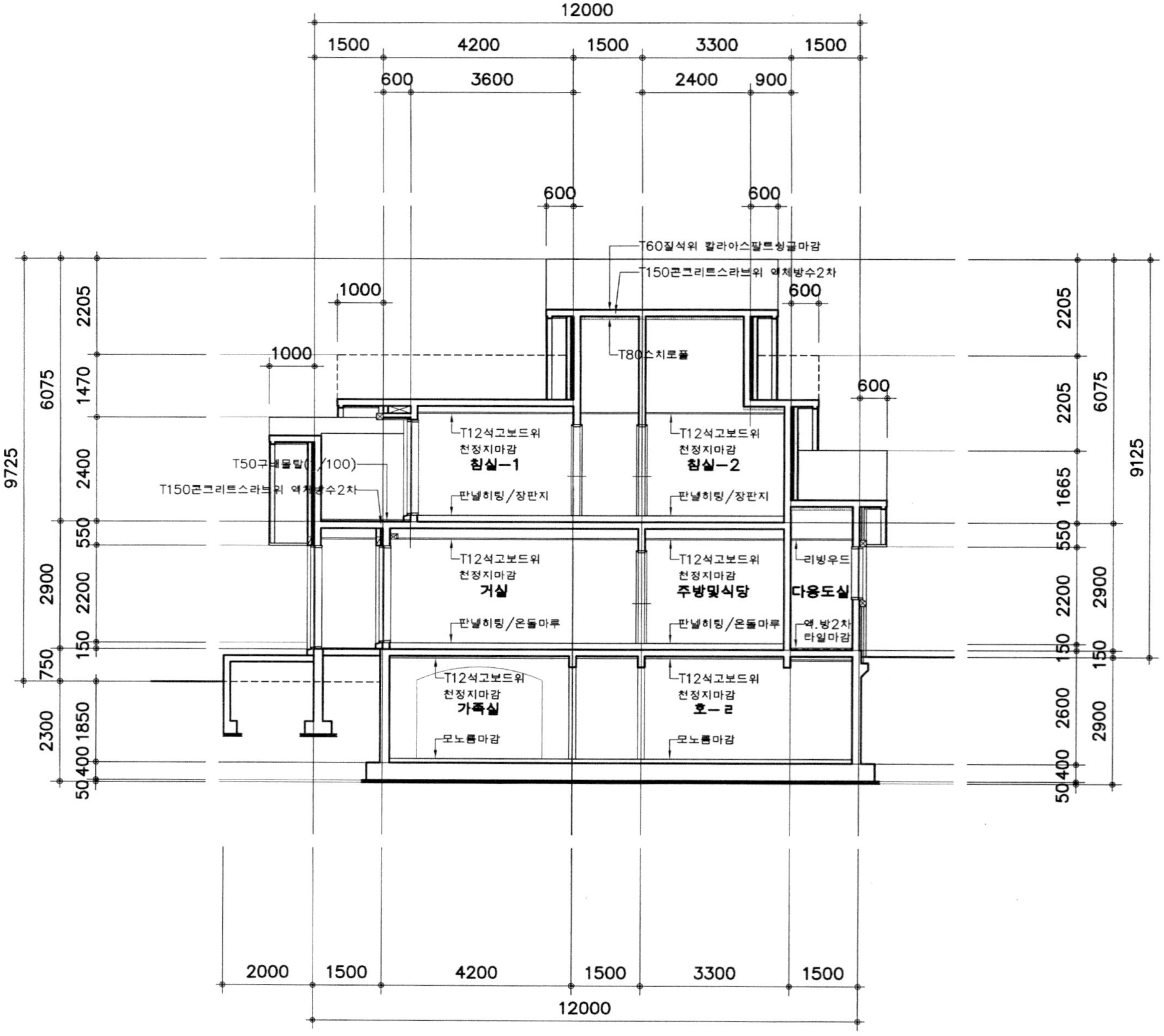
12000
1500
4200
1500
3300
1500
600
3600
2400
900
600
600
T60질석위 칼라아스팔트싱글마감
T150콘크리트스라브위 액체방수2차
1000
600
1000
T80스치로폴
600
9725
6075
2205
1470
2400
550
2900
2200
150
750
2300
1850
400
50
9125
6075
2205
2205
1665
550
2900
2200
150
150
2900
2600
400
50
T50구배몰탈(1/100)
T150콘크리트스라브위 액체방수2차
T12석고보드위
천정지마감
침실—1
판넬히팅/장판지
T12석고보드위
천정지마감
침실—2
판넬히팅/장판지
T12석고보드위
천정지마감
거실
판넬히팅/온돌마루
T12석고보드위
천정지마감
주방및식당
판넬히팅/온돌마루
리빙우드
다용도실
액.방2차
타일마감
T12석고보드위
천정지마감
가족실
모노륨마감
T12석고보드위
천정지마감
호—ㄹ
모노륨마감
2000
1500
4200
1500
3300
1500
12000

일반 단면도(종)

축척 : 1 / 100

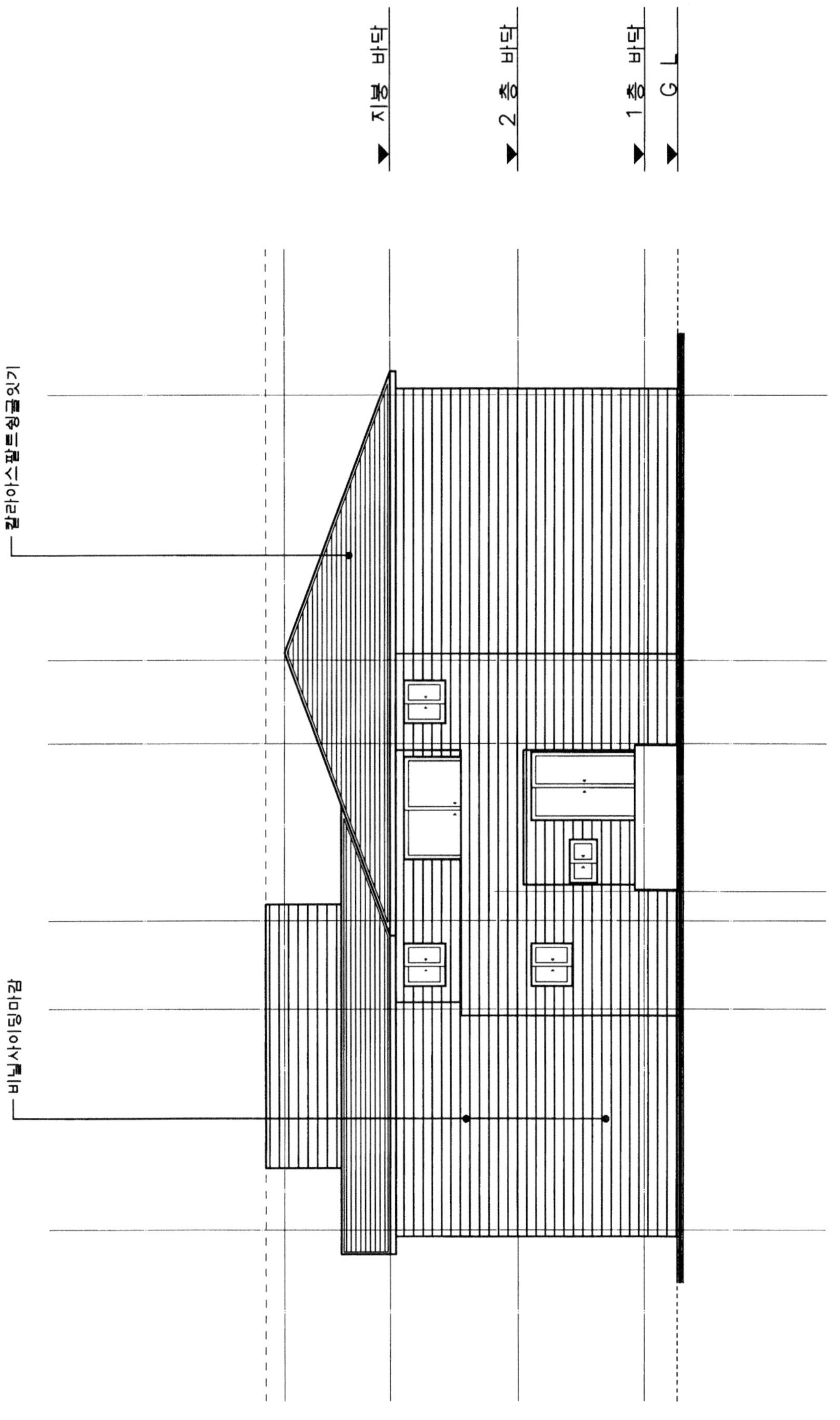

배 면 도
SCALE : 1/ 100

건 축 개 요

대지조건	대지 위치	OO광역시 OO구 OO동 2655-9호
	대지 면적	278.70 M2
	지역/지구	전용주거지역,최고고도지구,지구단위계획구역(신공항배후단지)
	도로 현황	전면도로 : 10M도로 (접도길이:11.56M)
건축현황	주 용 도	단 독 주 택
	주 구 조	철근콘크리트조
	건축 규모	지하:1층 , 지상:2층
	건축 면적	136.55 M2
	연 면 적	지상층: 222.90 M2 / 지하층: 36.28 M2 259.18 M2
	건 폐 율	136.55 / 278.70 X100% = 49.00 %
	용 적 율	222.90 / 278.70 X100% = 79.98 %
	처마 높이	5.90 M
	최고 높이	7.90 M
	정화조 용량	오수종말처리장 연결
	주차 산출	*면적에 의한 산출: (259.18-200)/130+1=1.45대 *세대에 의한 산출: 1세대 X 0.8대 = 0.8대중 큰 값 법정: 1 대 / 계획: 1 대 (옥내:1대)
	도로 점용	도로점용면적: 11.56M2 (착공후2개월)
비 고		

층별면적 / 용도

구 분		M2		용 도
바닥면적	지하층	36.28	10.97	단 독 주 택
	1 층	134.45	40.67	단 독 주 택
	2 층	88.45	26.76	단 독 주 택
	옥탑	13.60	4.11	계단실(연면적 제외)
합 계		259.18	78.40	단 독 주 택

조 경 개 요

조 경 면 적	(278.70X5%=13.94M2-법정) 14.93 M2-계획
주 기	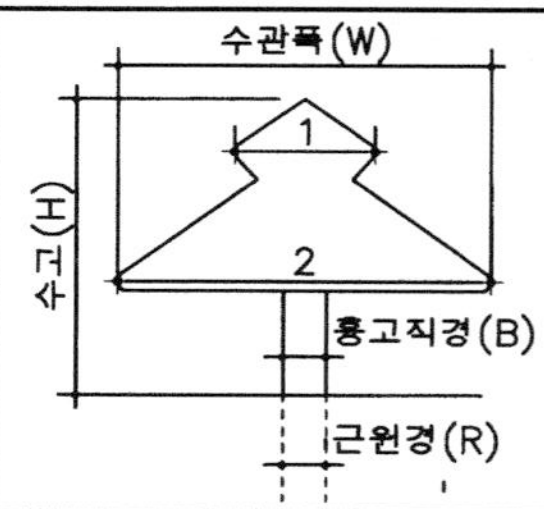 1.수관폭이 터원형일 경우 최단(1)과 최장폭(2)의 평균치가 된다. 2.흉고직경(B)과 근원경(R)의 단위는 Cm이며 H와W의 단위는 m이다.

구 분	모 양	수 종	규 격 수고(H)X수관폭(W)	본 수	
교 목 (13.94X0.2=3) 3 주		잣 나 무	2.0 X 8.0	1	3
		백 목 련	2.0 X 6.0	2	
관 목 (13.94X1.0=14) 14 주		회 양 목	0.5 X 0.8	5	14
		겹 철 쭉	0.5 X 0.4	4	
		사철나무	1.2 X 0.8	5	
합 계					9

면적산출식	구분	산 출 식	면적 (M2)
	A	6.50X1.50	9.75
	B	1.40X3.70	5.18
	계		14.93

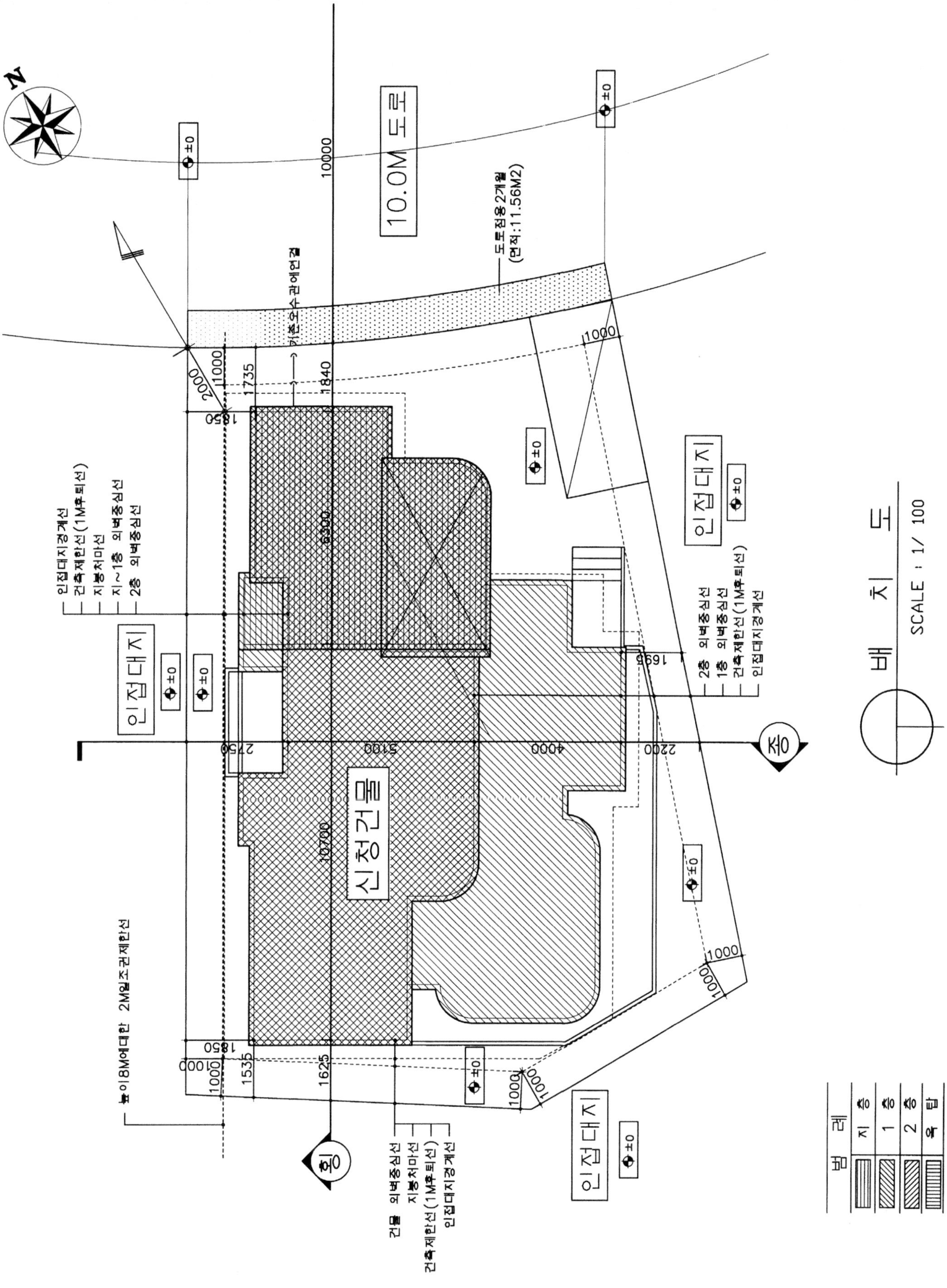
10.0M 도로
도로점용2개월
(면적:11.56M2)
신청건물
인접대지
인접대지
인접대지
배 치 도
SCALE : 1/ 100
범례
지 층
1 층
2 층
옥 탑

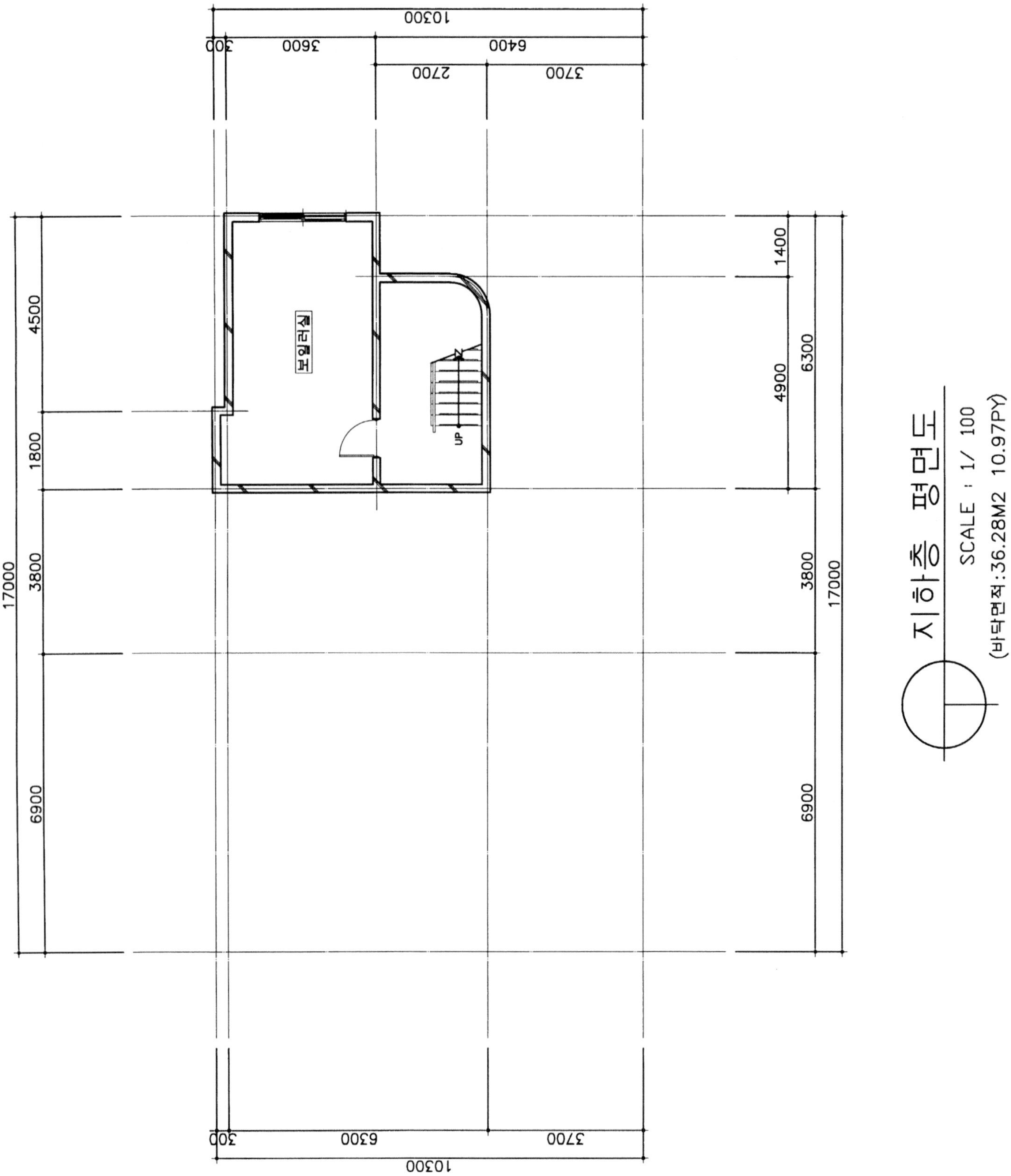

지하층 평면도
SCALE : 1/ 100
(바닥면적:36.28M2 10.97PY)
보일러실
UP
10300
300
3600
6400
2700
3700
6300
17000
4500
1800
3800
6900
1400
4900

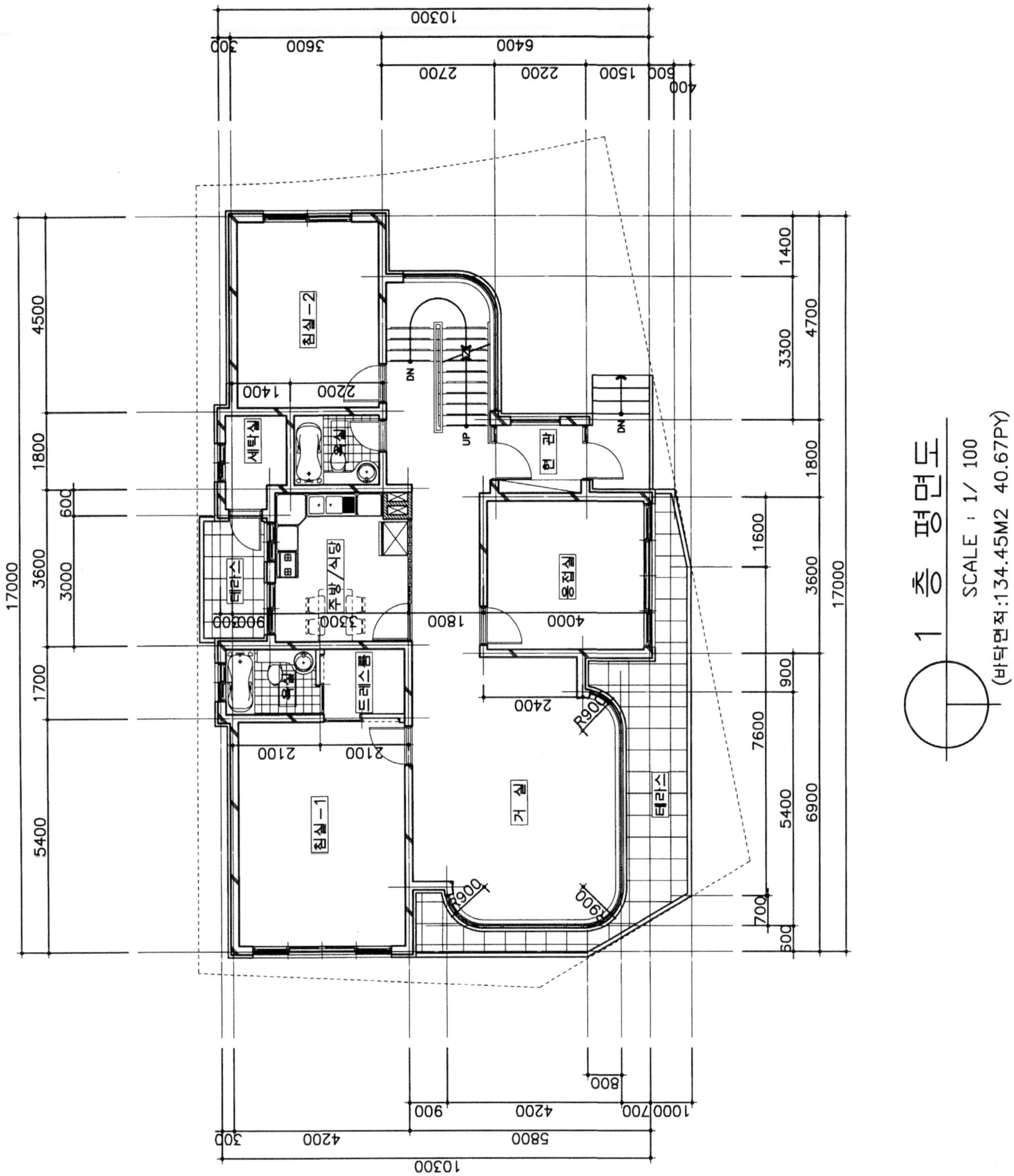
침실－2
침실－1
거 실
응접실
주방/식당
현관
세탁실
드레스룸
욕실
테라스
UP
DN
1 층 평면도
SCALE : 1/ 100
(바닥면적:134.45M2 40.67PY)

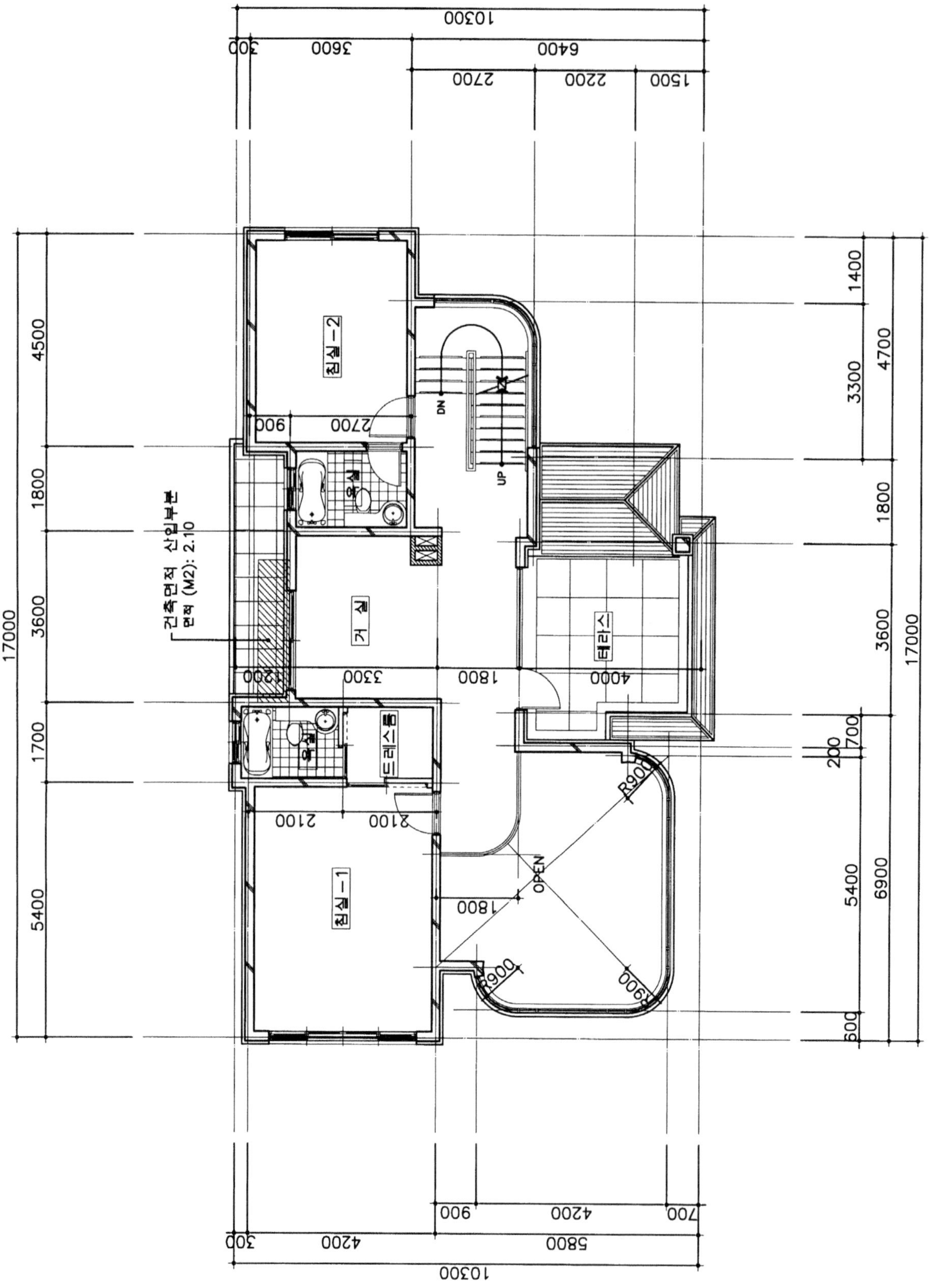

2층 평면도
SCALE : 1/ 100
(바닥면적:111.53M2 33.74PY)

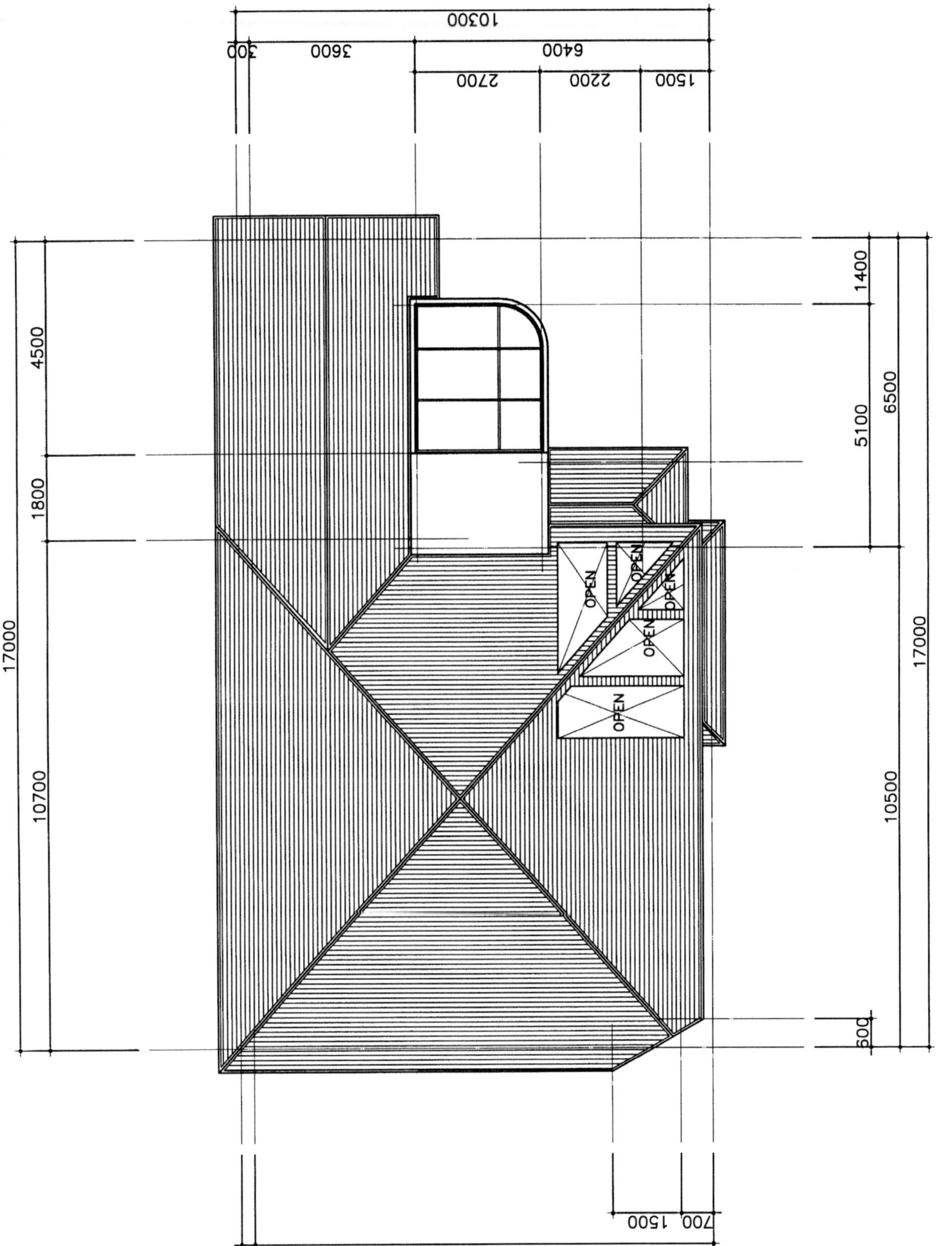

지붕 평면도

SCALE : 1/ 100

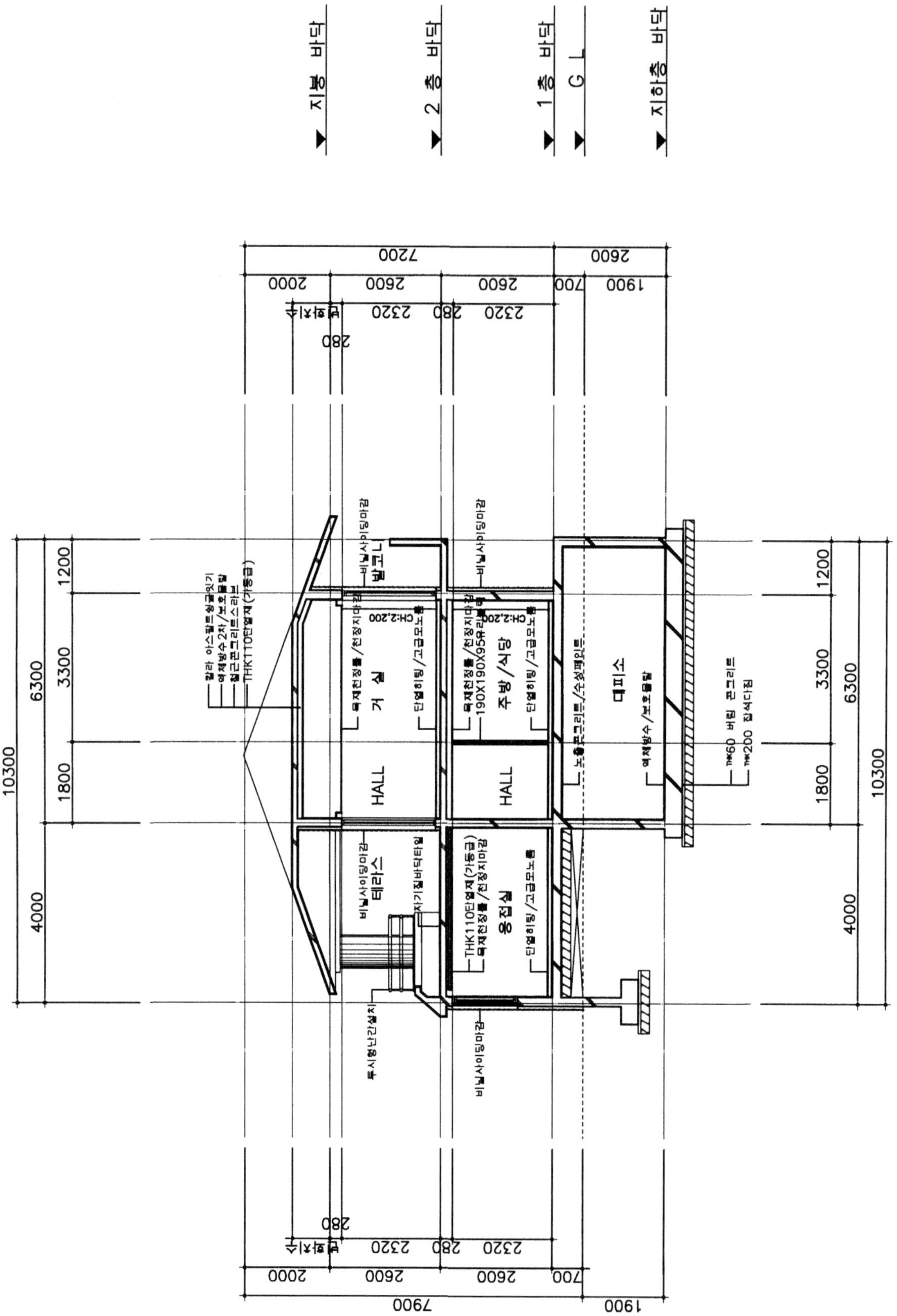

주 단 면 도

SCALE : 1/ 100

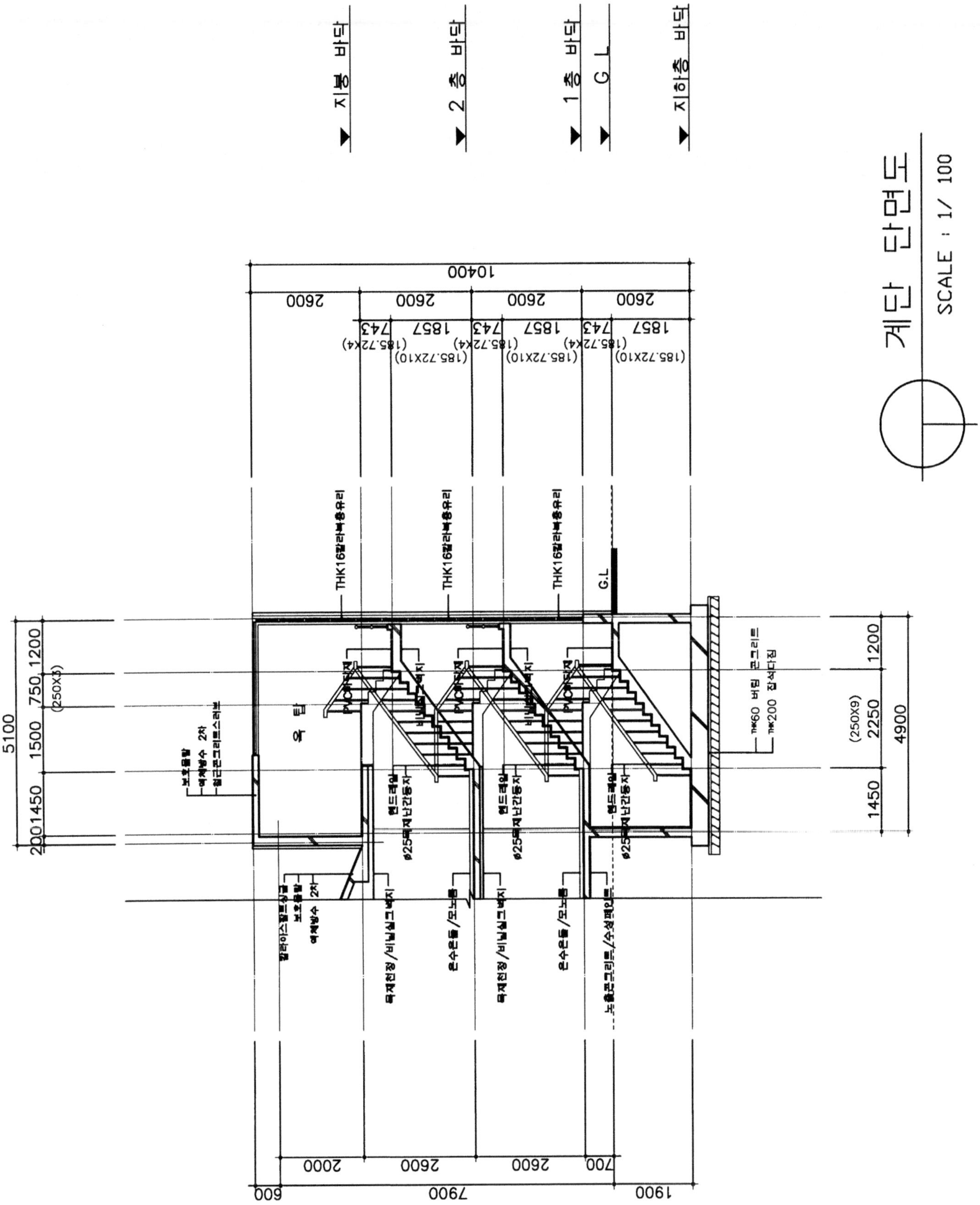

계단 단면도
SCALE : 1/ 100

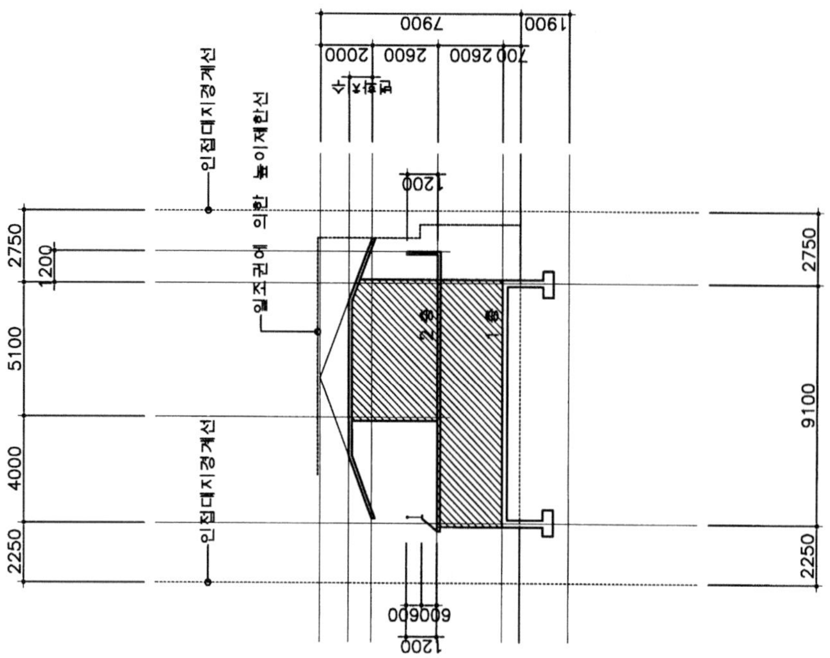

대지[종]단면도
SCALE : 1/ 200

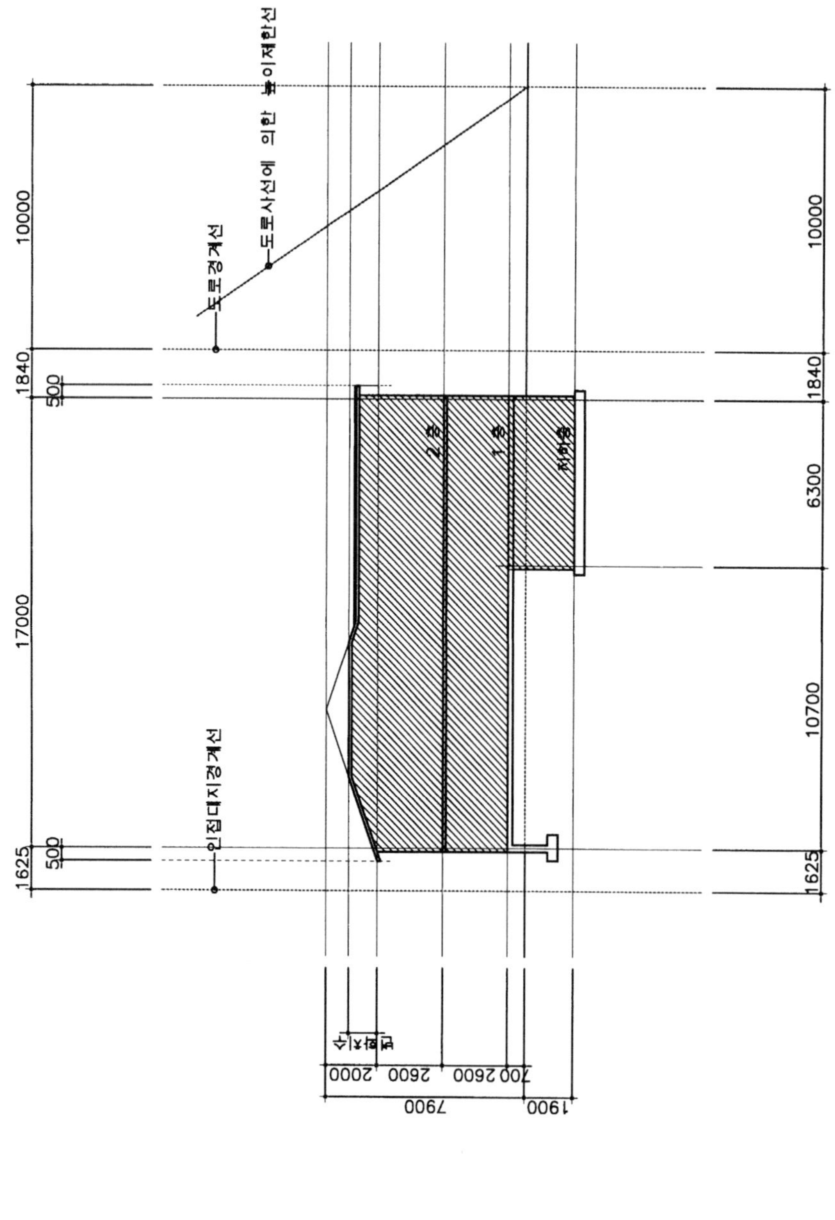

대지[횡]단면도
SCALE : 1/ 200

3. 단독주택 ③ (도시지역)

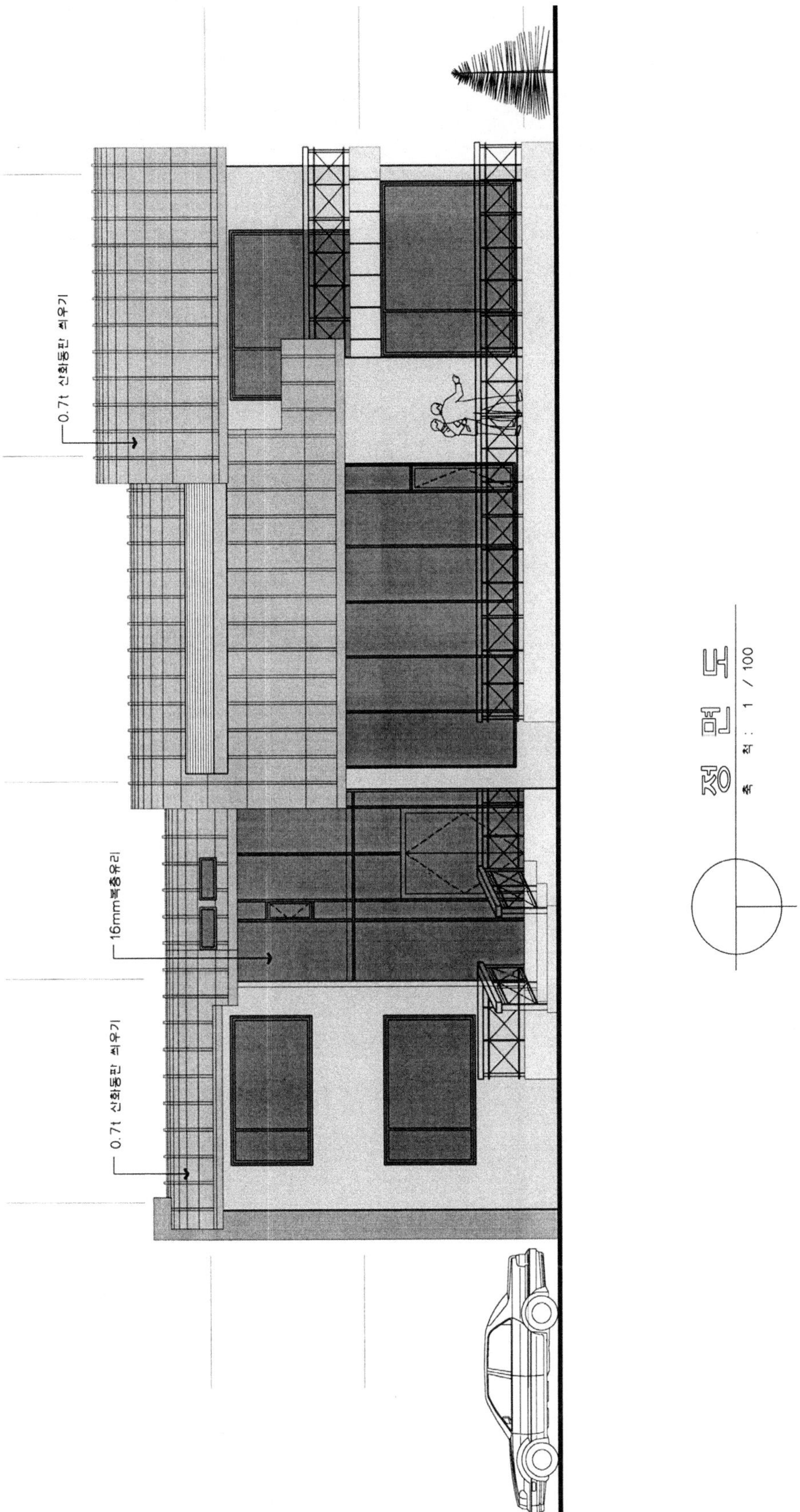

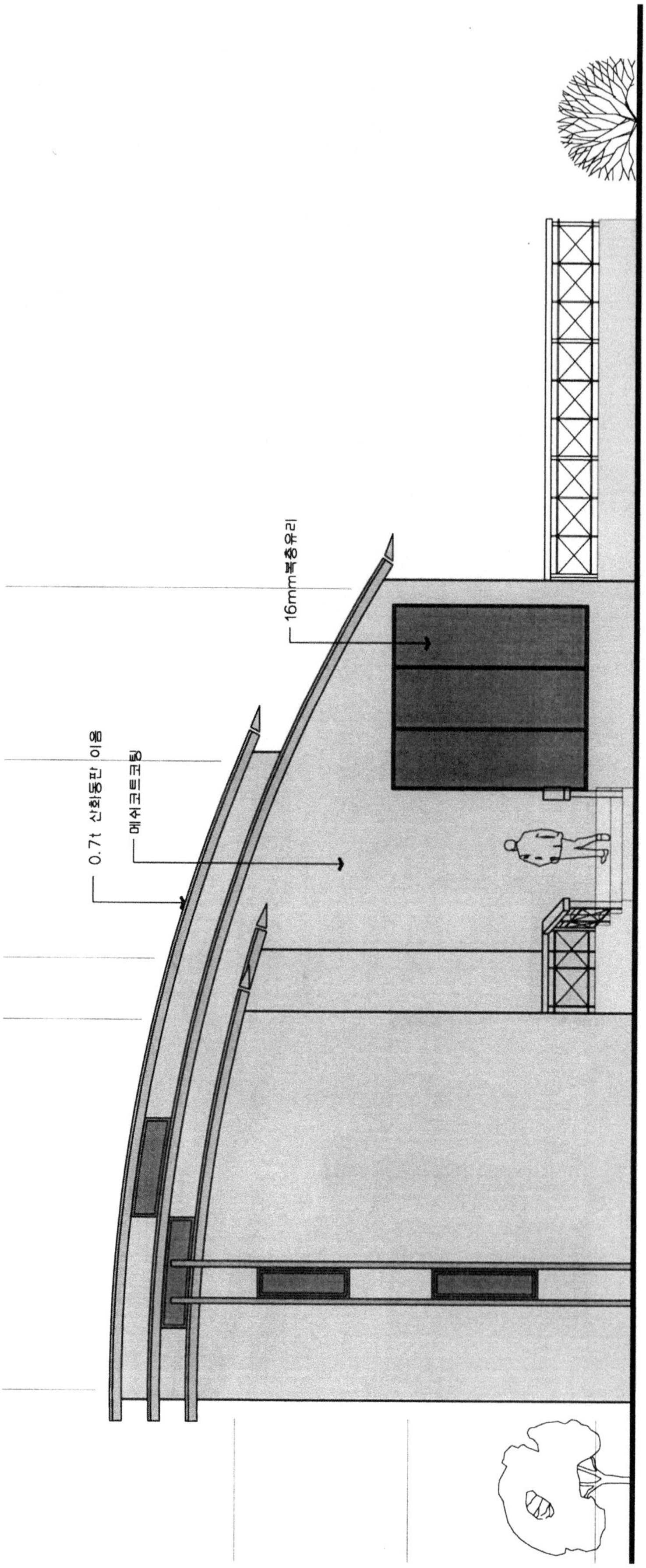

측 면 도

축 척 : 1 / 100

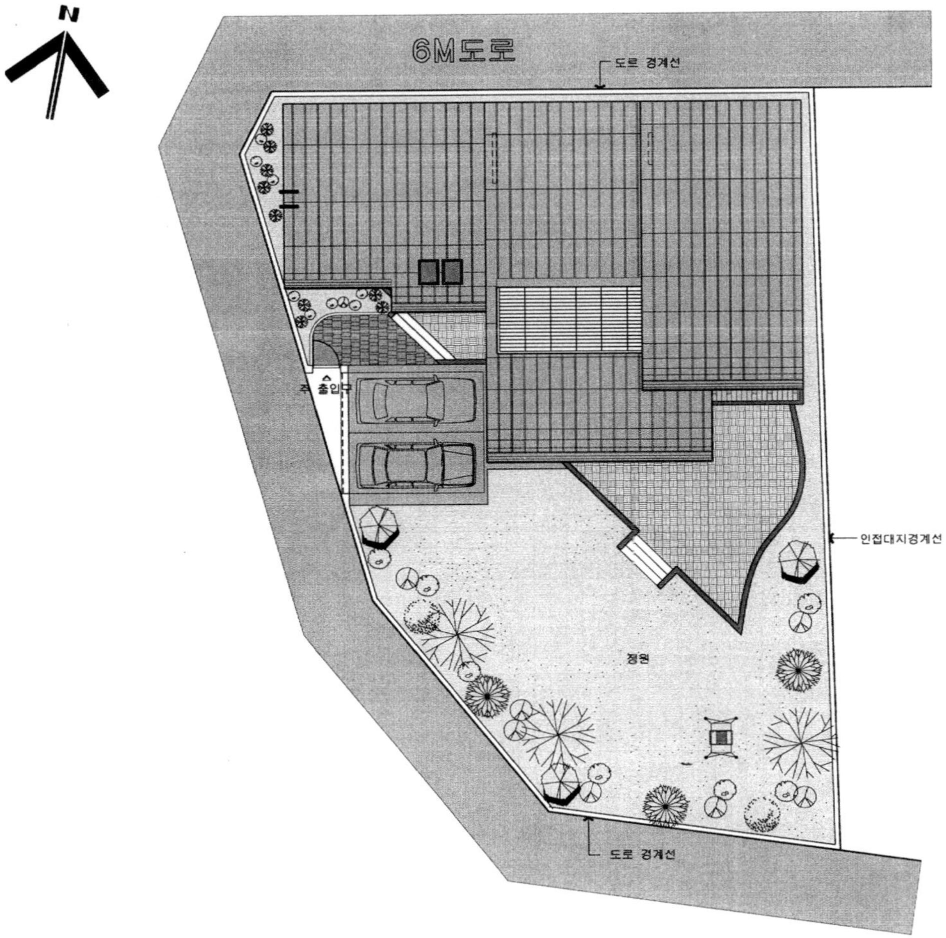

■ 설계개요

설계명	일산주택 신축공사 계획안
대지위치	경기도 고양시 일산군 성석동
대지면적	553m2(167.28)
건축면적	191.02m2
건폐율	34.54%
연면적	422.28m2
용적율산정면적	323.48
용적율	58.49%
용도	단독주택
규모	지하1층 ,지상 2층
외부마감	드라이비트 뿜칠+화강석 붙이기
내부마감	바닥:온돌마루판,대리석 벽천정:석고보드위 백색락카
주차계획	3대

	층별	용도	면적(m2)	평
층별면적	지하층	홈바 창고	99.0	29.95
	1층	주택	181.72	54.97
	2층	주택	141.76	42.88
			422.48	127.80
소계				

배치 및 면적표

축 척 : 1 / 200

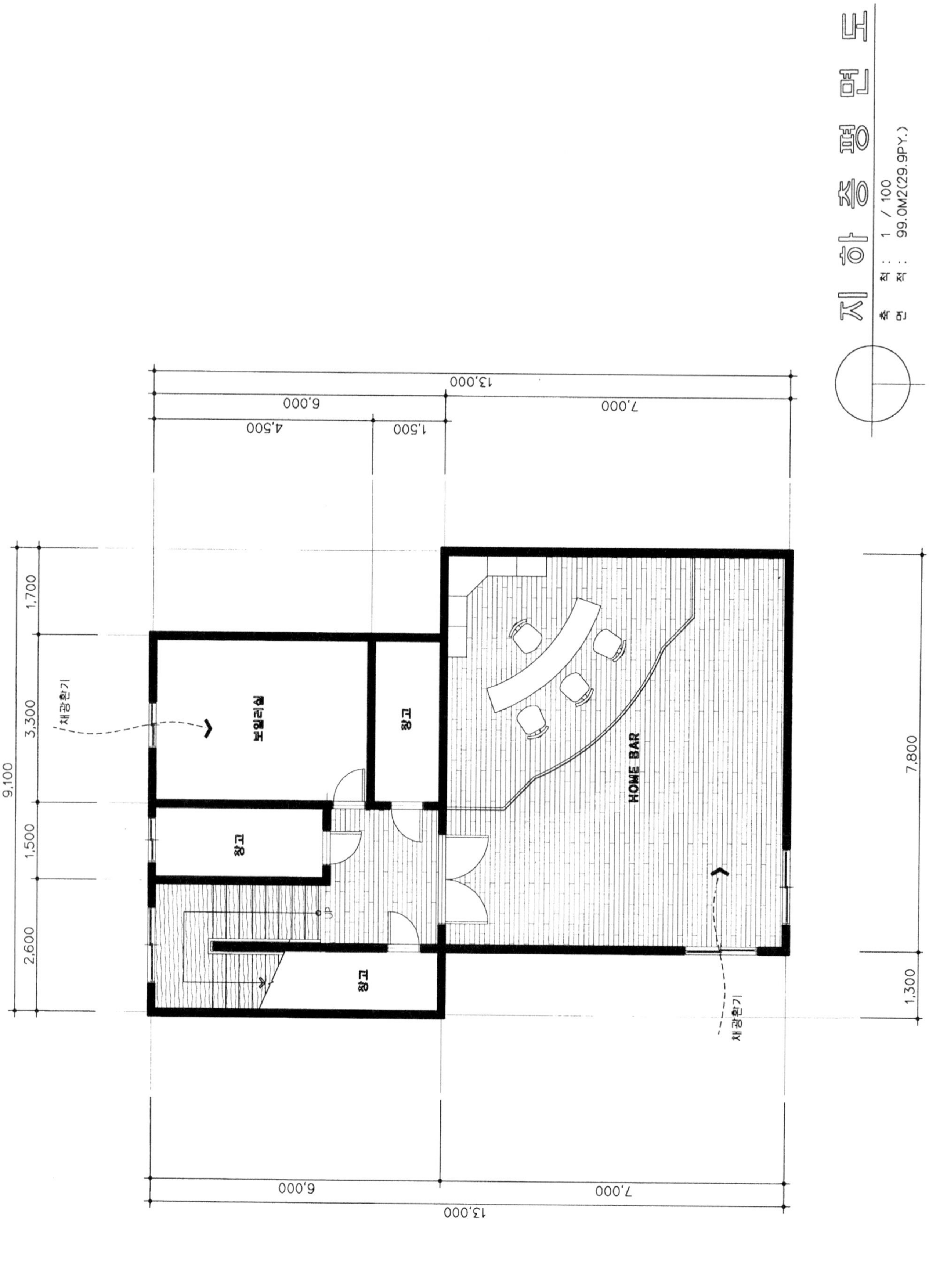
지하층평면도
축 척 : 1 / 100
면 적 : 99.0M2(29.9PY.)
HOME BAR
보일러실
창고
창고
창고
채광환기
채광환기
UP
13,000
6,000
7,000
4,500
1,500
9,100
1,700
3,300
1,500
2,600
7,800
1,300

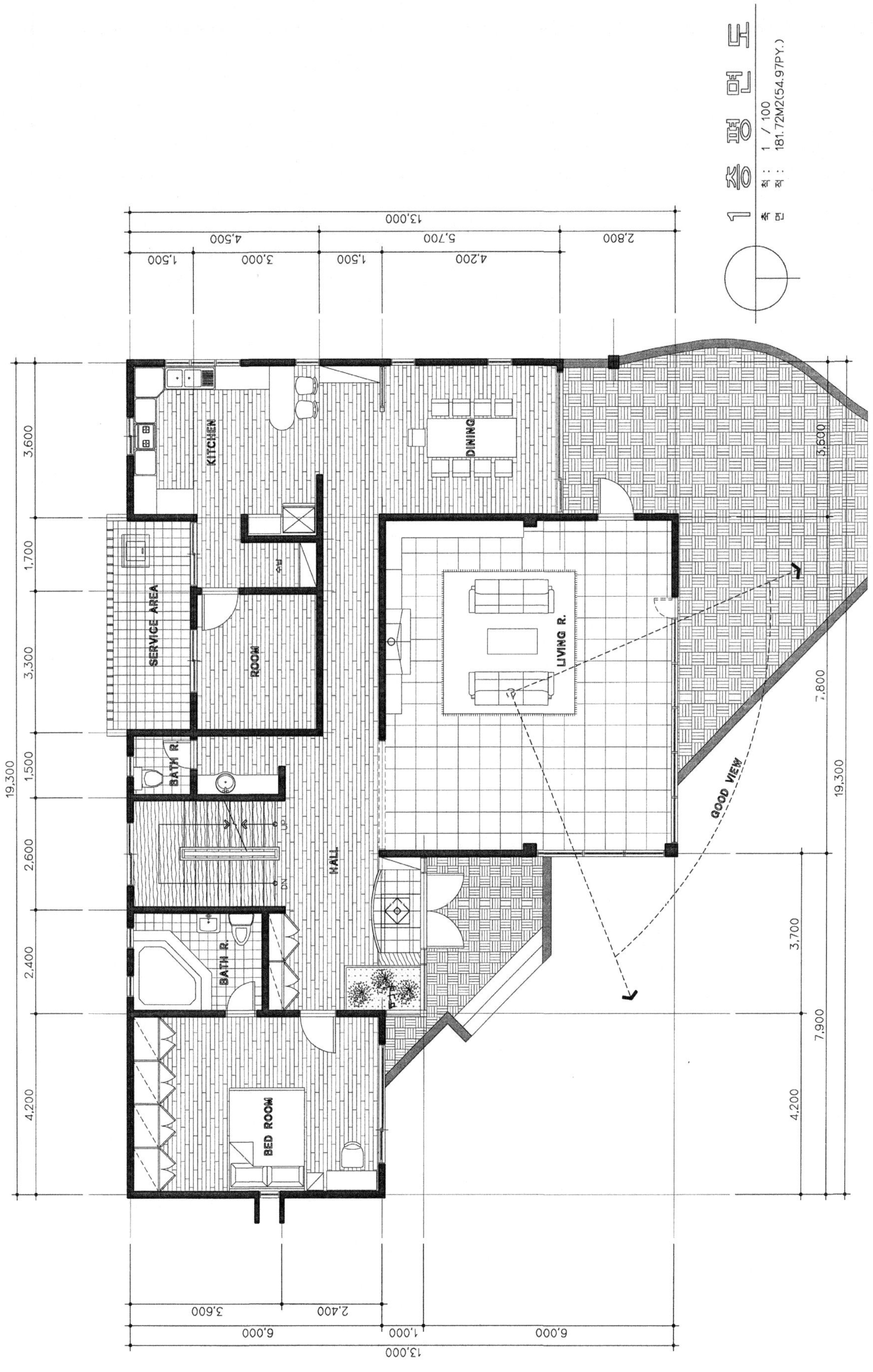
1층 평면도
축척 : 1 / 100
면적 : 181.72M2(54.97PY.)
KITCHEN
DINING
SERVICE AREA
ROOM
LIVING R.
BATH R.
HALL
BED ROOM
GOOD VIEW
UP
DN
13,000
4,500
5,700
2,800
1,500
3,000
4,200
3,600
1,700
3,300
2,600
2,400
19,300
7,800
3,700
7,900
2,400
6,000
1,000

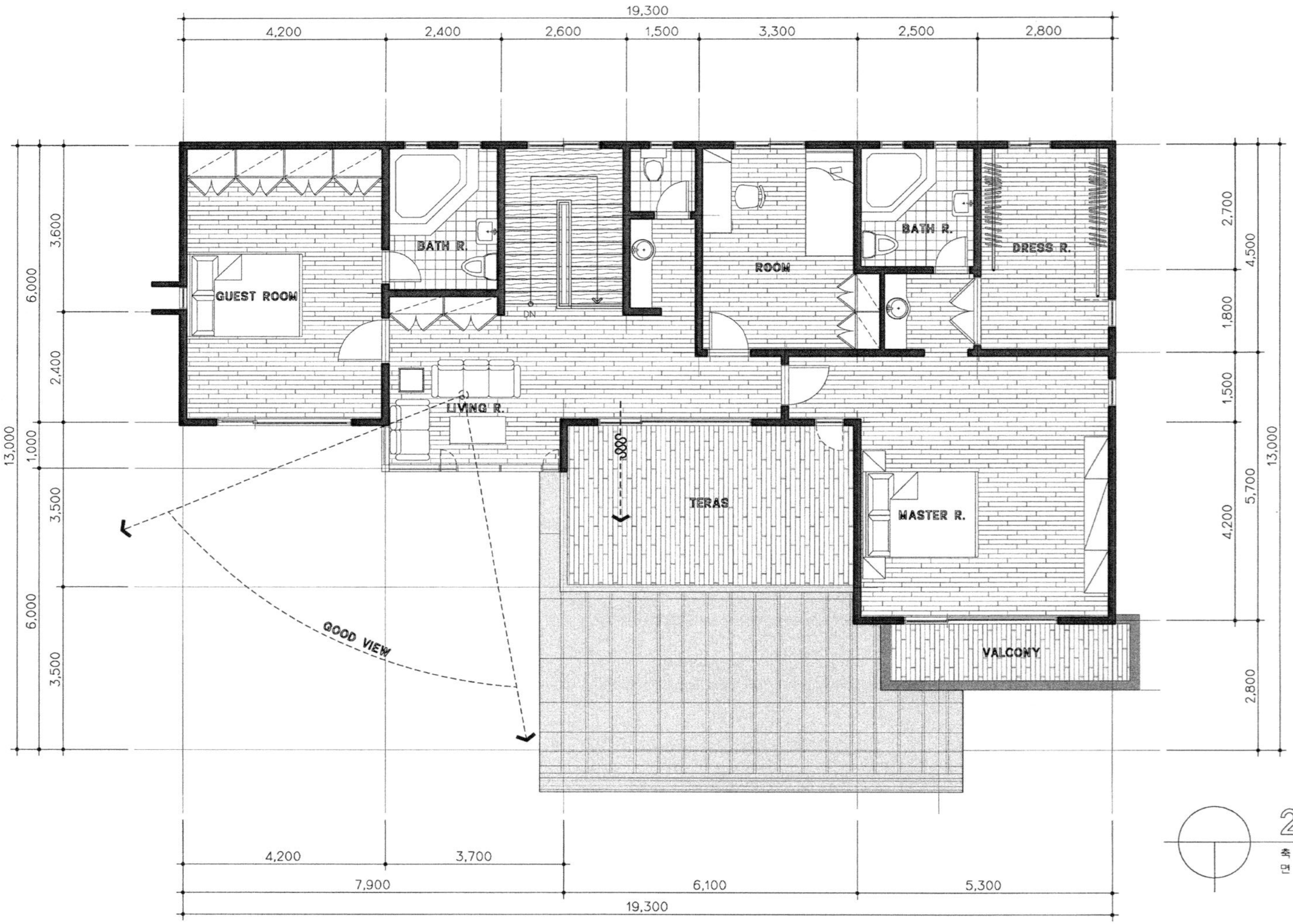
19,300
4,200
2,400
2,600
1,500
3,300
2,500
2,800
GUEST ROOM
BATH R.
DN
ROOM
BATH R.
DRESS R.
LIVING R.
TERAS
MASTER R.
VALCONY
GOOD VIEW
13,000
6,000
3,600
2,400
1,000
3,500
6,000
3,500
2,700
4,500
1,800
1,500
5,700
4,200
13,000
2,800
4,200
3,700
7,900
6,100
5,300
19,300

2 층 평 면 도

축 척 : 1 / 100
면 적 : 181.72M2(54.97PY.)

지 붕 평 면 도
축 척 : 1 / 100

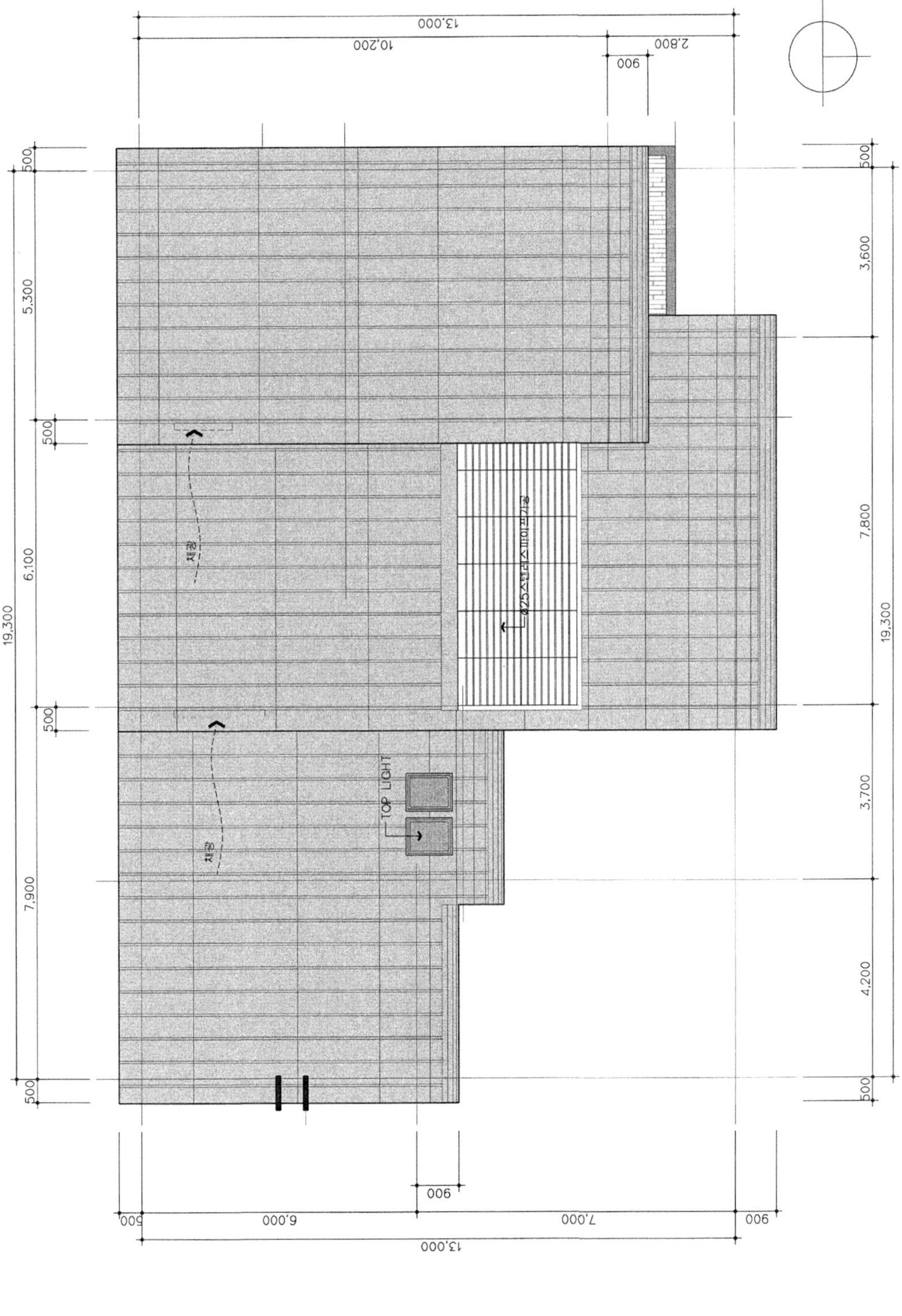

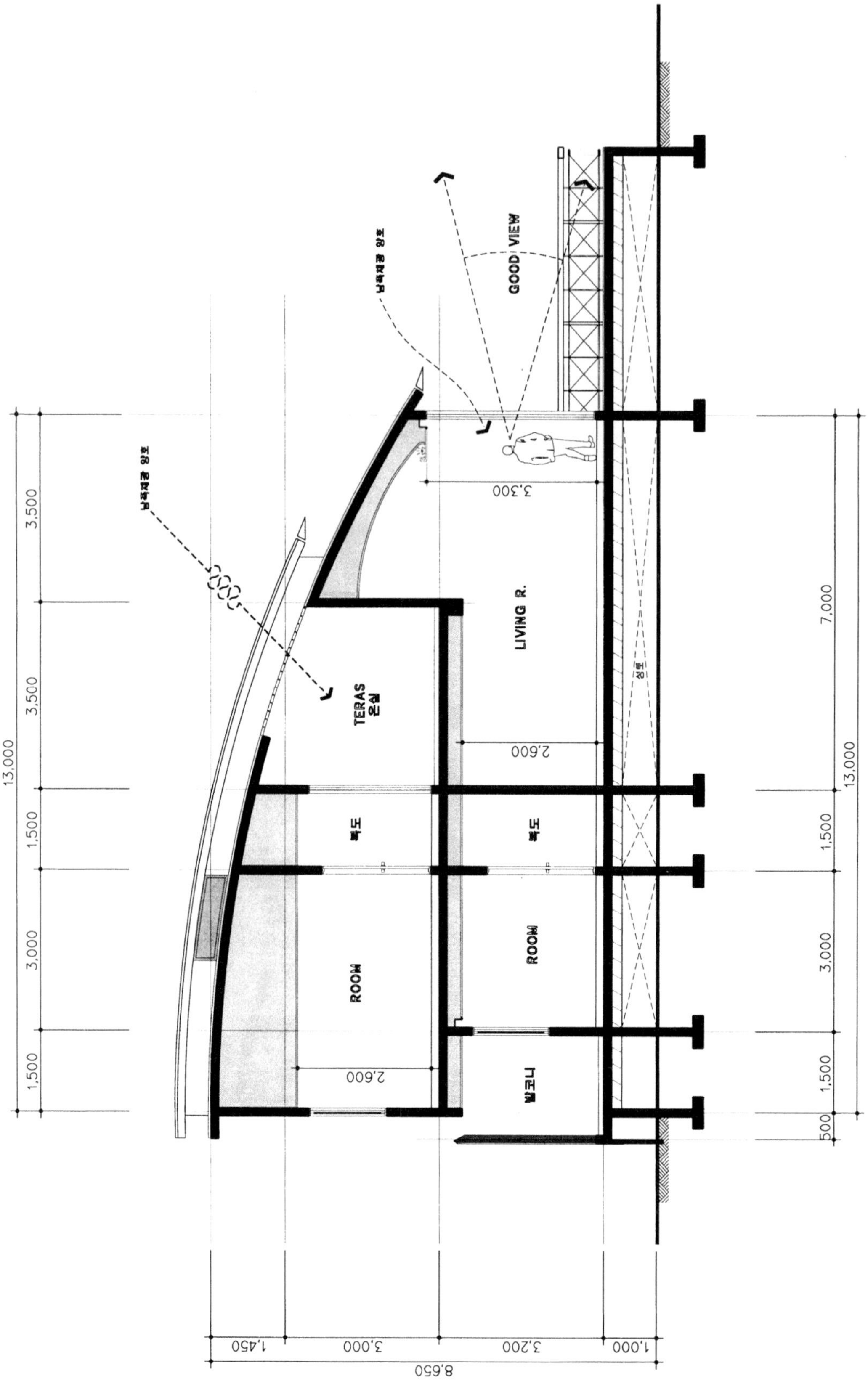

단면개념도
축척 : 1 / 100

4. 단독주택 ④ (농촌지역)

■ 설계개요

대지 위치	경기도 00군 00면 00리 0번지
대지 면적	588.91 M²(1178.15 평)
지역,지구	준농림지역
용 도	단독주택
규 모	지상 1층
구 조	철근 콘크리트조
건축 면적	104.81 M²(31.70 평)
연 면 적	104.81 M²(31.70 평)
건 폐 율	17.79 %
용 적 율	17.79 %
주차 대수	1 대

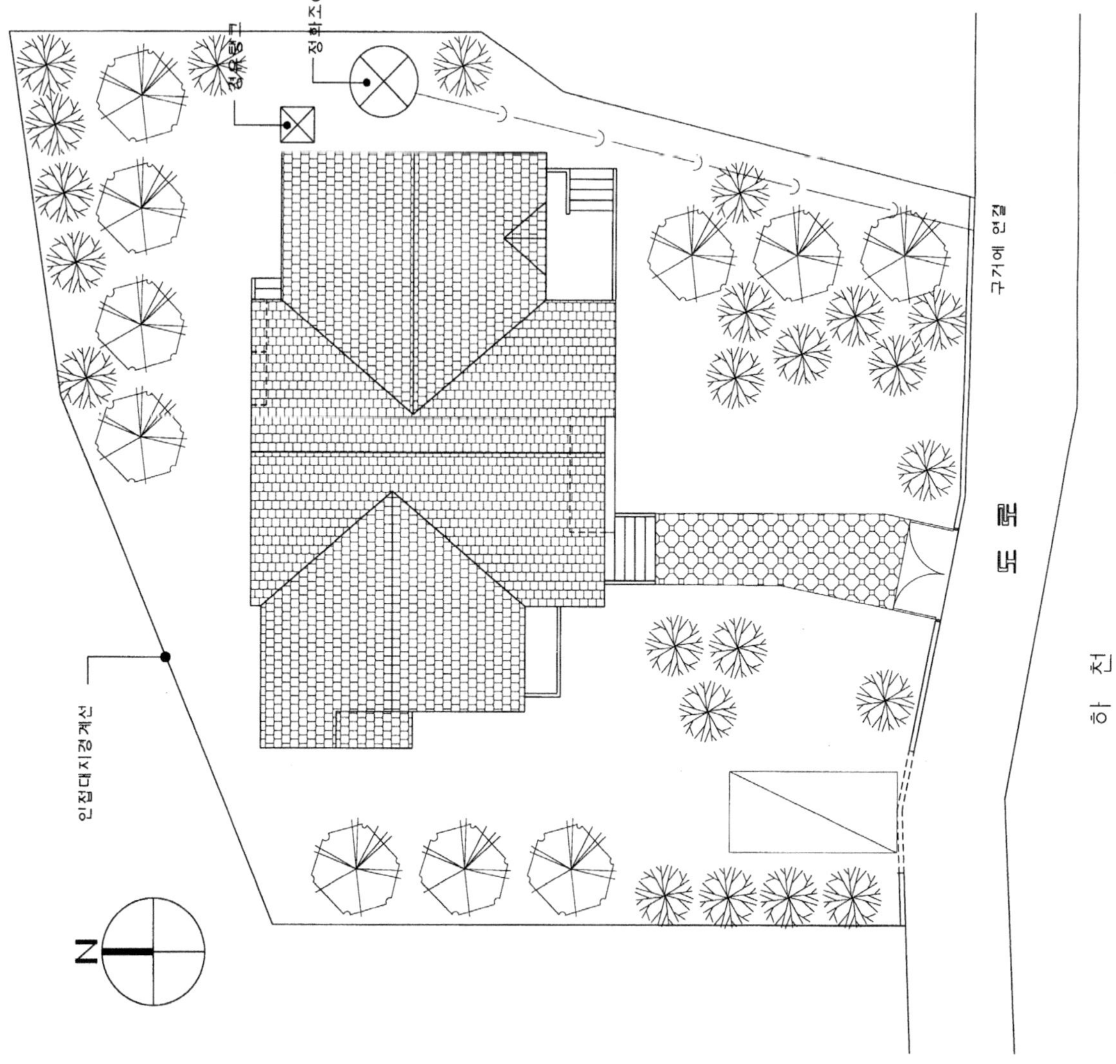

1 배 치 도
축 척 : 1/200

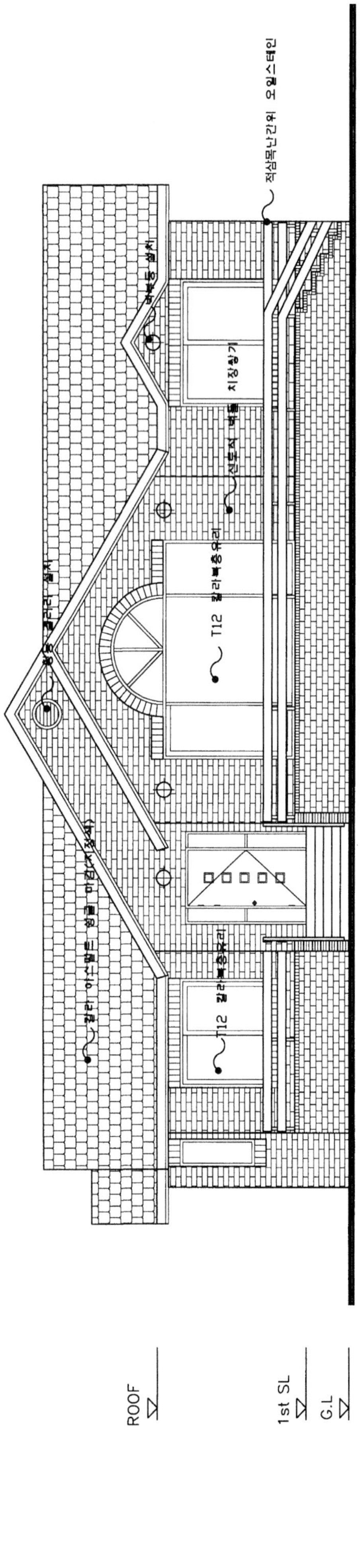

1 정면도
축척 : 1/100

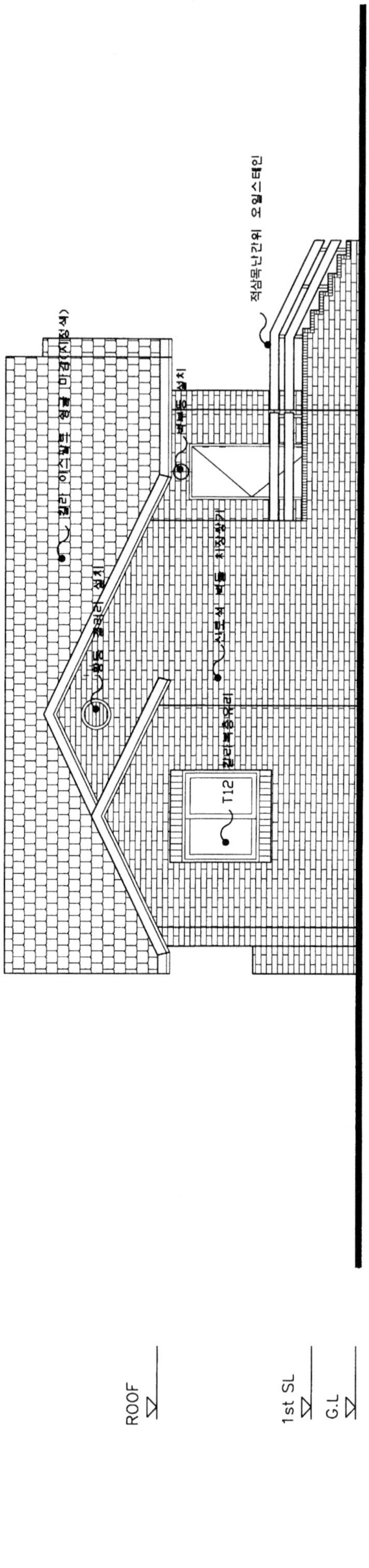

좌측면도
축척 : 1/100

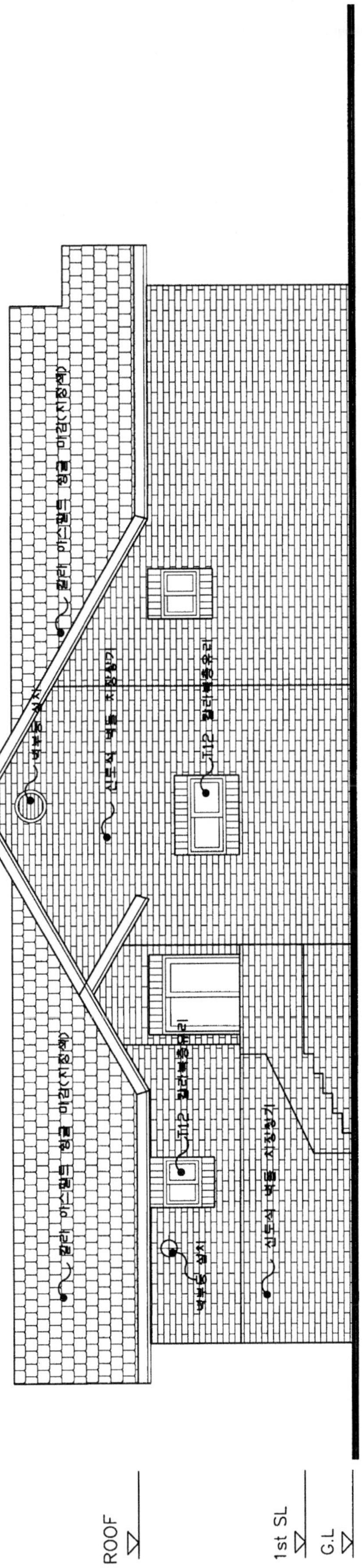

1 배 면 도
축 척 : 1/100

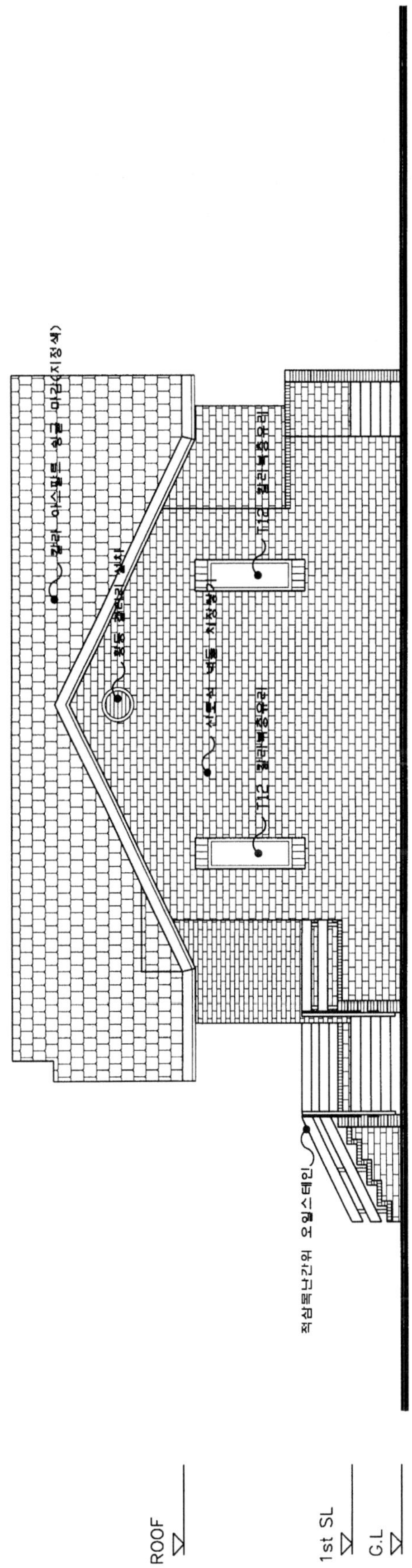

우 측 면 도
축 척 : 1/100

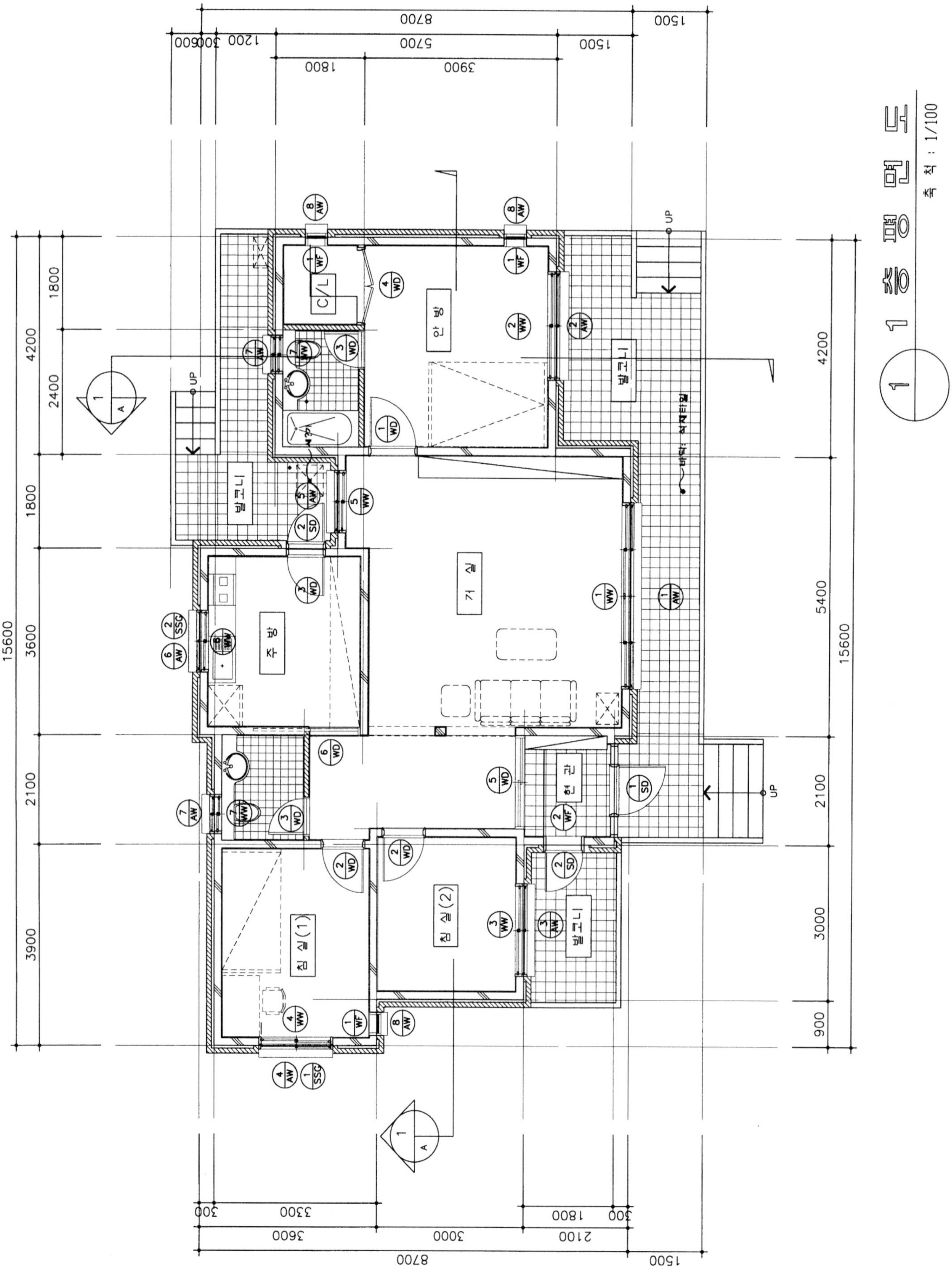
1층 평면도
축척 : 1/100
안방
C/L
거실
주방
침실(1)
침실(2)
현관
발코니
UP

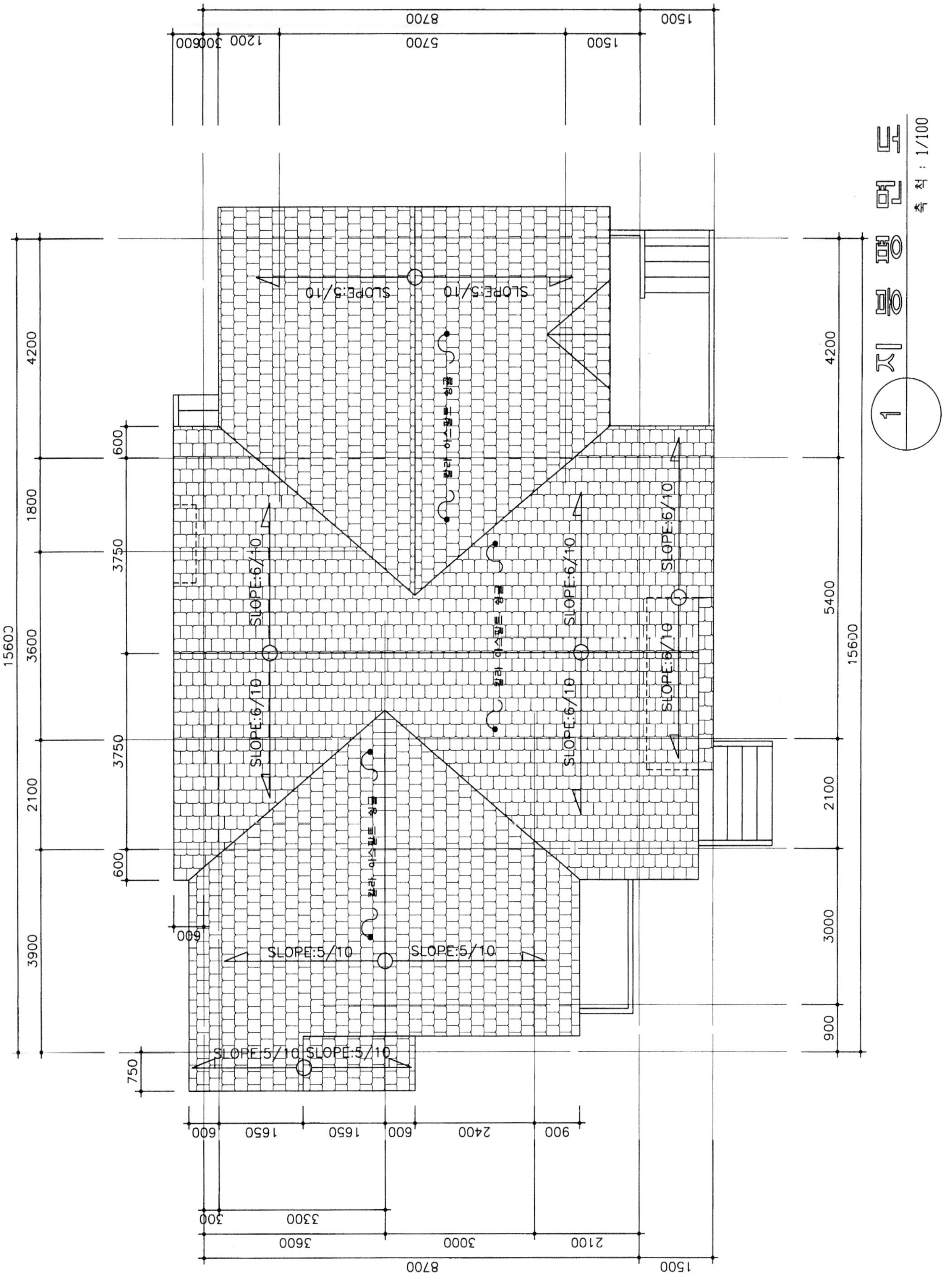
1 지붕평면도
축척 : 1/100
SLOPE:5/10
SLOPE:6/10
칼라 아스팔트 싱글
8700
1500
5700
1200
15600
4200
1800
3600
2100
3900
5400
3000
900
3750
600
750
1650
2400
3300
300

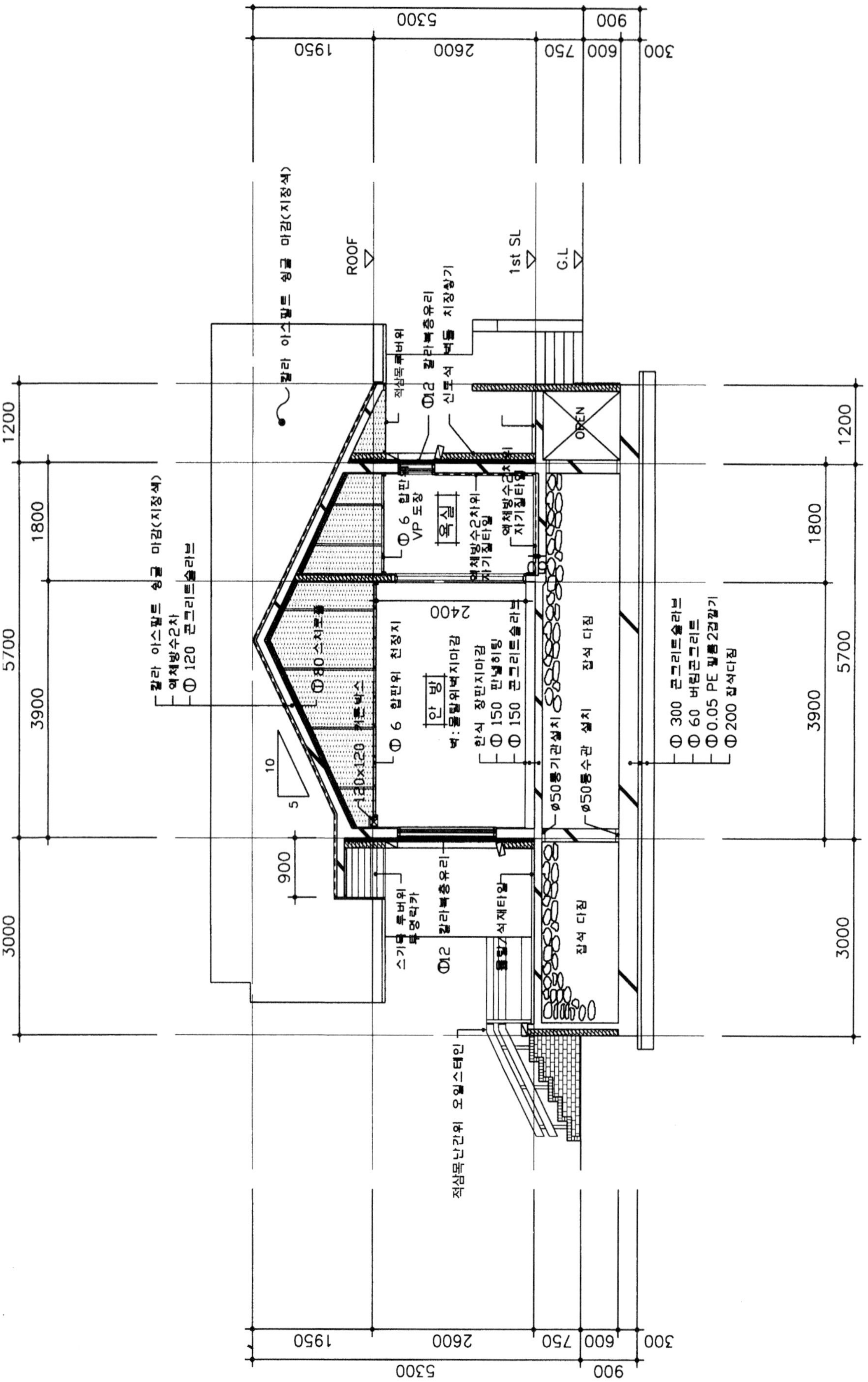

1 종단면도

축척 : 1/100

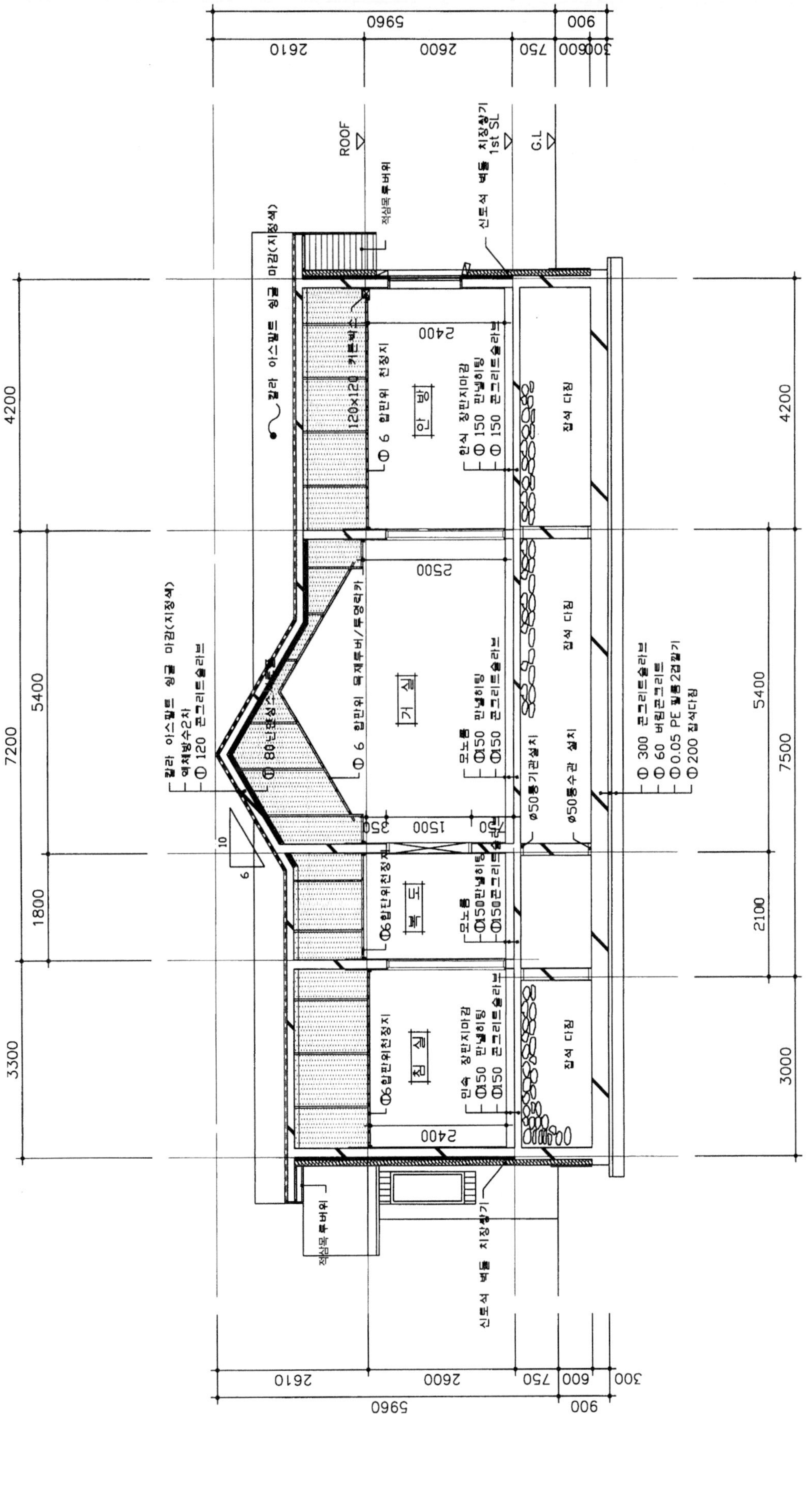

1 횡단면도

축척 : 1/100

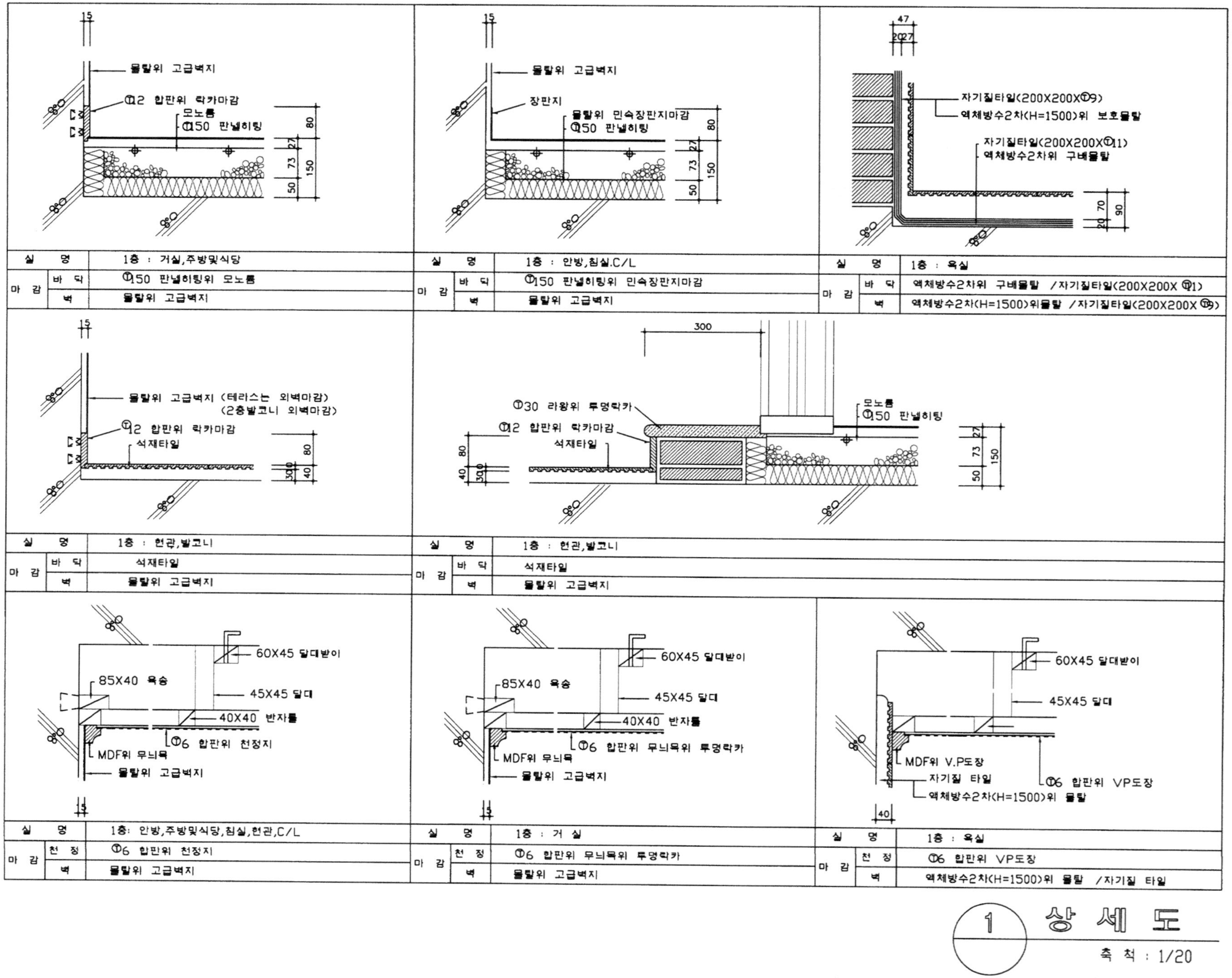
물탈위 고급벽지
⑪12 합판위 락카마감
모노륨
⑪150 판넬히팅
실 명 1층 : 거실,주방및식당
마감 바닥 ⑪150 판넬히팅위 모노륨
벽 물탈위 고급벽지
물탈위 고급벽지
장판지
물탈위 민속장판지마감
⑪150 판넬히팅
실 명 1층 : 안방,침실,C/L
마감 바닥 ⑪150 판넬히팅위 민속장판지마감
벽 물탈위 고급벽지
자기질타일(200X200X⑪9)
액체방수2차(H=1500)위 보호몰탈
자기질타일(200X200X⑪11)
액체방수2차위 구배몰탈
실 명 1층 : 욕실
마감 바닥 액체방수2차위 구배몰탈 /자기질타일(200X200X ⑪11)
벽 액체방수2차(H=1500)위몰탈 /자기질타일(200X200X ⑪9)
물탈위 고급벽지 (테라스는 외벽마감)
(2층발코니 외벽마감)
⑪12 합판위 락카마감
석재타일
실 명 1층 : 현관,발코니
마감 바닥 석재타일
벽 물탈위 고급벽지
⑪30 라왕위 투명락카
⑪12 합판위 락카마감
석재타일
모노륨
⑪150 판넬히팅
실 명 1층 : 현관,발코니
마감 바닥 석재타일
벽 물탈위 고급벽지
60X45 달대받이
85X40 욕송
45X45 달대
40X40 반자틀
⑪6 합판위 천정지
MDF위 무늬목
물탈위 고급벽지
실 명 1층: 안방,주방및식당,침실,현관,C/L
마감 천정 ⑪6 합판위 천정지
벽 물탈위 고급벽지
60X45 달대받이
85X40 욕송
45X45 달대
40X40 반자틀
⑪6 합판위 무늬목위 투명락카
MDF위 무늬목
물탈위 고급벽지
실 명 1층 : 거 실
마감 천정 ⑪6 합판위 무늬목위 투명락카
벽 물탈위 고급벽지
60X45 달대받이
45X45 달대
MDF위 V.P도장
자기질 타일
⑪6 합판위 VP도장
액체방수2차(H=1500)위 몰탈
실 명 1층 : 욕실
마감 천정 ⑪6 합판위 VP도장
벽 액체방수2차(H=1500)위 몰탈 /자기질 타일
1 상 세 도
축 척 : 1/20

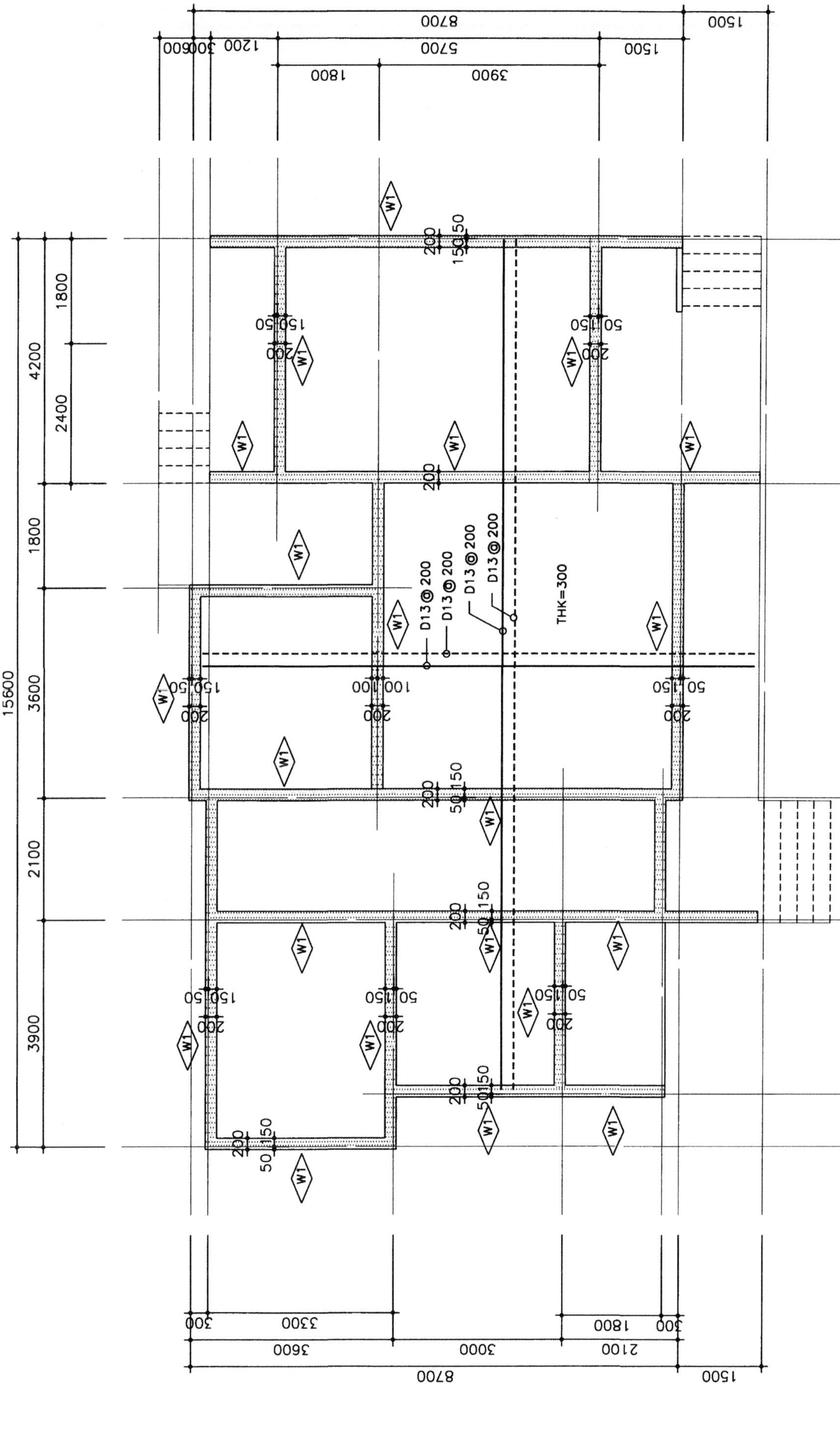

① 기초 구조 평면도

축척 : 1/100

주기 : 기초바닥 스라브두께는 THK=300

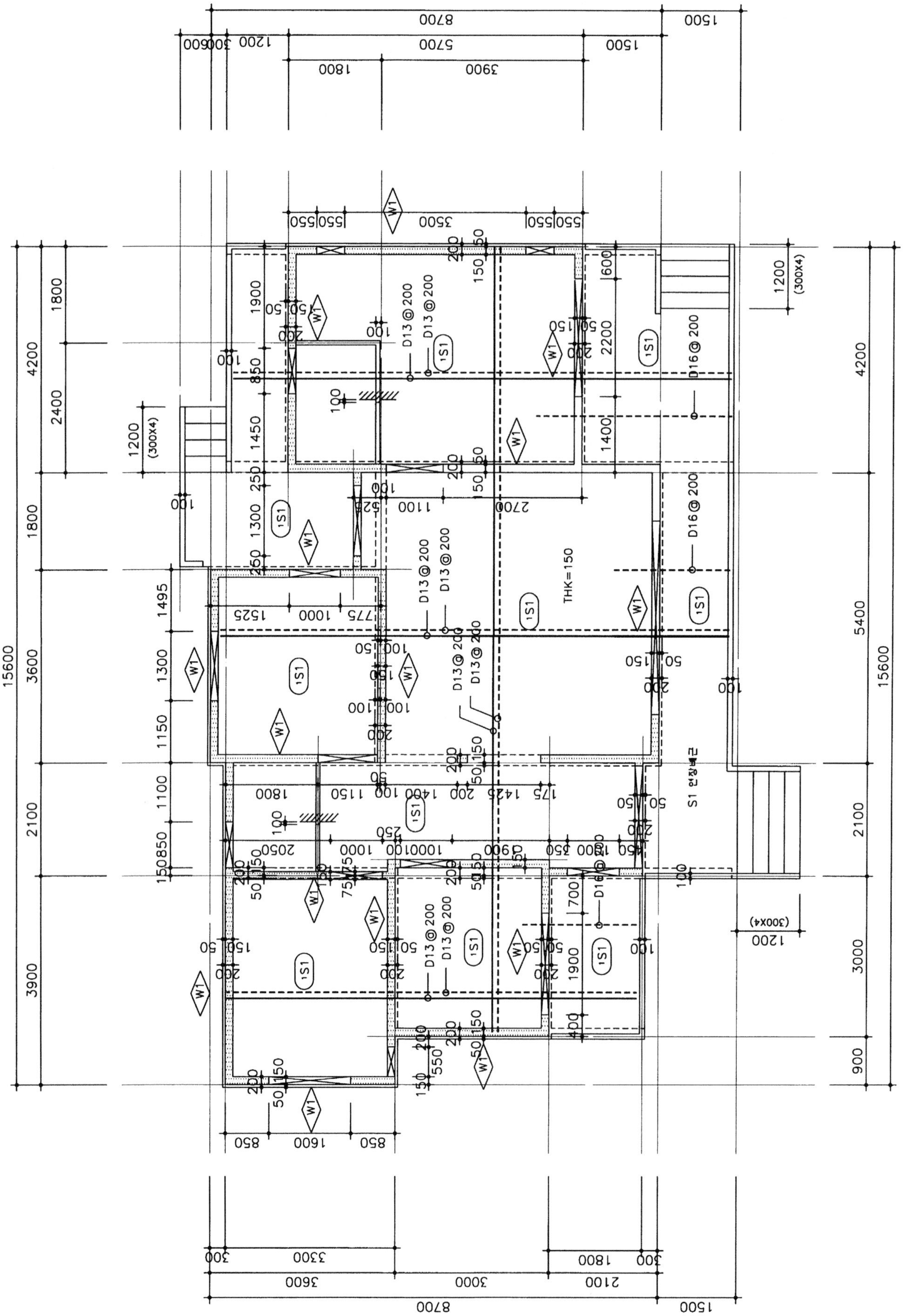

1층 구조 바닥평면도

축척 : 1/100

주기 : 1층바닥 스라브두께는 THK=150

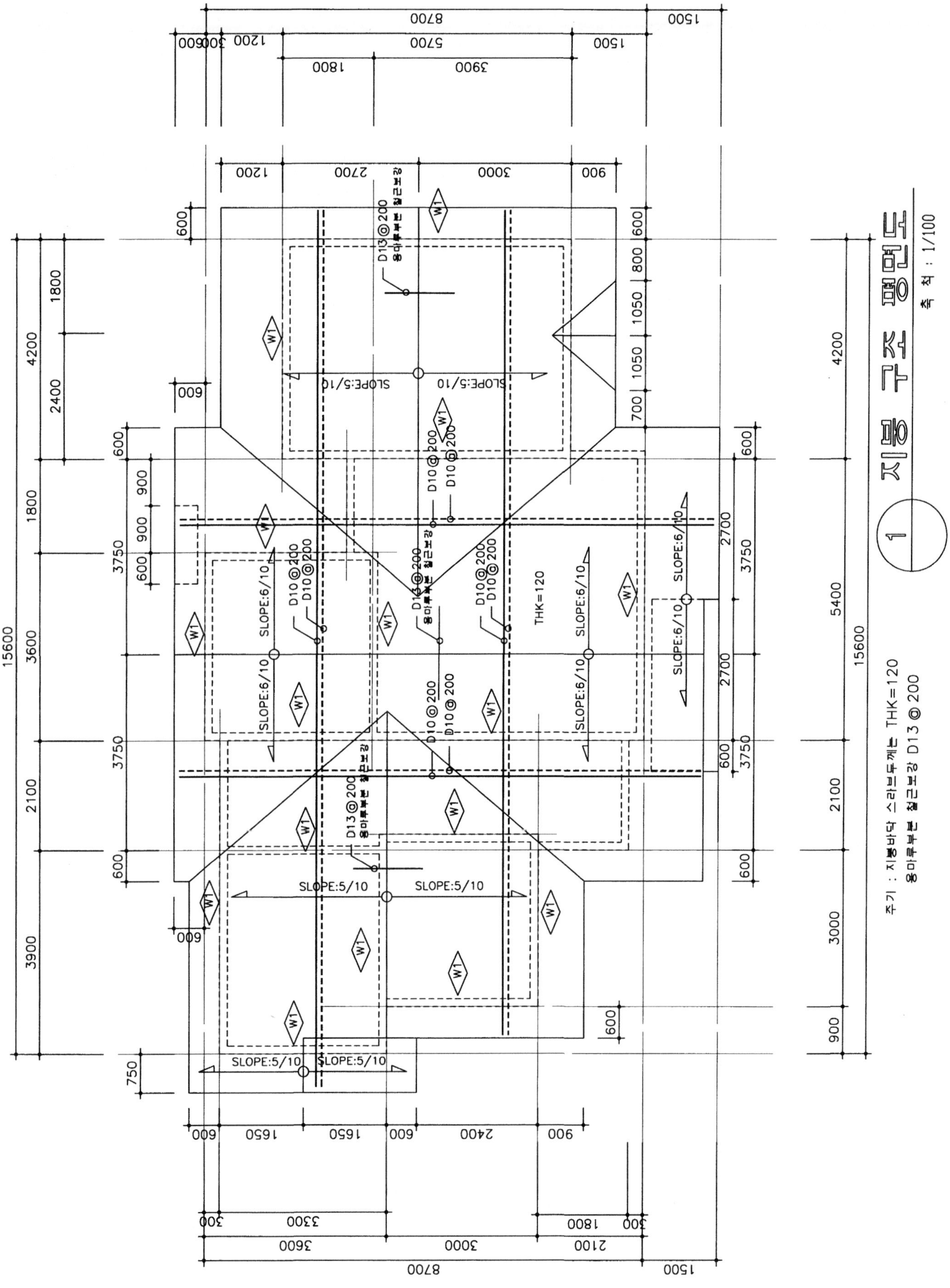
1 지붕 구조 평면도
축척 : 1/100
주기 : 지붕바닥 스라브두께는 THK=120
용마루부분 철근보강 D13 @ 200

5. 다가구주택 (2세대)

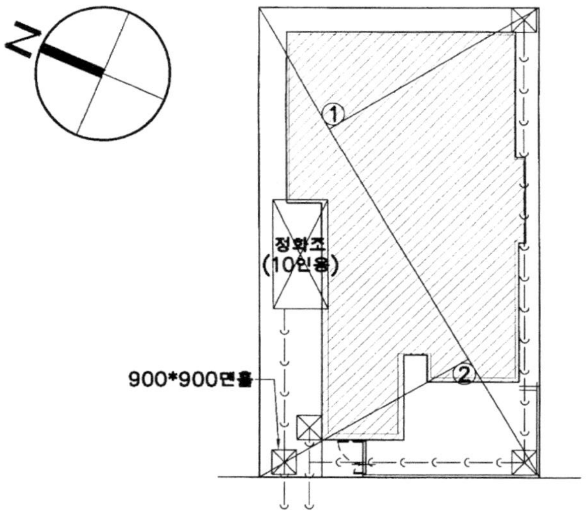

6M 도로

우,오수맨홀계획도

축 척 : 1 / 200

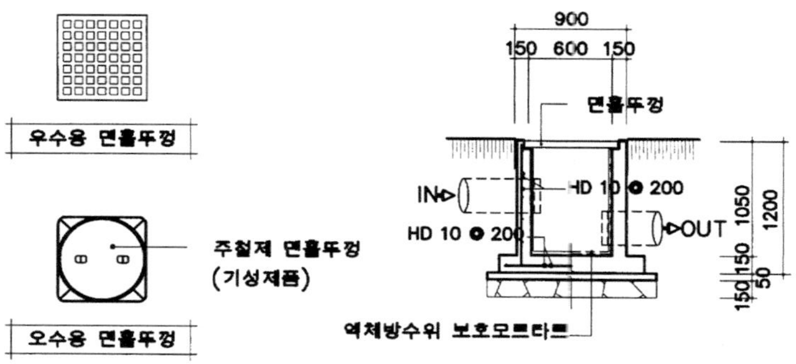

우,오수맨홀상세도

축 척 : 1 / 50

☑ 설계개요

대 지 위 치	서울 강서구 화곡동 397-44		
대 지 면 적	174.80M² (52.88PY)		
지 역 지 구	일반주거지역,도시지역,수평고도지구,공항지구		
전 면 도 로	6M도로		
용 도	다가구주택(2가구)		
규 모	지상2층		
층 별 면 적	면 적	용 도	비 고
1 층	98.19M² (29.70py)	다가구주택(1가구)	
2 층	94.89M² (28.70py)	다가구주택(1가구)	
합 계	193.08M² (58.41py)	(2가구)	
건 축 면 적	100.29M² (30.34py)		
건 폐 율	100.29/174.80*100=57.37%		
용 적 율	193.08/174.46*100=110.46%		
주 차	다가구주택: (193.08−133)=60.08/90=1.67대 가구당0.6대: 2가구*0.6=1.2대 계획: 2대		
도 로 점 용	1.0*10.10=10.10M²		
가설 건축물	3.0*3.0=9.0M²		

☑ 대지구적표

	산 출 근 거	비 고
①	20.032*8.722*0.5=87.36	등기상대지면적 174.80M² (52.88PY)
②	20.032*8.722*0.5=87.36	
주 차	174.72M²(52.85PY)	

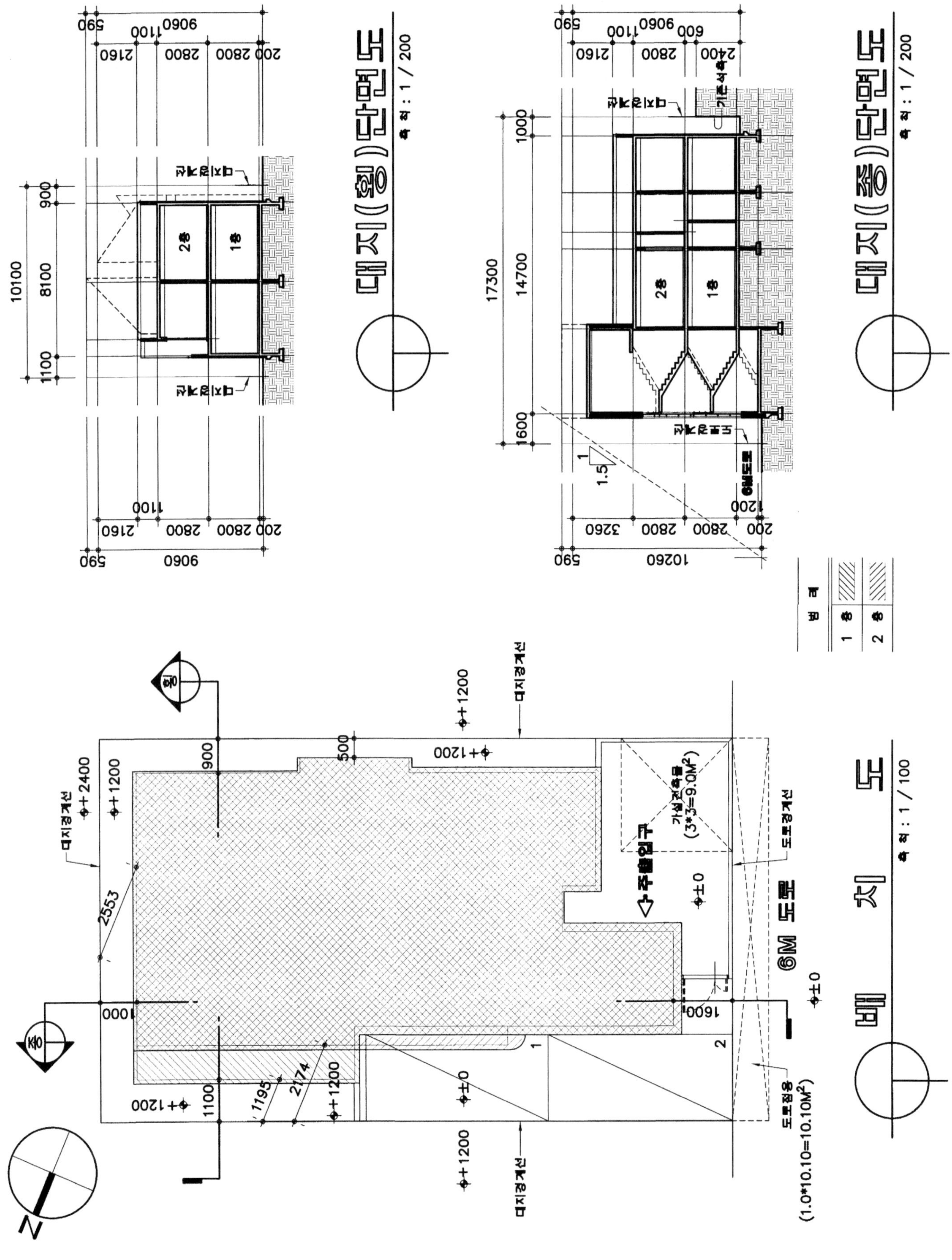
대지(횡)단면도
축척 : 1 / 200
대지(종)단면도
축척 : 1 / 200
기존석축
6M도로
범례
1층
2층
배 치 도
축척 : 1 / 100
6M 도로
주출입구
가설건축물
(3*3=9.0M²)
대지경계선
도로경계선
도로점용
(1.0*10.10=10.10M²)
N

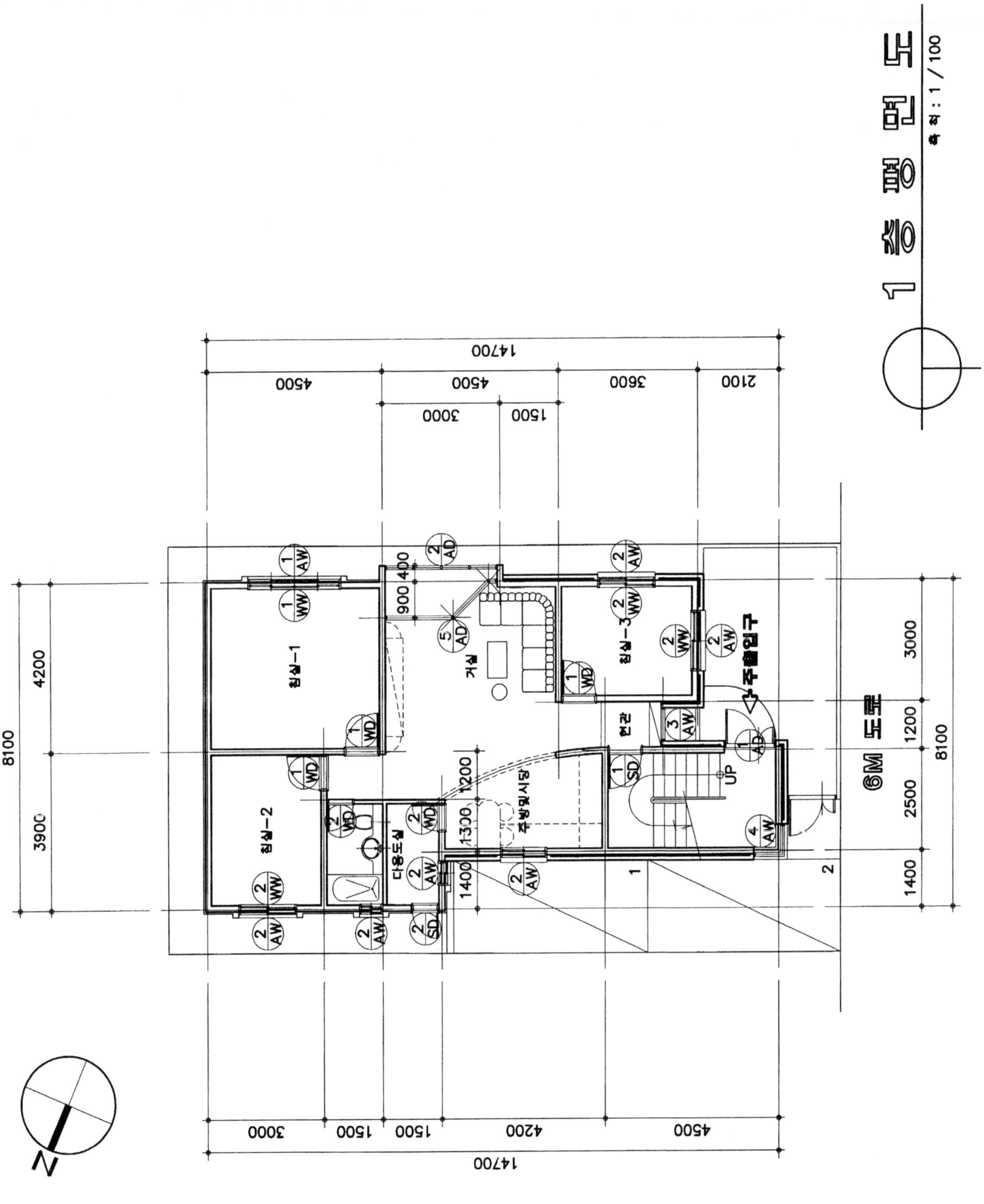
1층 평면도
축척 : 1 / 100
침실-1
침실-2
침실-3
거실
주방및식당
다용도실
현관
주출입구
6M 도로
UP
14700
4500
3600
2100
3000
1500
4200
8100
3900
1200
2500
1400

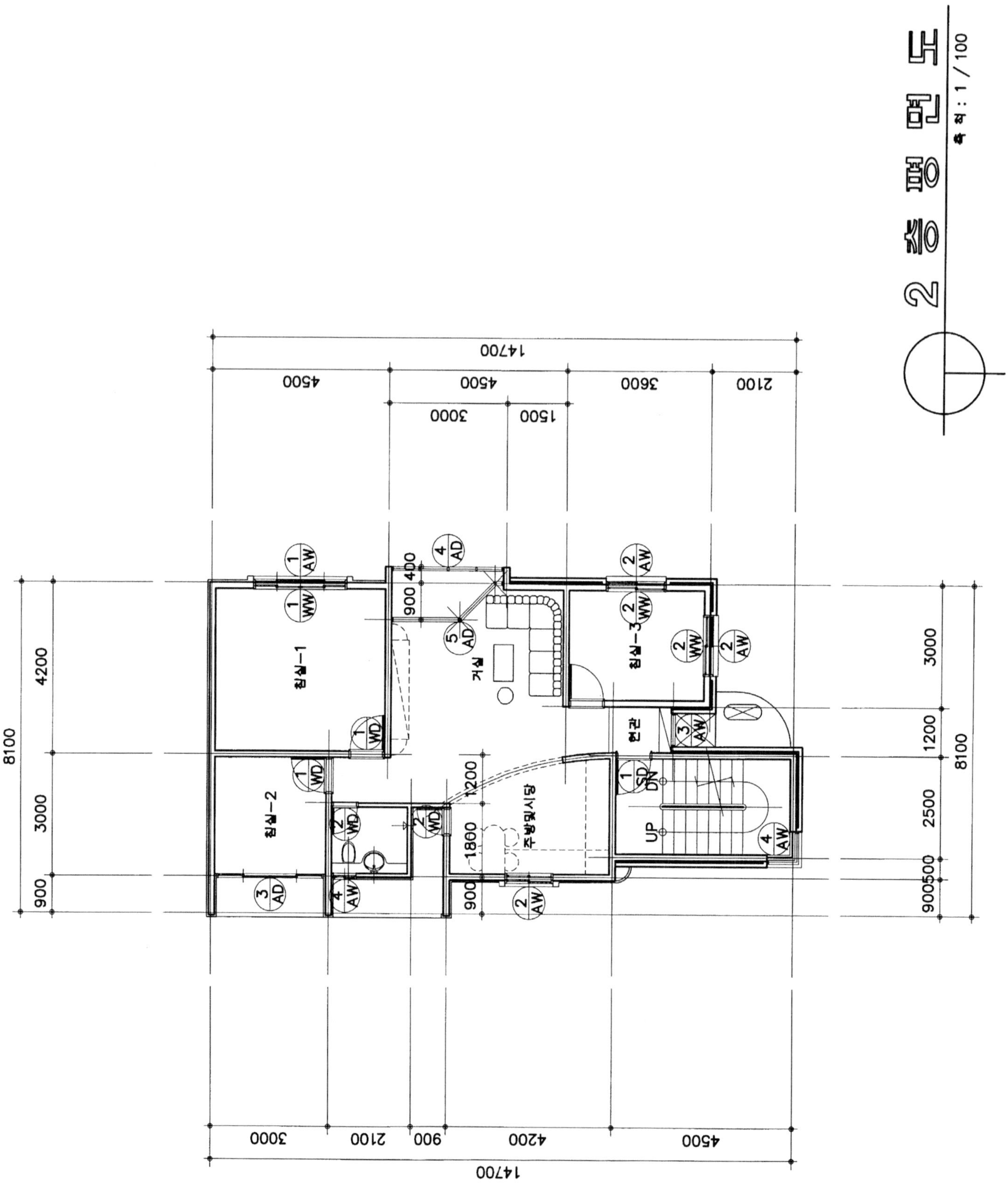
2층평면도
축척 : 1 / 100
침실-1
침실-2
침실-3
거실
주방및식당
현관
UP
DN
14700
4500
4500
3600
2100
3000
1500
3000
2100
900
4200
4500
14700
8100
4200
3000
900
3000
1200
2500
900500
8100

지붕평면도

축척 : 1 / 100

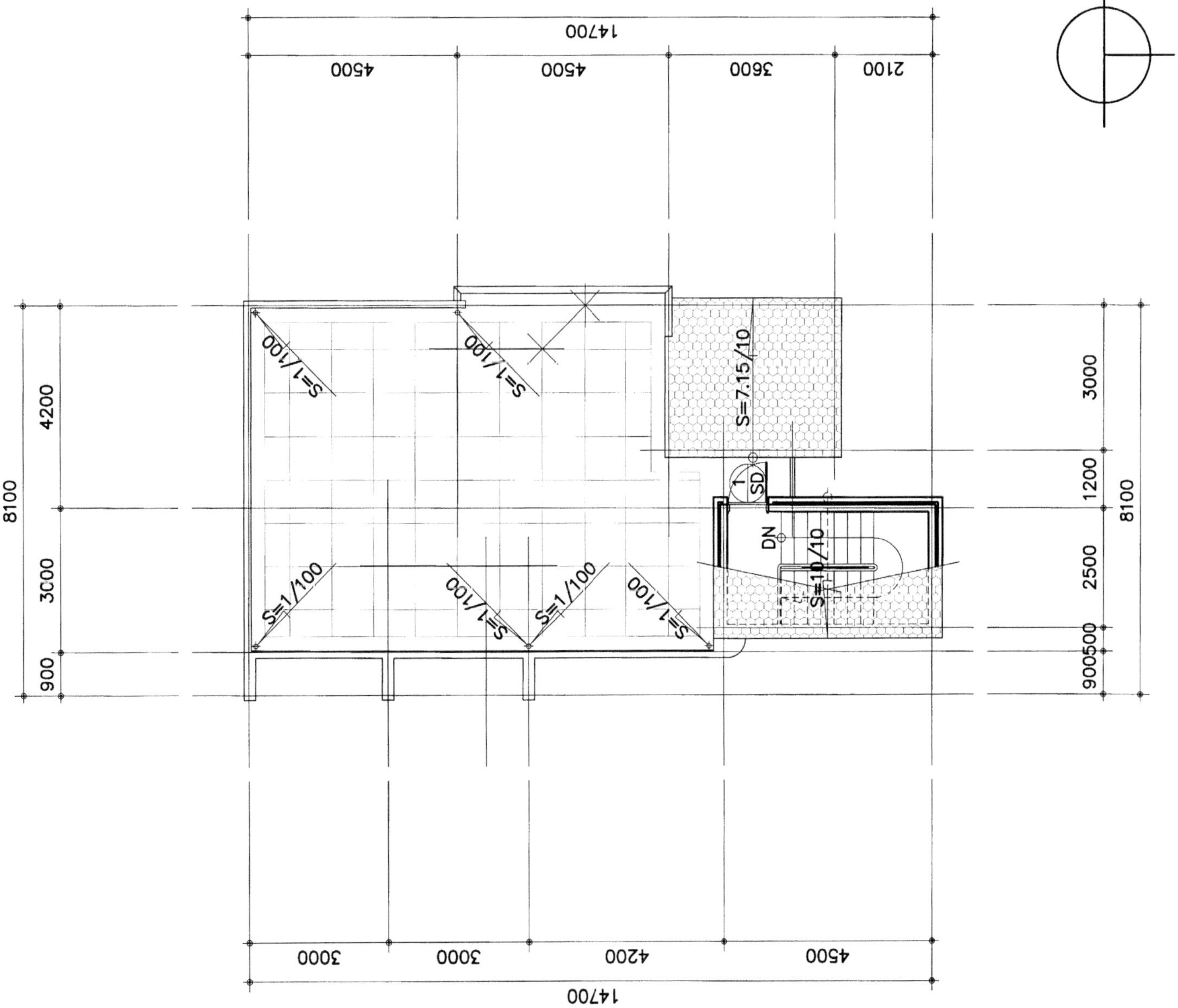

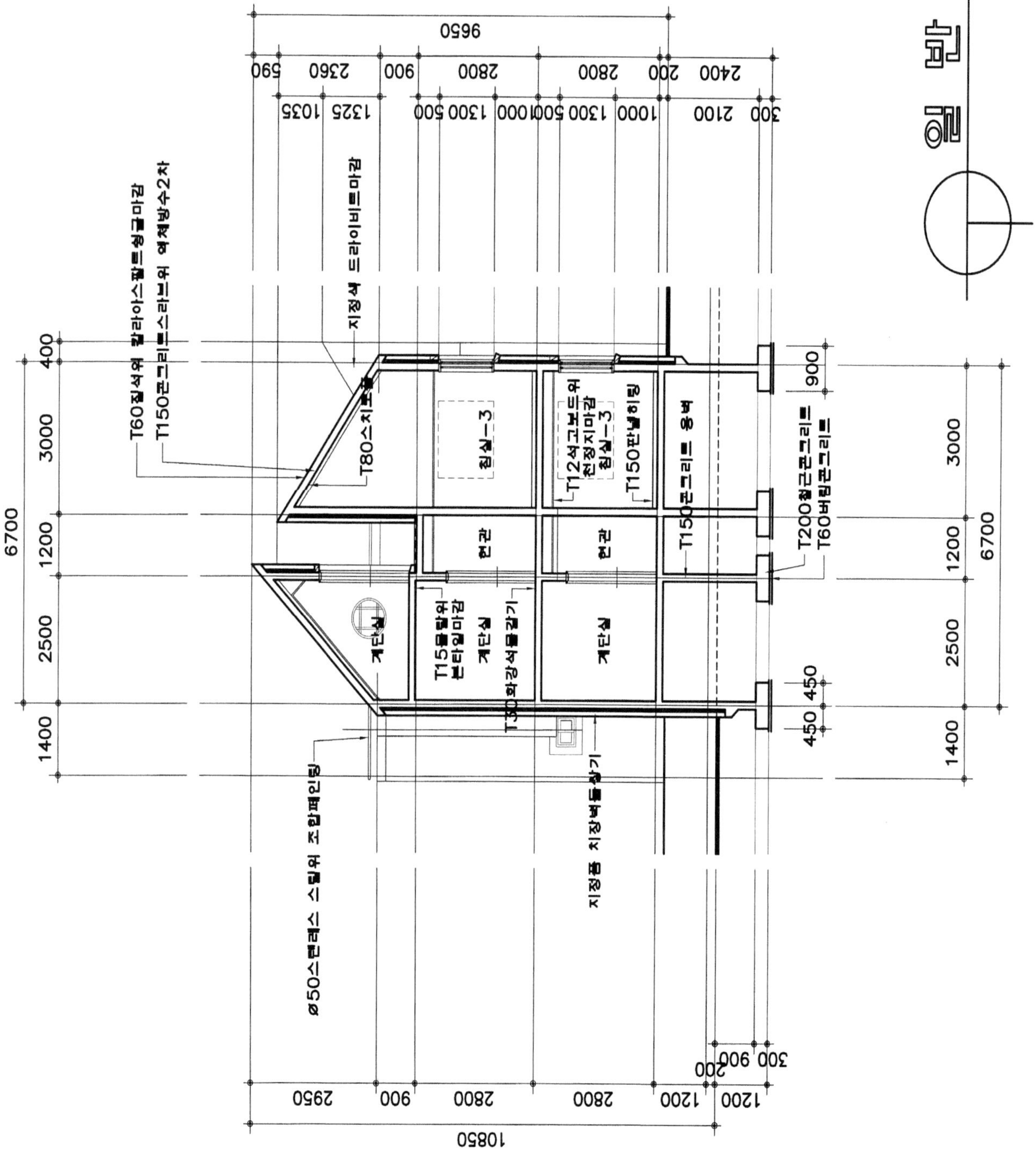

일반단면도
축척 : 1 / 100

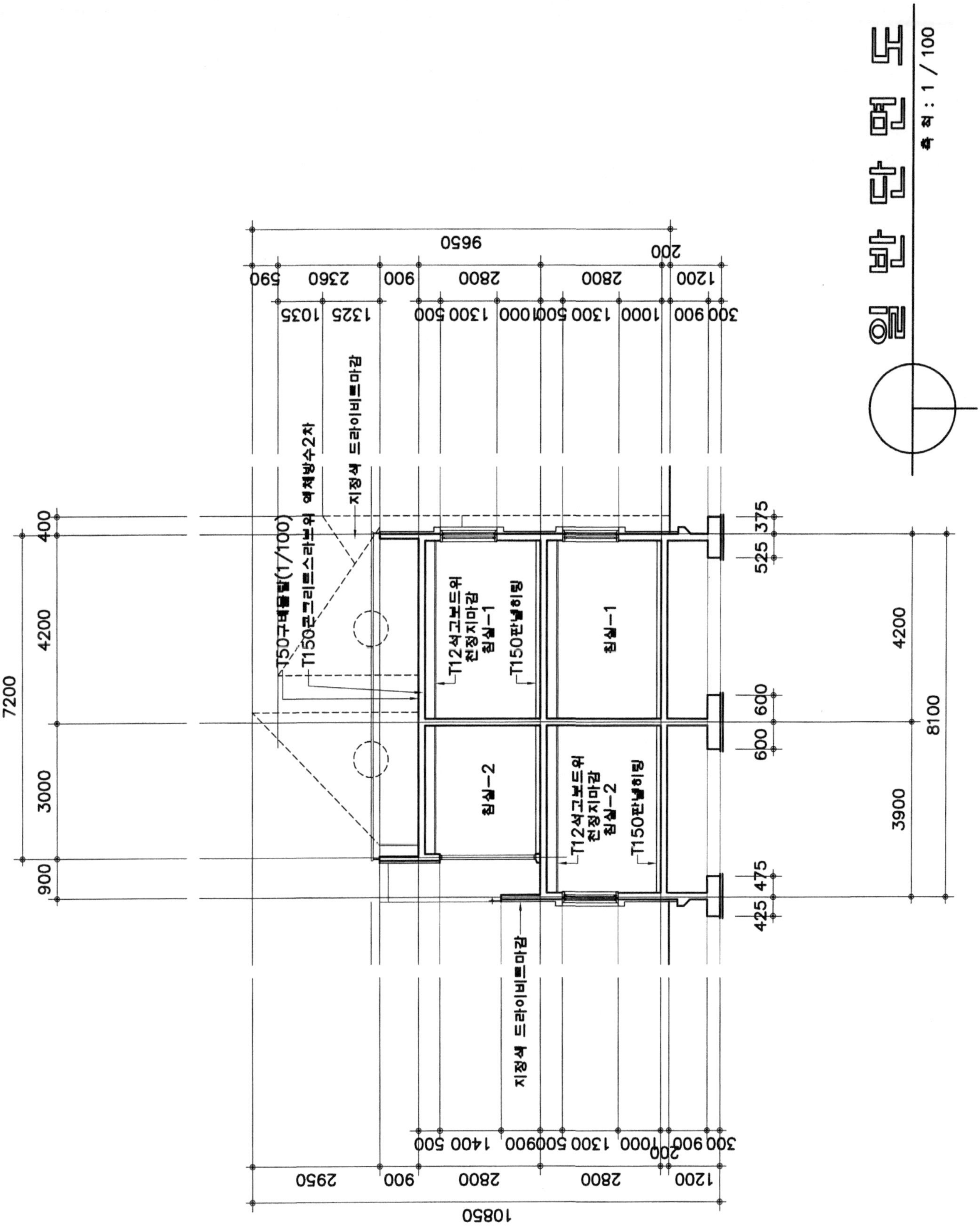
일반단면도
축척 : 1 / 100
침실-1
침실-2
T12석고보드위 천정지마감
T150판넬히팅
T150구배몰탈(1/100)
T150콘크리트스라브위 액체방수2차
지정색 드라이비트마감
9650
10850
7200
8100

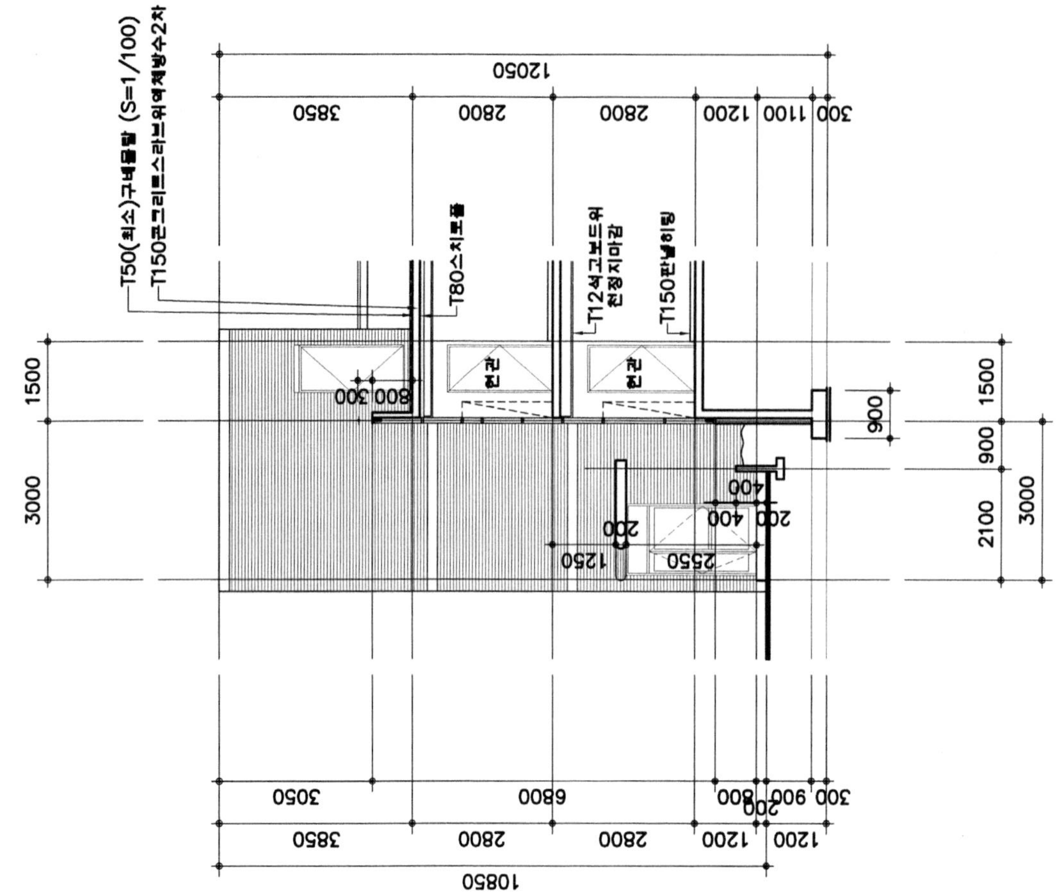

부분단면도
축척 : 1 / 100

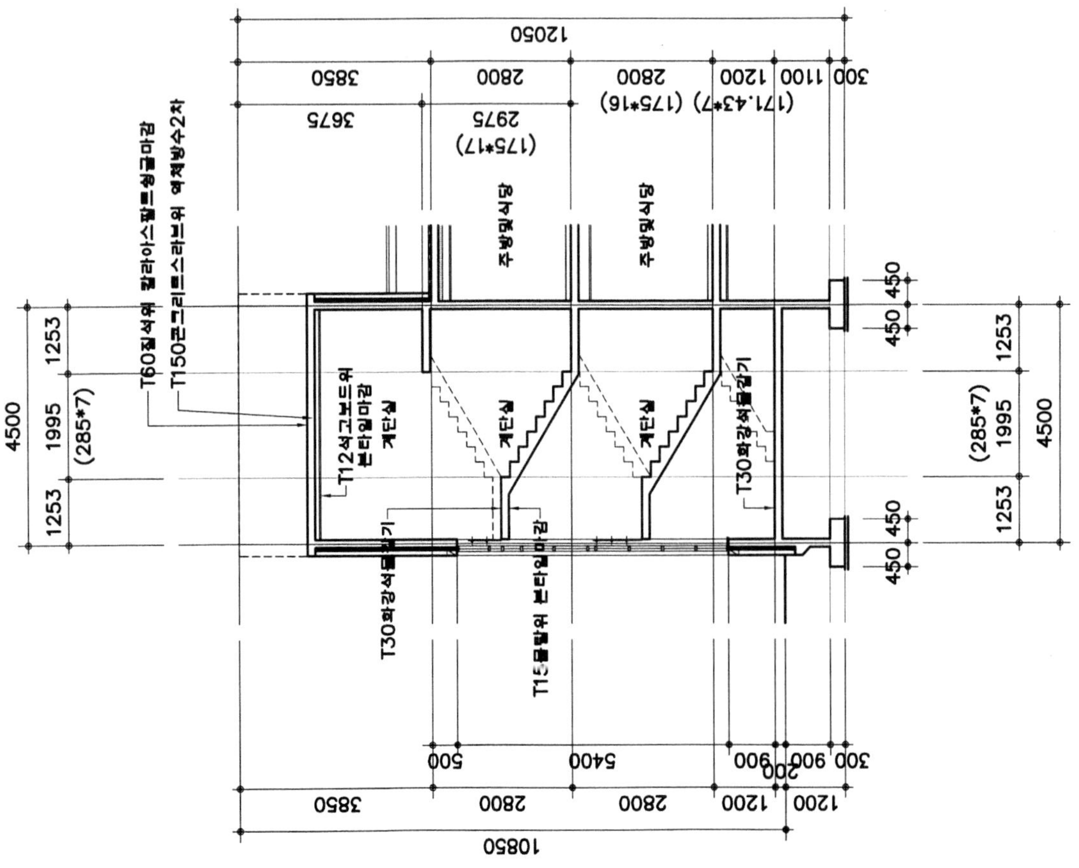

계단단면도
축척 : 1 / 100

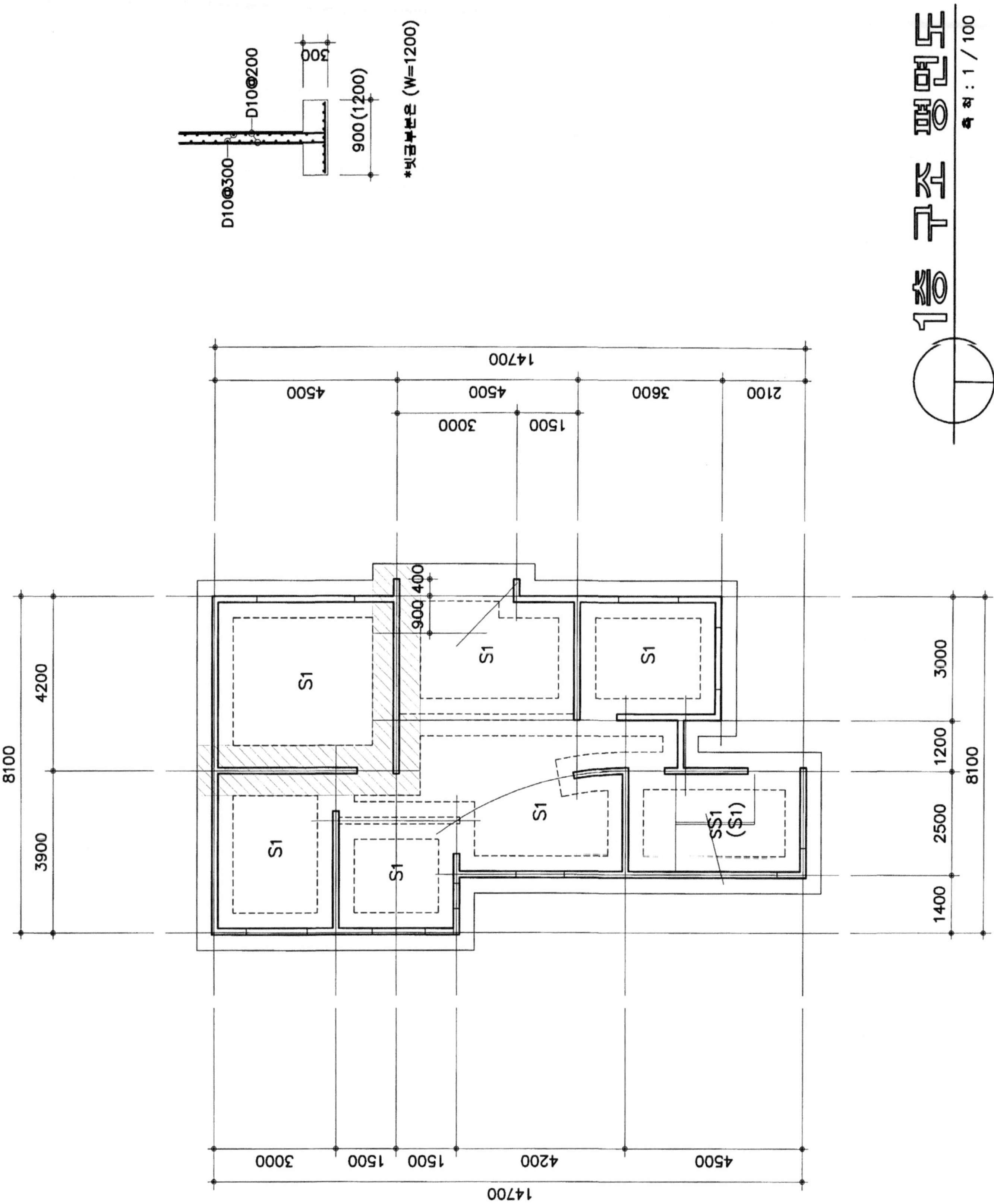

1층 구조 평면도

축척 : 1 / 100

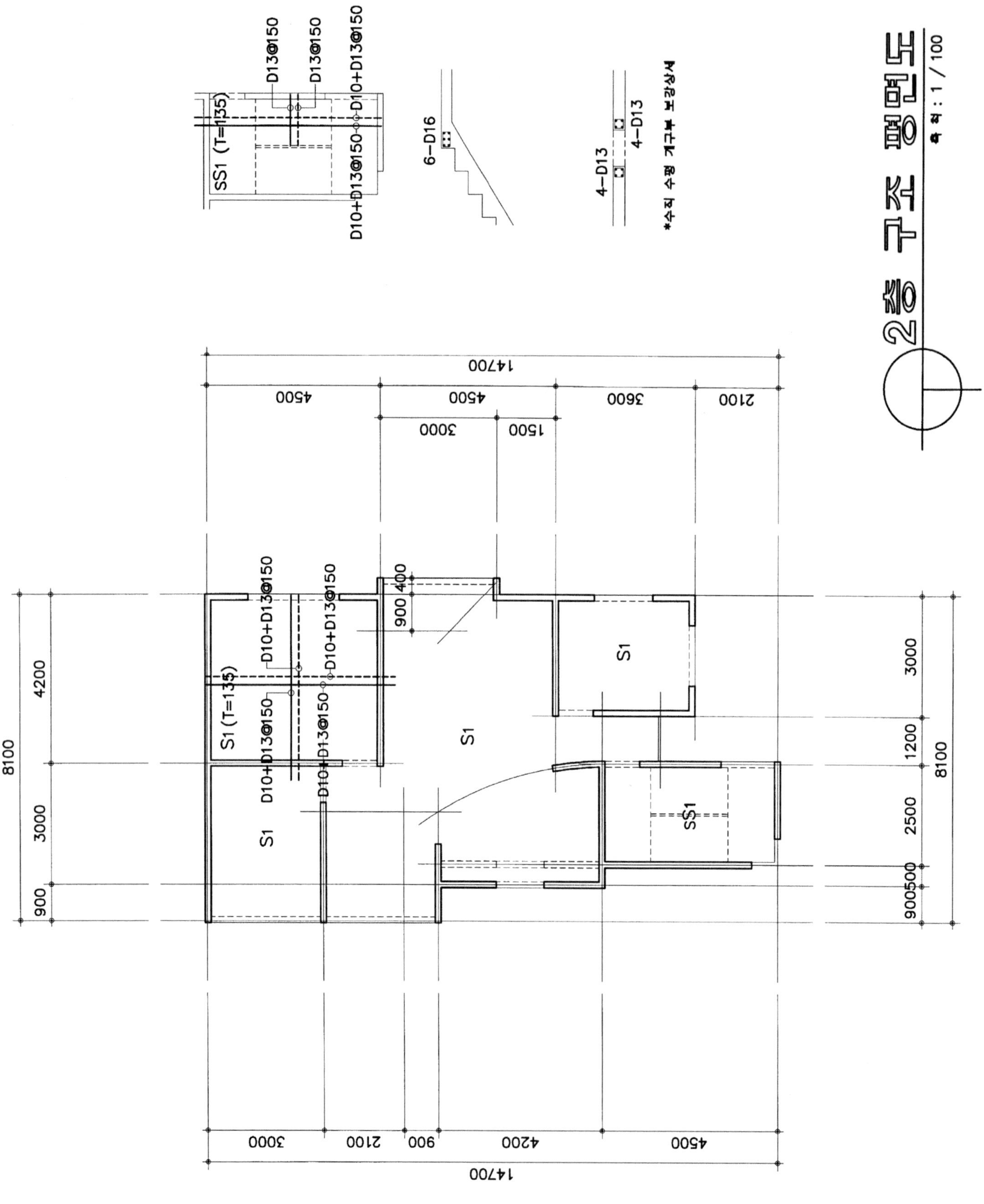
2층 구조 평면도
축척 : 1 / 100
*수직 수평 개구부 보강상세

구분	① AW / ① WW	② AW / ② WW	③ AW	④ AW
형 태	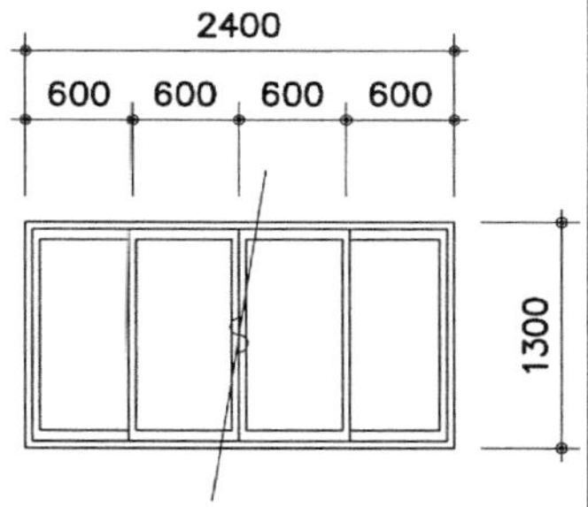	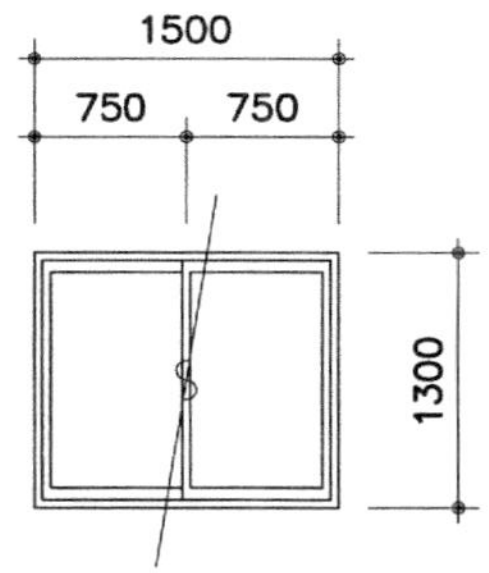	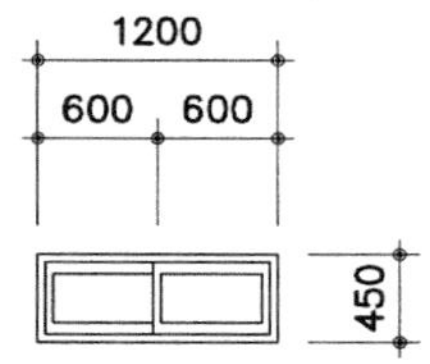	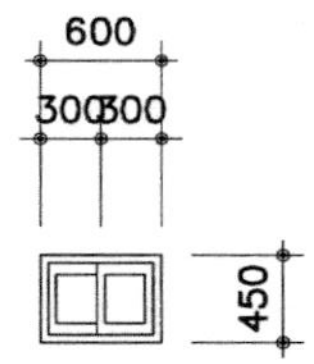
수량및위치	1,2층 침실-1 (2개소)	1,2층 침실-3 (4개소)	1,2층 주방및식당 (2개소)	1,2층 화장실,다용도실 (3개소)
재 료	100mm 칼라 알루미늄 바	84mm 칼라 알루미늄 바	84mm 칼라 알루미늄 바	84mm 칼라 알루미늄 바
마 감	T12 칼라 복층 유리	T12 칼라 복층 유리	T5 칼라 유리	T5 칼라 유리
부속 철물	부속 철물 일체	부속 철물 일체	부속 철물 일체	부속 철물 일체

구분	⑤ AW	① AD	② AD
형 태	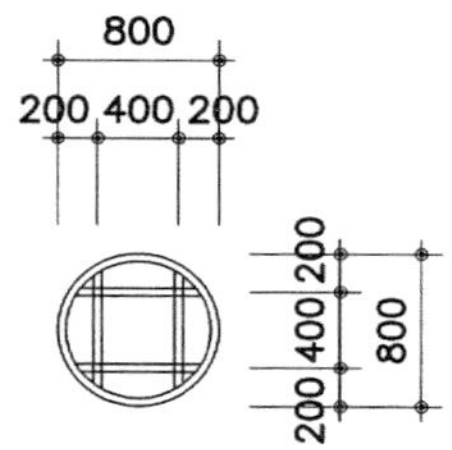	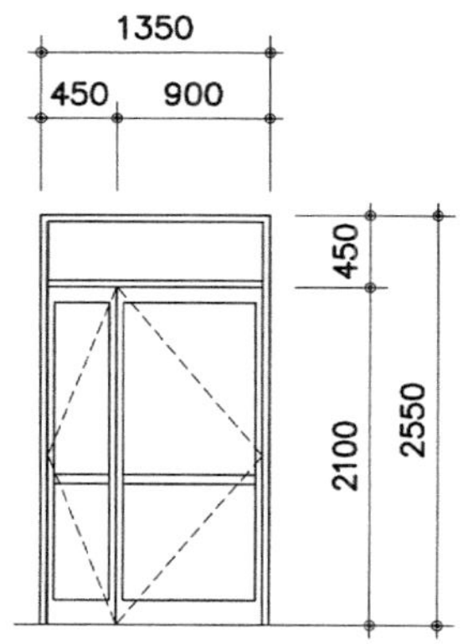	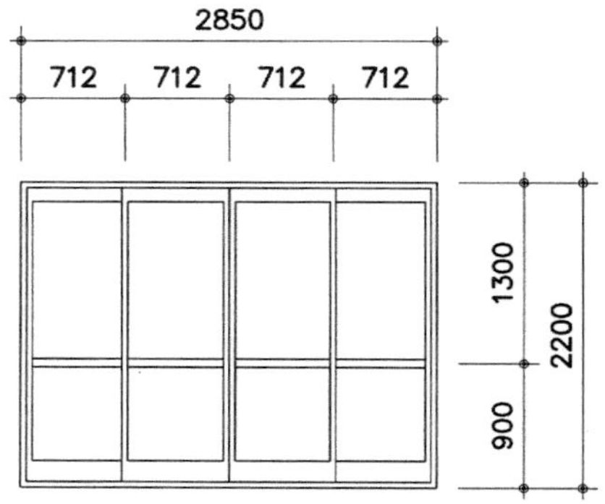
수량및위치	정면 (2개소)	계단실 주출입구 (1개소)	1층 거실 (1개소)
재 료	80mm 칼라 알루미늄 바	100mm 칼라 알루미늄 바	100mm 칼라 알루미늄 바
마 감	T12 칼라 복층 유리	T5 칼라 유리	T12 칼라 복층 유리
부속 철물	부속 철물 일체	부속 철물 일체	부속 철물 일체

형태	
	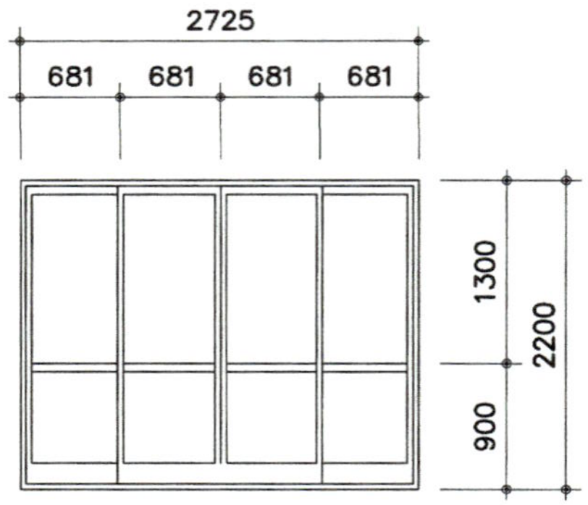
수량및위치	③AD 2층 침실-2 (1개소)
재료	100mm 칼라 알루미늄 바
마감	T12 칼라 복층 유리
부속 철물	부속 철물 일체

형태	
	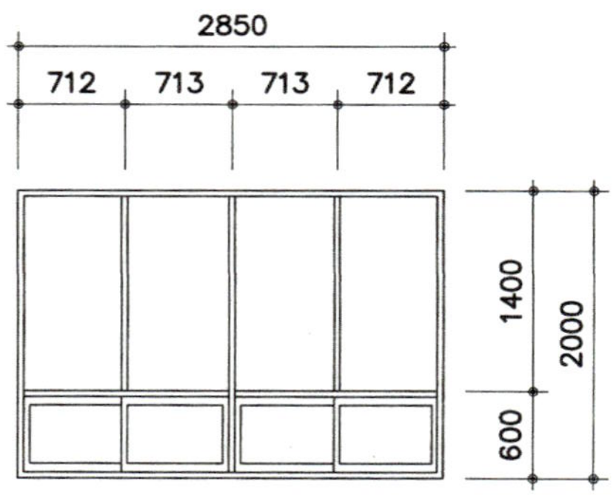
수량및위치	④AD 2층 거실 (1개소)
재료	100mm 칼라 알루미늄 바
마감	T12 칼라 복층 유리
부속 철물	부속 철물 일체

형태	
	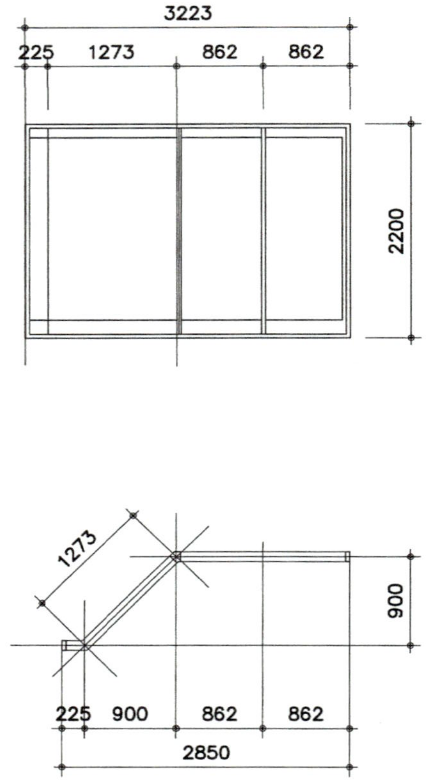
수량및위치	⑤AD 1,2층 거실 (2개소)
재료	100mm 칼라 알루미늄 바
마감	T16 칼라 복층 유리
부속 철물	부속 철물 일체

6. 다세대주택(13세대)

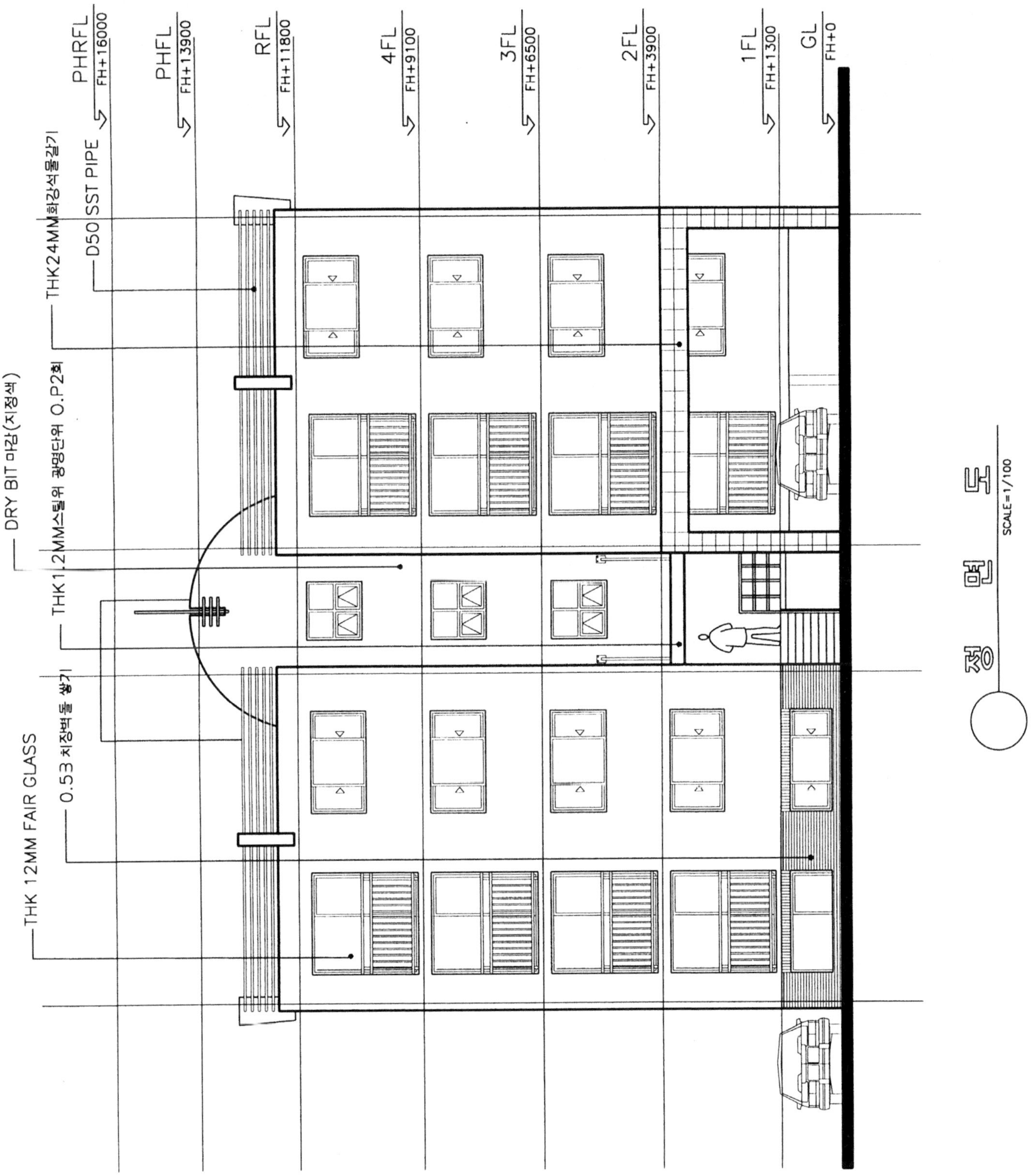
PHRFL
FH+16000
PHFL
FH+13900
RFL
FH+11800
4FL
FH+9100
3FL
FH+6500
2FL
FH+3900
1FL
FH+1300
GL
FH+0
THK24MM화강석물갈기
D50 SST PIPE
DRY BIT 마감(지정색)
THK1.2MM스틸위 광명단위 O.P2회
0.53 치장벽돌 쌓기
THK 12MM FAIR GLASS
정 면 도
SCALE=1/100

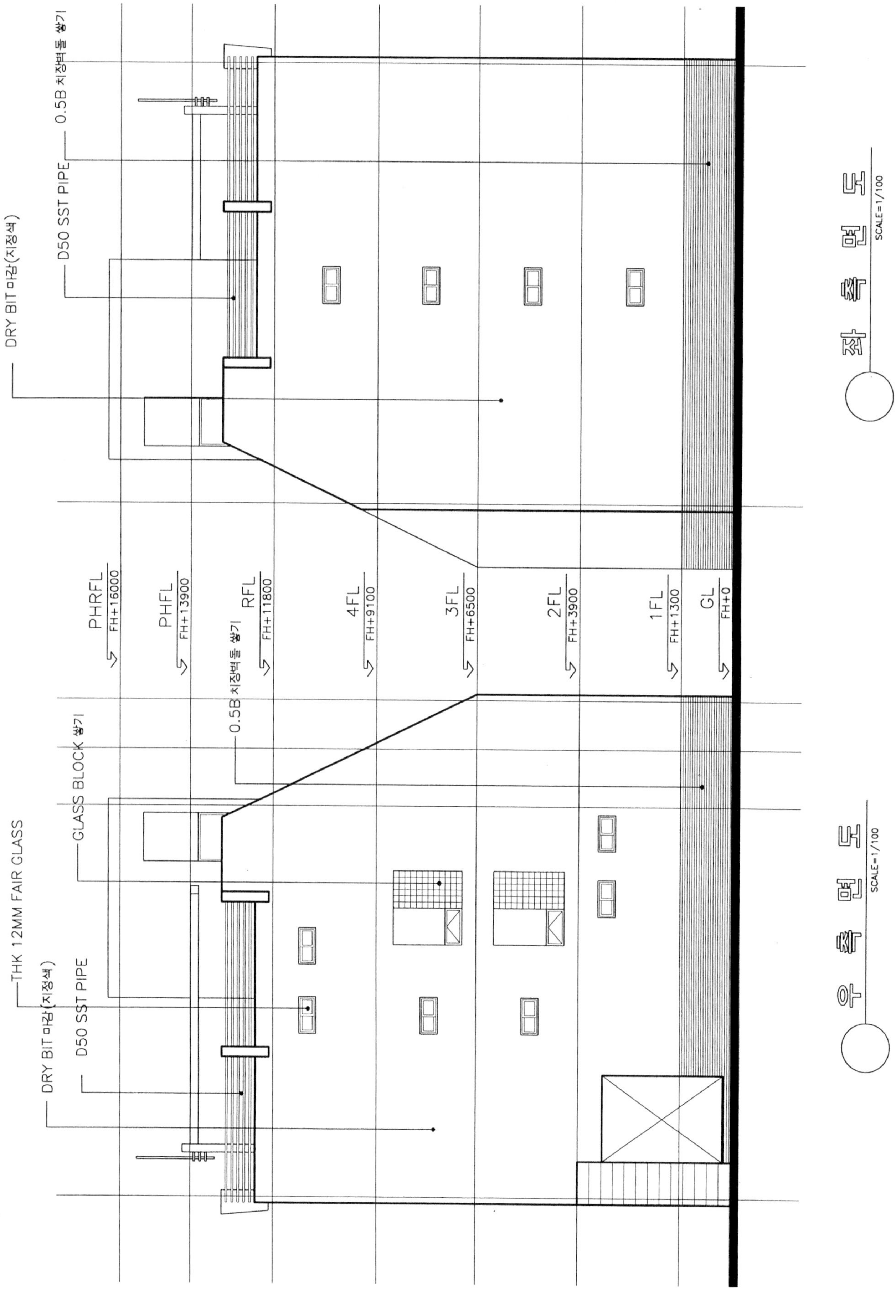
DRY BIT 마감(지정색)
D50 SST PIPE
0.5B 치장벽돌 쌓기
PHRFL FH+16000
PHFL FH+13900
RFL FH+11800
4FL FH+9100
3FL FH+6500
2FL FH+3900
1FL FH+1300
GL FH+0
0.5B 치장벽돌 쌓기
GLASS BLOCK 쌓기
THK 12MM FAIR GLASS
DRY BIT 마감(지정색)
D50 SST PIPE
좌측면도
SCALE=1/100
우측면도
SCALE=1/100

PHRFL
FH+16000
PHFL
FH+13900
RFL
FH+11800
4FL
FH+9100
3FL
FH+6500
2FL
FH+3900
1FL
FH+1300
GL
FH+0
THK 12MM FAIR GLASS
D50 SST PIPE
0.5B 치장벽돌 쌓기
THK 12MM FAIR GLASS
DRY BIT 마감(지정색)
배면도
SCALE=1/100

□ 건축개요

대지위치	서울시 서초구 양재동		
지역지구	일반주거지역 주차장정비지구		
대지면적	378.7M2 (114.55평)		
연 면 적	658.34M2(199.15평)	용적율	178.34%
건축면적	179.92M2(54.42평)	건폐율	47.50%
건축규모	지하1층,지상4층		
구 조	철근콘크리트 벽식구조		
주차대수	법정:6대 예비주차:4대 계:10대		
조경면적	49.99m2(법정:18.935m2)		
세 대 수	13세대		
저 수 조	지하저수조 5ton 고가수조 17ton 계 22ton		

□ 면적개요

단 위: M2(평)

층 별		바닥면적	세대수	용 도
지하층	1층	54.24(16.41평)	2	주 택
	소계	54.24(16.41평)		
지상층	1층	136.52(41.30평)	2	주 택
	2층	164.78(49.85평)	3	주 택
	3층	158.32(47.89평)	3	주 택
	4층	144.48(43.71평)	3	주 택
	소계	604.10(182.74평)		
합 계		658.34(199.15평)	13	

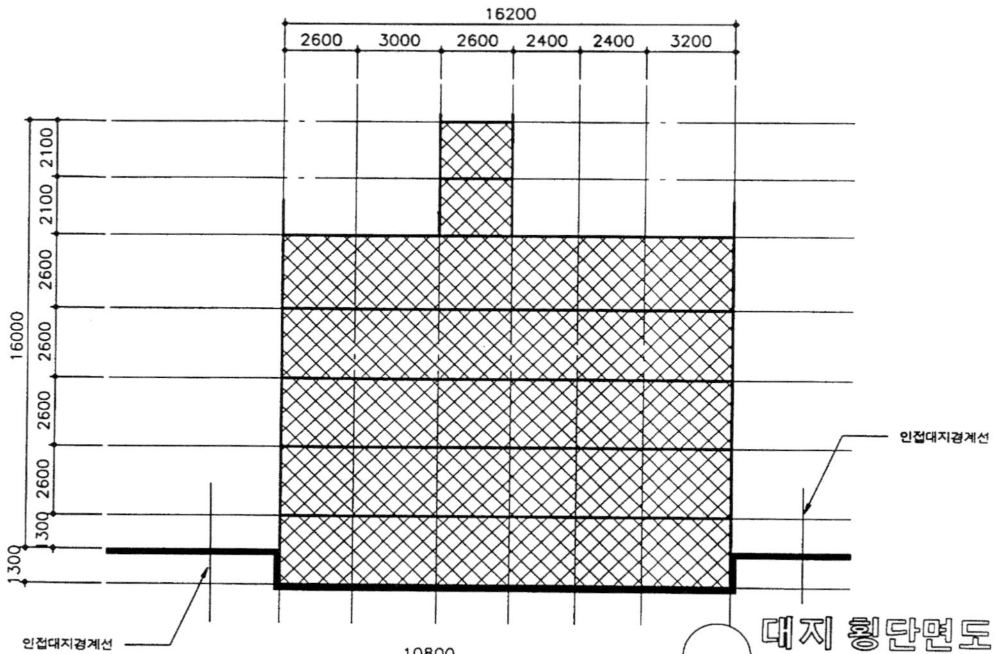

대지 횡단면도
SCALE=1/200

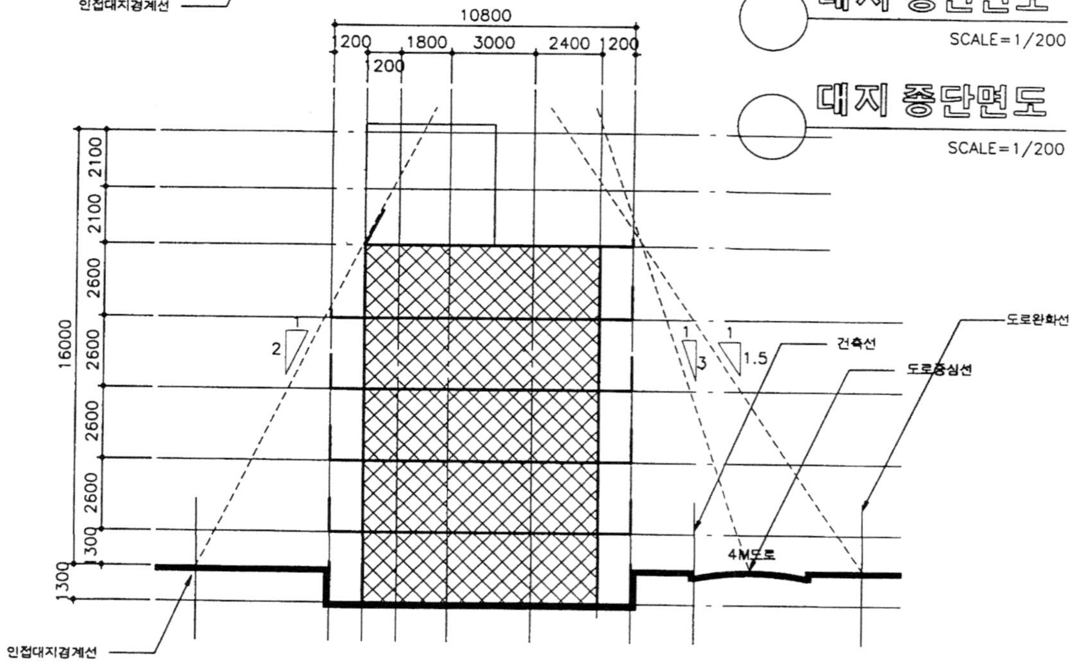

대지 종단면도
SCALE=1/200

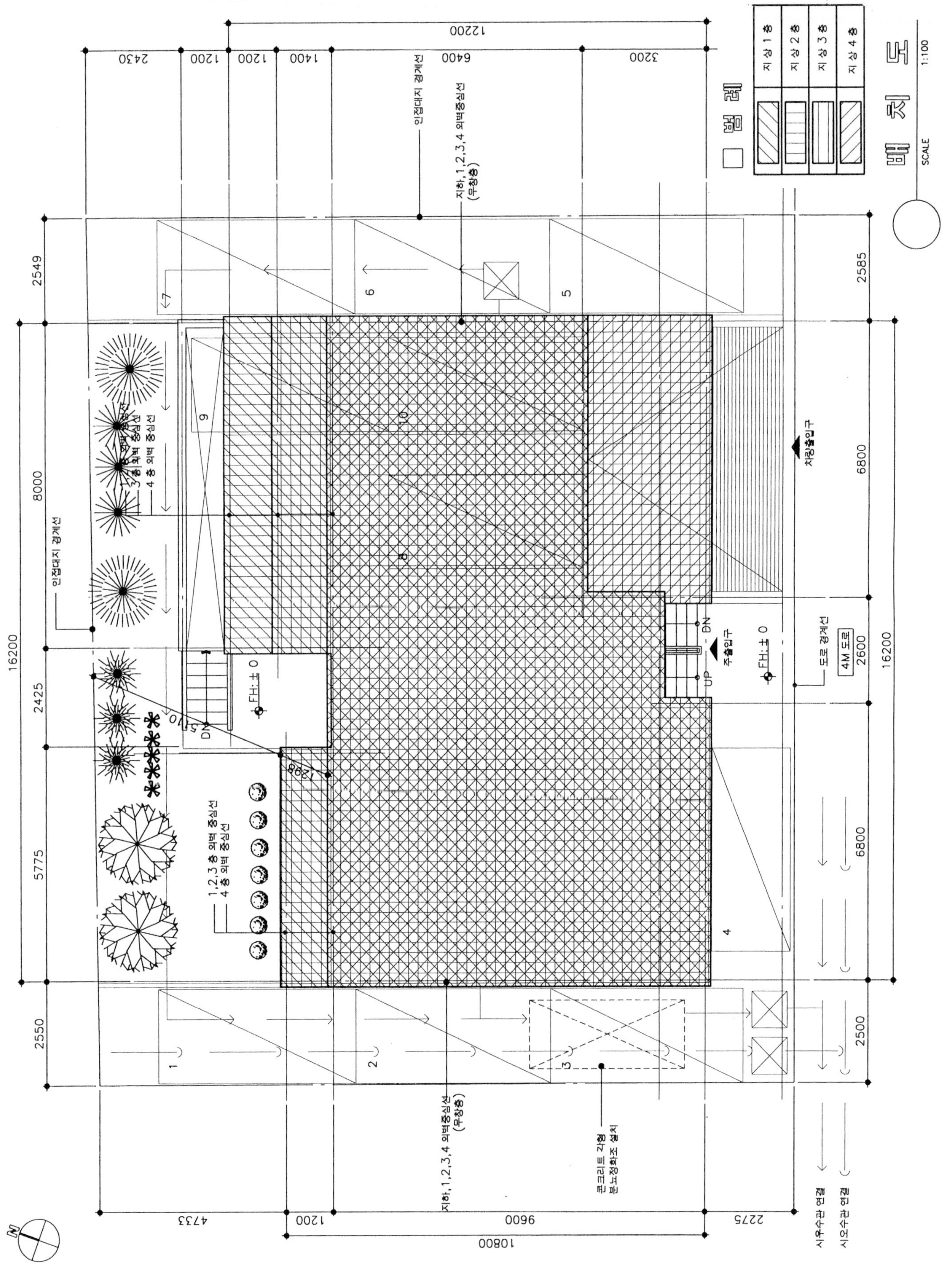
범례
지상 1 층
지상 2 층
지상 3 층
지상 4 층
배치도
SCALE 1:100
인접대지 경계선
지하,1,2,3,4 외벽중심선 (무창층)
차량출입구
주출입구
도로 경계선
4M 도로
콘크리트 각형 분뇨정화조 설치
시우수관 연결
시오수관 연결
12200
10800
16200

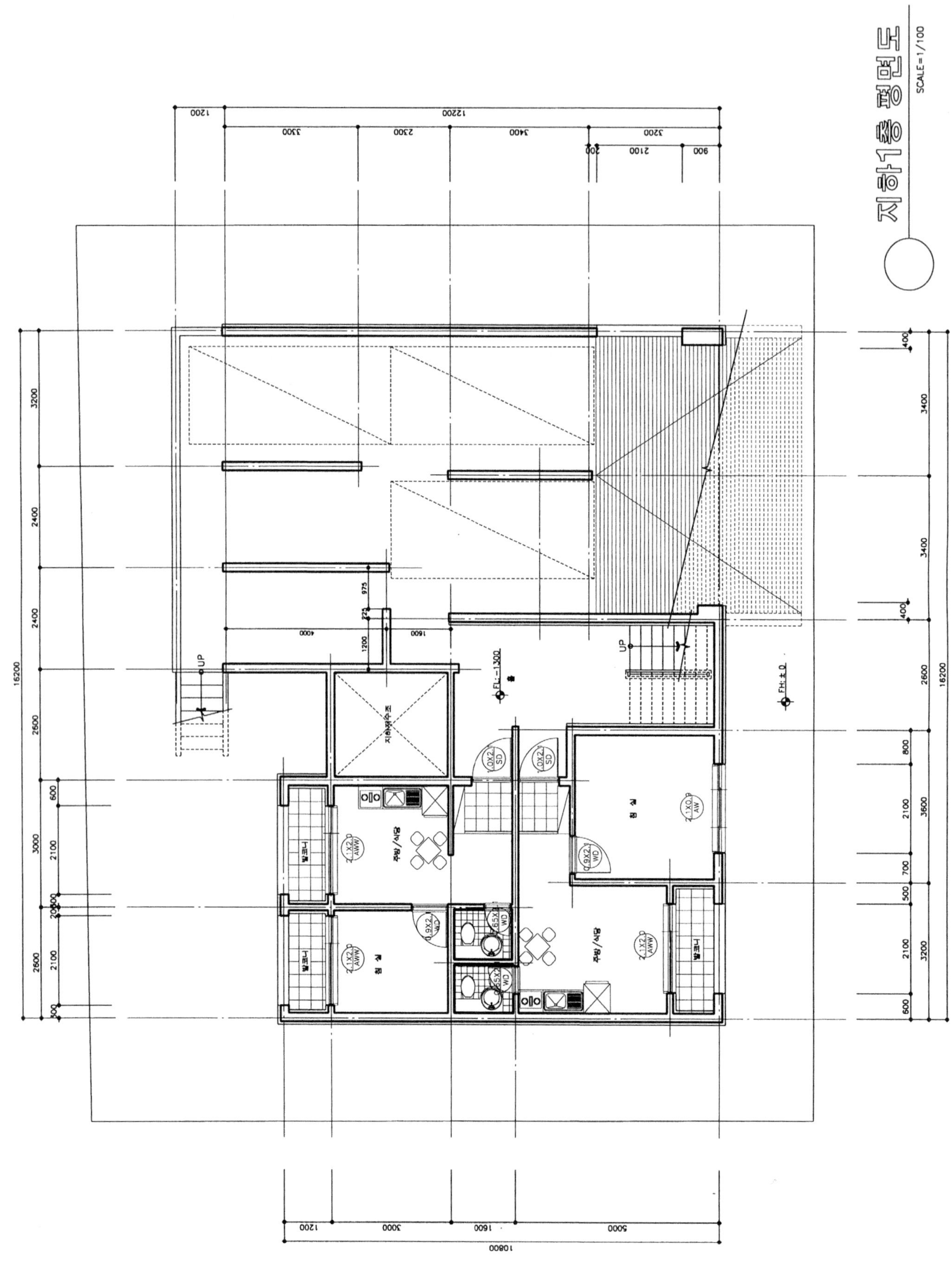
지하1층 평면도
SCALE=1/100

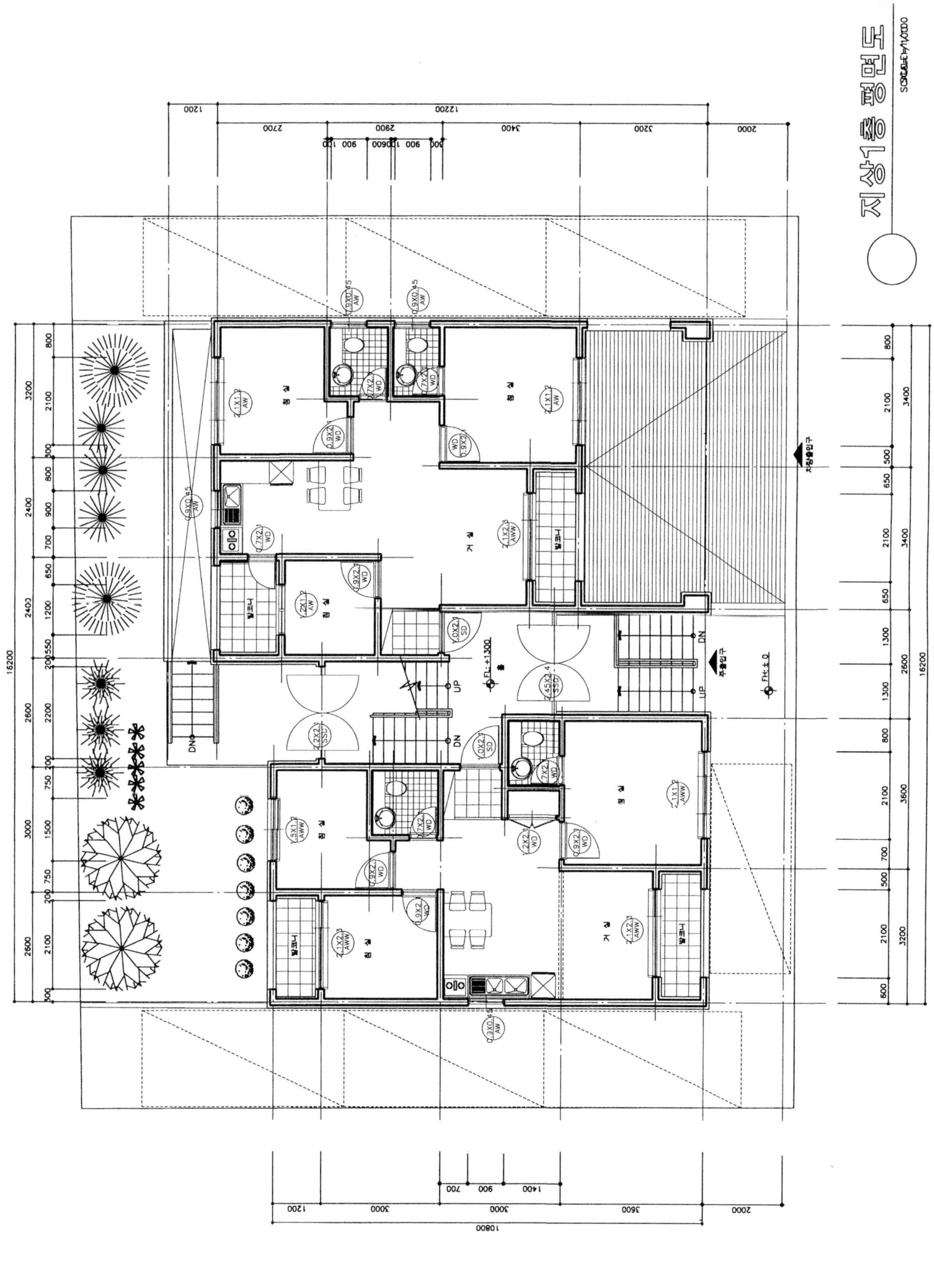
지상1층 평면도
차량출입구
주출입구
FH:±0
FL:+1300

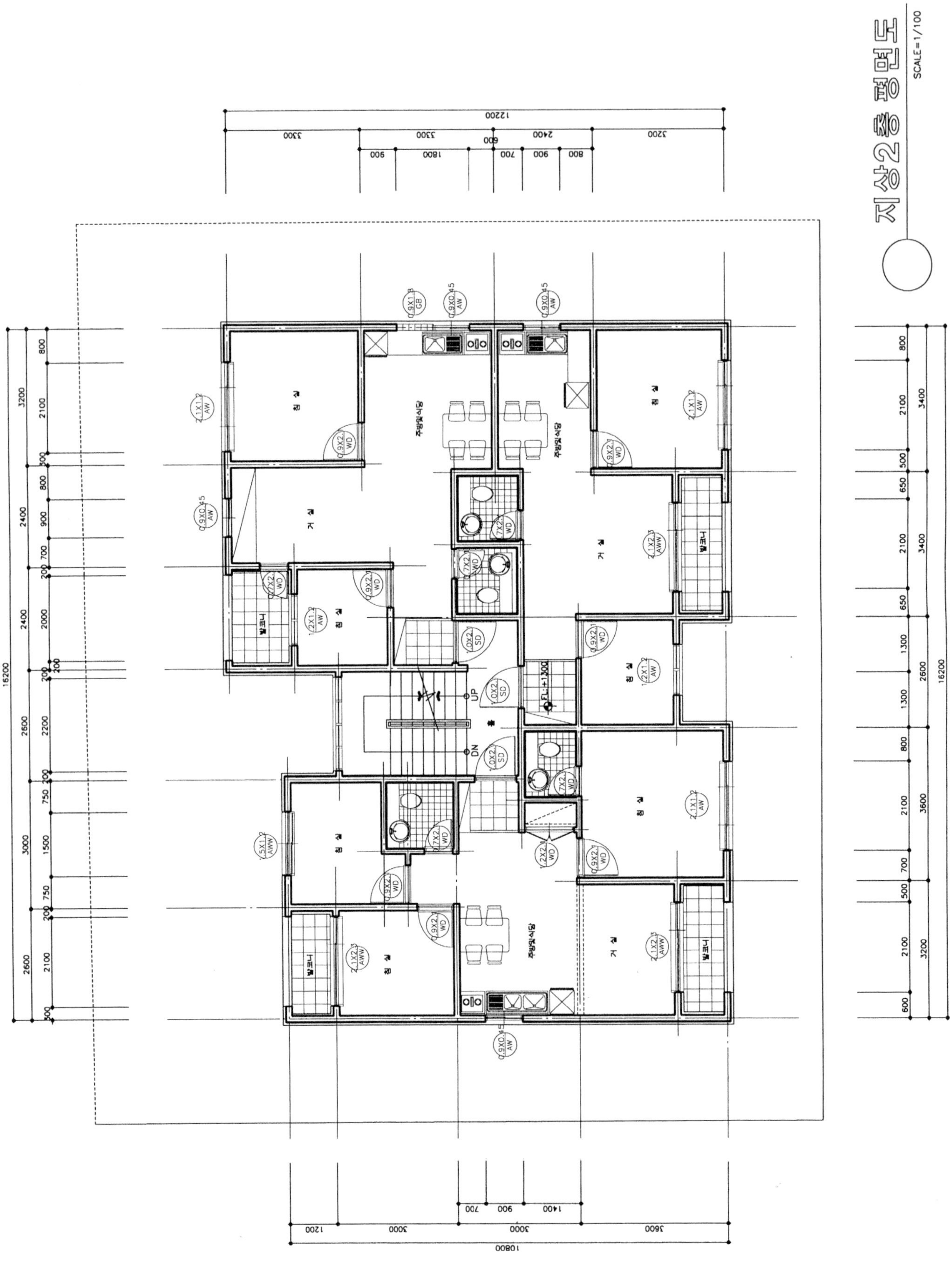
지상2층 평면도
SCALE=1/100

지상3층 평면도

SCALE=1/100

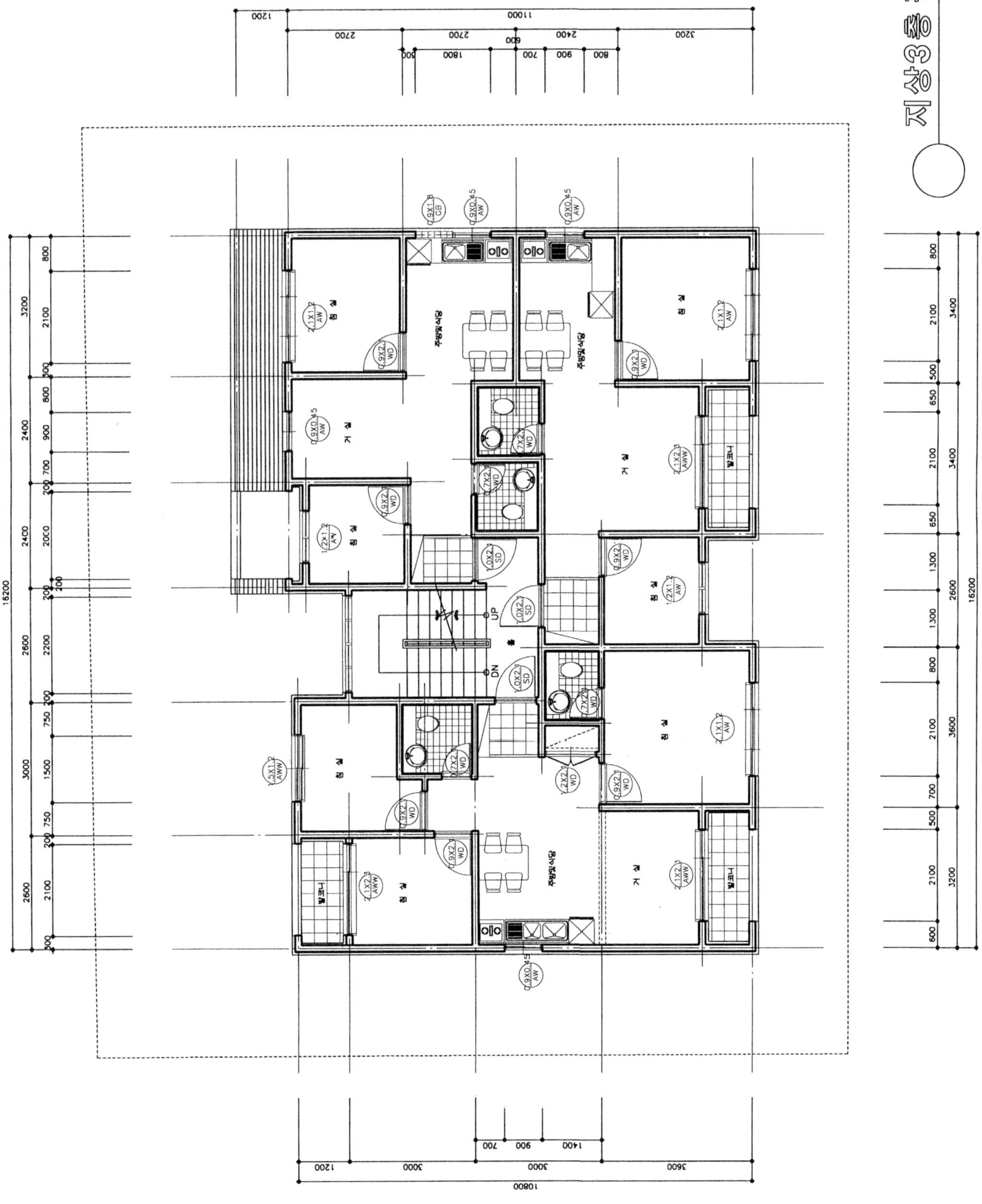

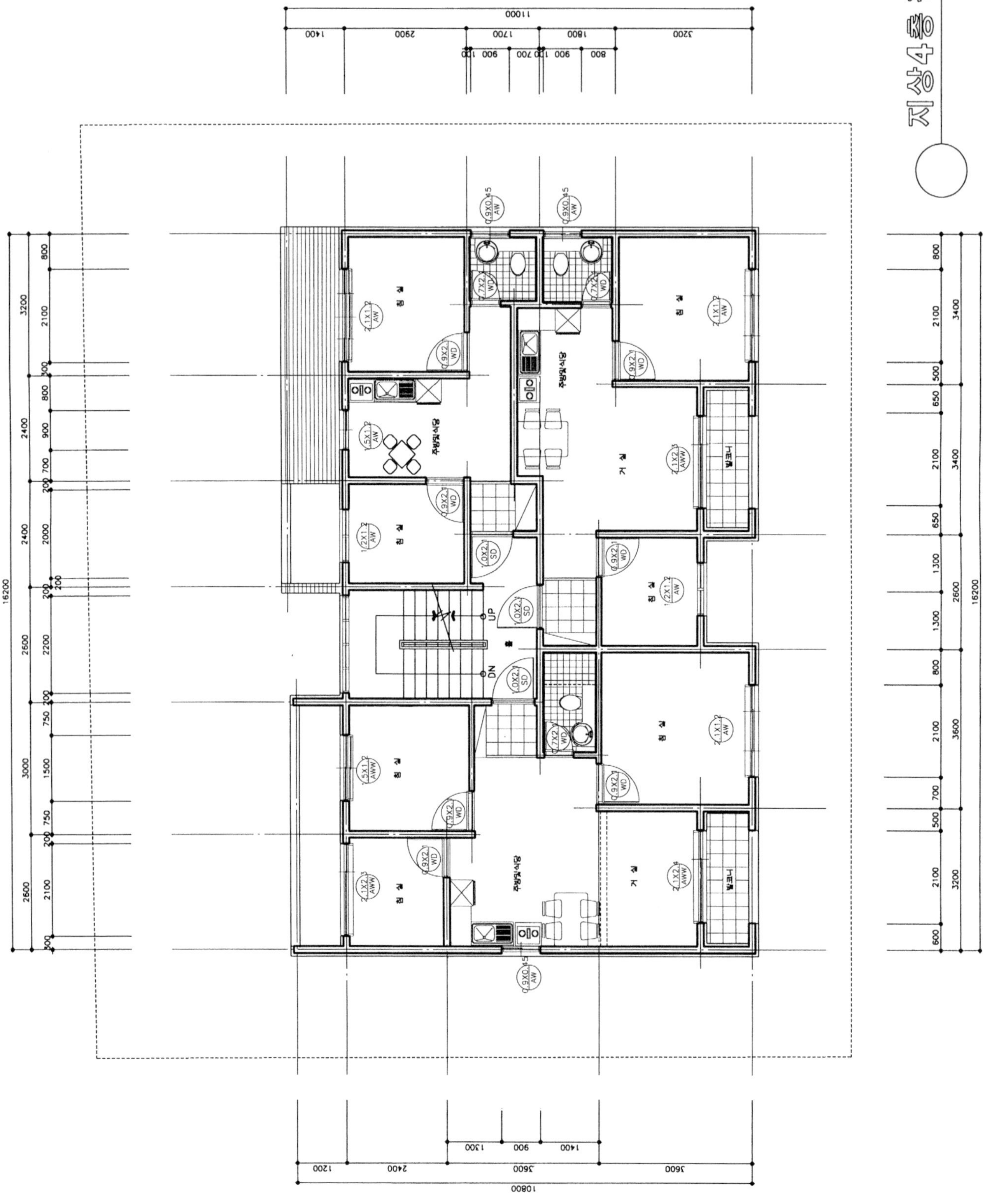

지상4층 평면도
SCALE=1/100

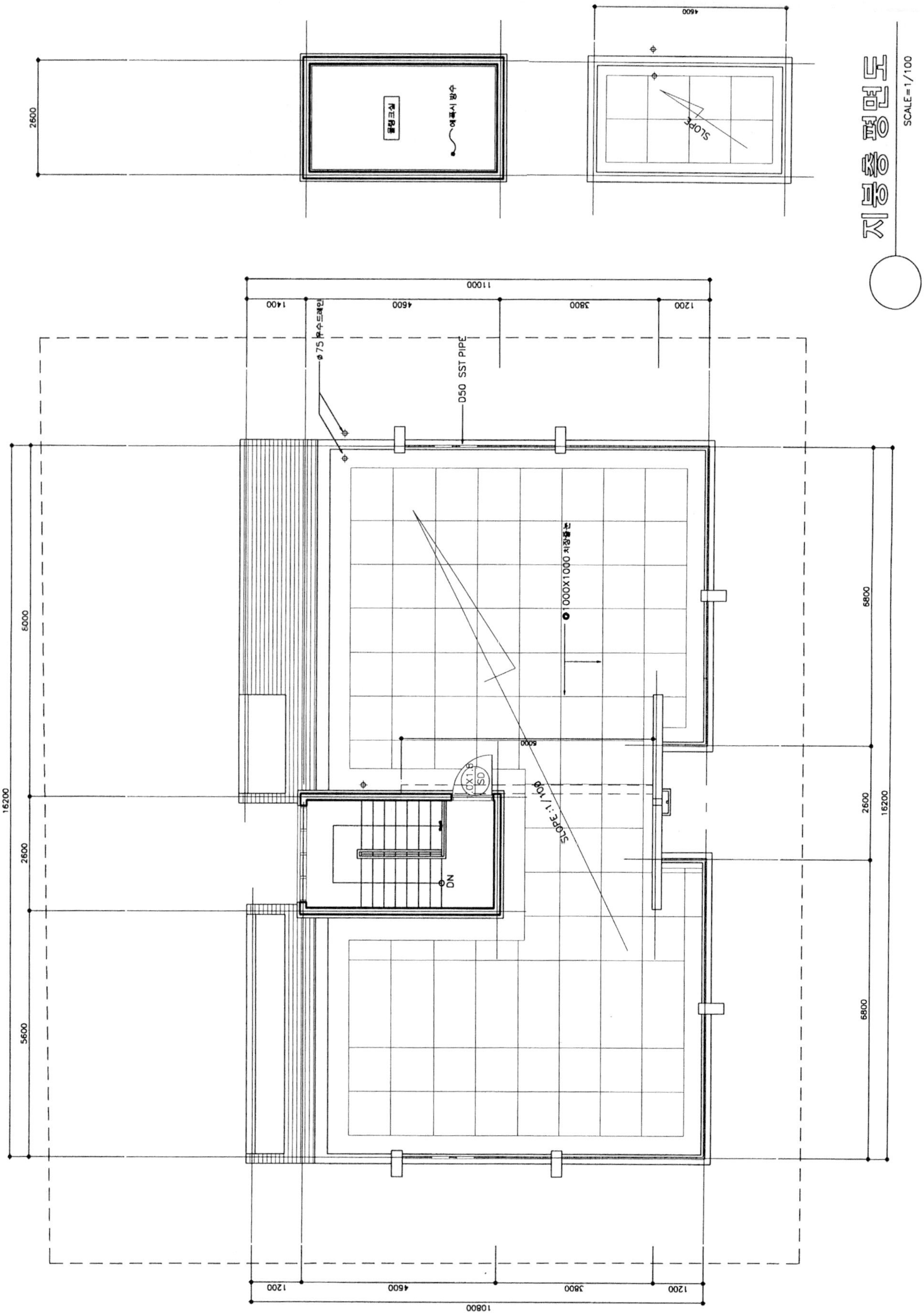
SLOPE : 1/100
D50 SST PIPE
SLOPE
DN
11000
10800
16200
SCALE=1/100

지붕층 평면도

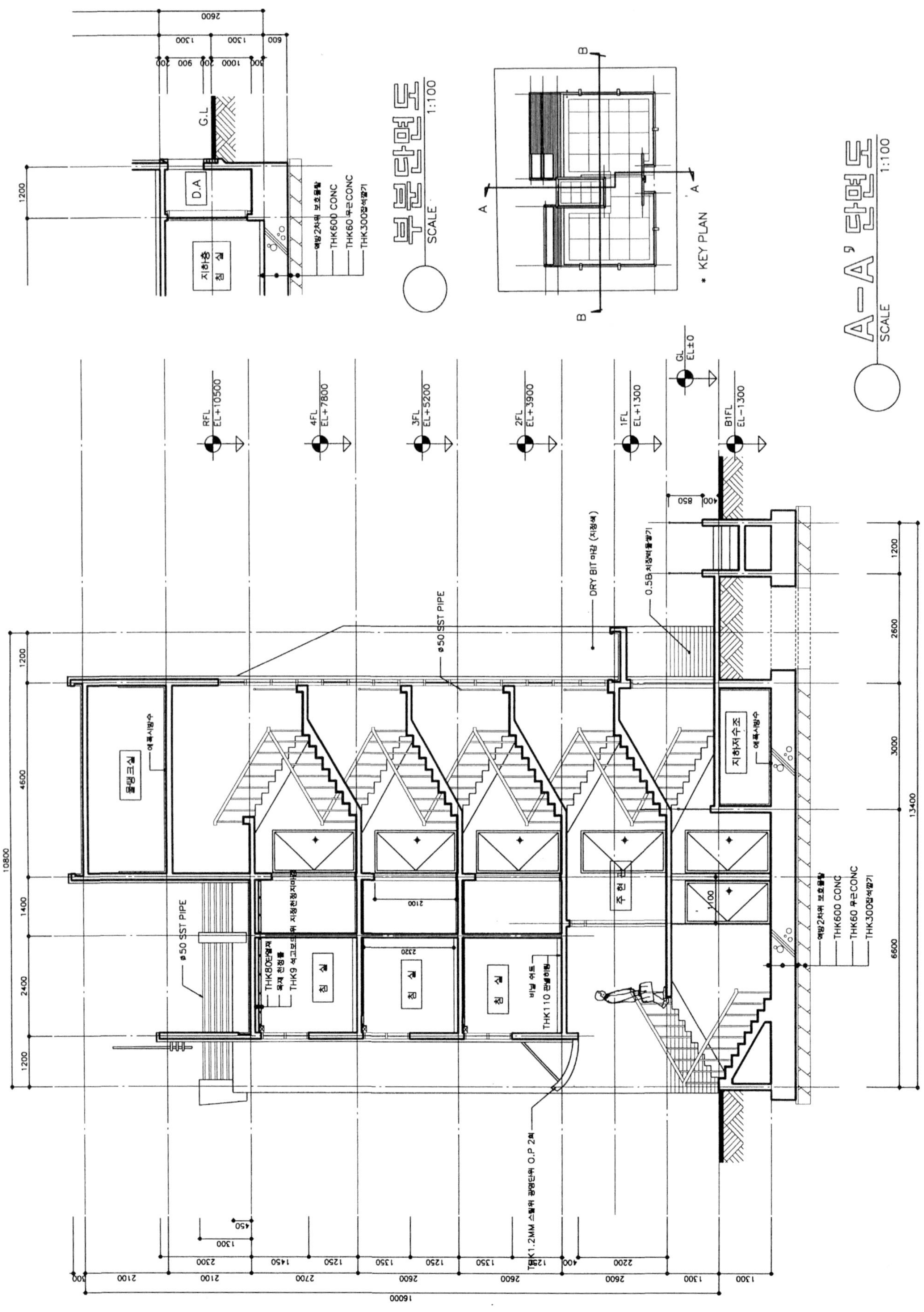
부분단면도
SCALE 1:100
* KEY PLAN
A-A' 단면도
SCALE 1:100

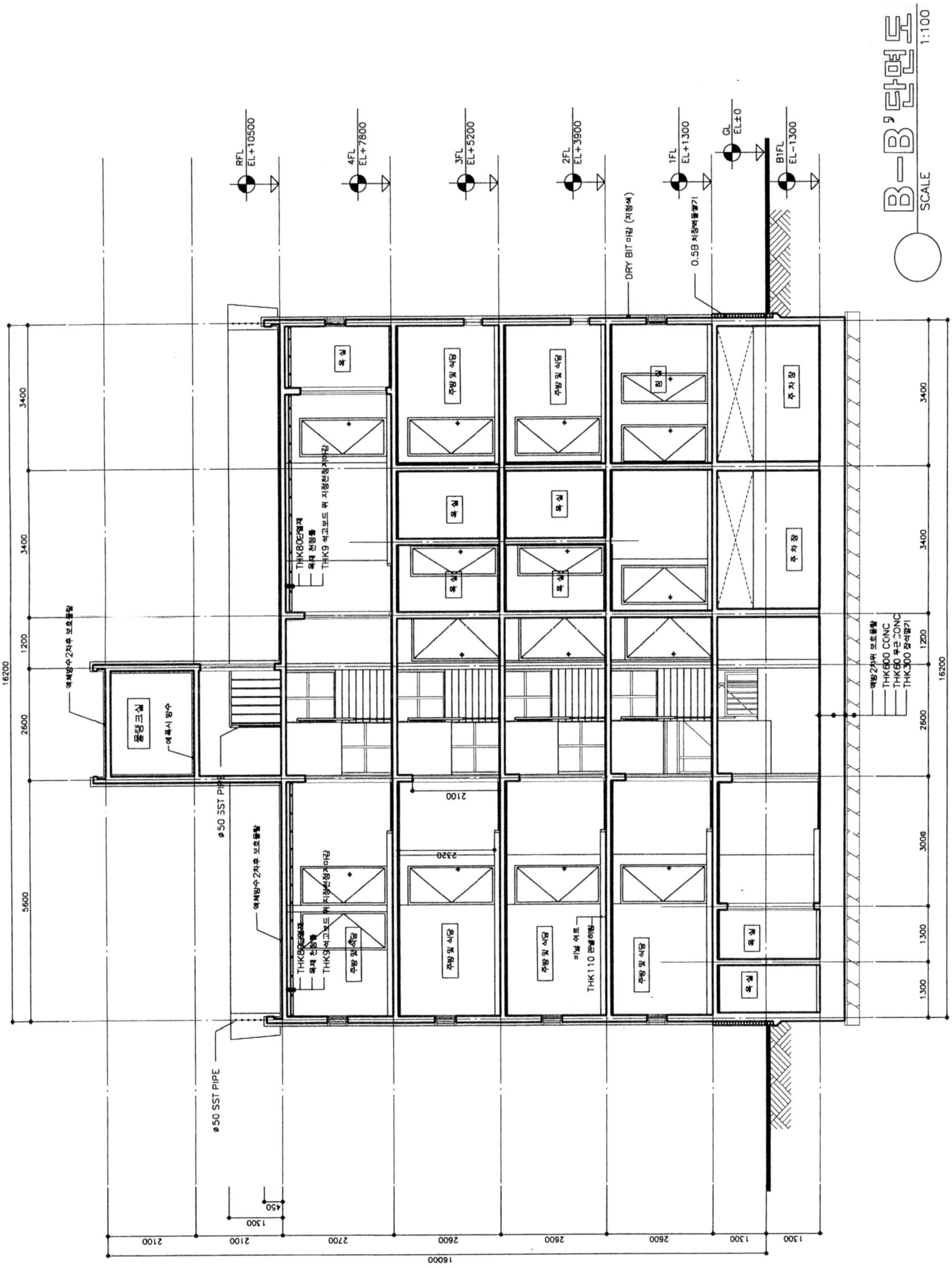
B-B' 단면도
SCALE 1:100
RFL EL+10500
4FL EL+7800
3FL EL+5200
2FL EL+3900
1FL EL+1300
GL EL±0
B1FL EL-1300
DRY BIT 마감 (지정색)
ø50 SST PIPE
물탱크실
주방 및 식당
욕실
주차장
THK600 CONC
16200
16000

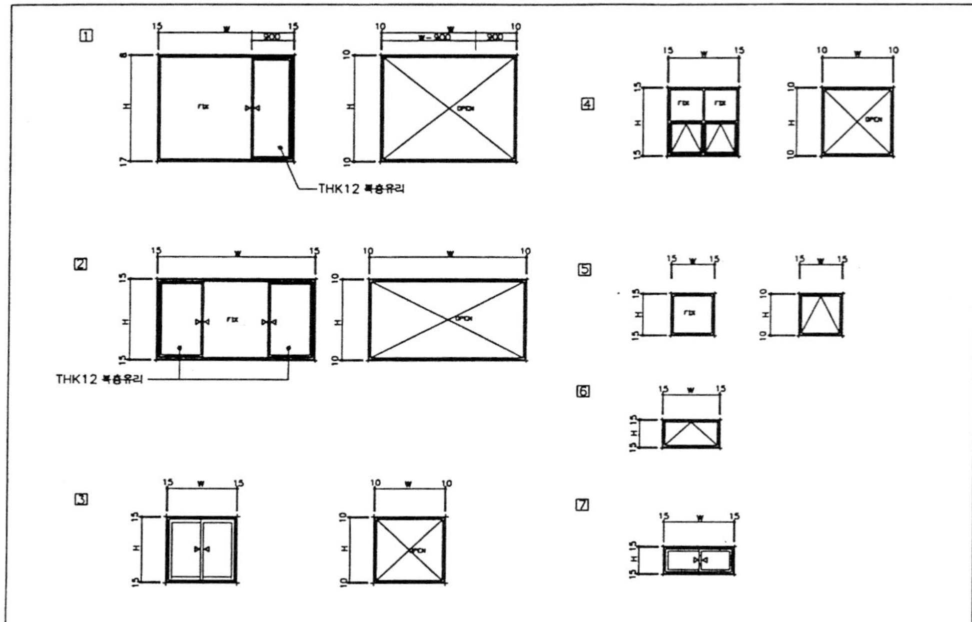

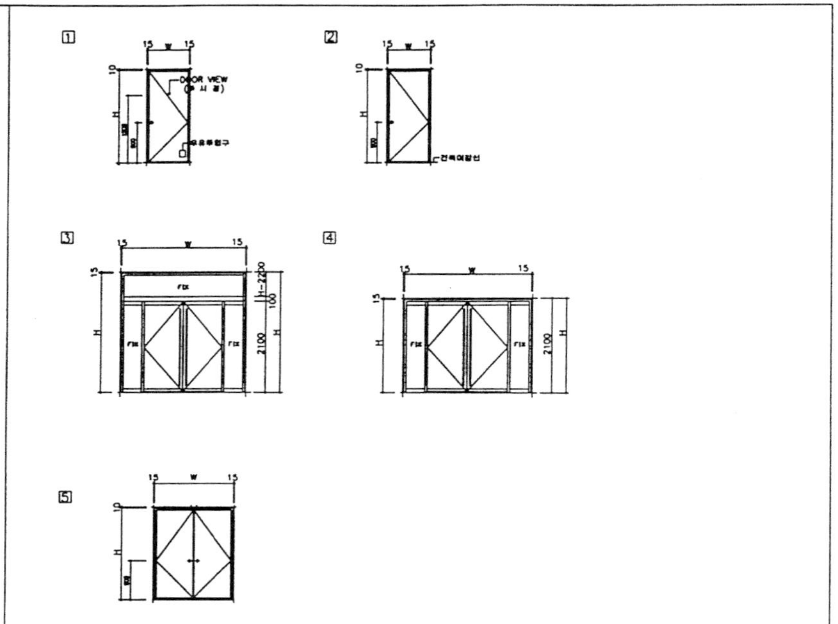

실명 \ 구분	창호 NO	TYPE	WOODEN 창틀 SIZE	ALU. 창틀 SIZE	재질	유리	부속금물	비고
주현관								
세대별 현관								
거실	AWW/2.1X2.3	1	2100x2300	2100x2300	칼라 ALU.112MM BAR	16MM 복층유리	일체	
침실	AWW/2.1X1.2	2		2100x1200	칼라 ALU.88MM BAR	16MM 복층유리	—·—	
	AWW/1.5X1.2	3	1500X1200	1500X1200	칼라 ALU.88MM BAR	3MM 맑은유리/3MM 무늬유리	—·—	
	AWW/1.2X1.2	4		1200X1200	칼라 ALU.88MM BAR	16MM 복층유리	—·—	
주방	AW/0.9X0.45	6		900X450	칼라 ALU.88MM BAR	12MM 복층유리	—·—	
	AW/0.9X0.45	7		900x450	칼라 ALU.88 BAR	12MM 맑은유리	—·—	방충망 설치
욕실	AW/0.9X0.45	7		900X450	칼라 ALU.88MM BAR	12MM 맑은유리	—·—	방충망 설치
계단실	AW/0.65X0.55	5		650x550	칼라 ALU.88MM BAR	16MM 복층유리	—·—	
창고("A"형)								

실명 \ 구분	창호 NO	TYPE	문틀 SIZE	재질	유리	부속금물	비고
주현관	SSD/2.45X2.4	3	2450X2400	SUS헤어라인마감100MM BAR	FIX: 상부:5mm 맑은유리, 하부:5mm 강화유리 / 출입문: 12mm 강화유리	일체	
	SSD/2.2X2.1	4	2200X2100	SUS헤어라인마감100 BAR	FIX: 측면 5mm 강화유리 / 출입문: 12mm 강화유리	일체	
세대별 현관	FSD/1.0X2.1	1	1000X2100	문틀:1.6MM [illegible] / 문:1.0MM [illegible]		일체	갑종방화문 (방화용도어체크 1조부착)
거실							
침실	WD/0.9X2.1	3	900X2100	문틀: THK40 [illegible] 지정도장 / 문: [illegible] / 지정 [illegible]		일체	
주방							
욕실	WD/0.7X2.1	3	700X2100	문틀: THK40 [illegible] 지정도장 / 문: [illegible] / 지정 [illegible]		일체	
계단실							
창고("A"형)	WD/0.7X2.1	5	700X2100	문틀: THK40 [illegible] 지정도장 / 문: [illegible] / 지정 [illegible]		일체	

7. 근린생활시설주택 (점포+주택)

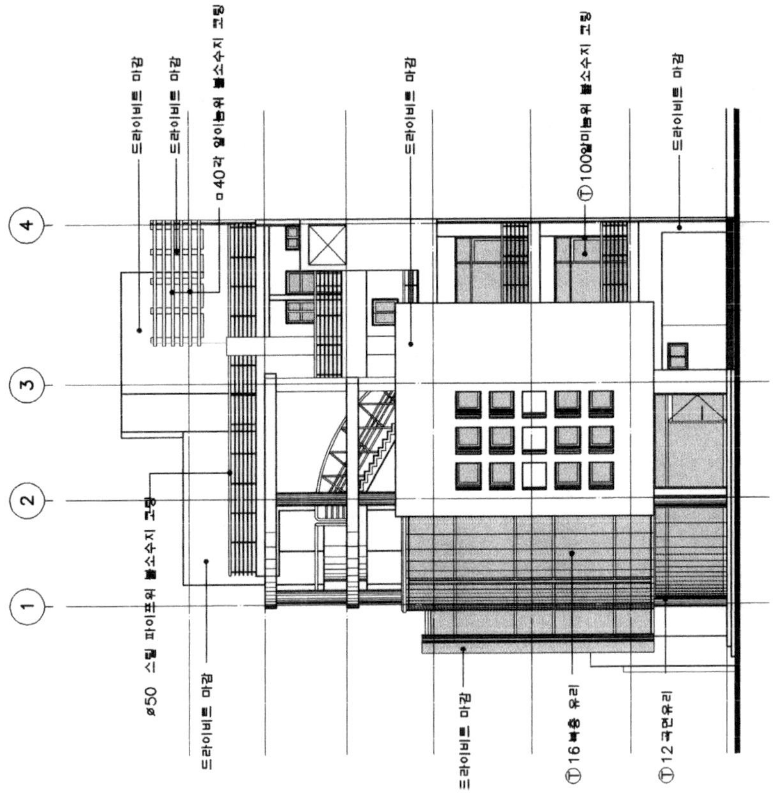

2 A- 우측면도
축척 : 1/150

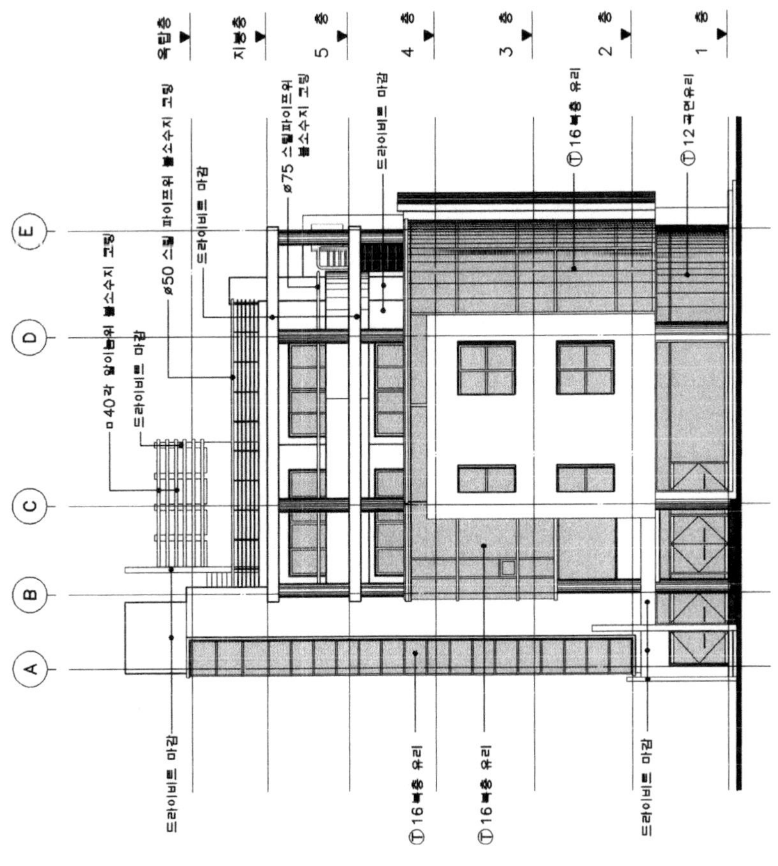

1 A- 정면도
축척 : 1/150

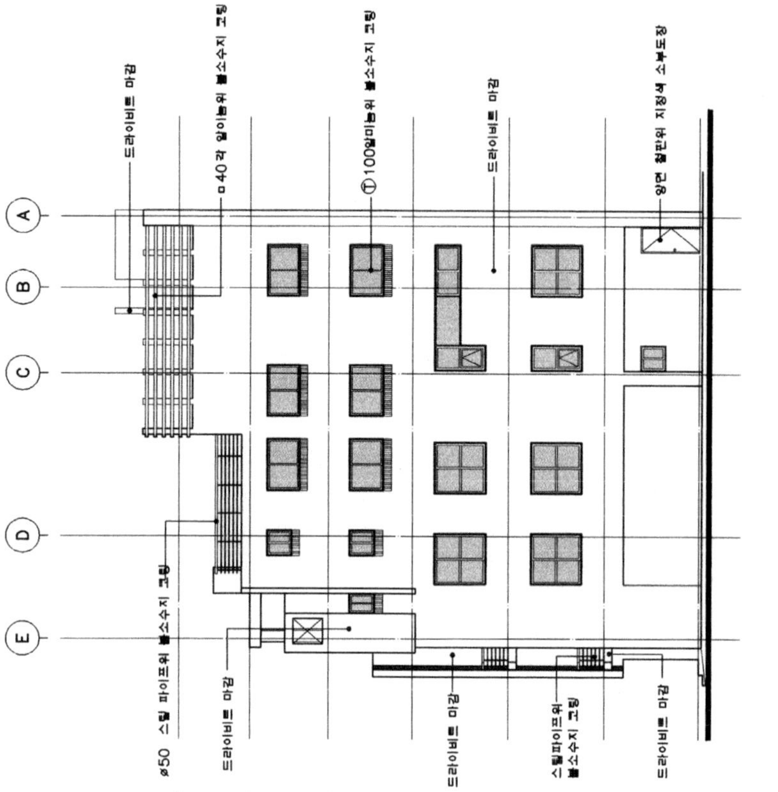

2 A– 배면도
축척 : 1/150

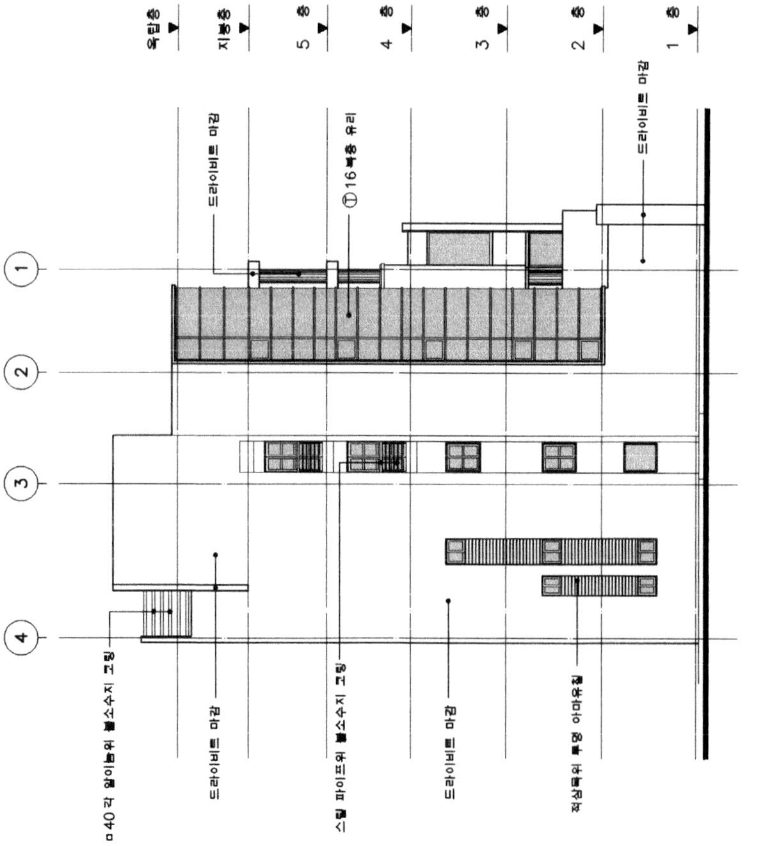

1 A– 좌측면도
축척 : 1/150

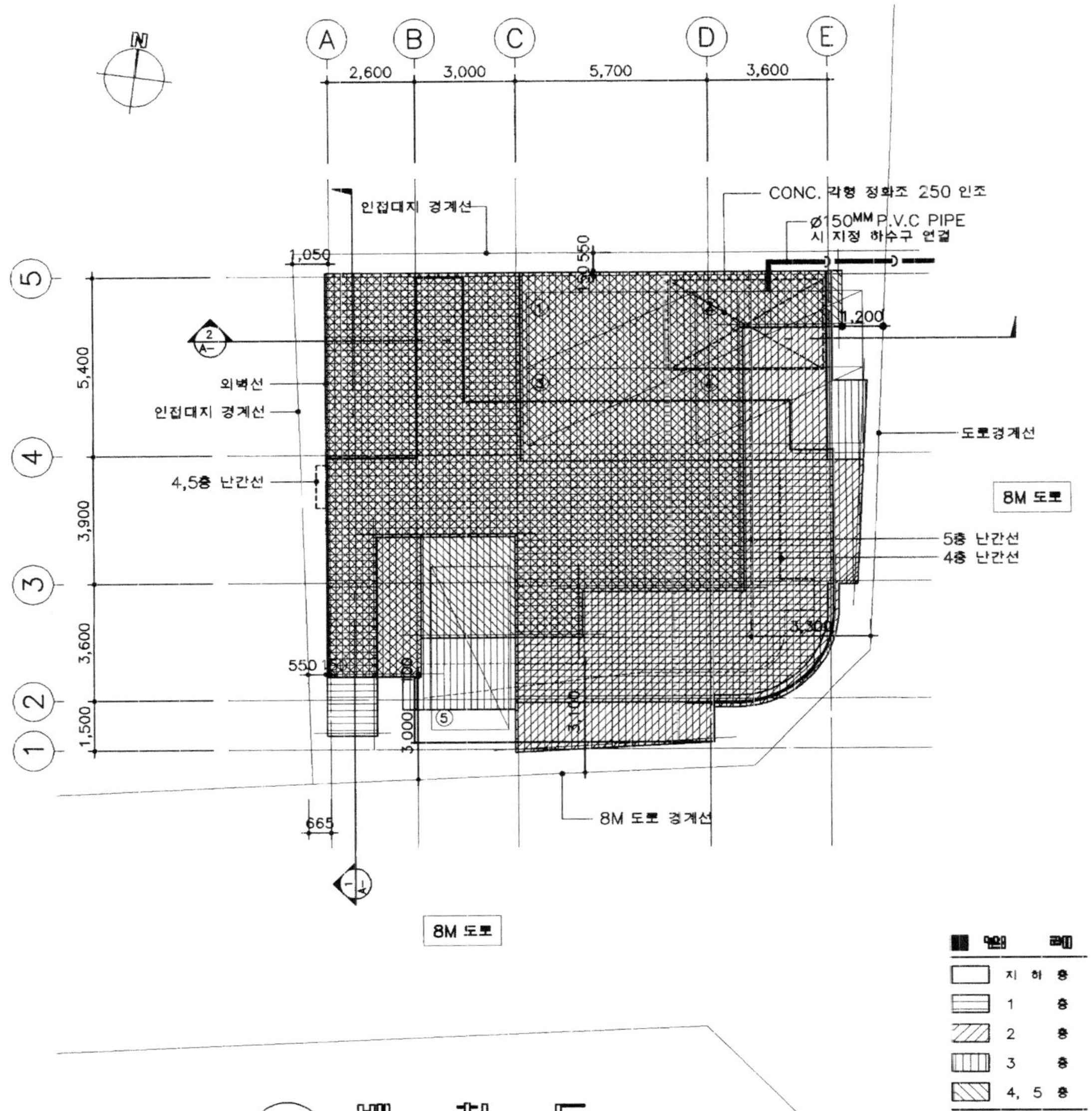

1
A–
배 치 도
축 척 : 1 / 150

■ 설 계 개 요

단위 : M²(평)

구 분	내 용	비 고
설 계 명	OO근생주택 신축공사	
지 역 지 구	일반 상업, 고도, 방화 지구	
도 로 현 황	전면 8M도로 , 측면 8M도로	
대 지 면 적	267.10 (80.80)	
건 축 면 적	209.02 (63.23)	
연 면 적	921.26 (278.68)	
건 폐 율	78.25%	
용 적 률	293.20%	
주 차 대 수	법정 : 5대 , 계획 : 5대	
조 경 면 적	300M² 이하의 대지이므로 해당없음	
용 도	주택 및 근린생활시설 (4세대)	
층 수	지상 3층	
비 고	•주차대수 산출근거 : 921.26/200 = 4.61대	

■ 면 적 개 요

구 분	면적 M²	면적 평	용 도	비 고
지 하 1 층	138.13	41.78	일반음식점	
소 계	138.13	41.78		
지 상 1 층	118.54	35.86	소 매 점	
지 상 2 층	189.34	57.27	사 무 실	
지 상 3 층	205.71	62.17	사 무 실	
지 상 4 층	134.87	40.80	주 택	
지 상 5 층	134.87	40.80	주 택	
소 계	783.13	236.90		
합 계	921.26	278.68		

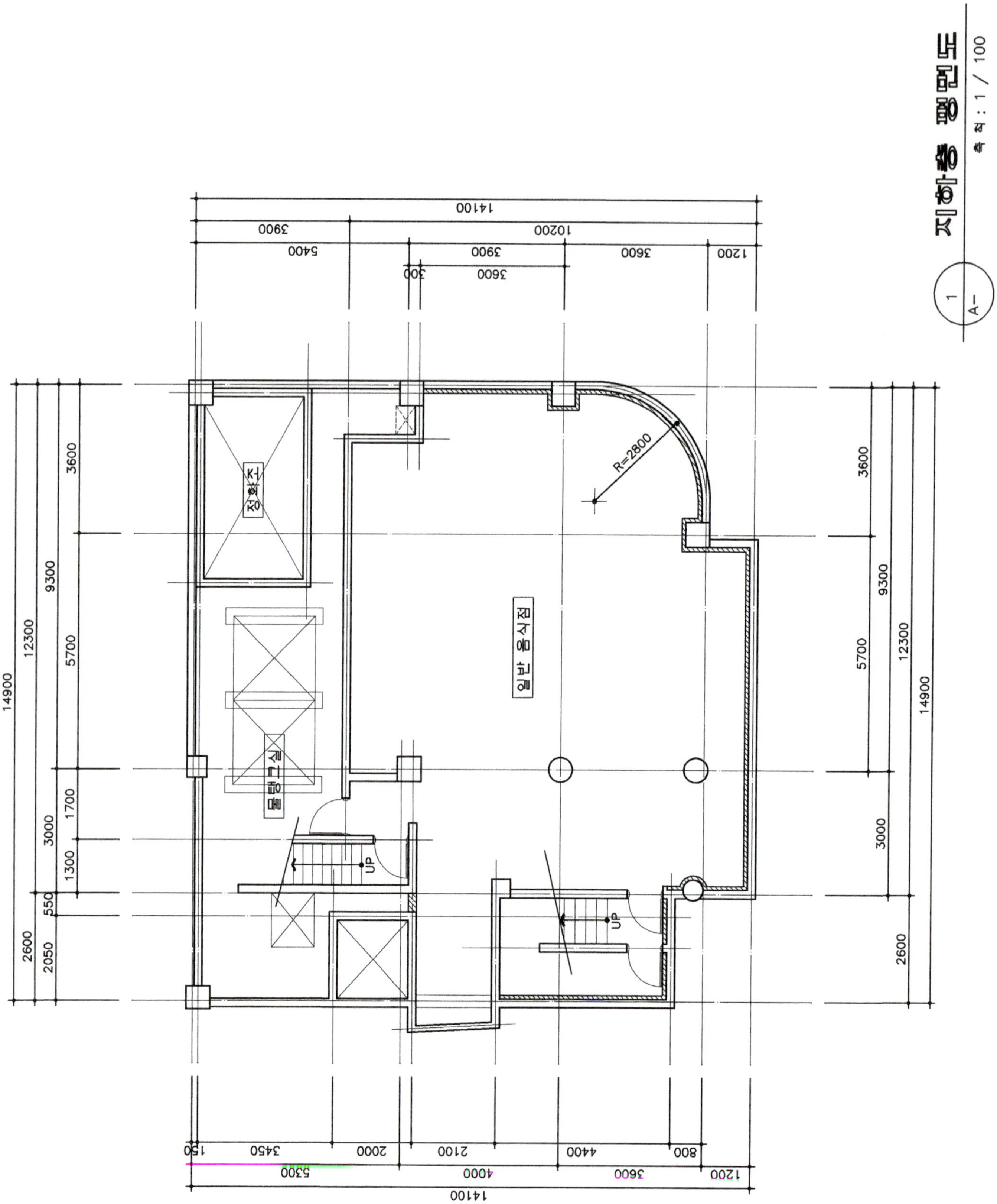
지하층 평면도
축척 : 1 / 100
1
A-
정화조
물탱크실
일반 음식점
R=2800
UP
UP

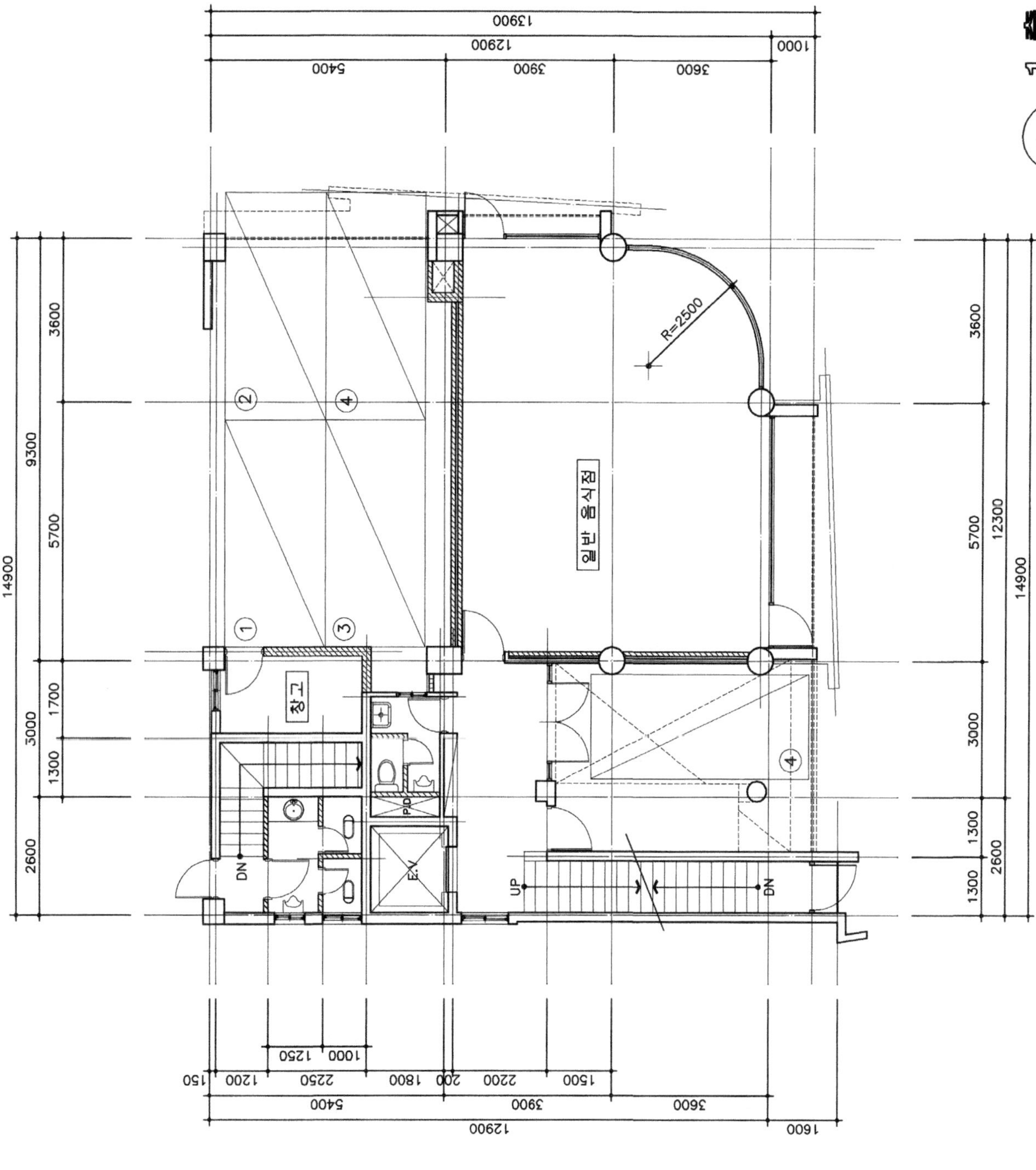

1 층 평 면 도
축척 : 1 / 100

2층 평면도

축척 : 1 / 100

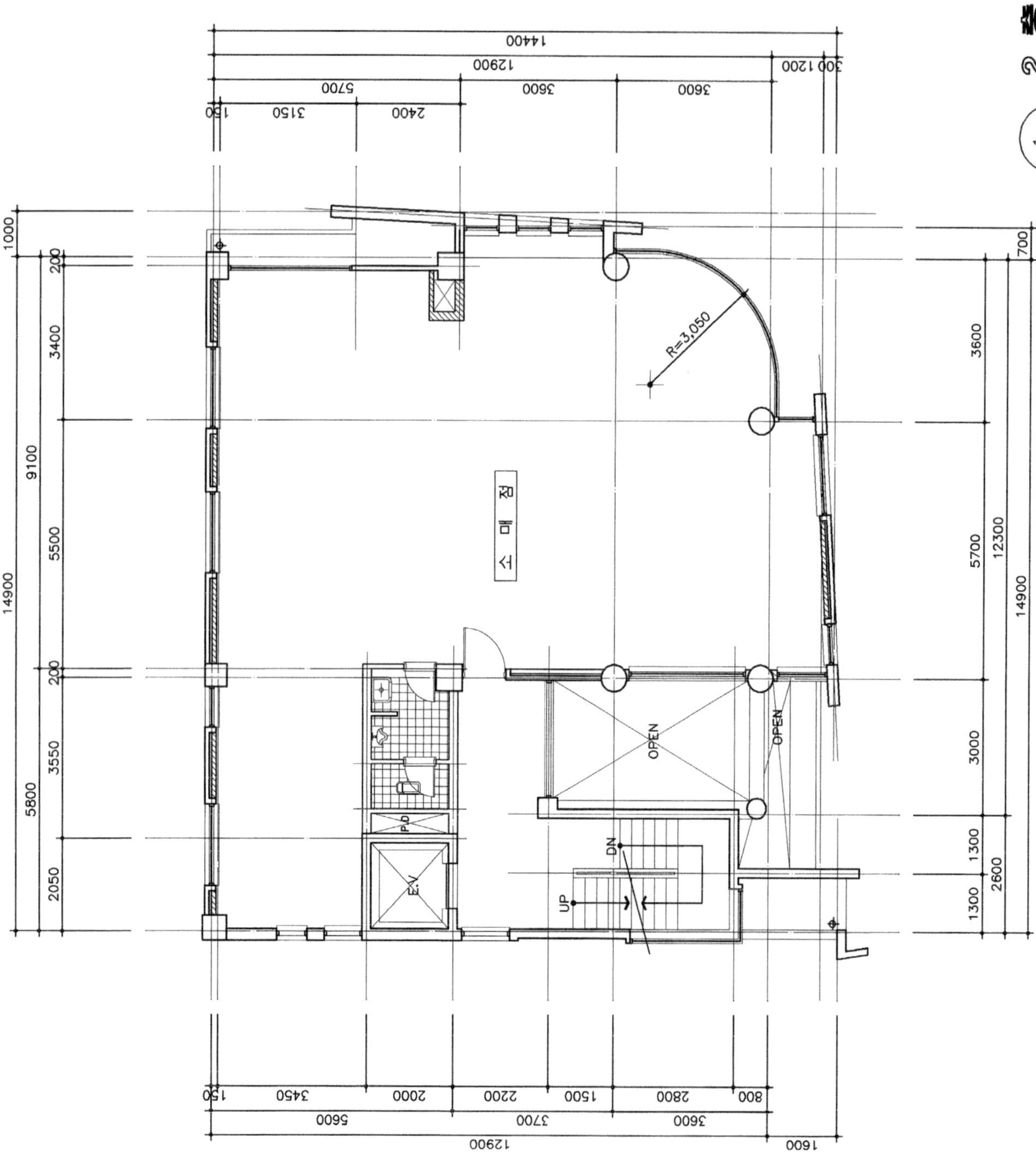

3층 평면도
축척 : 1 / 100

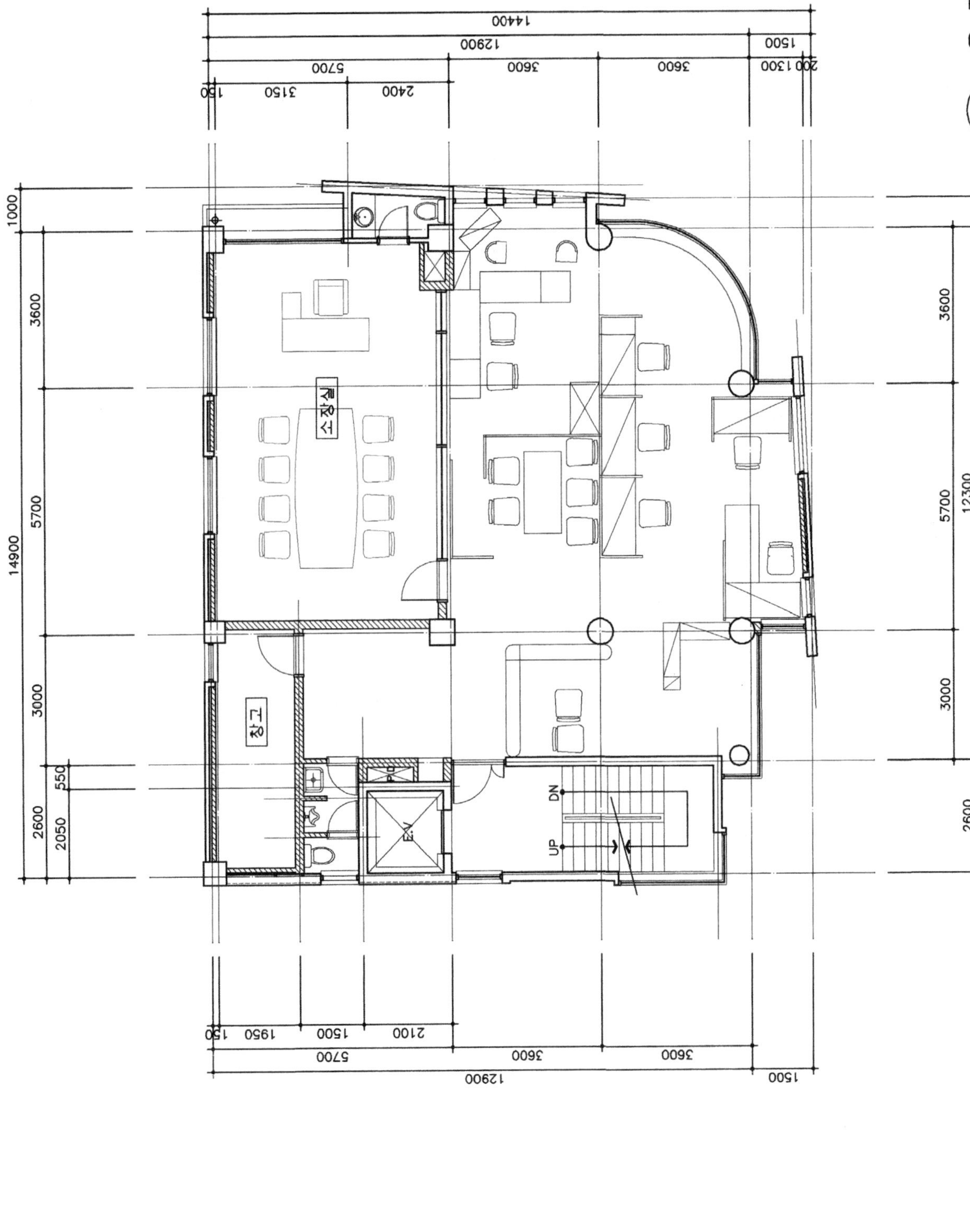

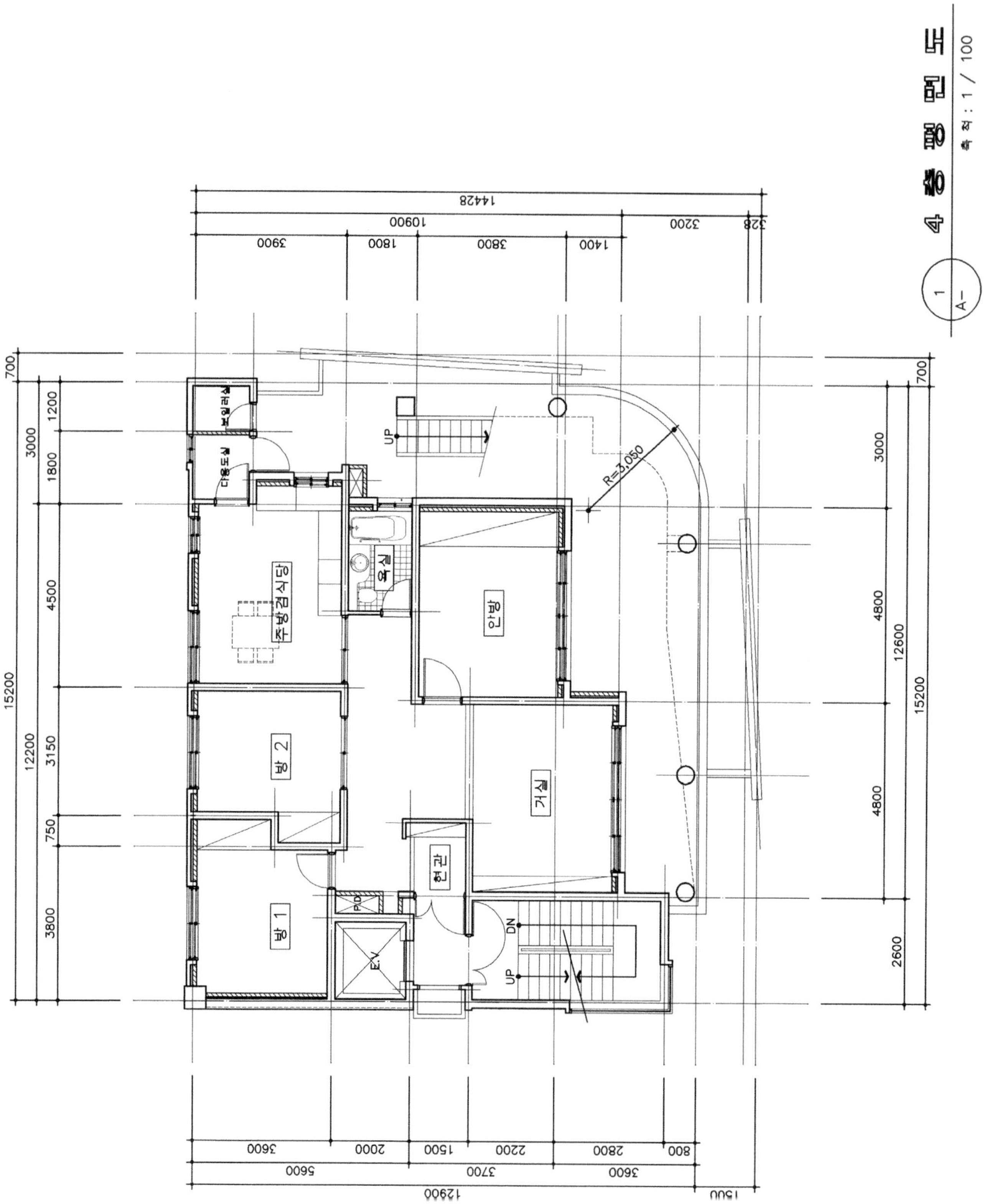
4층 평면도
축척 : 1 / 100
보일러실
다용도실
주방겸식당
욕실
안방
방 2
거실
현관
방 1
E.V
P.D
UP
DN
R=3,050

5층 평면도 축척 : 1 / 100

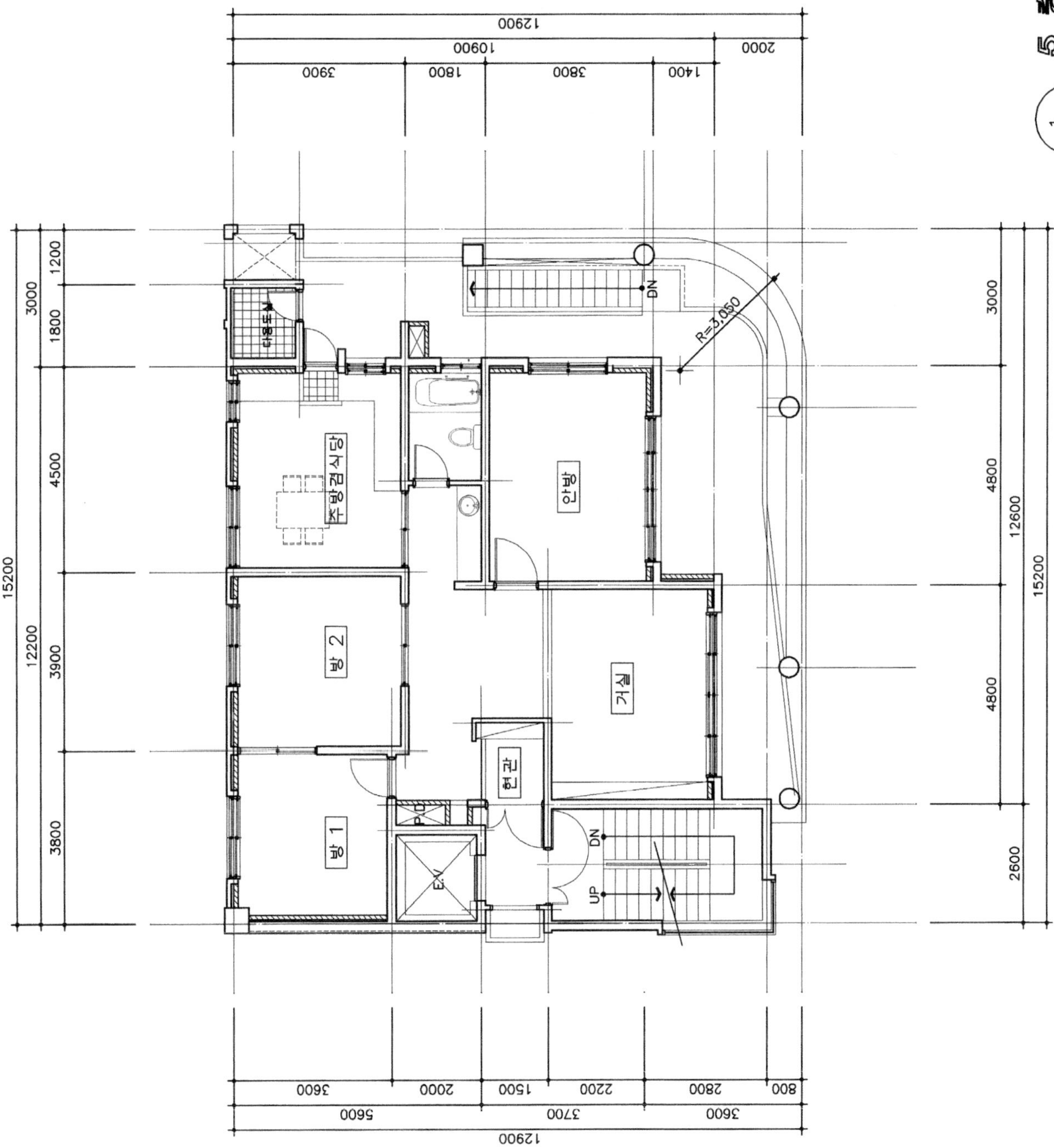

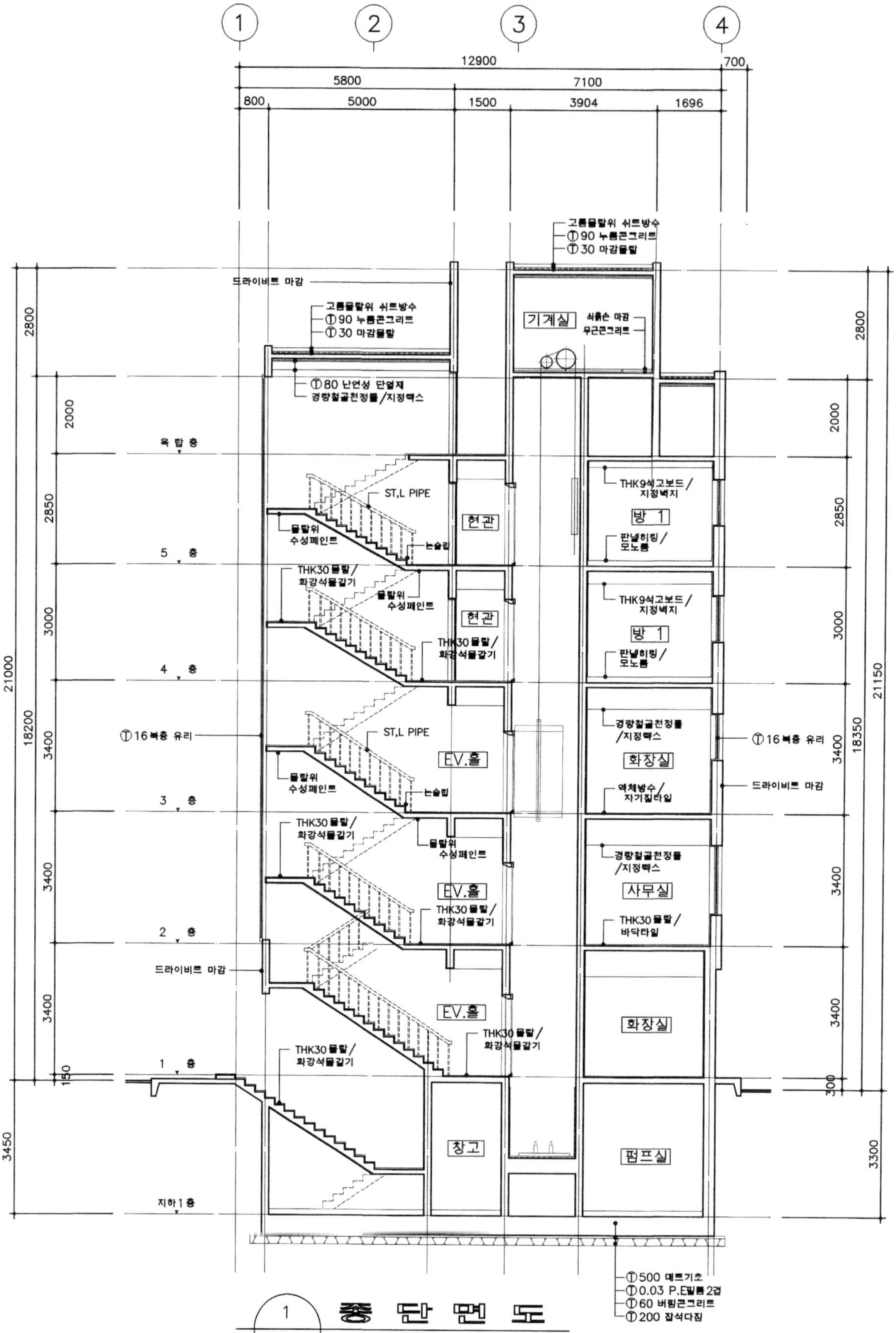

1 A- 종단면도
축척 : 1/100

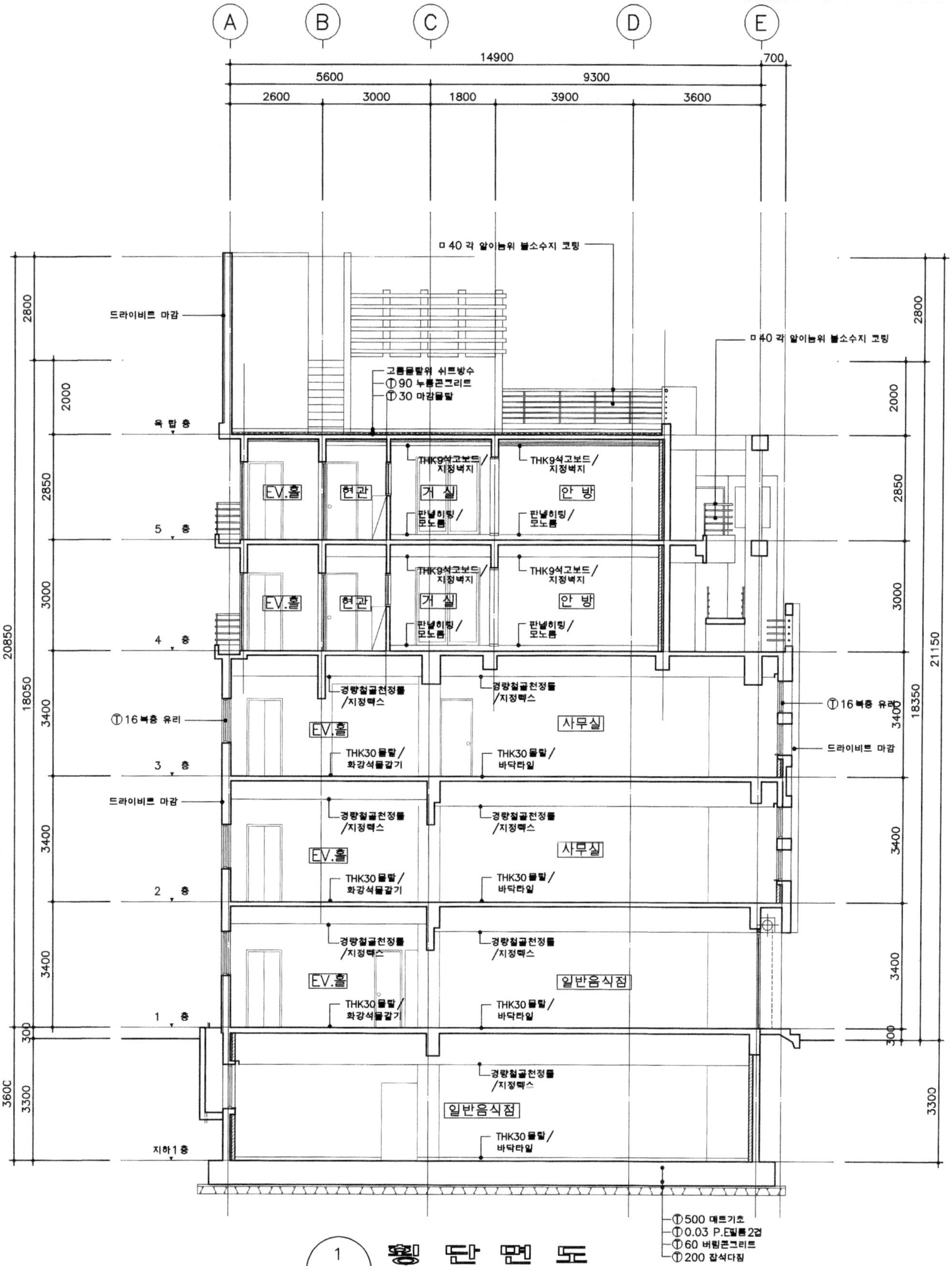

1 A-
횡 단 면 도
축척 : 1/100

8. 전원주택(목조주택)

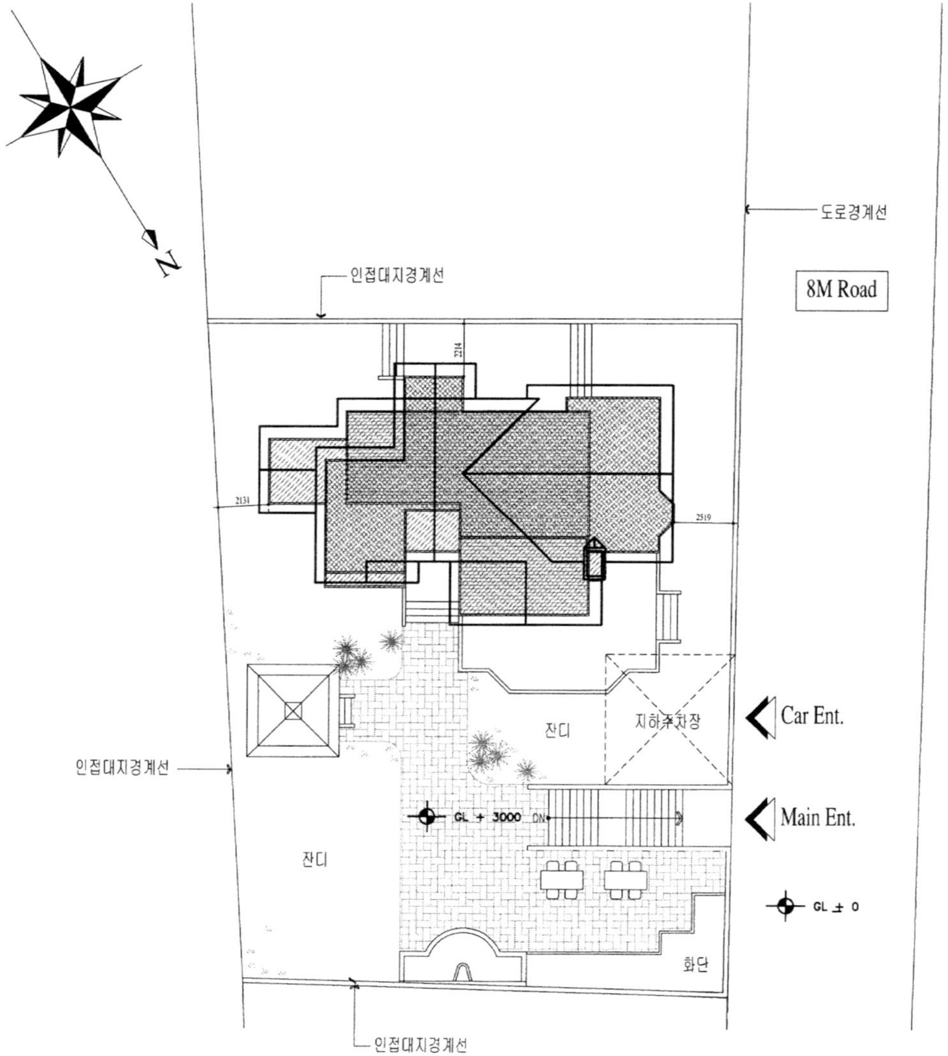

설계개요

설 계 명 : 00 씨댁 목조주택 신축공사

대지위치 : 경기도 용인시 00읍 00리 000-00

대지면적 : 589.0M² (178.17Py)

건축면적 : 117.14M² (35.43Py)

연 면 적 : 266.40M² (80.57Py)

건 폐 율 : 19.89%

용 적 율 : 33.46%

바닥면적 :

층 별	면 적	비 고
지하층	69.3M² (20.96Py)	
1 층	117.14M² (35.43Py)	
2 층	79.96M² (24.18Py)	
계	266.40M² (80.57Py)	

주 차 : 2 대

조 경

■ 범 례

(hatch)	지하층
(hatch)	1 층
(hatch)	2 층

배 치 도

Scale 1/200

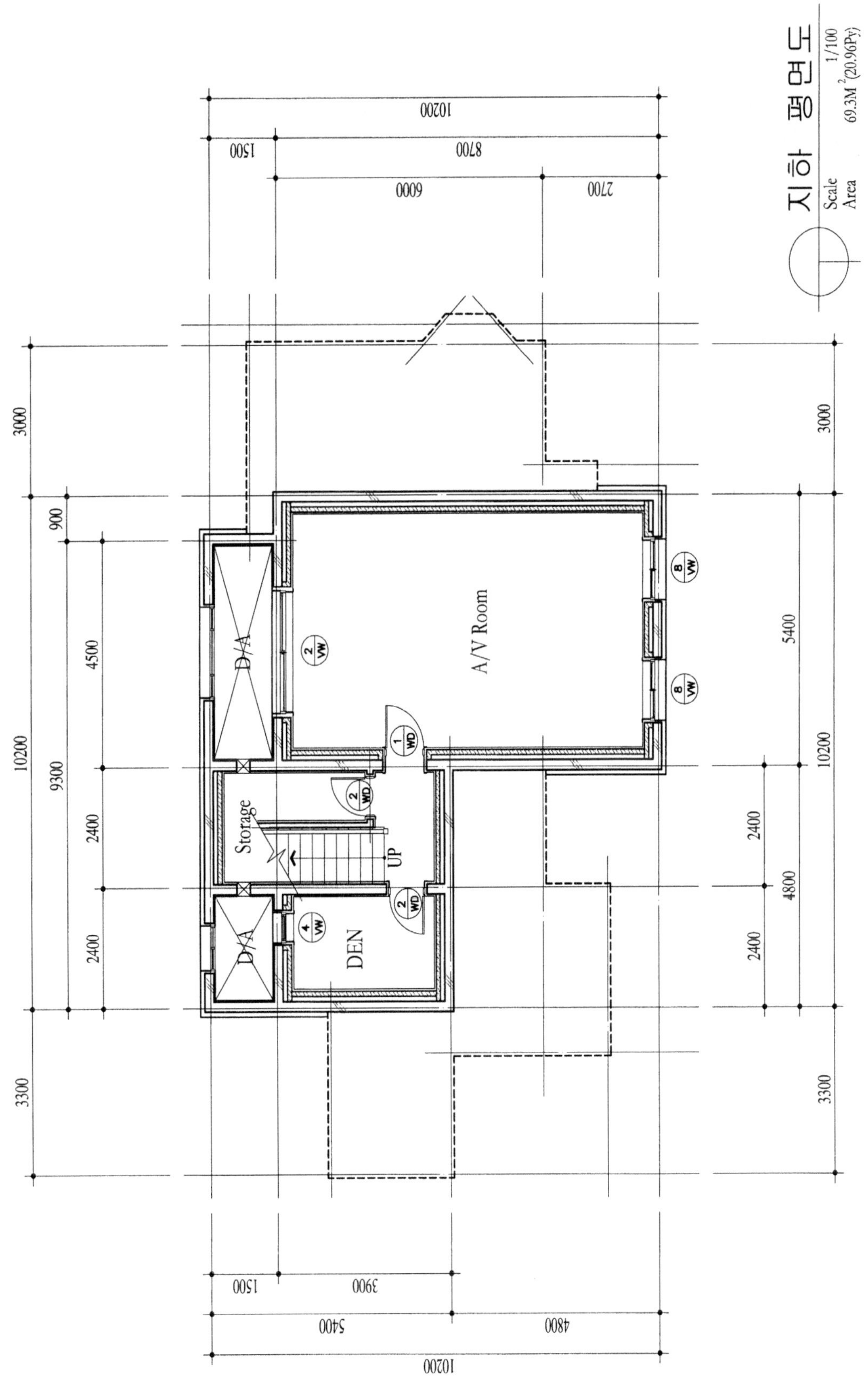
지하 평면도
Scale 1/100
Area 69.3M²(20.96Py)
A/V Room
D/A
Storage
UP
DEN
10200
8700
6000
2700
1500
3000
900
4500
9300
2400
3300
5400
4800
3900

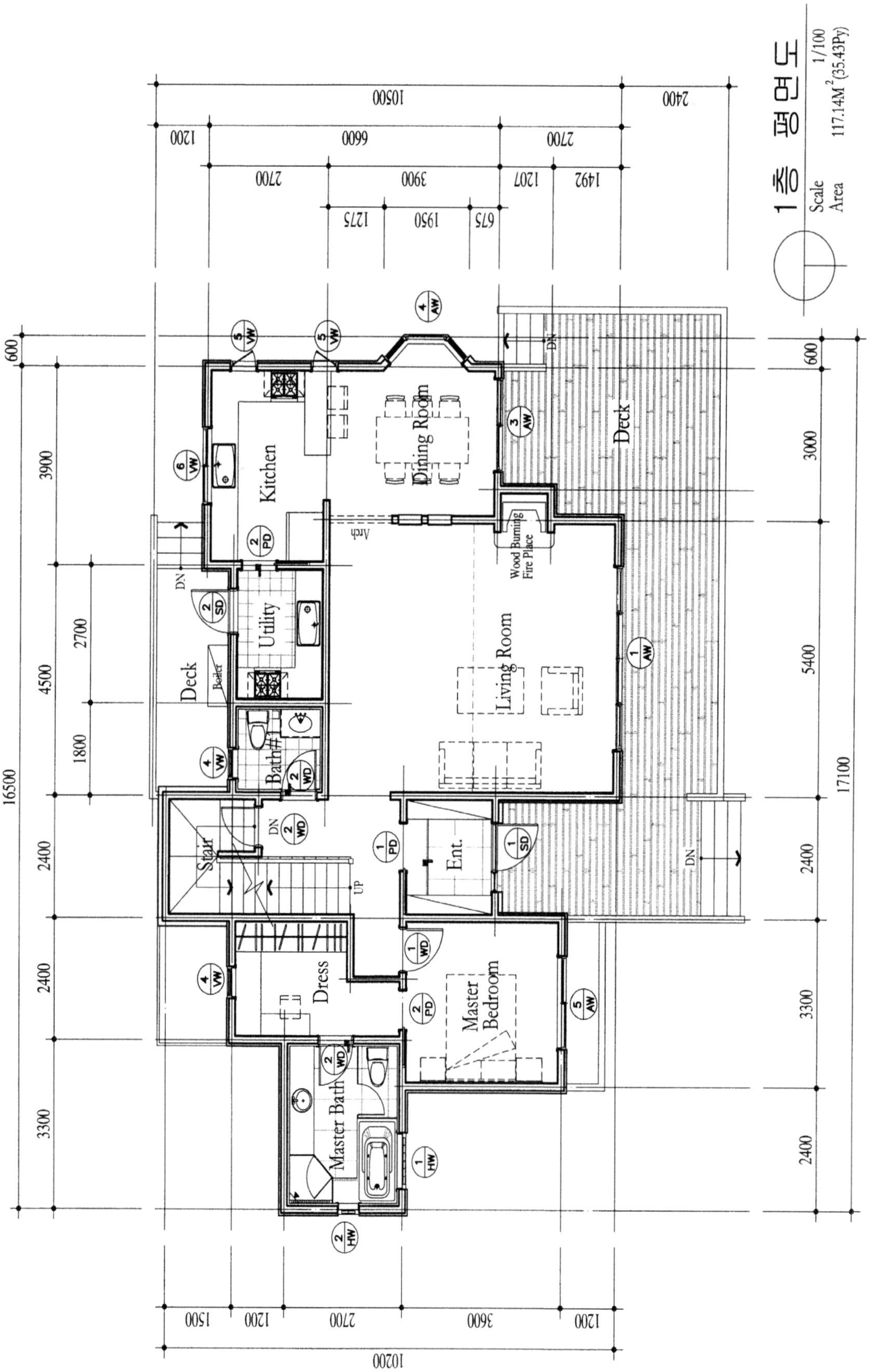

1층 평면도
Scale 1/100
Area 117.14M²(35.43Py)
Kitchen
Dining Room
Living Room
Wood Burning Fire Place
Arch
Utility
Deck
Boiler
Bath
Stair
Ent.
Dress
Master Bedroom
Master Bath
DN
UP
10500
10200
16500
17100

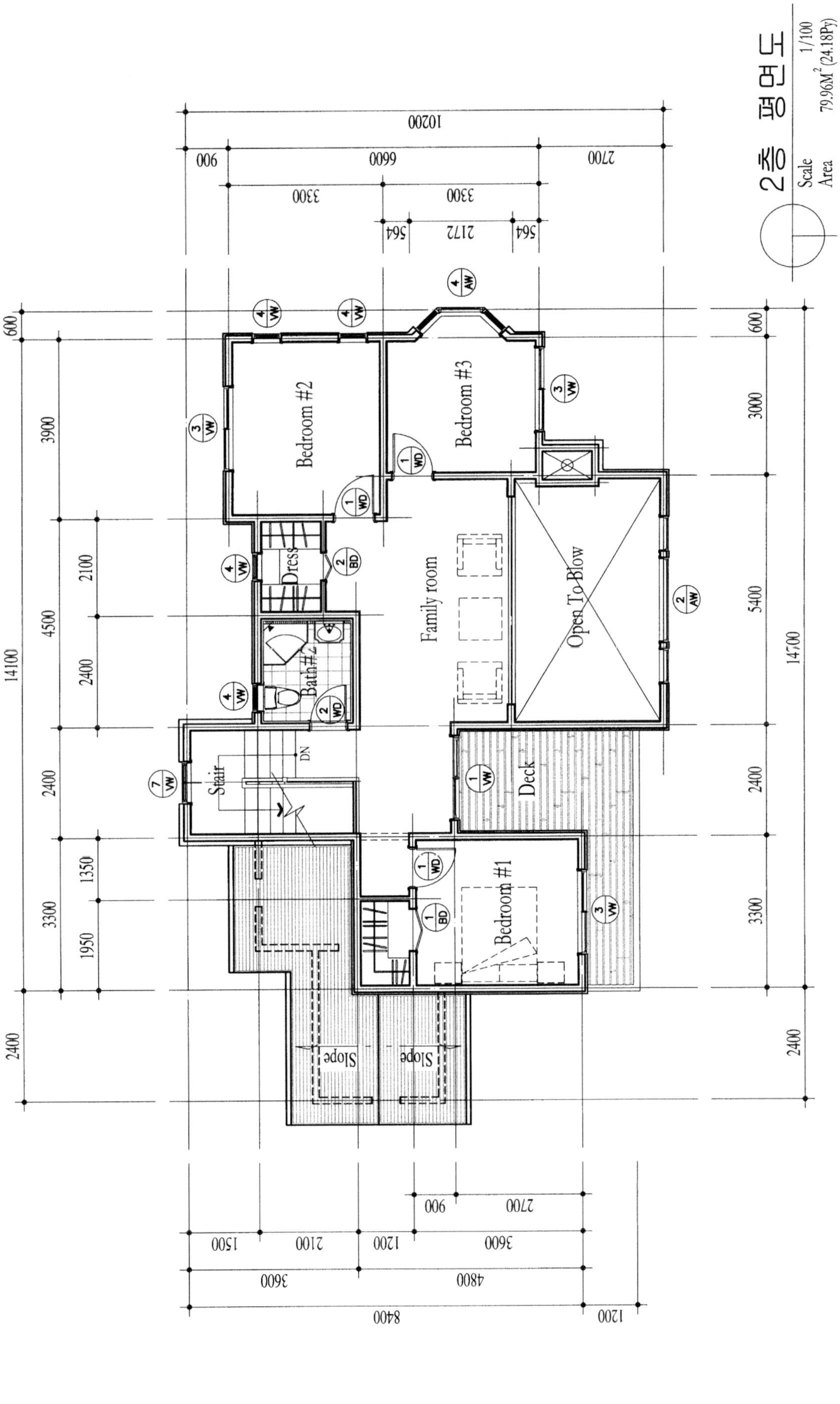
2층 평면도
Scale 1/100
Area 79.96M² (24.18Py)
Bedroom #1
Bedroom #2
Bedroom #3
Family room
Open To Blow
Deck
Dress
Bath #2
Stair
DN
Slope
Slope
10200
14100
14700
8400

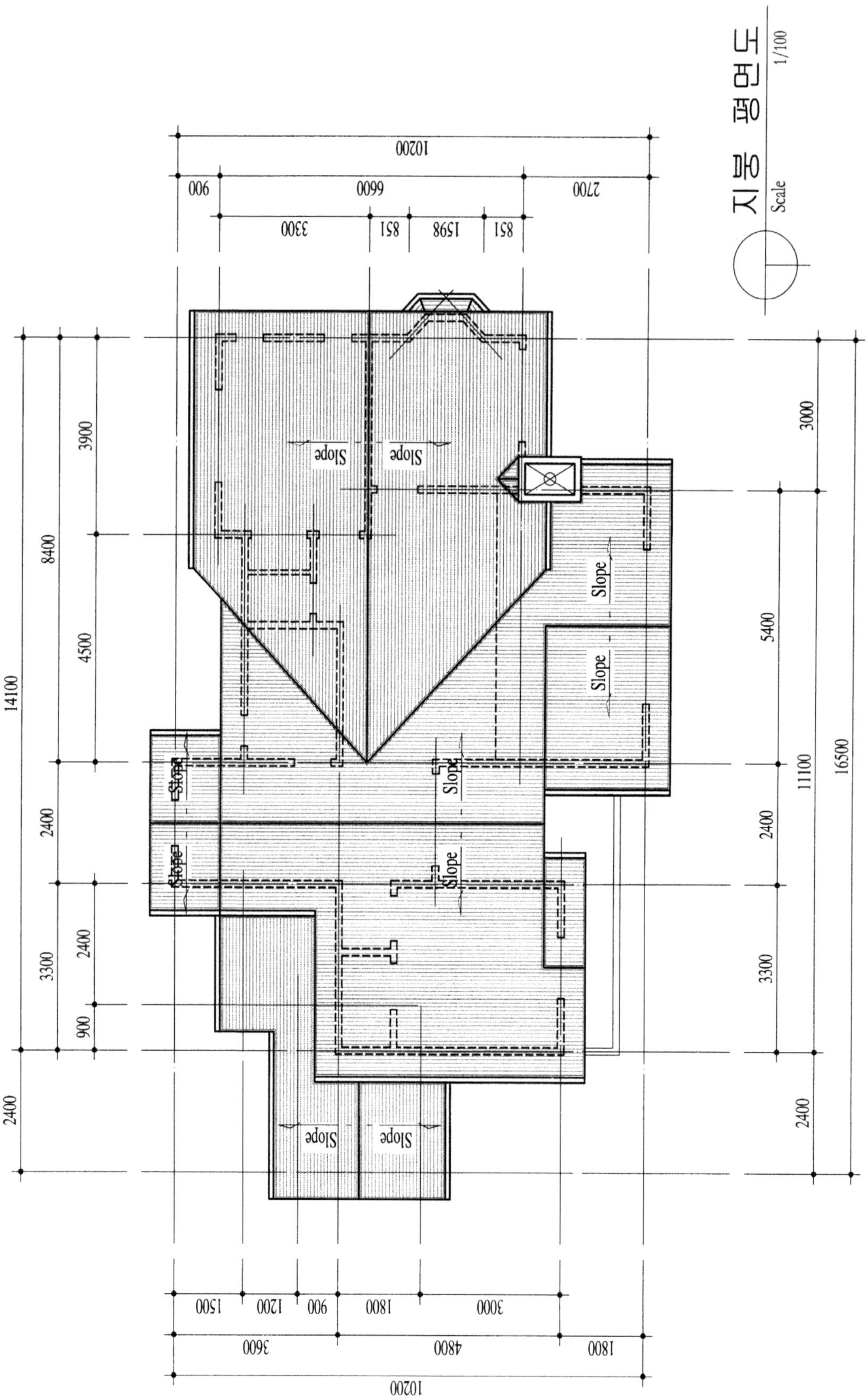
지붕 평면도
Scale 1/100
Slope

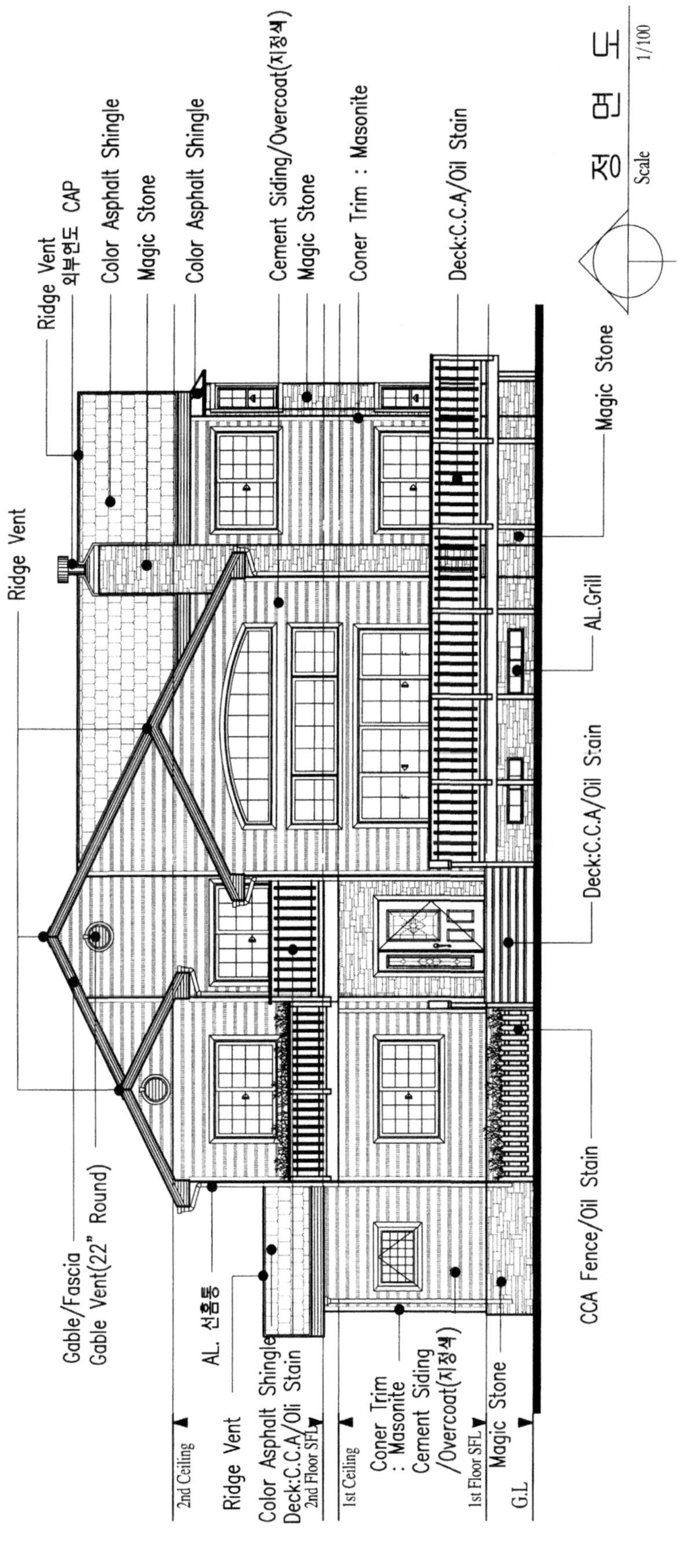
Ridge Vent
외부연도 CAP
Color Asphalt Shingle
Magic Stone
Color Asphalt Shingle
Cement Siding/Overcoat(지정색)
Magic Stone
Coner Trim : Masonite
Deck:C.C.A/Oil Stain
Ridge Vent
Gable/Fascia
Gable Vent(22" Round)
AL. 선홈통
Magic Stone
AL.Grill
Deck:C.C.A/Oil Stain
CCA Fence/Oil Stain
2nd Ceiling
Ridge Vent
Color Asphalt Shingle
Deck:C.C.A/Oli Stain
2nd Floor SFL
1st Ceiling
Coner Trim
: Masonite
Cement Siding
/Overcoat(지정색)
1st Floor SFL
Magic Stone
G.L
정 면 도
Scale 1/100

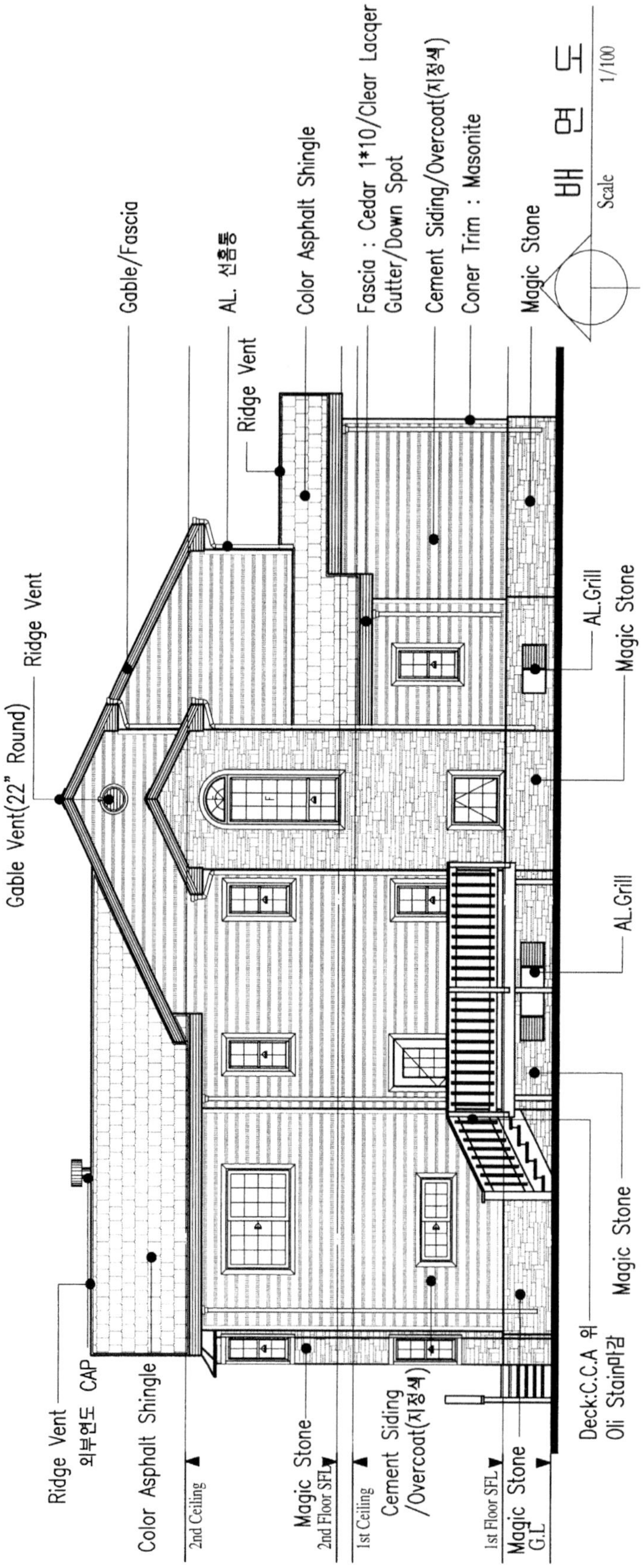

Ridge Vent
외부연도 CAP
Color Asphalt Shingle
2nd Ceiling
Magic Stone
2nd Floor SFL
1st Ceiling
Cement Siding
/Overcoat(지정색)
1st Floor SFL
Magic Stone
G.L
Deck:C.C.A 위
Oli Stain마감
Magic Stone
AL.Grill
Magic Stone
AL.Grill
Gable Vent(22" Round)
Ridge Vent
Gable/Fascia
AL. 선홈통
Ridge Vent
Color Asphalt Shingle
Fascia : Cedar 1*10/Clear Lacqer
Gutter/Down Spot
Cement Siding/Overcoat(지정색)
Coner Trim : Masonite
Magic Stone
배 면 도
Scale 1/100

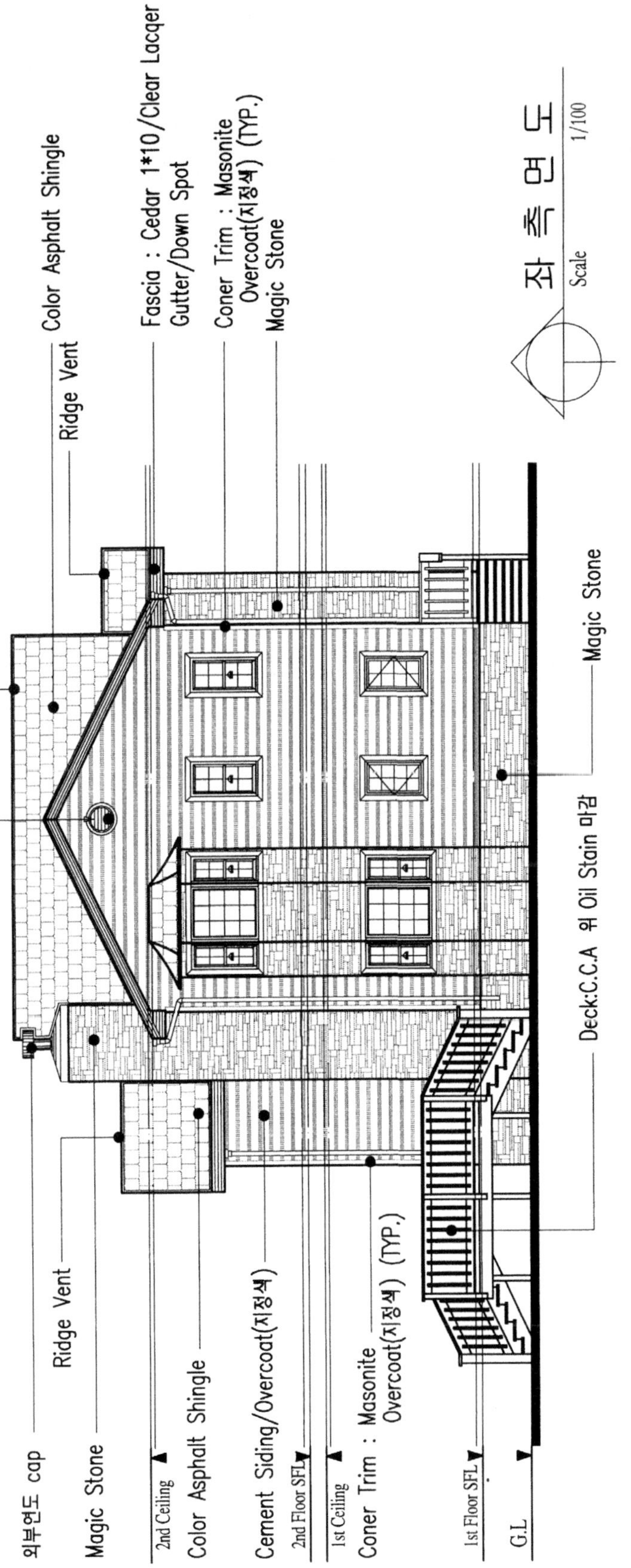
Ridge Vent
Gable Vent(22" Round)
Ridge Vent
Color Asphalt Shingle
Fascia : Cedar 1*10/Clear Lacqer
Gutter/Down Spot
Coner Trim : Masonite
Overcoat(지정색) (TYP.)
Magic Stone
외부연도 cap
Magic Stone
Ridge Vent
2nd Ceiling
Color Asphalt Shingle
Cement Siding/Overcoat(지정색)
2nd Floor SFL
1st Ceiling
Coner Trim : Masonite
Overcoat(지정색) (TYP.)
1st Floor SFL
G.L
Deck:C.C.A 위 Oil Stain 마감
Magic Stone
좌측면도
Scale 1/100

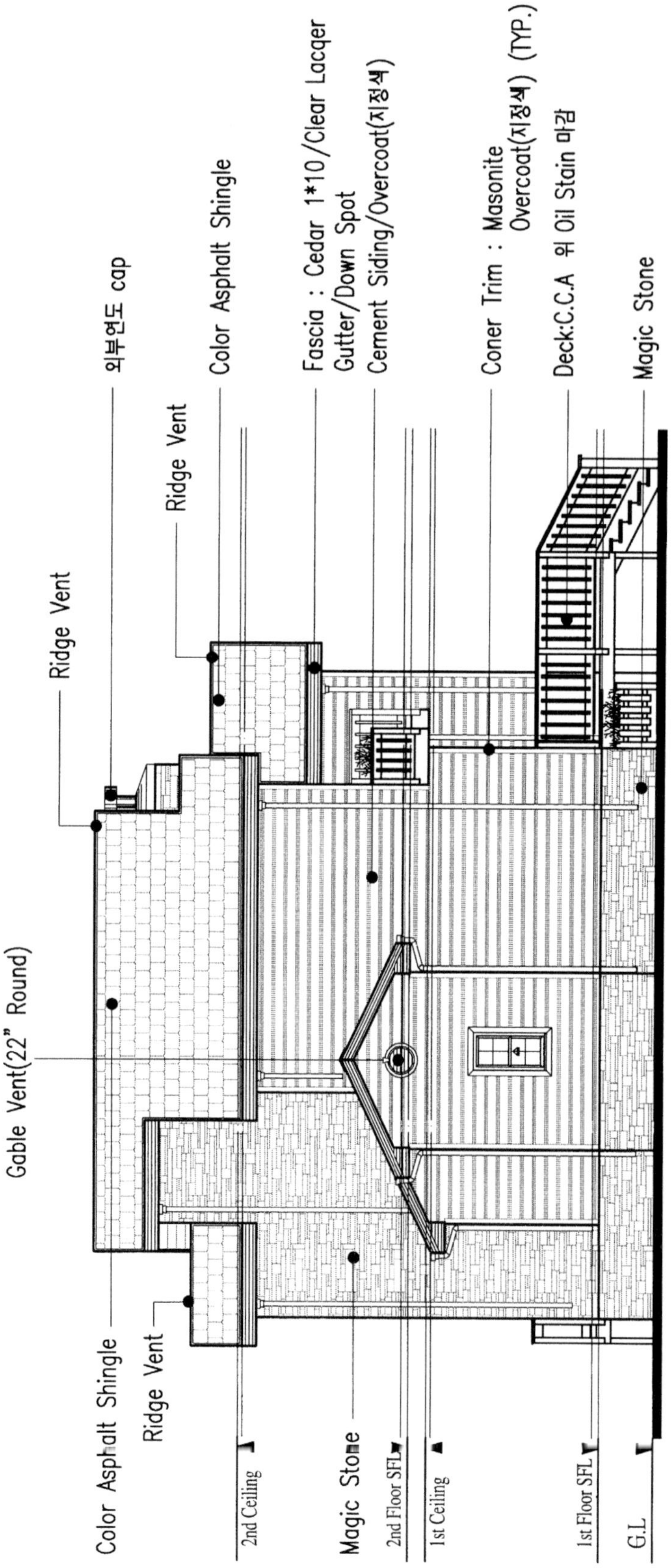

우측면도
Scale 1/100

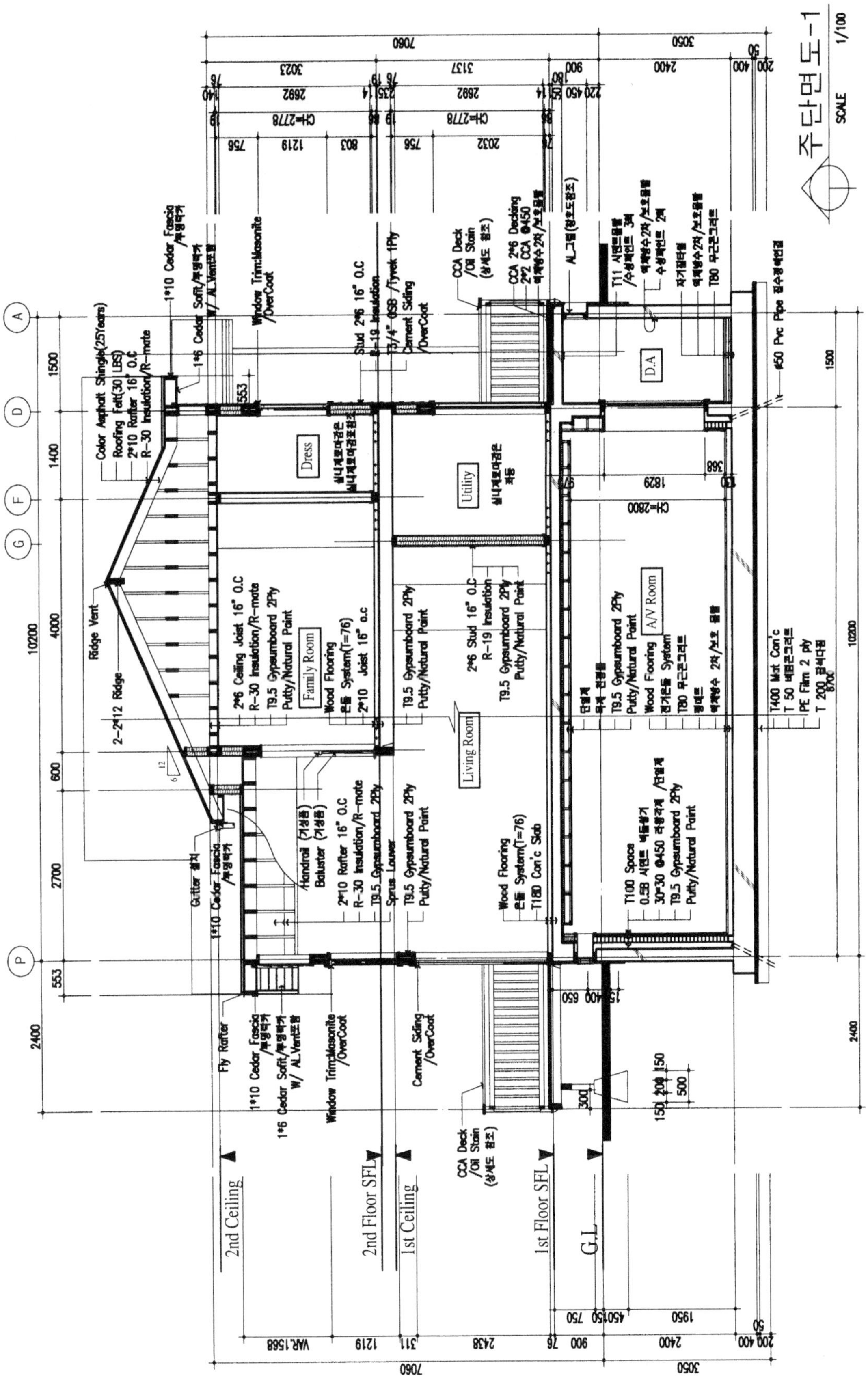
주단면도-1
SCALE 1/100

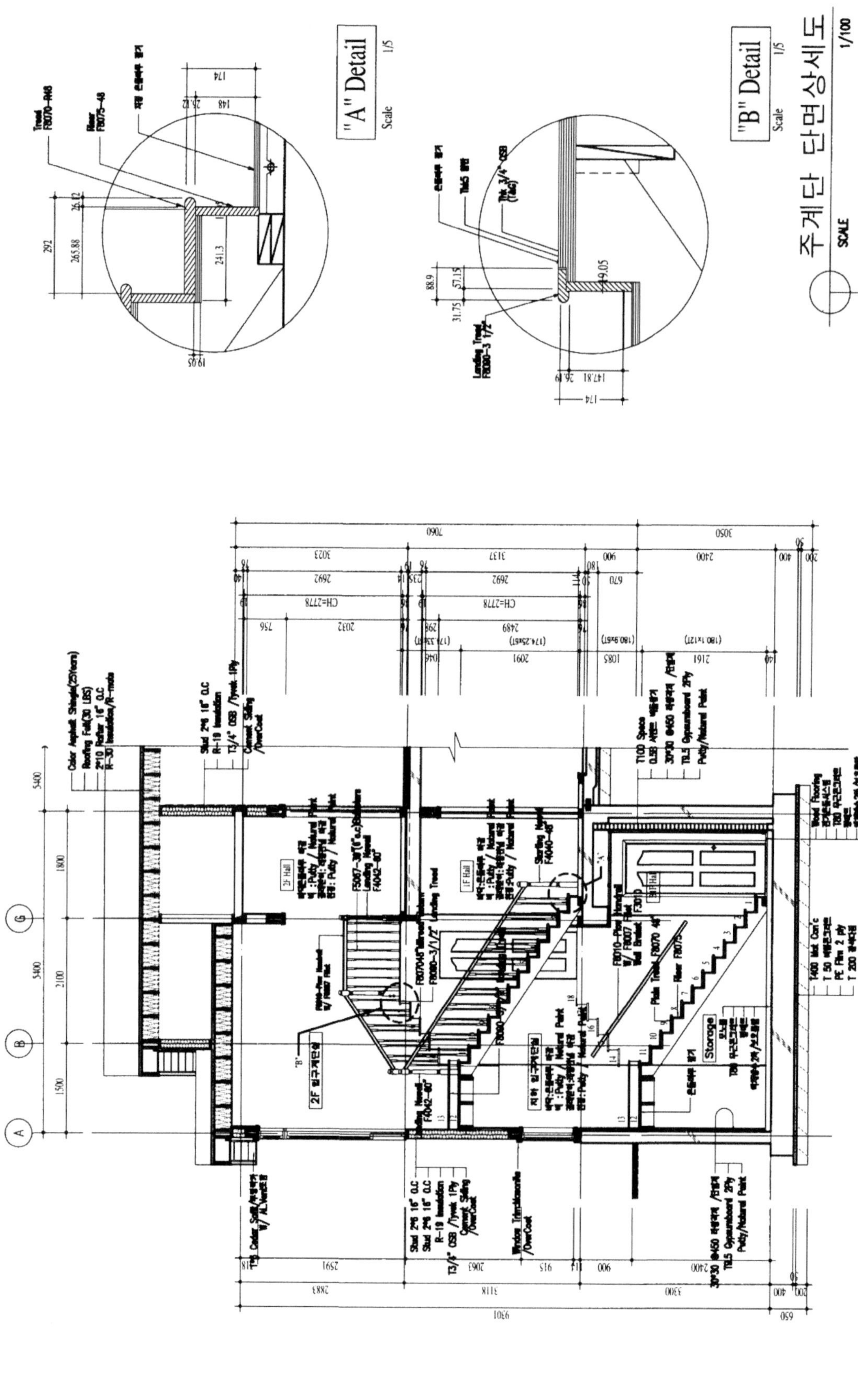
"A" Detail
Scale 1/5
"B" Detail
Scale 1/5
주계단 단면상세도
SCALE 1/100

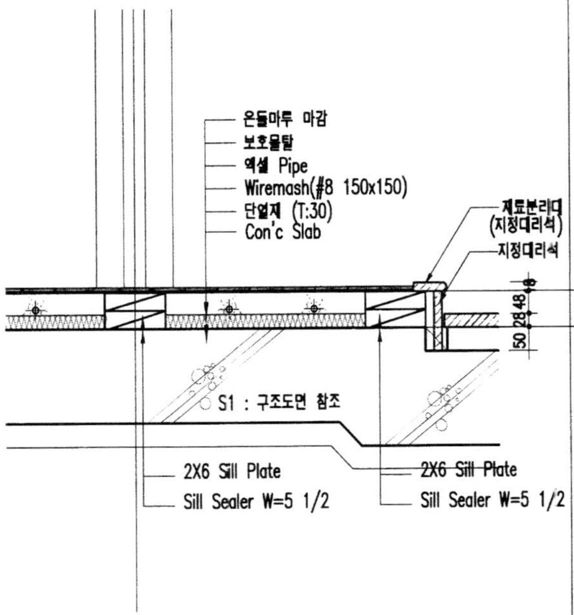

6. Entrance 단차이 마감

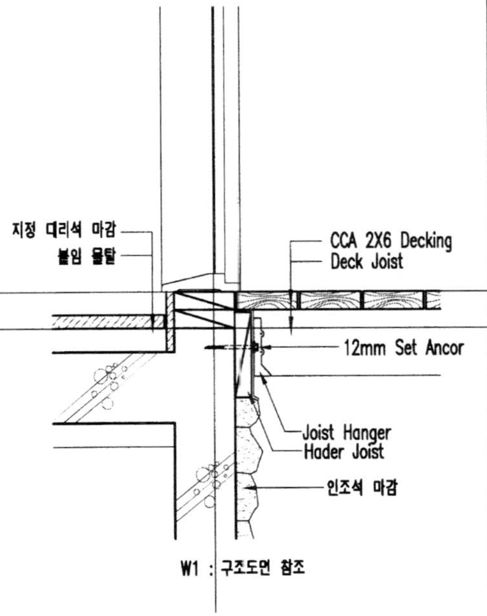

7. Entrance 부분 Deck 상세

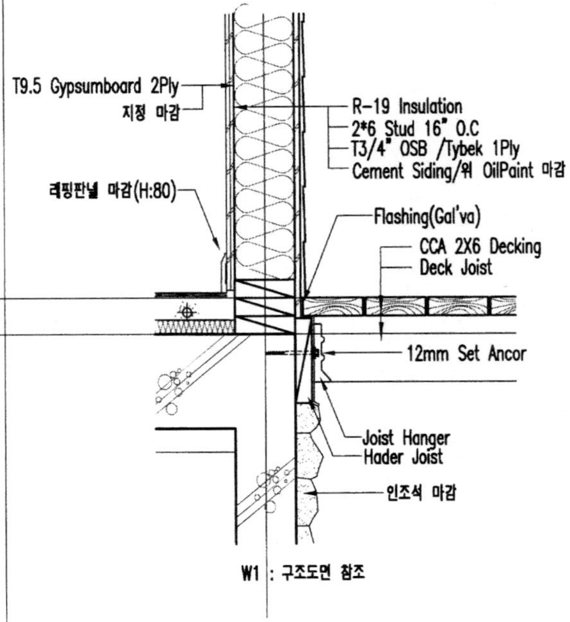

8. Wall부분 Deck 상세

마감상세도

SCALE NONE

1/SD

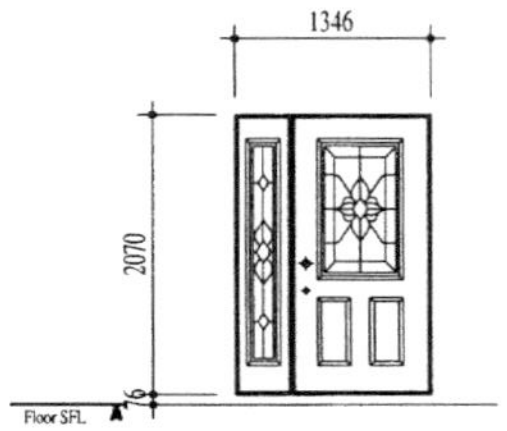

위치및개소	ENTRANCE	1 EA
크 기	3068/1268	
후레임재질	STEEL FIBERGLASS	
유 리	제작자 일식	
창호철물	제작자 일식	

2/SD

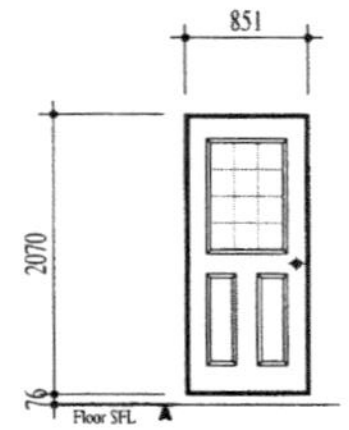

위치및개소	UTILITY	1 EA
크 기	2668	
후레임재질	STEEL	
유 리	제작자 일식	
창호철물	제작자 일식	

1/WD

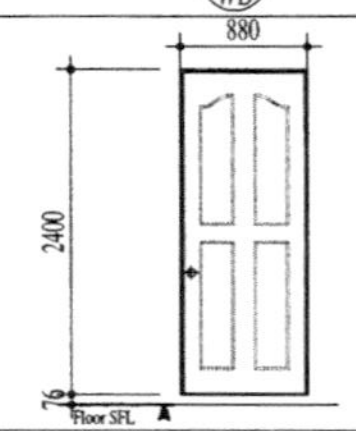

위치및개소	MASTER BEDROOM, BEDROOM#1,2,3 A/V ROOM, DEN	6 EA
크 기	880X2400	
후레임재질	WOOD	
유 리		
창호철물	제작자 일식	

2/WD

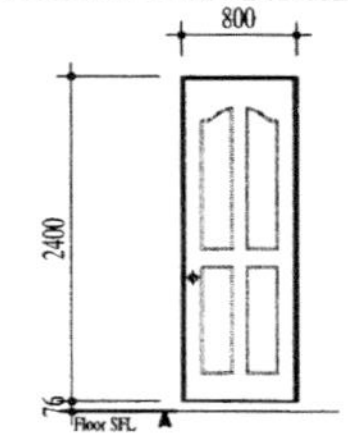

위치및개소	MASTER BATH, BATH#1,2, STAIR	4 EA
크 기	800X2400	
후레임재질	WOOD	
유 리		
창호철물	제작자 일식	

3/WD

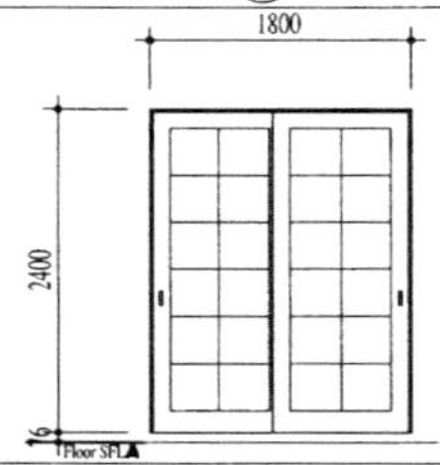

위치및개소	ENTRANCE	1 EA
크 기	POCKET DOOR 1800X2400	
후레임재질	WOOD	
유 리	제작자 일식	
창호철물	제작자 일식	

4/WD

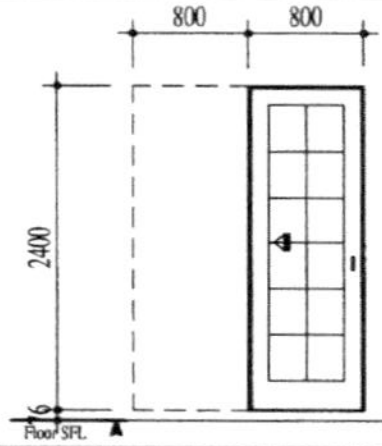

위치및개소	UTILITY, DRESS	2 EA
크 기	POCKET DOOR 1600X2400	
후레임재질	WOOD	
유 리	제작자 일식	
창호철물	제작자 일식	

5/WD

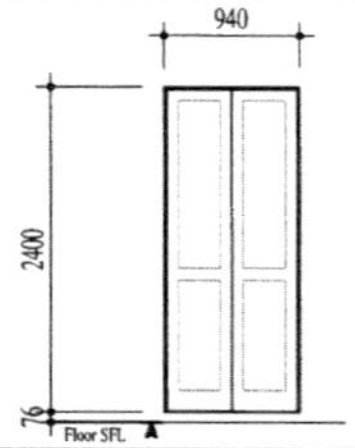

위치및개소	BEDROOM#1	1 EA
크 기	B/F DOOR 940X2400	
후레임재질	WOOD	
유 리		
창호철물	제작자 일식	

6/WD

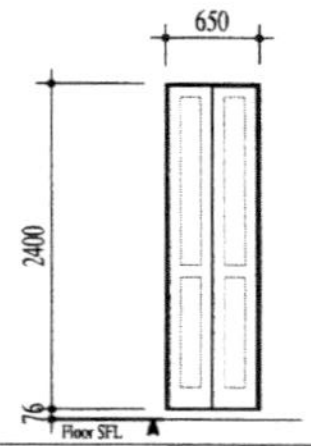

위치및개소	FAMILY ROOM	1 EA
크 기	B/F DOOR 650 X 2400	
후레임재질	WOOD	
유 리		
창호철물	제작자 일식	

1/AD

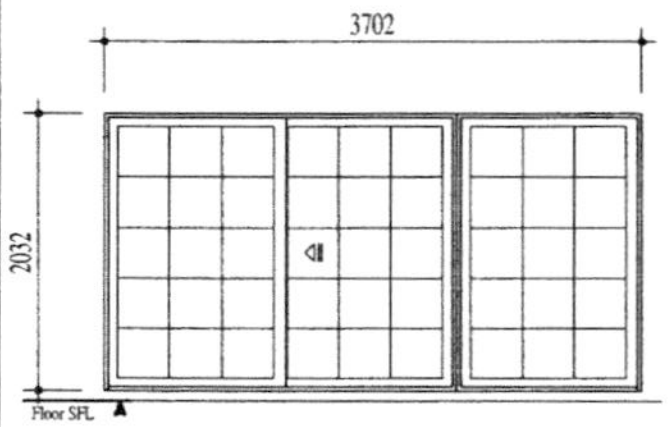

위치및개소	LIVING ROOM	1 EA
크 기	BI-PARTING PATIO DOOR 12080-OXXO	
후레임재질	EAGLE CLAD	
유 리	제작자 일식	
창호철물	제작자 일식	

1/AW

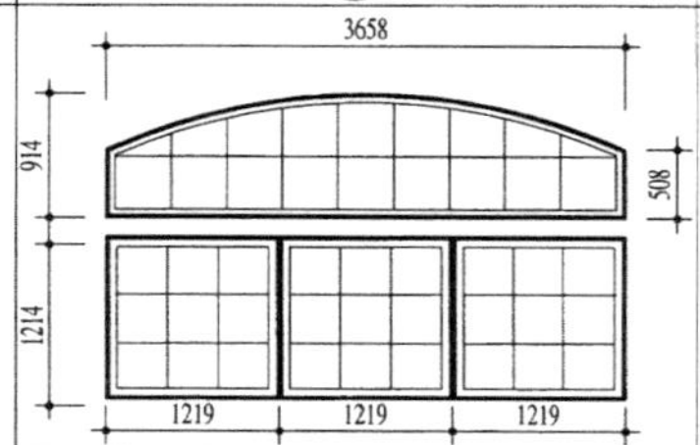

위치및개소	LIVING ROOM	1 SET
크 기	ARCHTOP 6030 & FIX2640/6040/2640	
후레임재질	EAGLE CLAD	
유 리	제작자 일식	
창호철물	제작자 일식	

2/AD

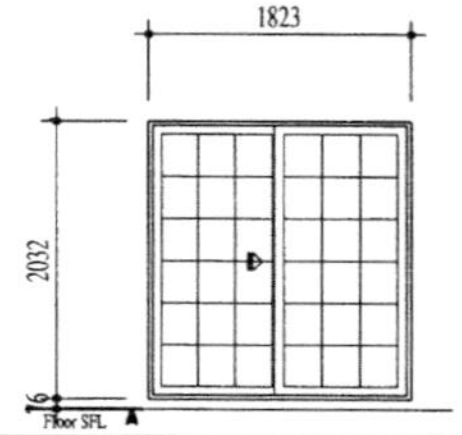

위치및개소	DINING ROOM	1 EA
크 기	PATIO DOOR 6068	
후레임재질	EAGLE CLAD	
유 리	제작자 일식	
창호철물	제작자 일식	

2/AW

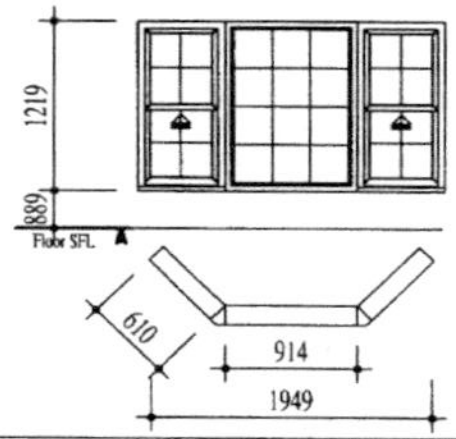

위치및개소	DINING ROOM, BEDROOM#3	2 EA
크 기	45° DOUBLE-HUNG BAY 2040/3040/2040	
후레임재질	EAGLE CLAD	
유 리	제작자 일식	
창호철물	제작자 일식	

3 / AW

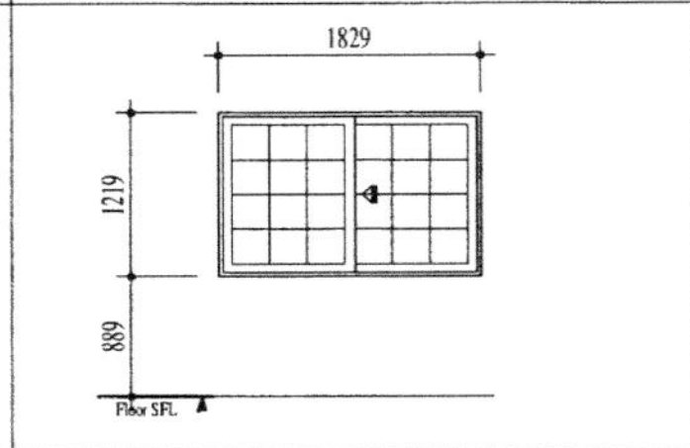

위치및개소	MASTER ROOM	1 EA
그 기	SLIDE-BY 6040	
후레임재질	EAGLE CLAD	
유 리	제작자 일식	
창호철물	제작자 일식	

1 / VD

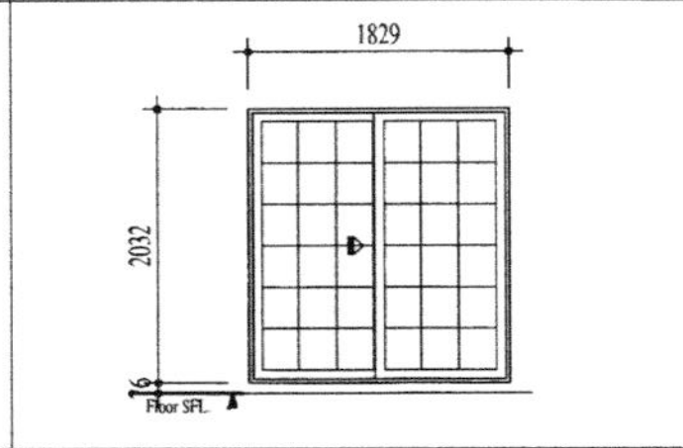

위치및개소	FAMILY ROOM	1 EA
그 기	SLIDING DOOR 6068	
후레임재질	MILGARD VINYL	
유 리	제작자 일식	
창호철물	제작자 일식	

2 / VD

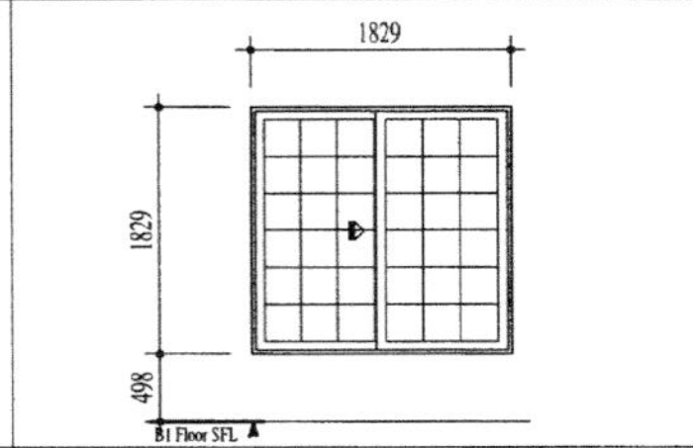

위치및개소	A/V ROOM	1 EA
그 기	SLIDING DOOR 8060	
후레임재질	MILGARD VINYL	
유 리	제작자 일식	
창호철물	제작자 일식	

1 / VW

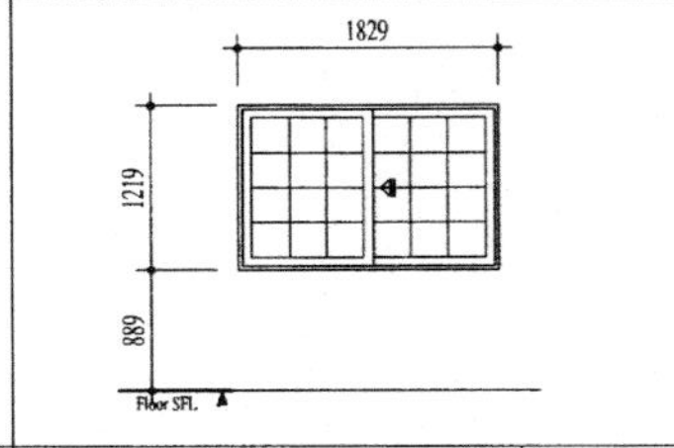

위치및개소	BEDROOM#1,2,3	3 EA
그 기	HALF-VENT 6040	
후레임재질	MILGARD VINYL	
유 리	제작자 일식	
창호철물	제작자 일식	

2 / VW

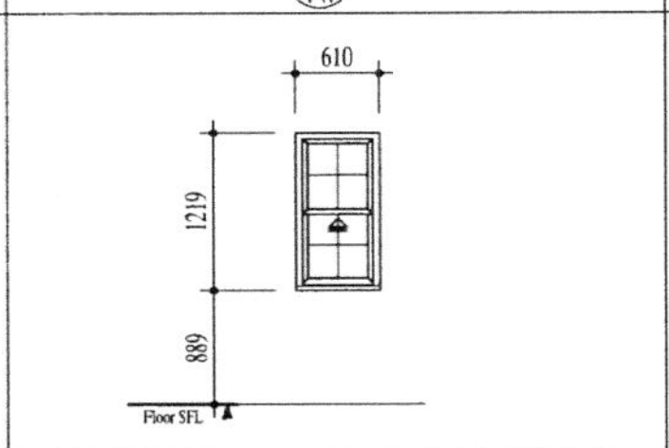

위치및개소	DRESS, M/BTH#1,2, BEDROOM#2, DEN.	8 EA
그 기	SINGLE-HUNG 2040	
후레임재질	MILGARD VINYL	
유 리	제작자 일식	
창호철물	제작자 일식	

3 / VW

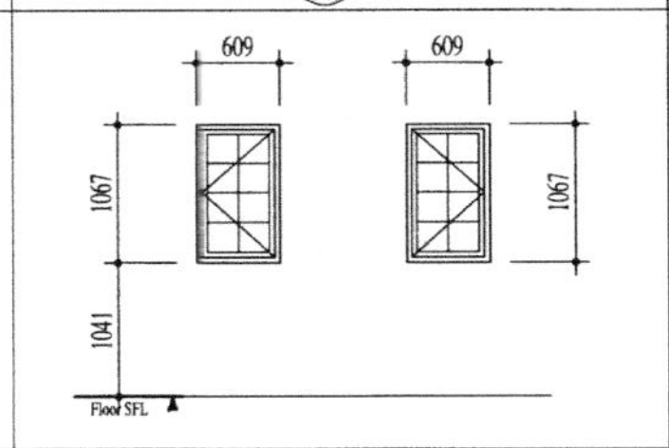

위치및개소	KITCHEN	각 1 EA
그 기	CASEMENT 2036 R,L	
후레임재질	MILGARD VINYL	
유 리	제작자 일식	
창호철물	제작자 일식	

4 / VW

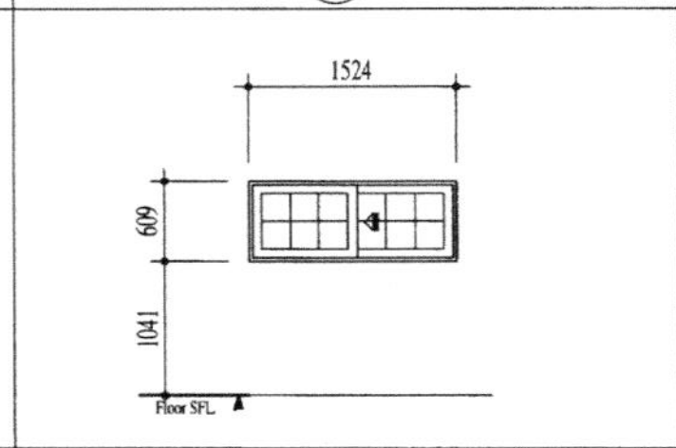

위치및개소	KITCHEN	1 EA
그 기	HALF-VENT 5020	
후레임재질	MILGARD VINYL	
유 리	제작자 일식	
창호철물	제작자 일식	

5 / VW

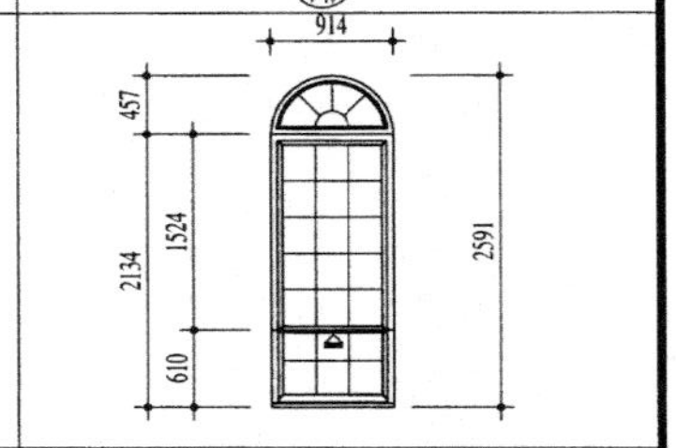

위치및개소	STAIR	1 SET
그 기	HALF-ROUND 3016 & SINGLE-HUNG 3070	
후레임재질	MILGARD VINYL	
유 리	제작자 일식	
창호철물	제작자 일식	

6 / VW

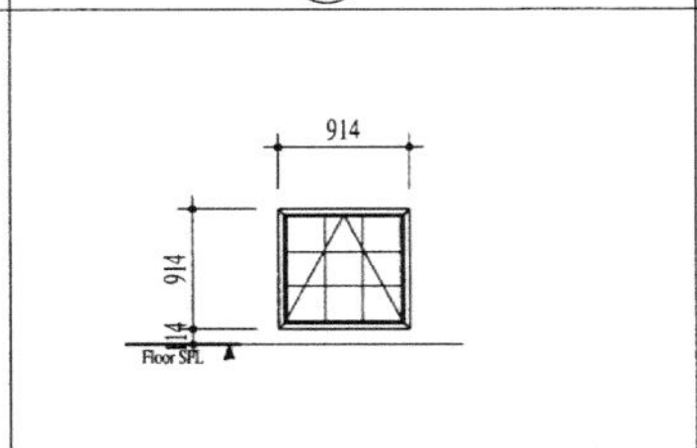

위치및개소	STAIR	1 EA
그 기	AWNING 3030	
후레임재질	MILGARD VINYL	
유 리	제작자 일식	
창호철물	제작자 일식	

7 / VW

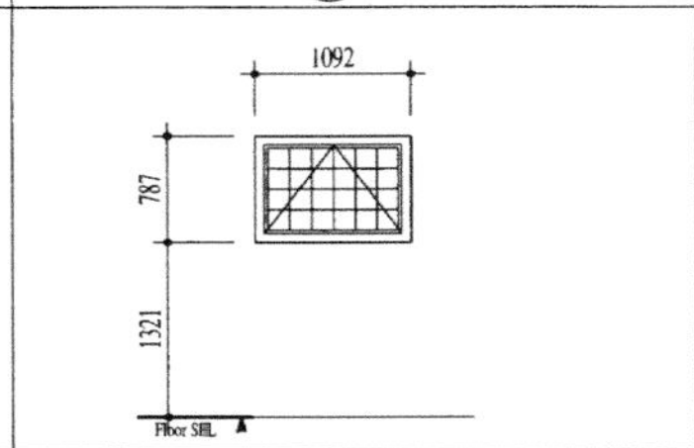

위치및개소	MASTER BATH	1 EA
그 기	R64	
후레임재질	HY-LITE VINYL	
유 리	HY-LITE ACRYLIC BLOCK	
창호철물	제작자 일식	

1 / PW

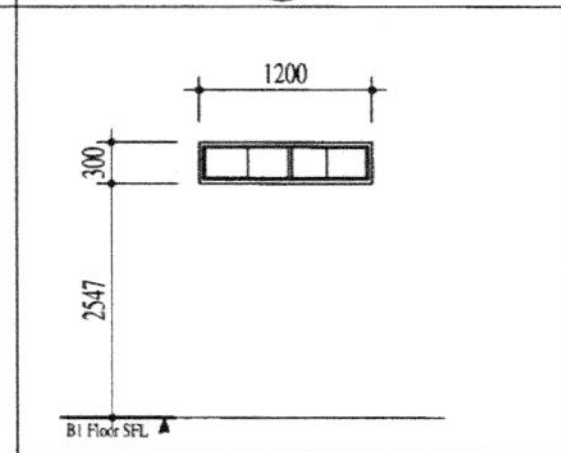

위치및개소	A/V ROOM	2 EA
그 기	1200X300	
후레임재질	플라스틱(제작)	
유 리	T16 투명 복층유리	
창호철물	제작자 일식	

4 / AW 5 / AW

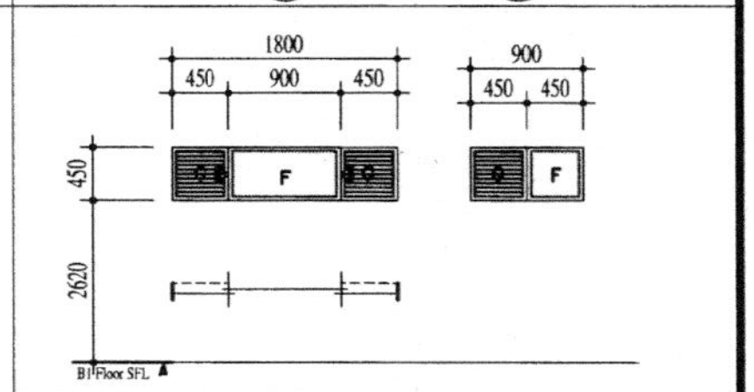

위치및개소	D/A	각1 EA
그 기	1800X450 , 900X450	
후레임재질	제작자 일식	
유 리	제작자 일식	
창호철물	제작자 일식	

부록

주요 실별 가구 및 비품

1. 거실
2. 침실
3. 욕실 · 화장실
4. 식당
5. 주방
6. 수납 공간
7. 차고

1. 거실

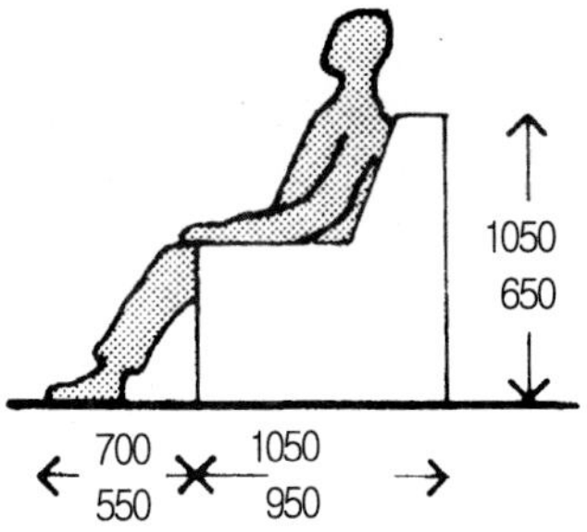

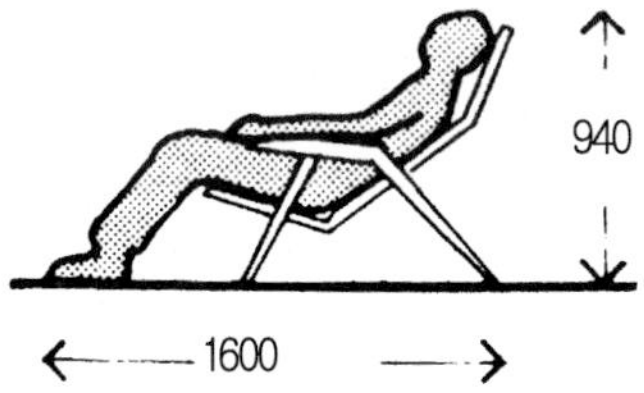

담화의 스페이스

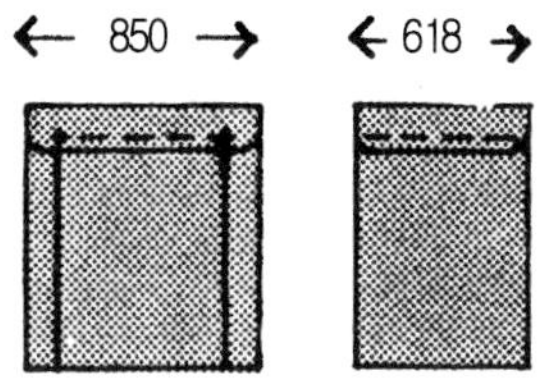

소 파

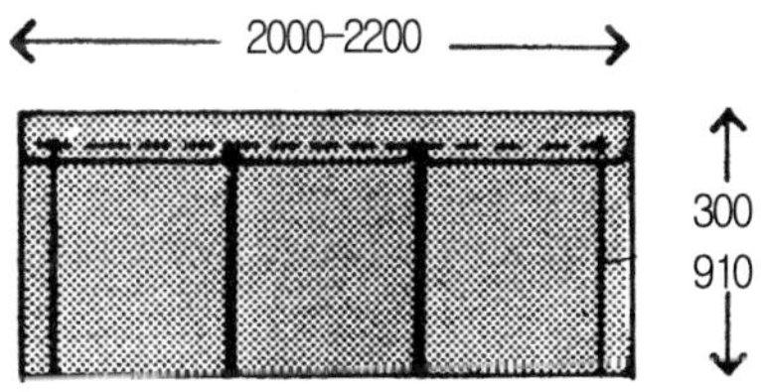

3인용 소파

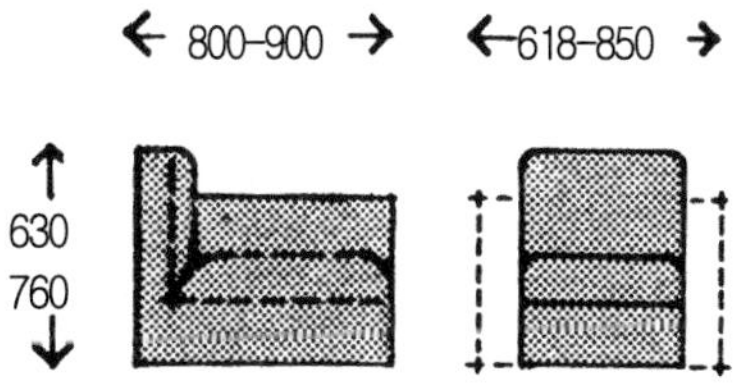

소 파

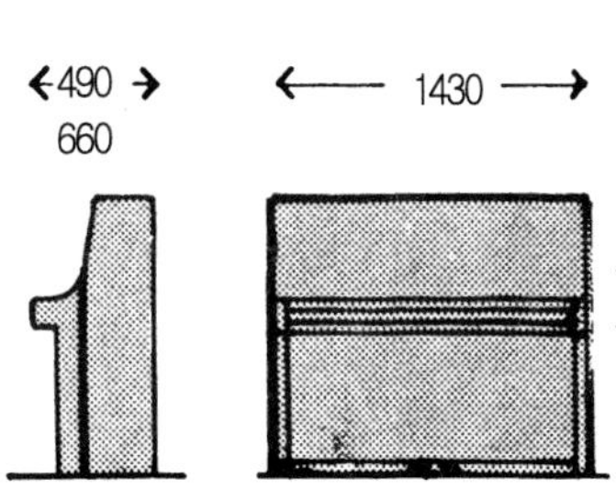

일반 피아노

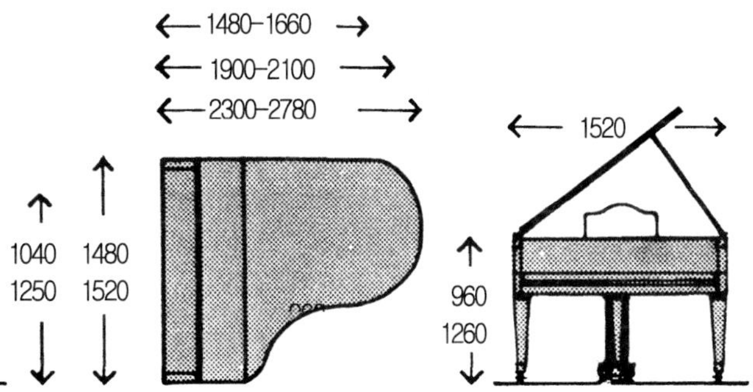

그랜드 피아노

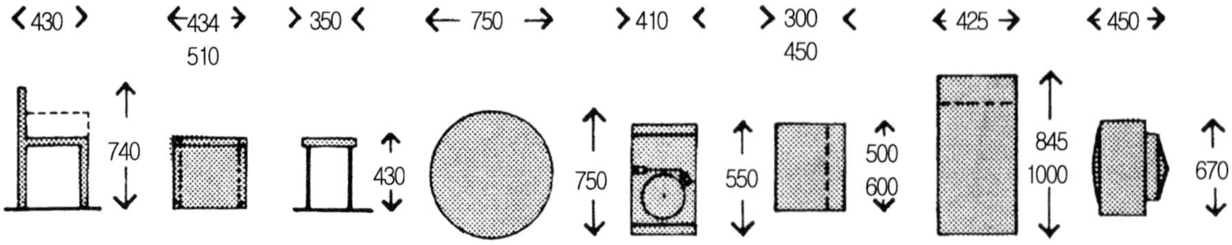

식탁용 의자 둥근 커피 탁자 스테레오 단위 오디오 세트 대 TV 세트

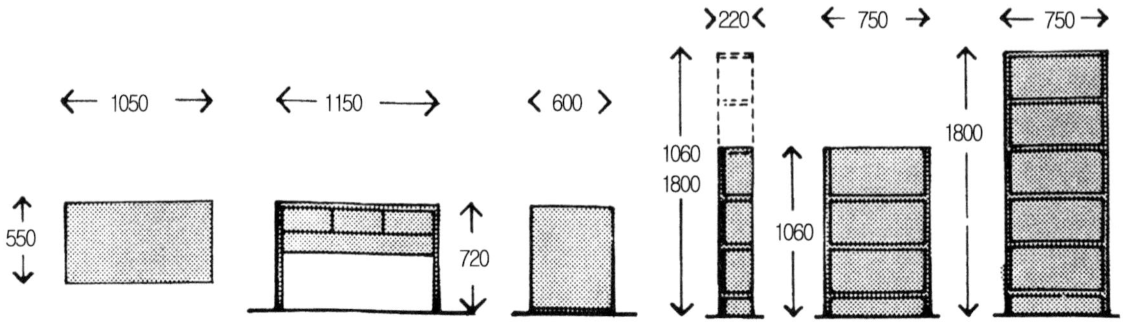

4각 커피 탁자 책상 선반단위

2. 침실

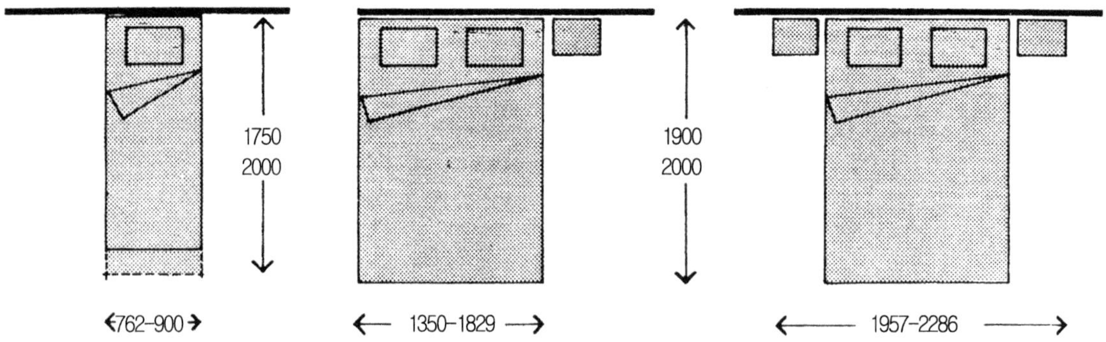

아동 침대 더블 베드 + 사이드 테이블 더블 베드 + 2사이드 테이블

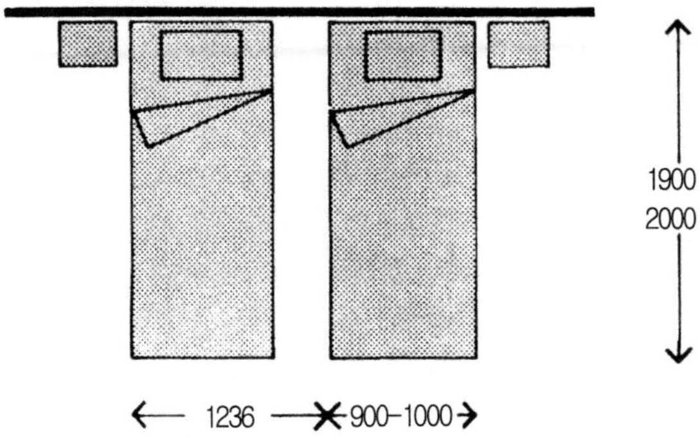

2싱글 베드 + 2사이드 테이블

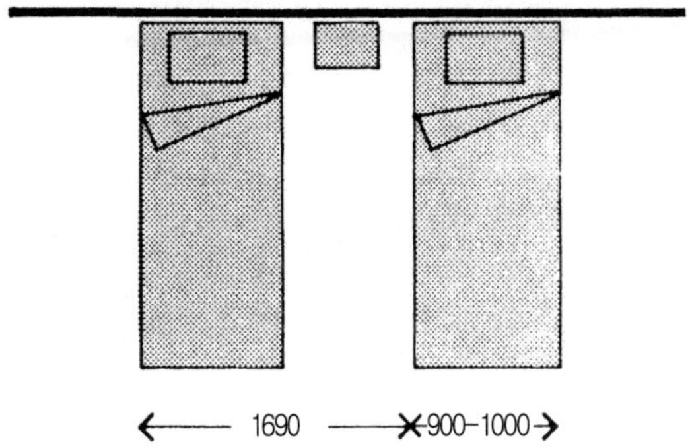

2싱글 베드 + 사이드 테이블

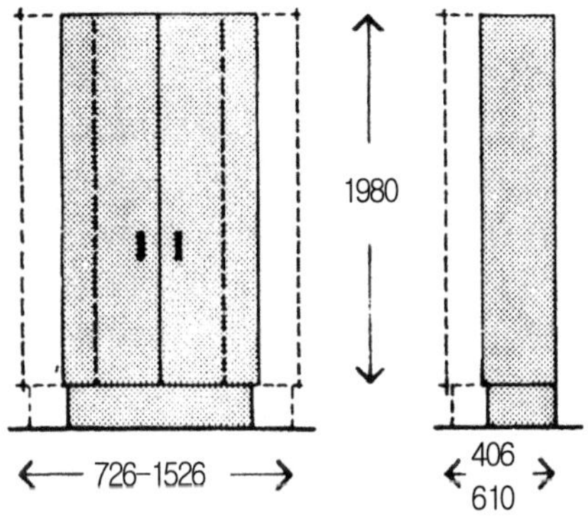

장 농

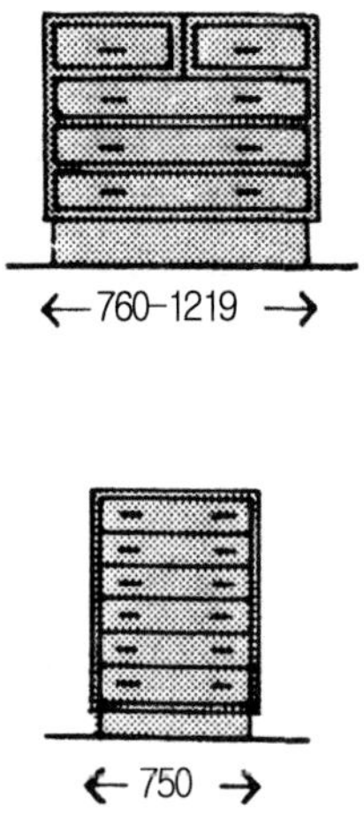

서랍장

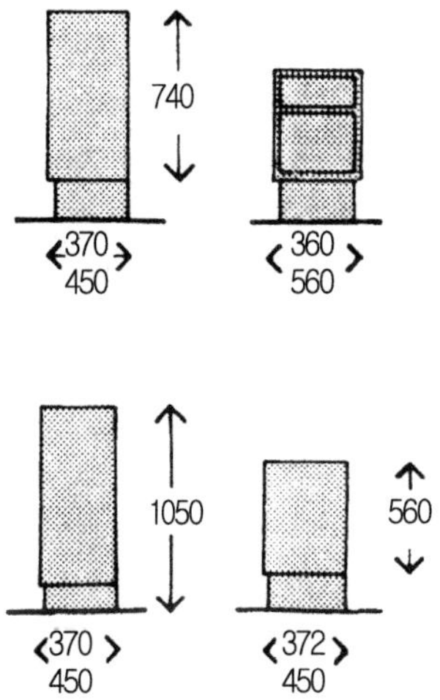

침대 옆 테이블

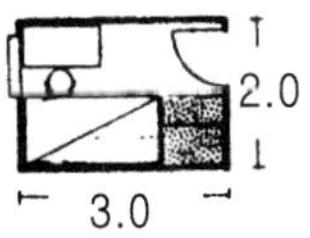

① 1베드실

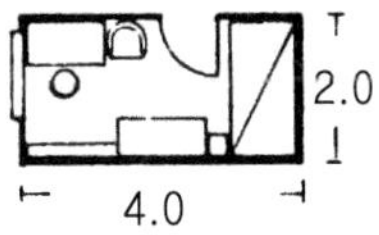

②

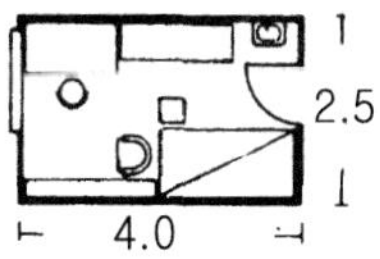

③

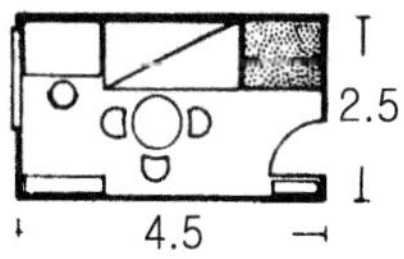

④ 거실 겸 침실

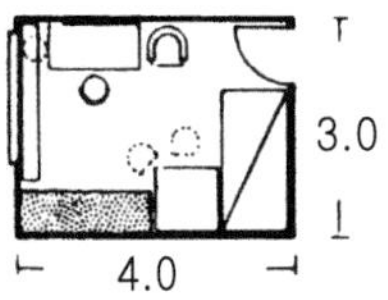

⑤

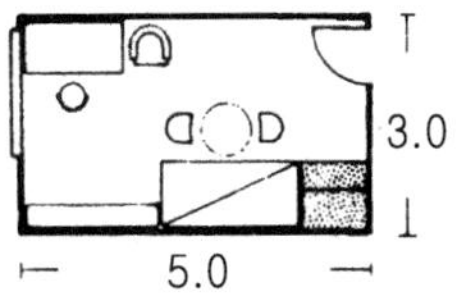

⑥ 2중 선반장이 있는 거실 겸 침실

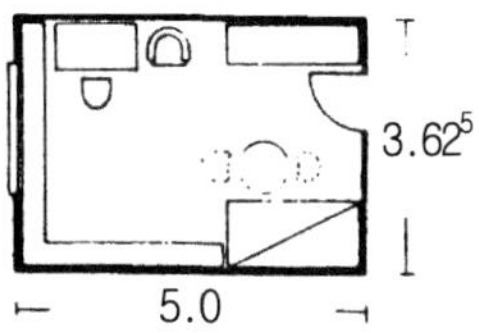

⑦ 거실 겸 침실

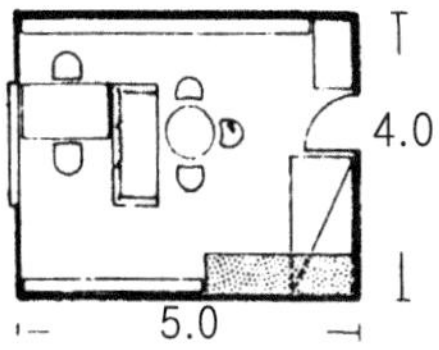

⑧ 접는 식 침대가 있는 거실 겸 침실

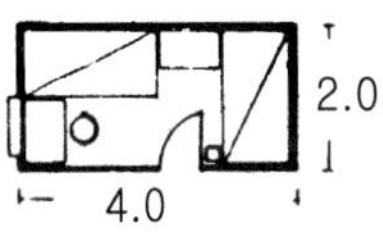

⑨ 2베드 침실

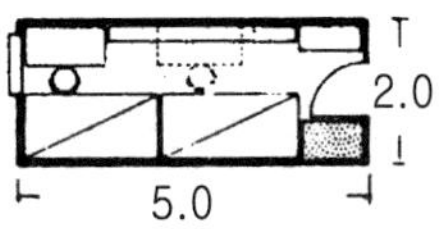

⑩

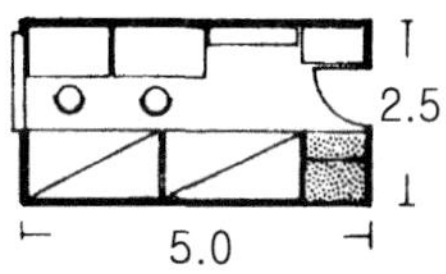

⑪ 2중 선반장이 있는 2베드 침실

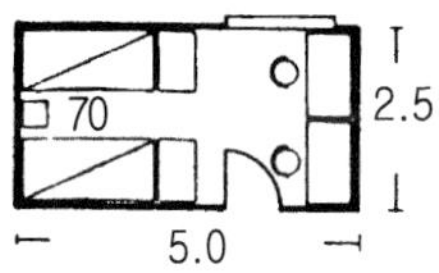

⑫

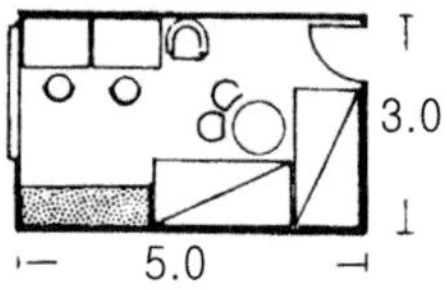

⑬

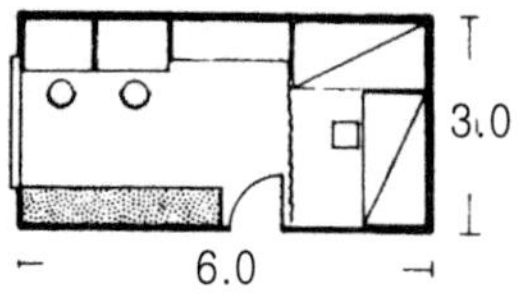

⑭ 베드코너가 있는 2베드 침실

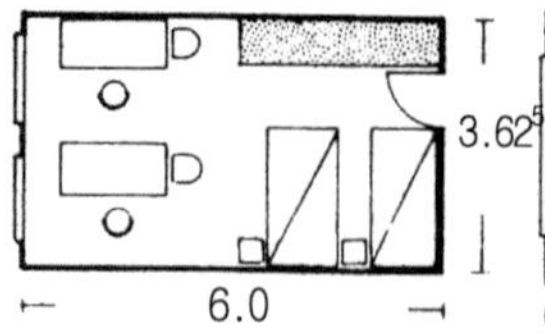

⑮

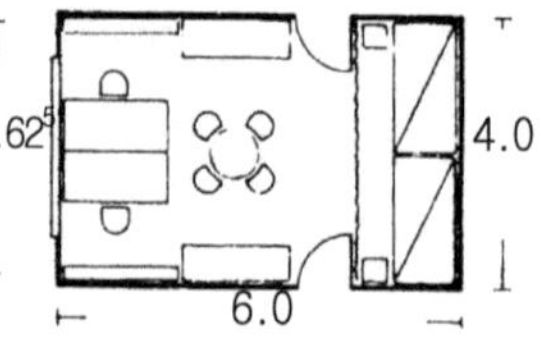

⑯ 침대 선반이 있는 서재

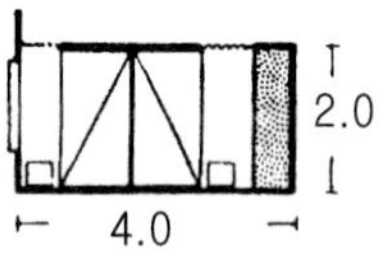

⑰ 부모 침실

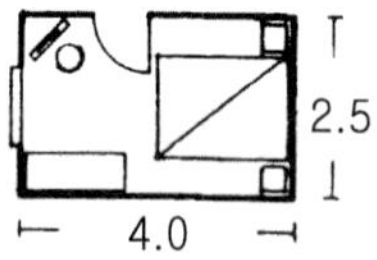

⑱ 더블베드가 있는 부모 침실

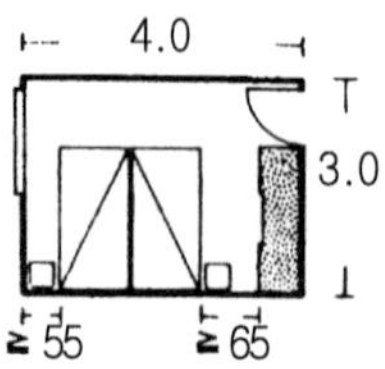

⑲

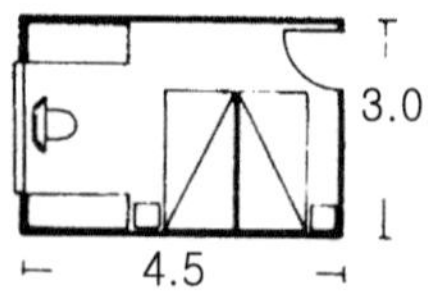

⑳

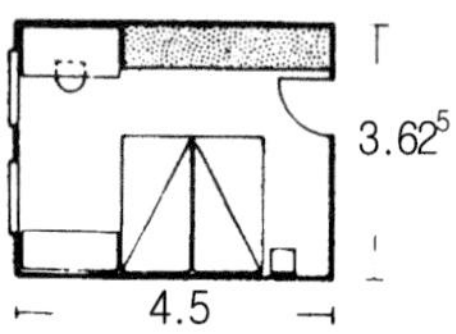

㉑

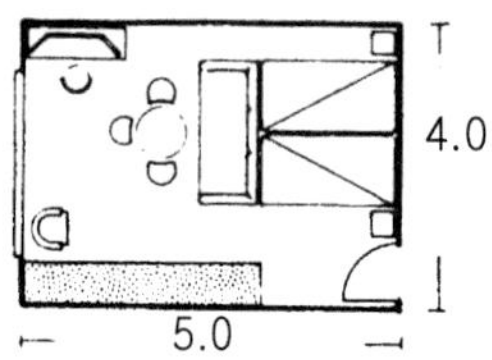

㉒ 부모 거실 겸 침실

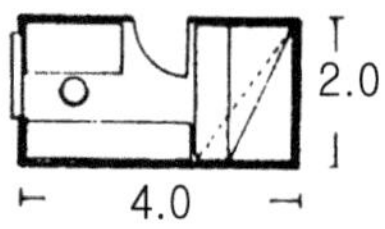

㉓ 서랍식 침대가 있는 부모 침실

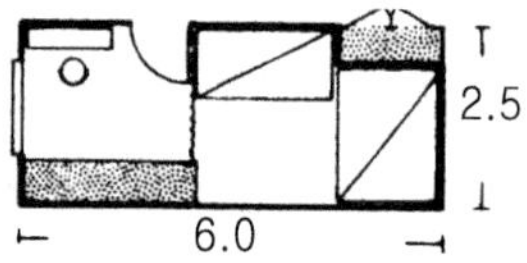

㉔ 갱의실이 있는 부모 침실

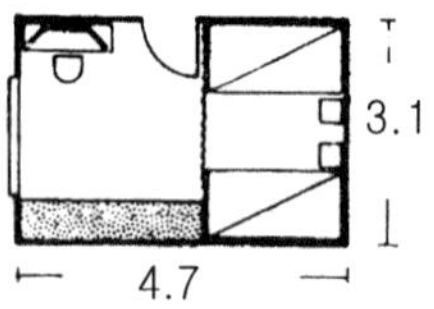

㉕

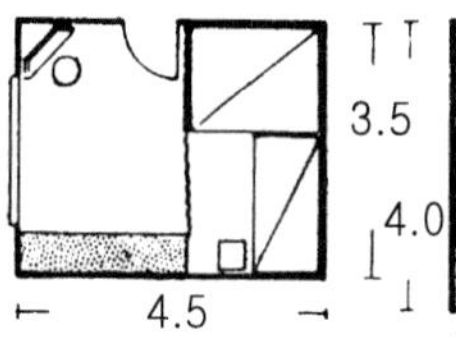

㉖

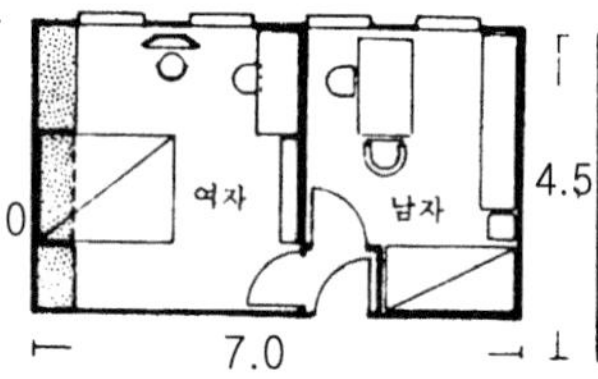

㉗ 분리된 부모 침실

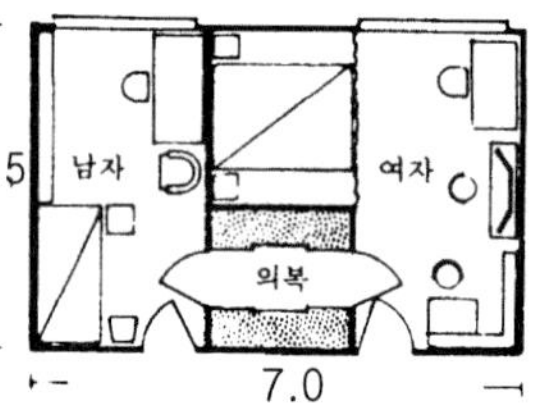

㉘ 의상실이 있는 분리된 부모 침실

3. 욕실 · 화장실

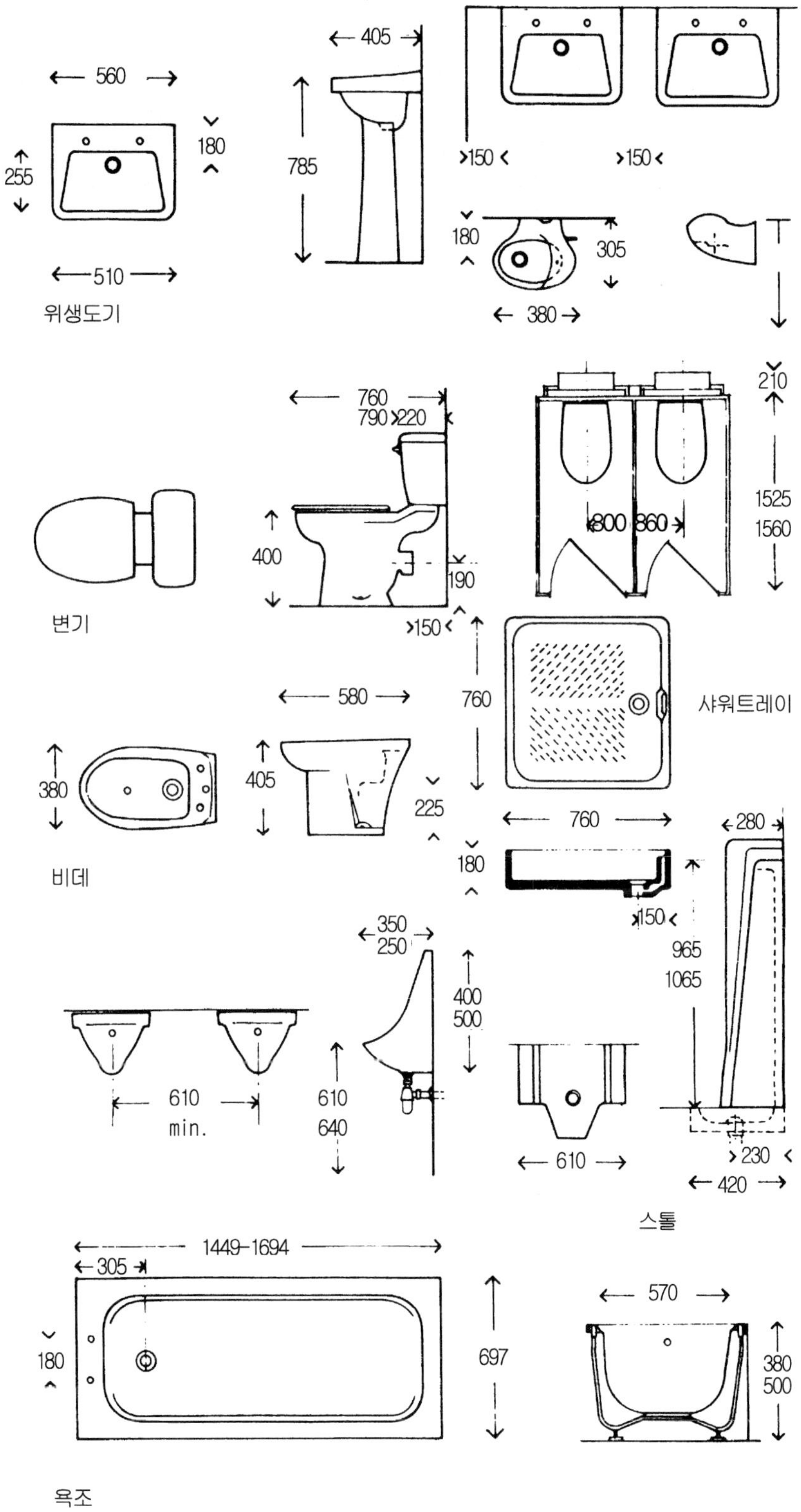
560
255
180
510
위생도기
405
785
150
150
180
305
380
760
790
220
400
190
150
210
800
860
1525
1560
변기
580
380
405
225
760
샤워트레이
비데
760
180
280
150
965
1065
350
250
400
500
610
min.
610
640
610
230
420
스툴
1449-1694
305
180
697
570
380
500
욕조

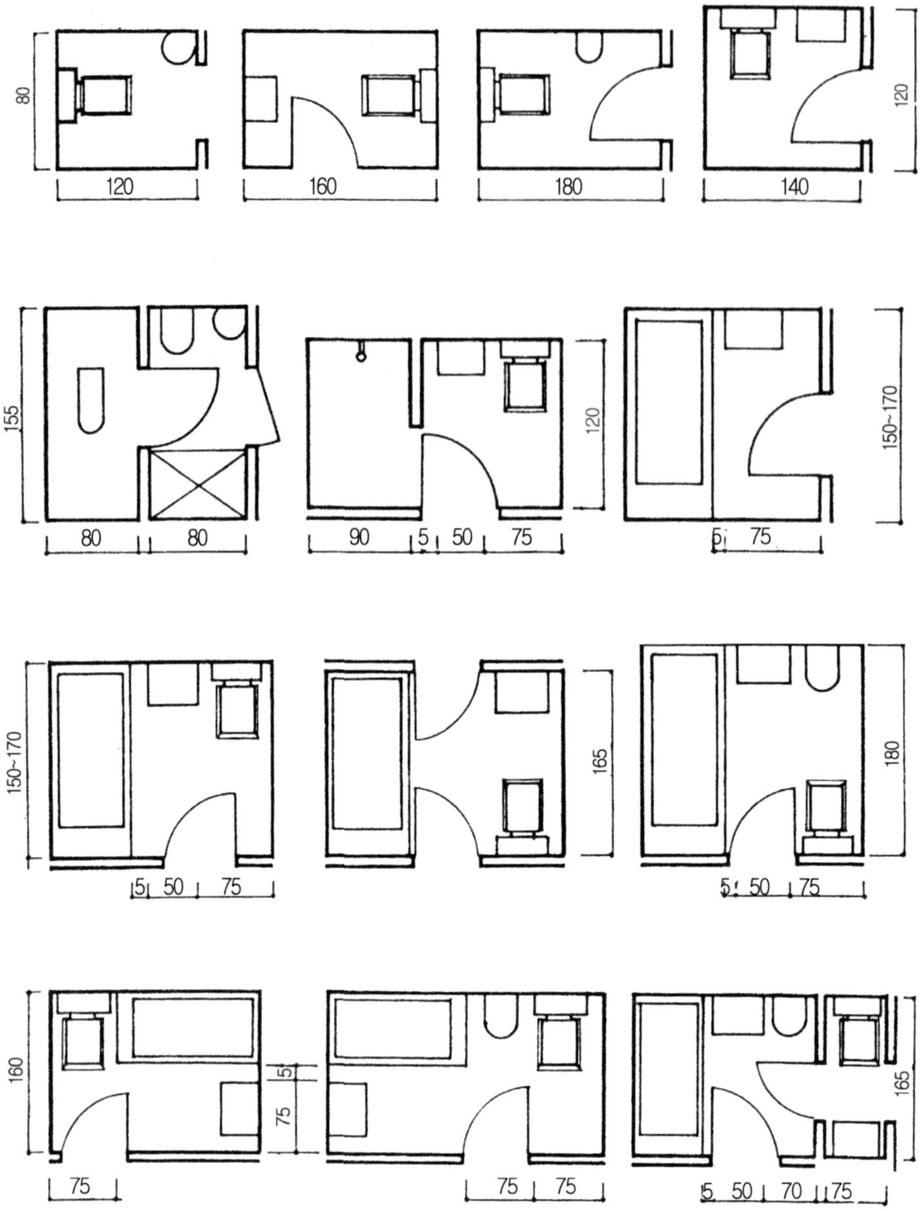

욕실의 크기

4. 식당

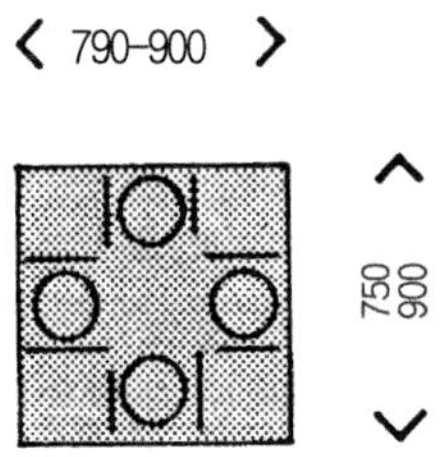

4인용 식탁

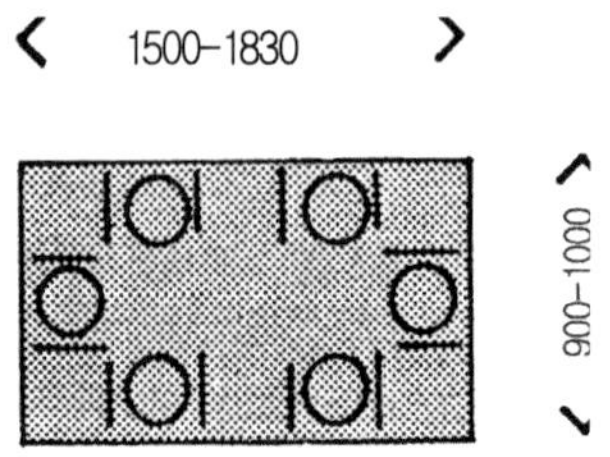

6인용 식탁

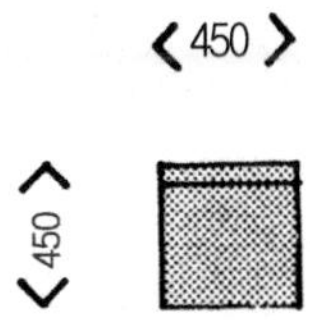

식탁용 의자

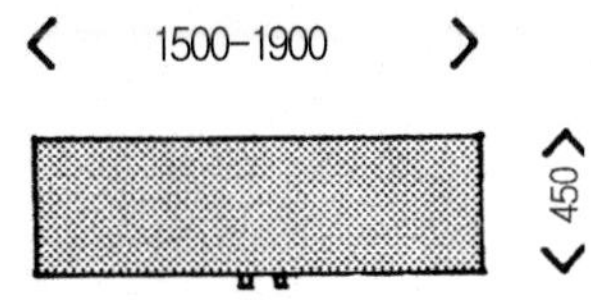

사이드 보드

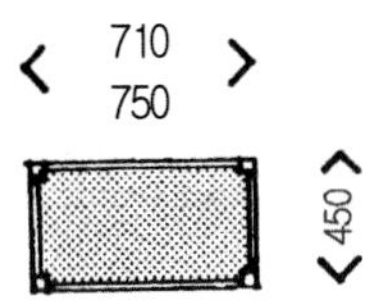

트롤리

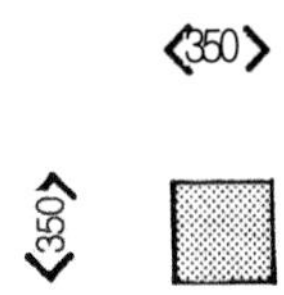

스툴

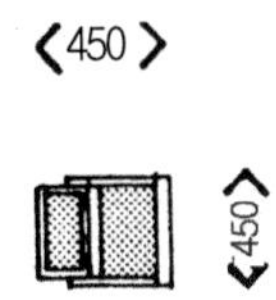

높은 의자

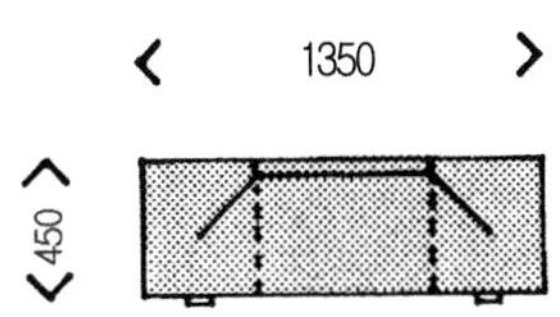

드레싱 테이블

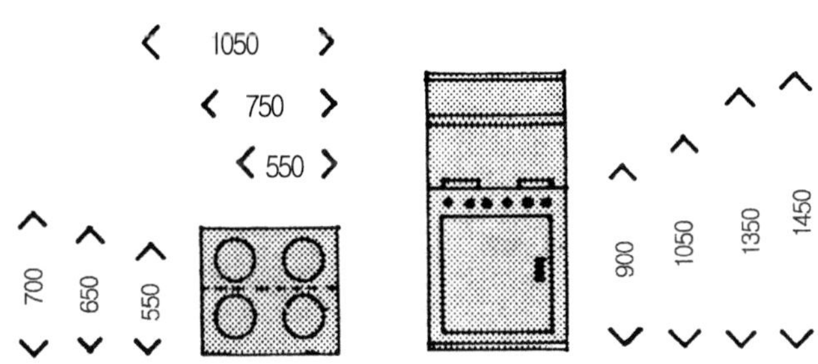

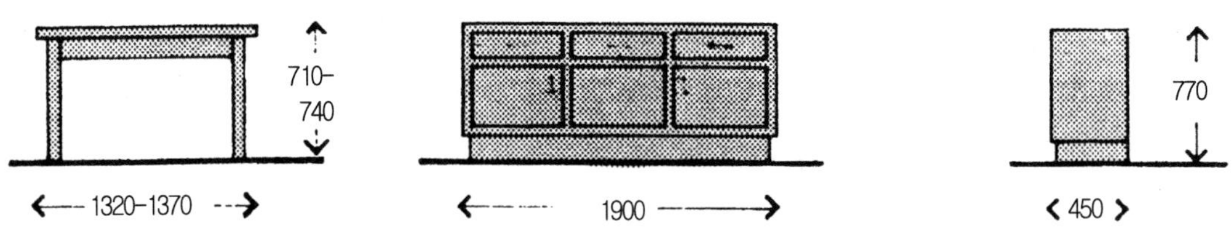

식탁과 사이드 보드

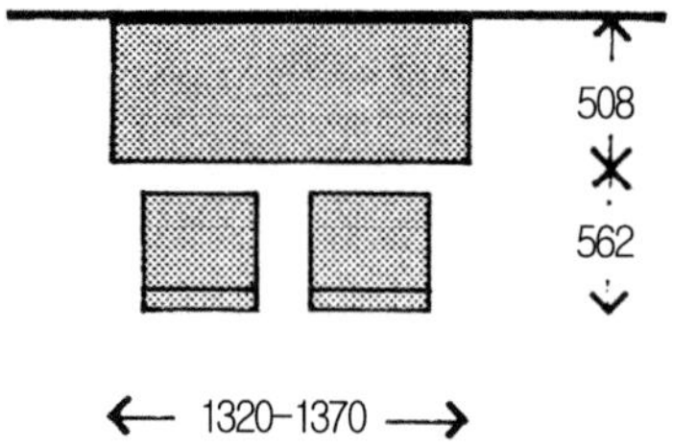

두 사람

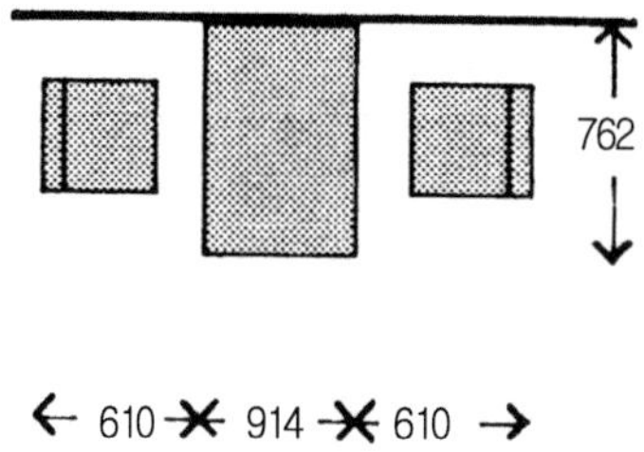

두 사람

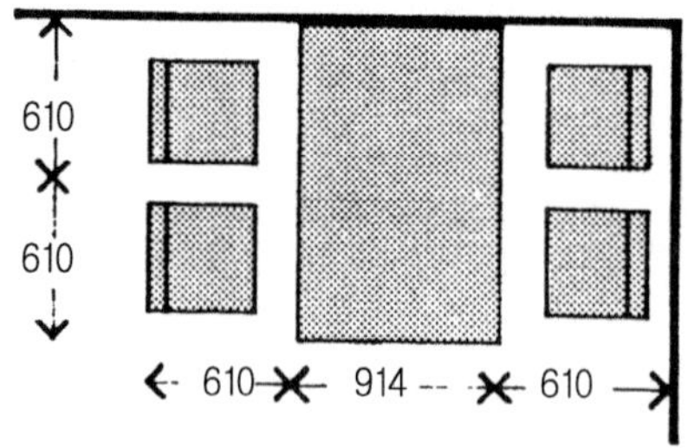

네 사람

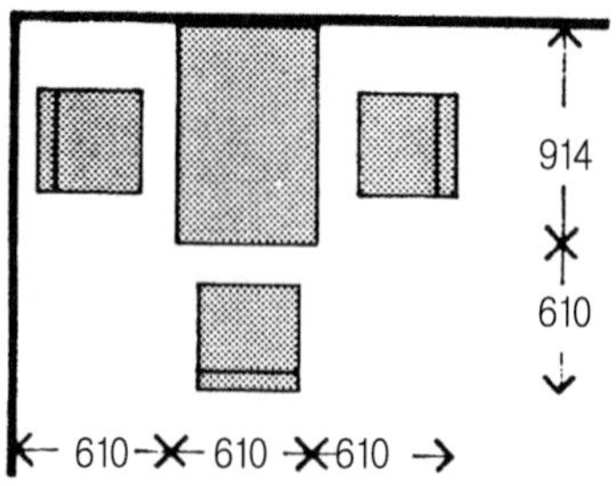

세 사람

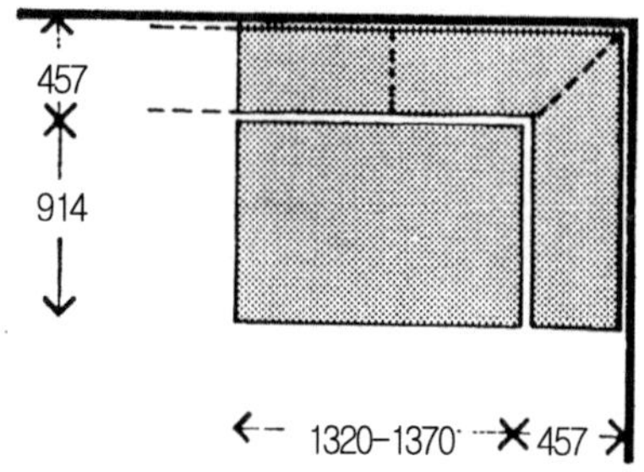

세 사람

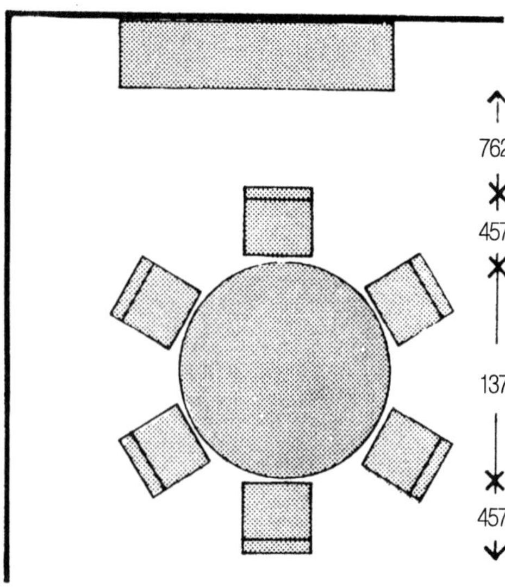

여섯 사람

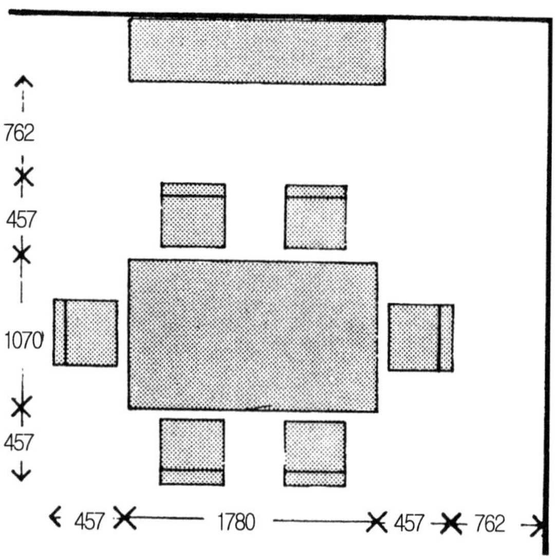

여섯 사람

5. 주방

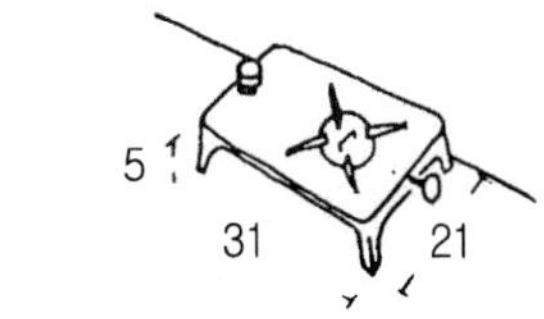

액체연료 곤로

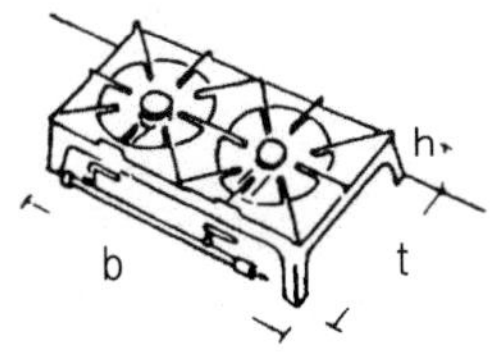

가스 곤로

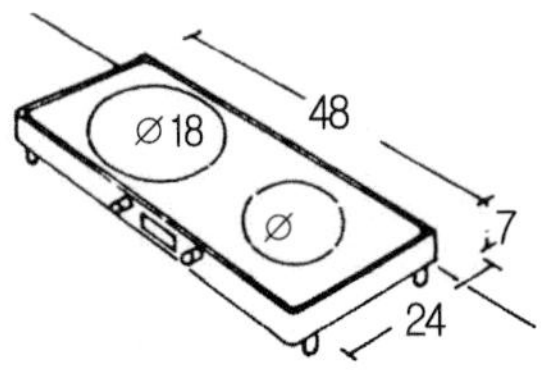

전기조리기

h=서서 작업하는 개수대 높이는 85~90cm, 앉은 경우 75cm

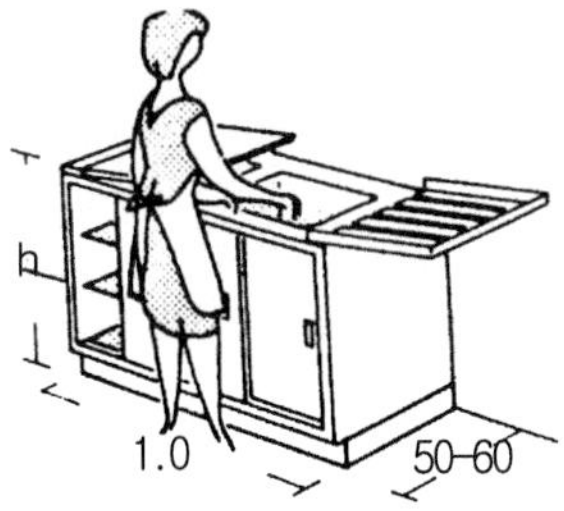

뚜껑달림 주방작업대

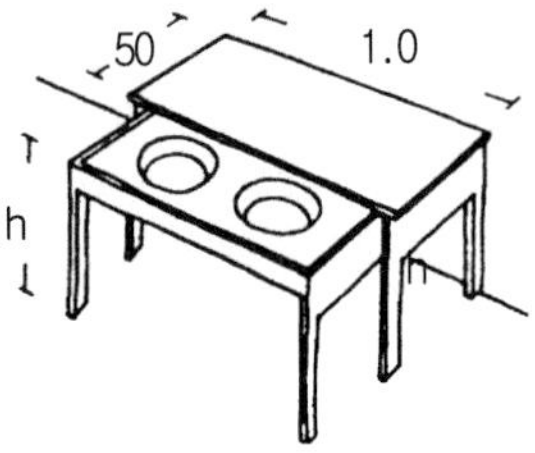

서랍식 앉은 작업용 주방 작업대

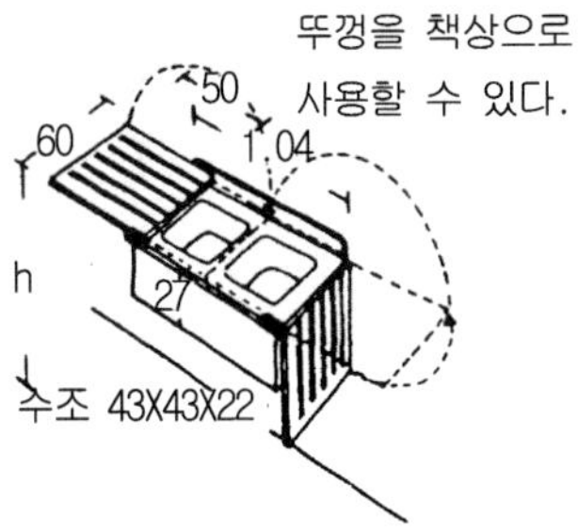

뚜껑달림 2조개수대

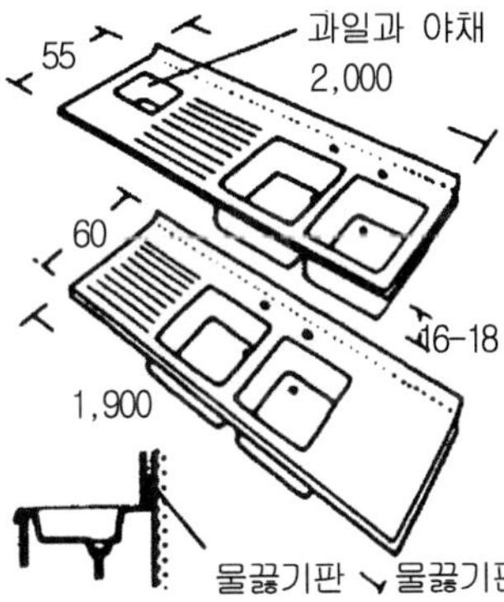

개수내 지수

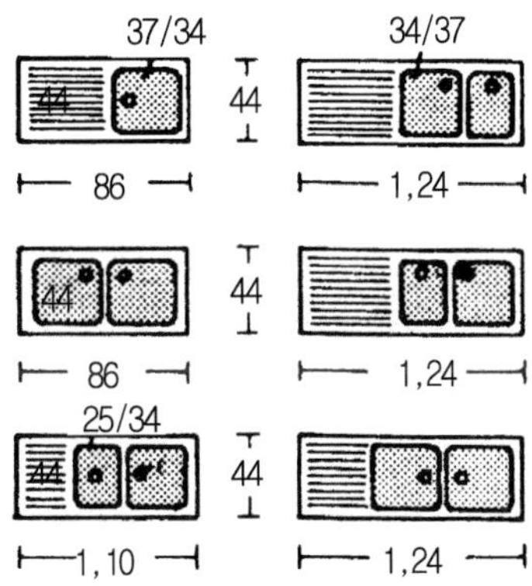

개수내

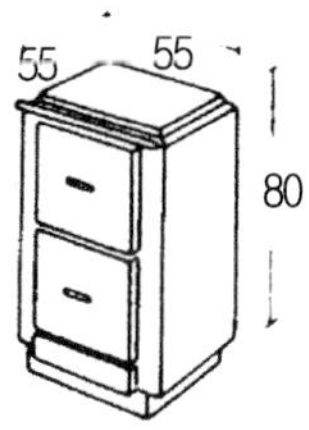

연속연소오븐

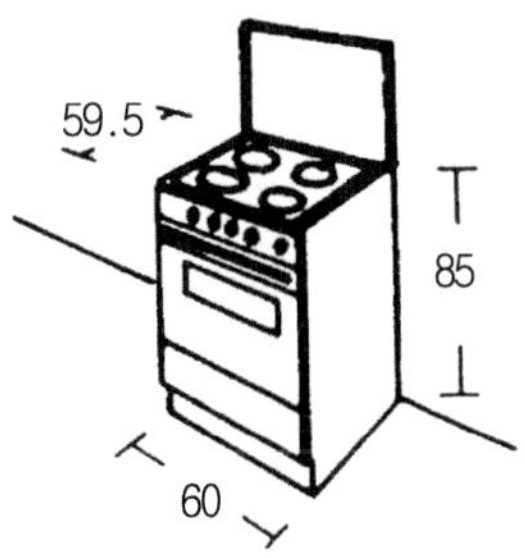

전기곤로

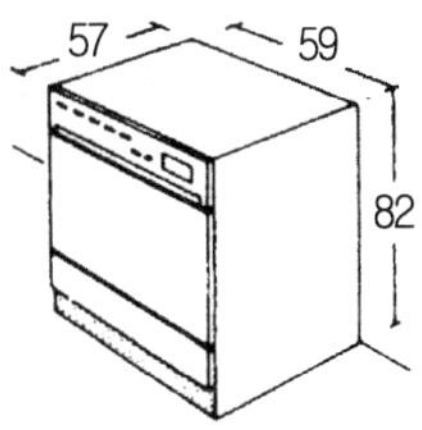

식기개수기

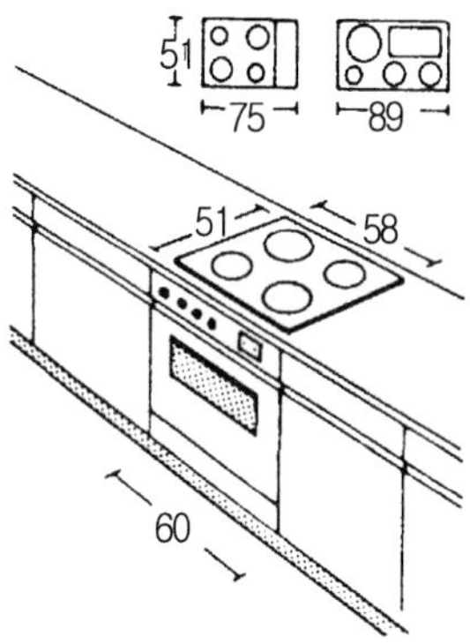

조리오븐

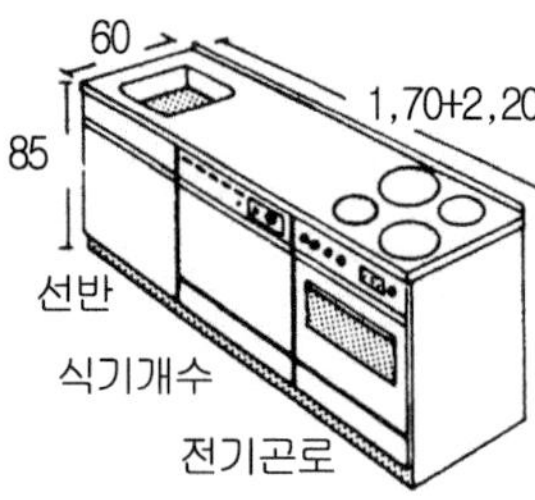

주방세트

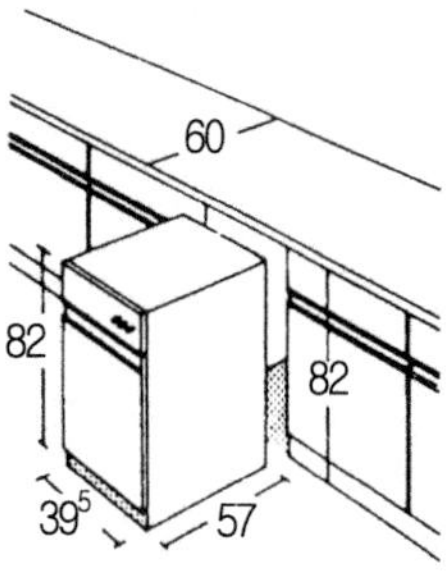

디스포저

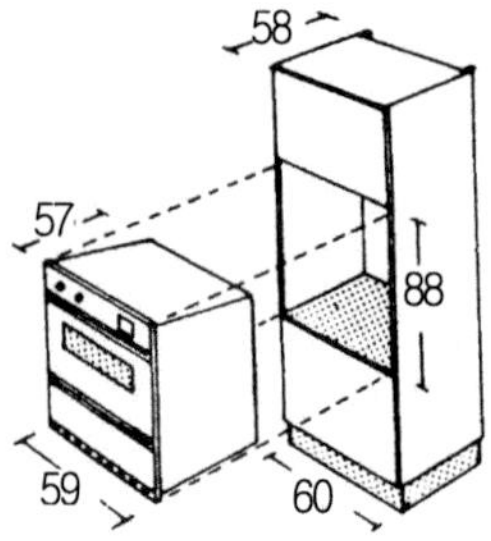

붙박이빵구이오븐

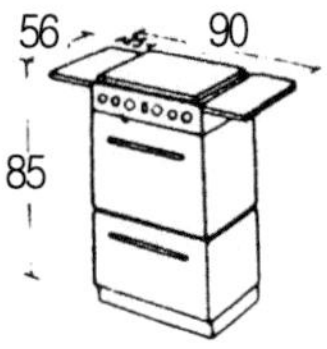

대형가스곤로

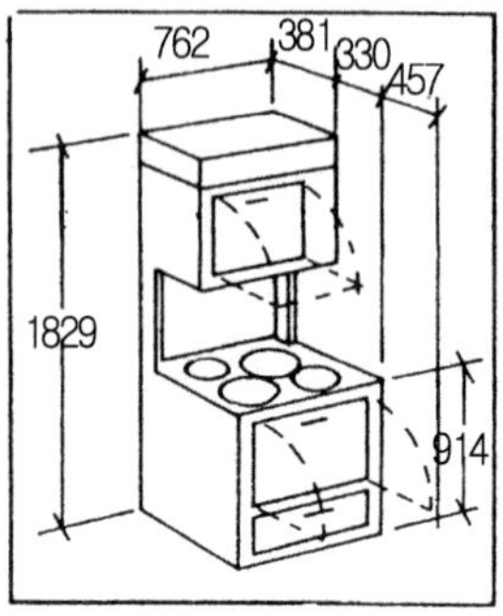

1. 상하에 오븐이 딸린 가열대

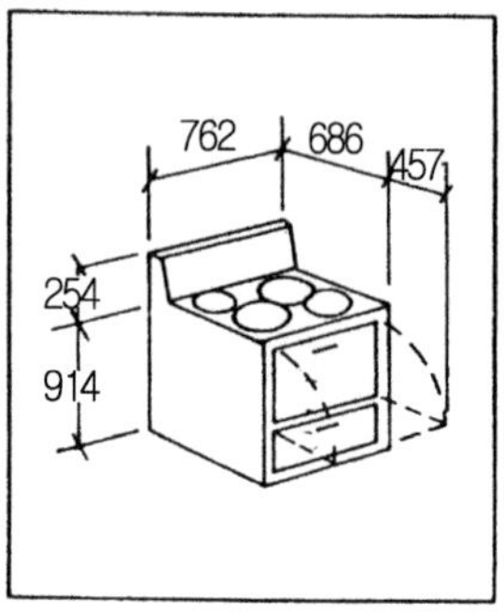

2. 표준가열대 길이 762, 아래에 오븐 딸림

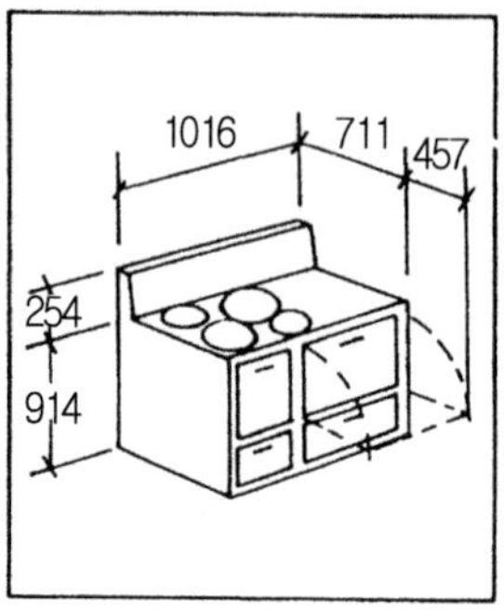

3. 길이 1016의 가열대. 아래에 오븐 딸림

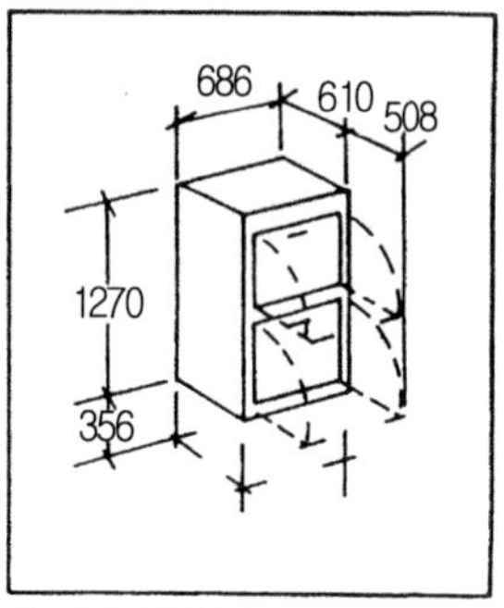

4. 2중 벽오븐

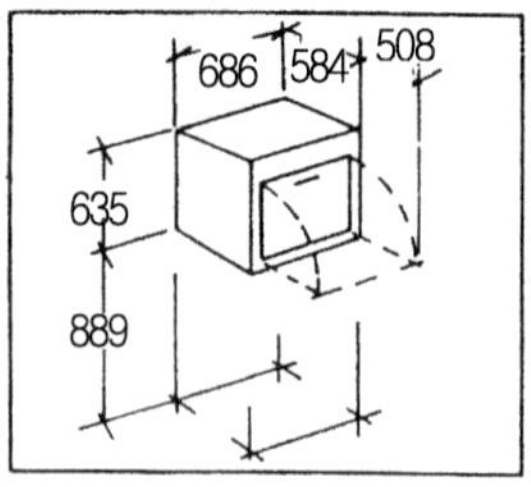

5. 단일 벽오븐

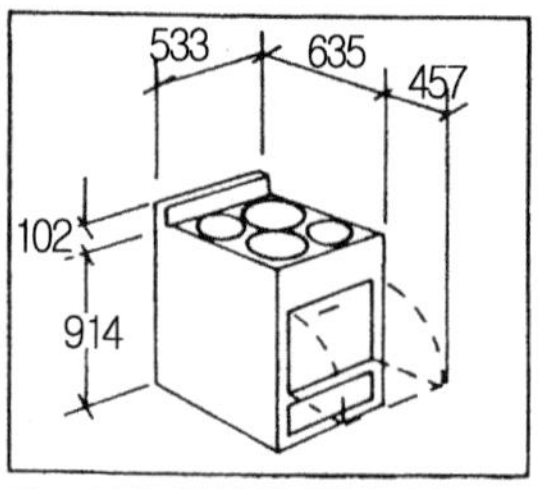

6. 소형 가열대 길이 533, 아래에 오븐 딸림

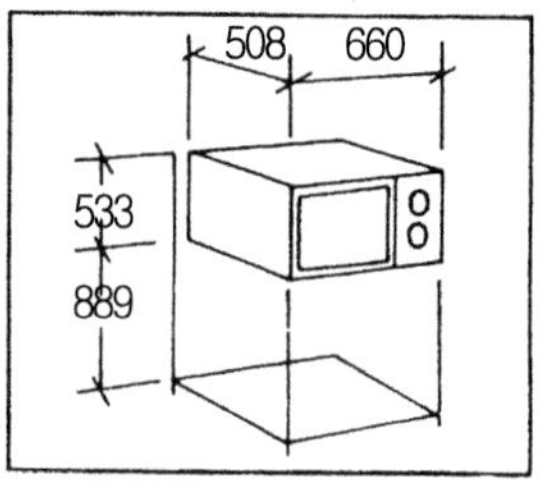

7. 초단파 오븐

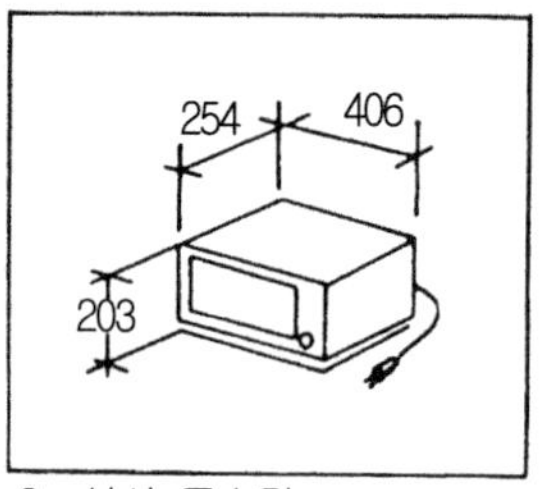

8. 석쇠 토스터

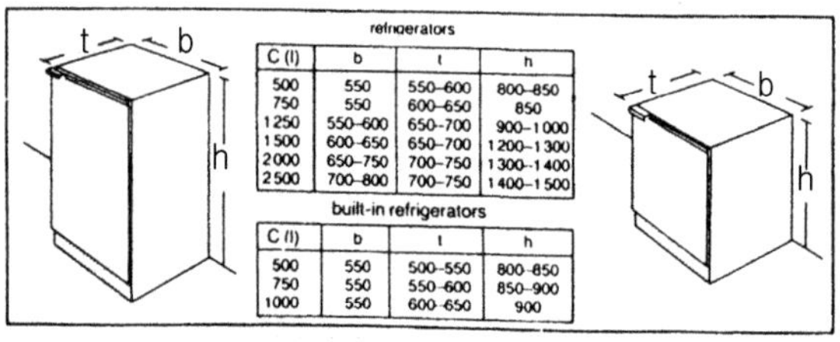

refrigerators

C (l)	b	t	h
500	550	550-600	800-850
750	550	600-650	850
1250	550-600	650-700	900-1000
1500	600-650	650-700	1200-1300
2000	650-750	700-750	1300-1400
2500	700-800	700-750	1400-1500

built-in refrigerators

C (l)	b	t	h
500	550	500-550	800-850
750	550	550-600	850-900
1000	550	600-650	900

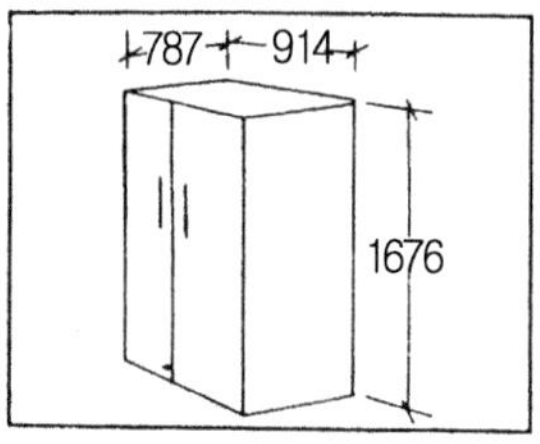

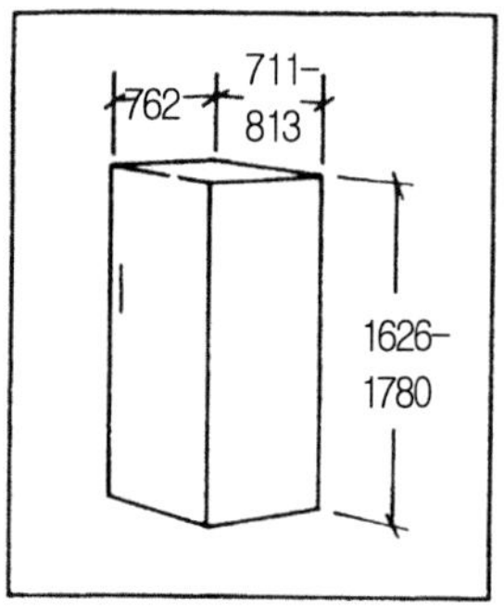

9. 유럽의 표준 및 붙박이 냉장고치수 C=용량

10. 0.65㎥ 냉장실과 0.52㎥ 냉동실의 냉장고

11. 수직형 냉동기 0.31-0.7㎥

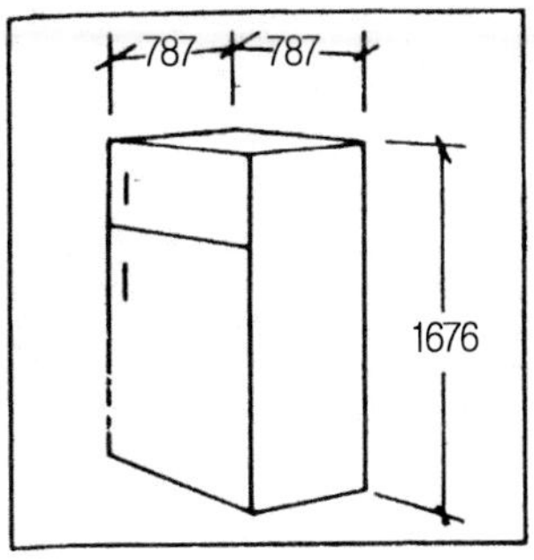

12. 0.59㎥ 냉장실 0.2㎥
냉동실이 있는 냉장고

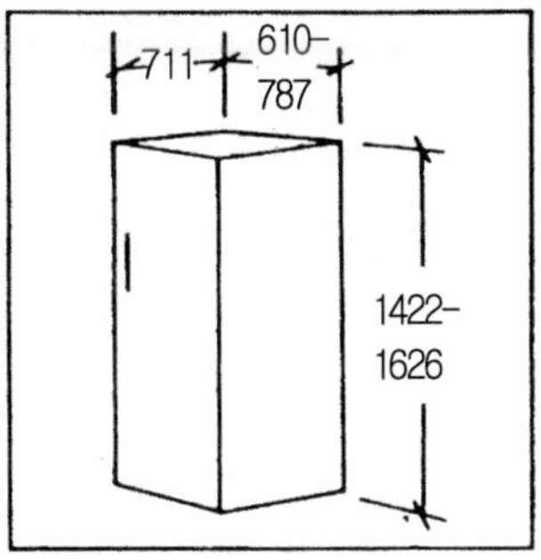

13. 냉장고 0.25-0.34㎥

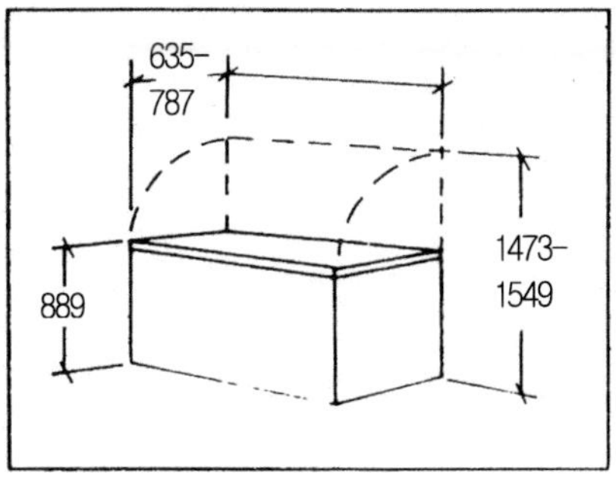

14. 궤짝 냉동기 0.14-0.7㎥

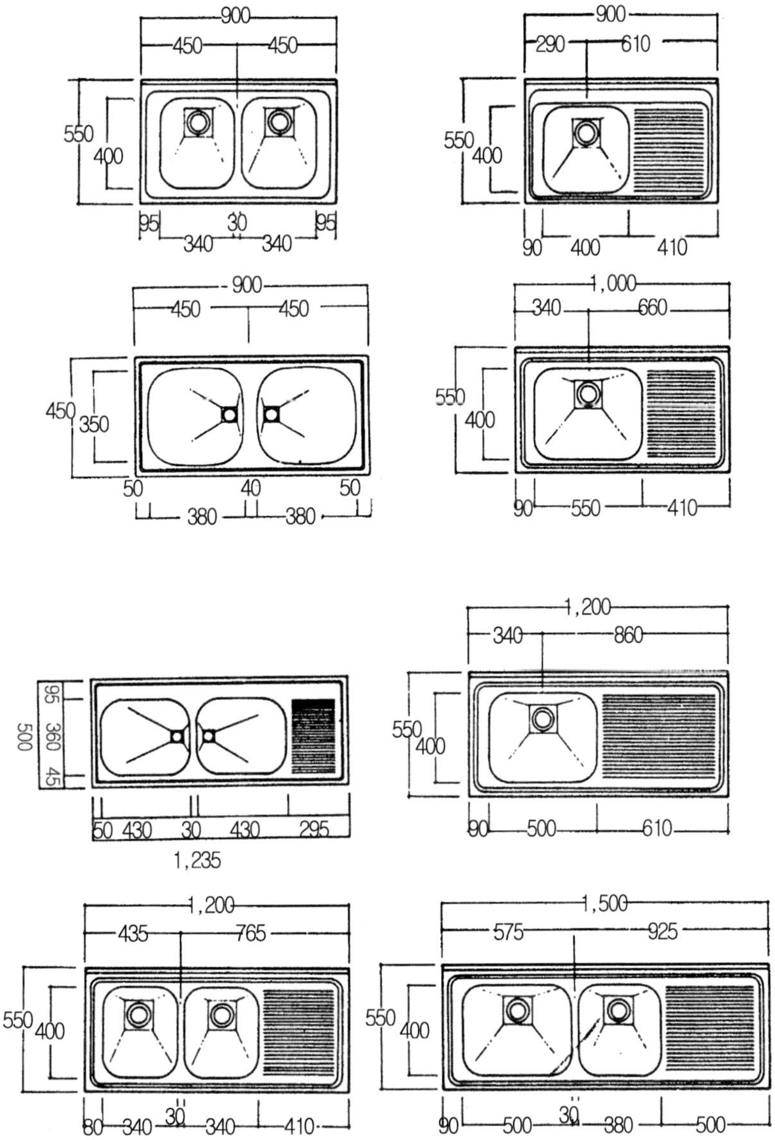

싱크(Sink)의 크기

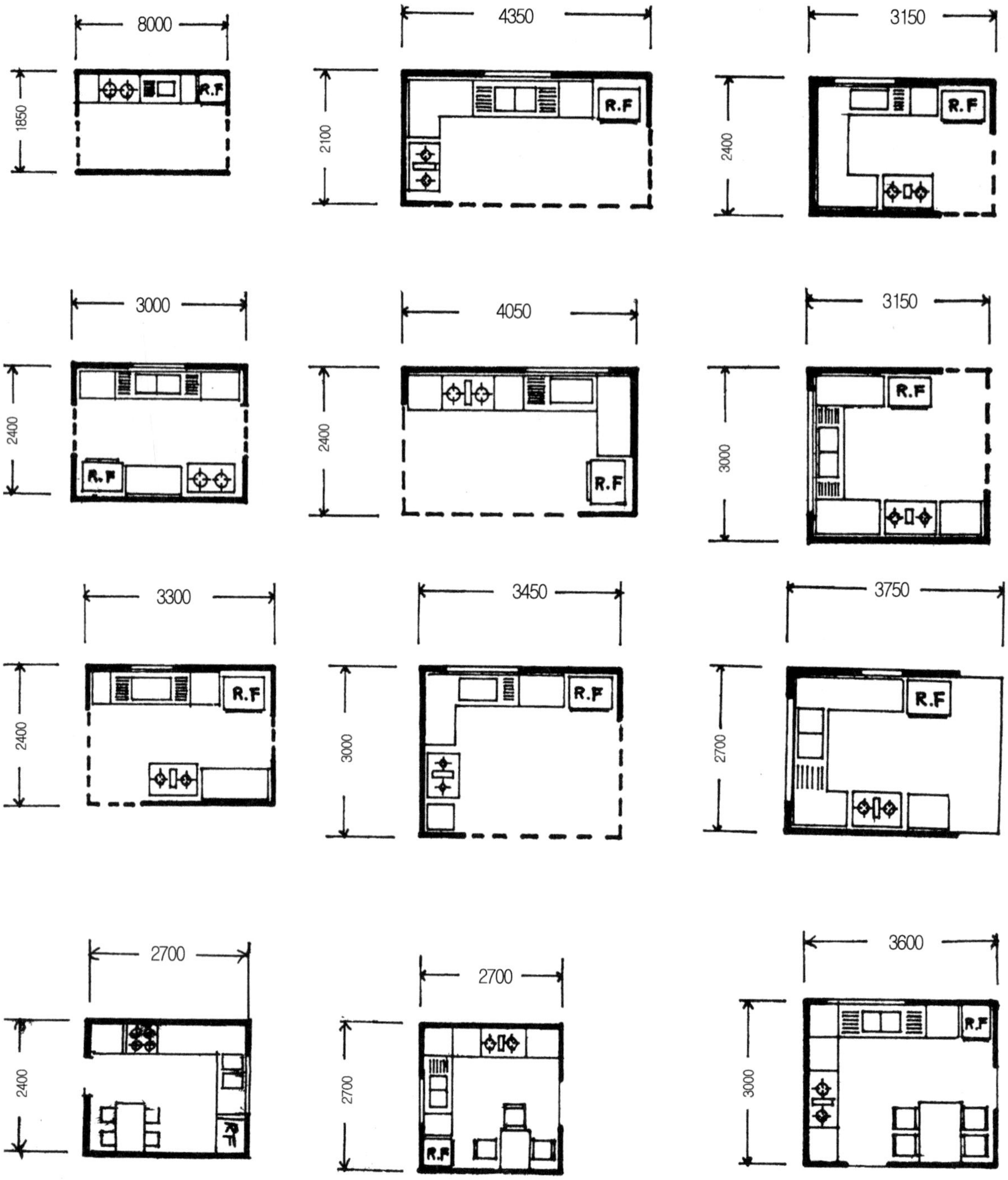
8000
1850
R.F
4350
2100
R.F
3150
2400
R.F
3000
2400
R.F
4050
2400
R.F
3150
3000
R.F
3300
2400
R.F
3450
3000
R.F
3750
2700
R.F
2700
2400
2700
2700
R.F
3600
3000
R.F

부엌의 크기

6. 수납 공간

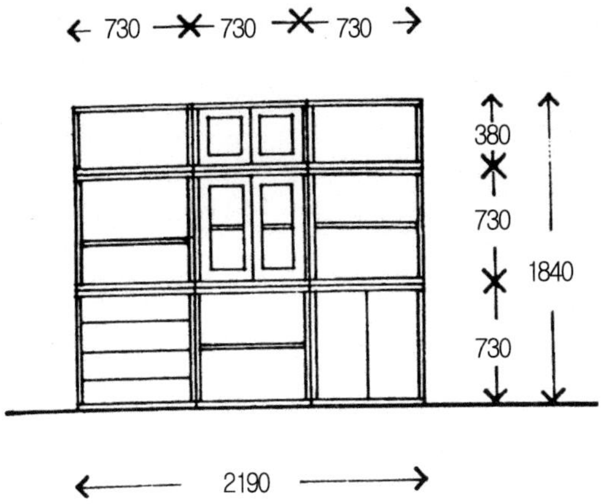

깊이 : 380

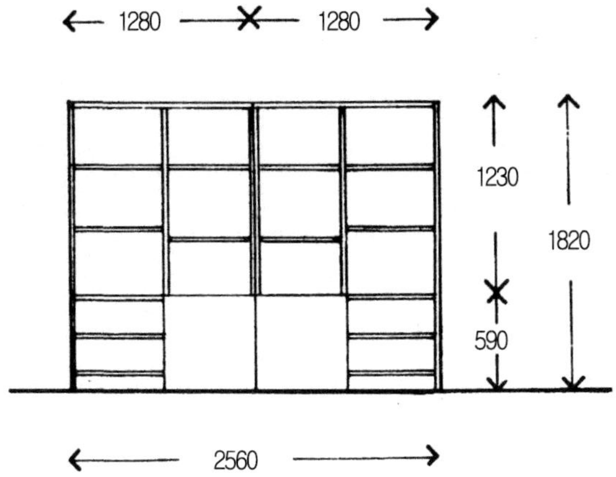

깊이 : 290

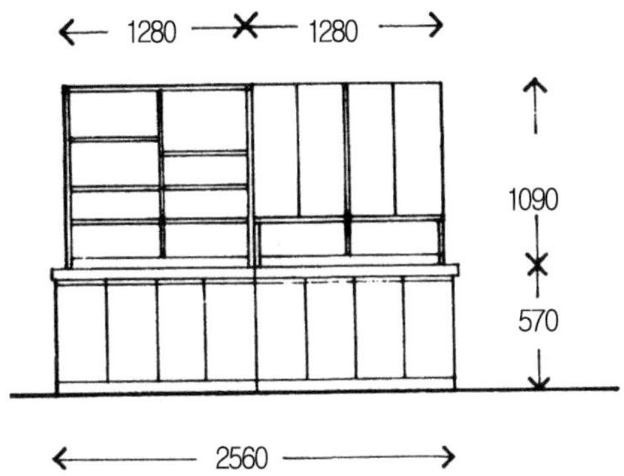

깊이 : 바닥 460
선반 등 240

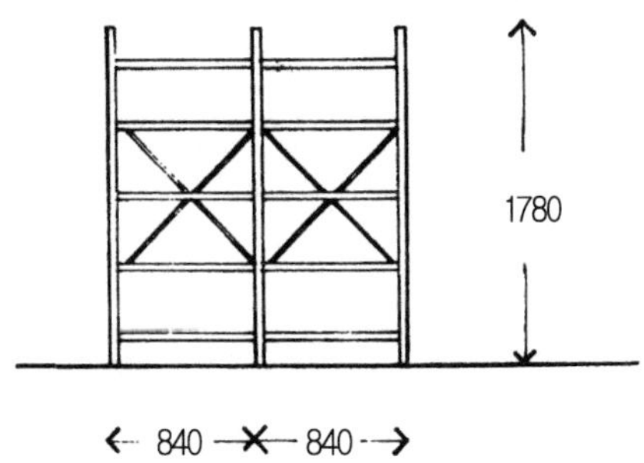

깊이 : 300

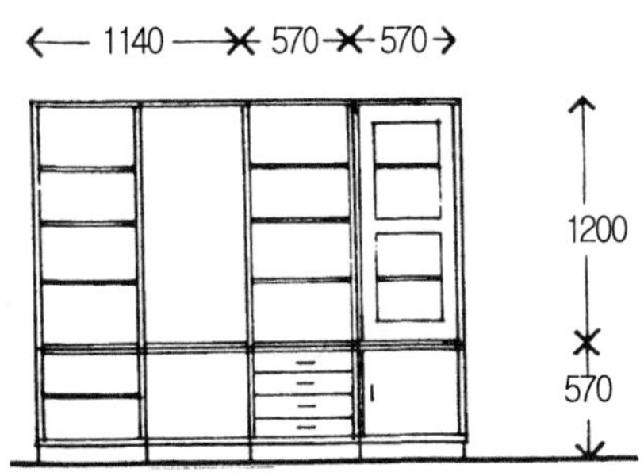

깊이 : 380

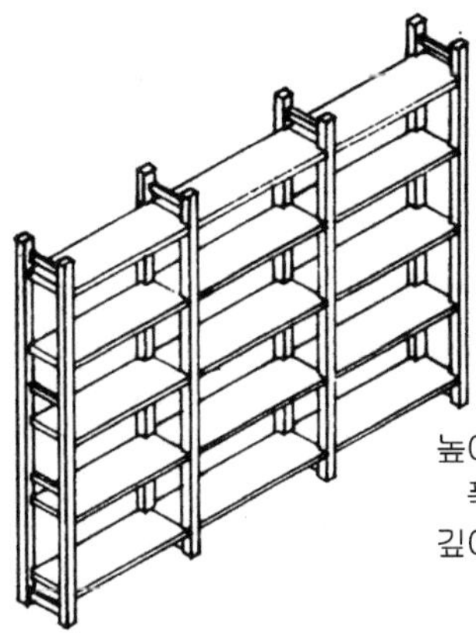

높이 : 940
폭 : 700
깊이 : 290

각종 장식장(선반장)

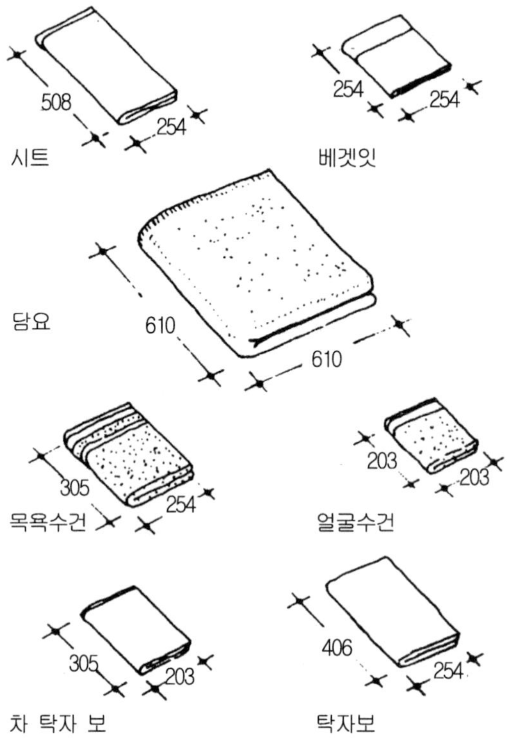

접은 리넨의 개략 치수

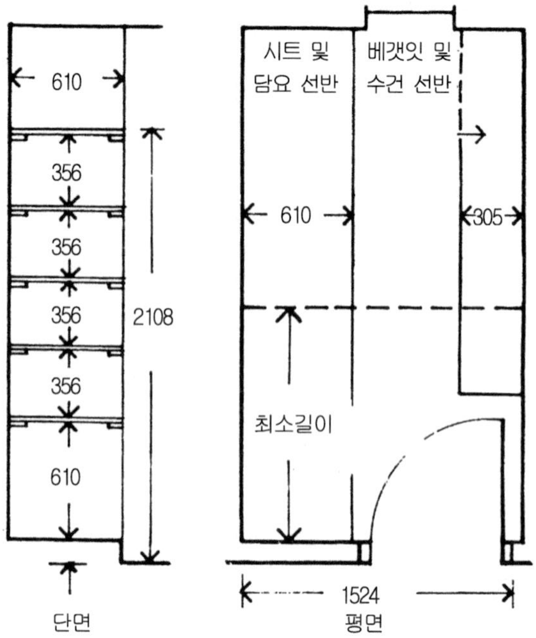

리넨고

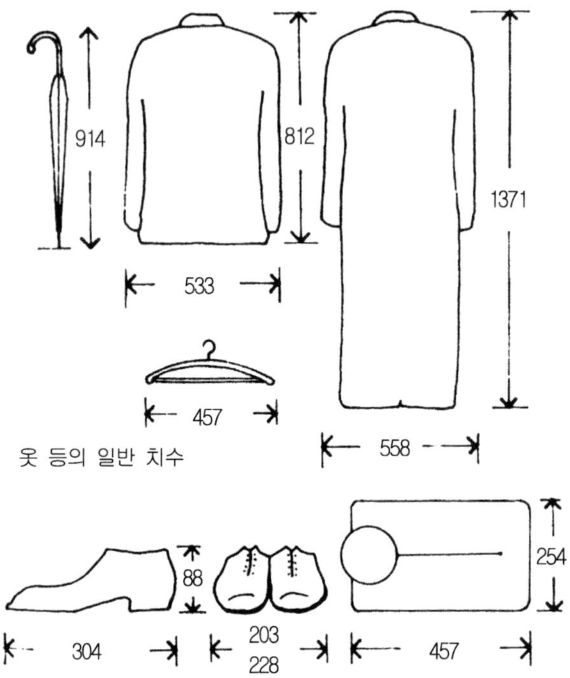

리넨 및 의류 : 치수 및 보관

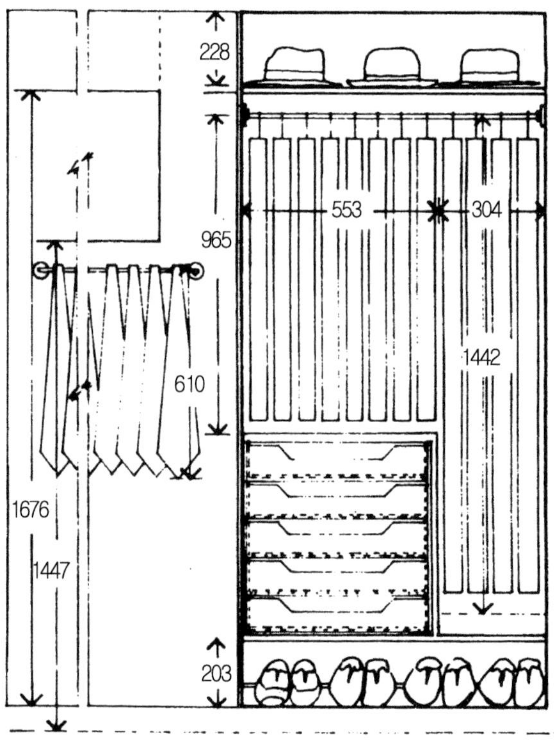

붙박이 장 : 개략적 레이아웃

옷 장(리넨 장)

7. 차고

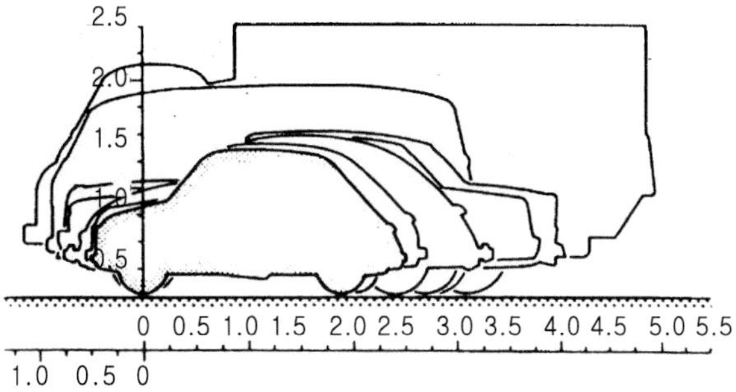

표준적인 승용차의 타입(측면)

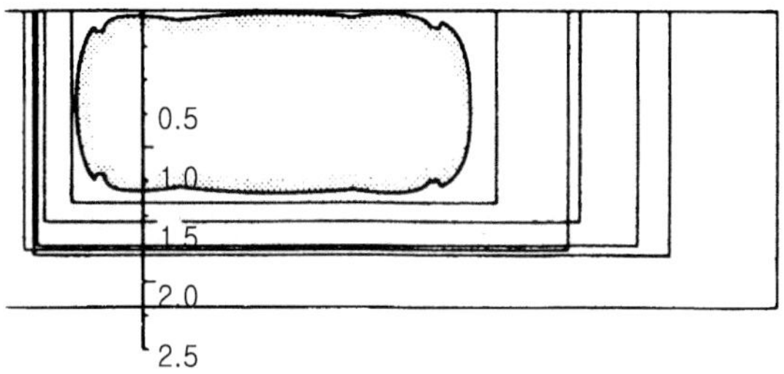

표준적인 승용차의 타입(평면)

주차 스페이스

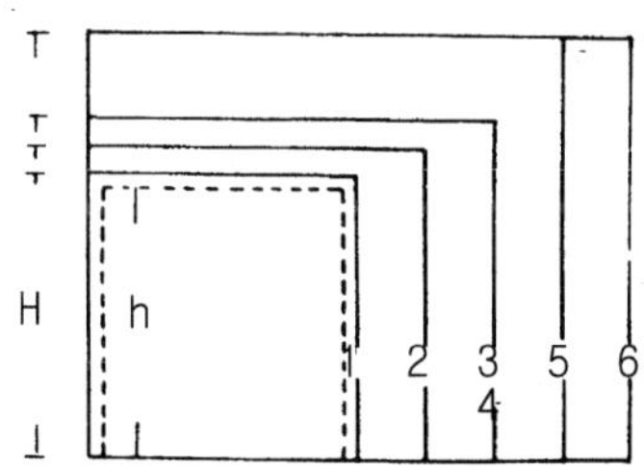

옥외 주차스페이스
DIN 1915에 의함, 단위 cm

No.	L	B	H	Tor	
				b	h
1	300	200	200	190	180
2	400	250	220	240	200
3	500	300	240	250	240
4	600	300	240	250	240
5	700	350	300	280	300
6	800	400	300	280	300

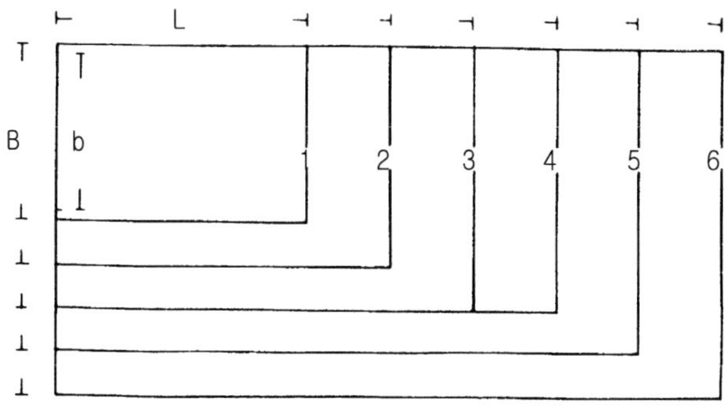

주차스페이스 규격의 평면도. 1은 사이드카 달림 오토바이의, 2에서 4는 승용차의, 5와 6은 크기가 서로 다른 화물 자동차의 주차스페이스 규격.

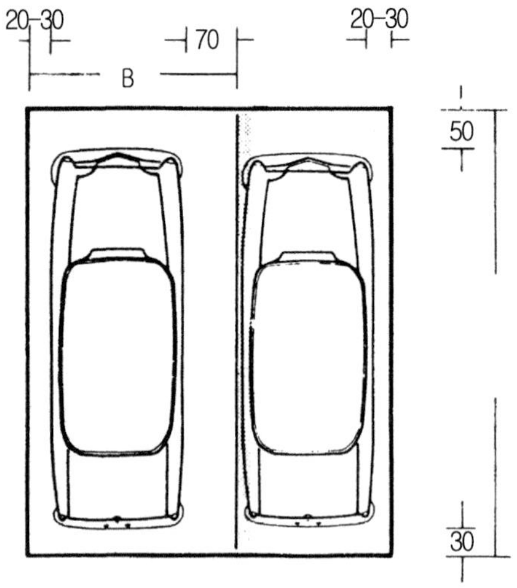

주차스페이스 내의 주차 위치

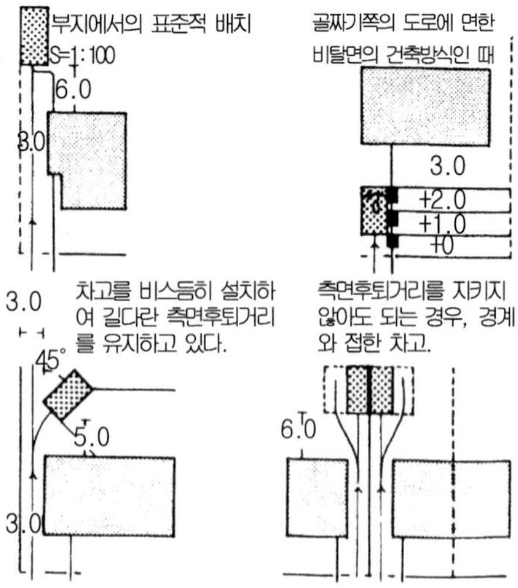

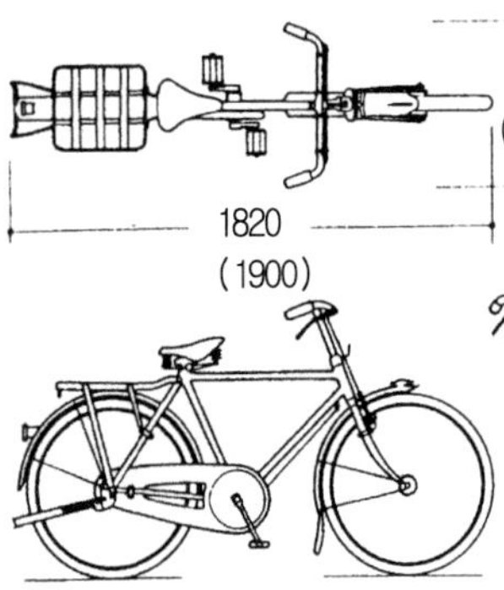

일반용 보통자전거 치수

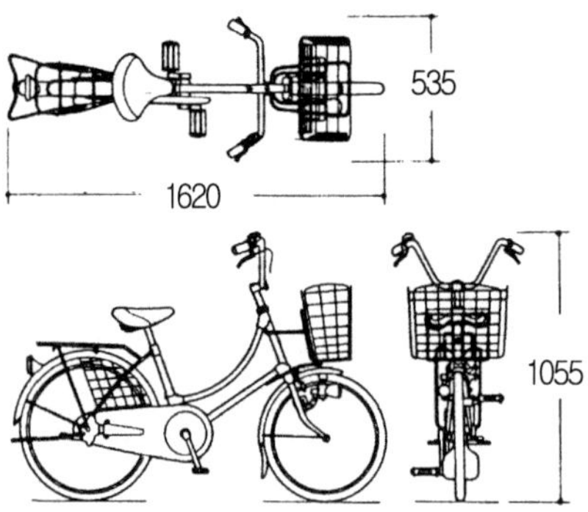

부인용 미니사이클

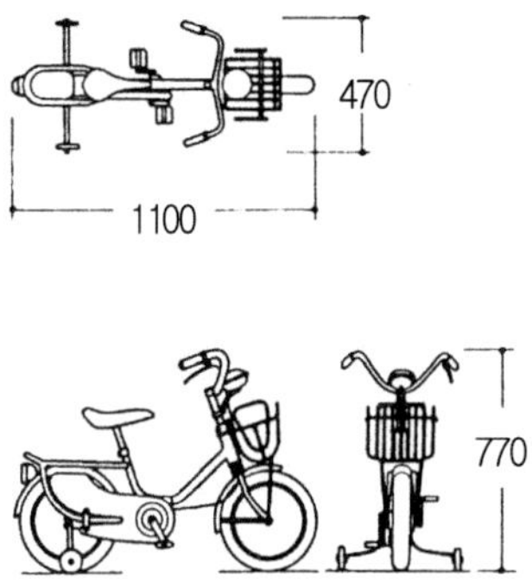

어린이용

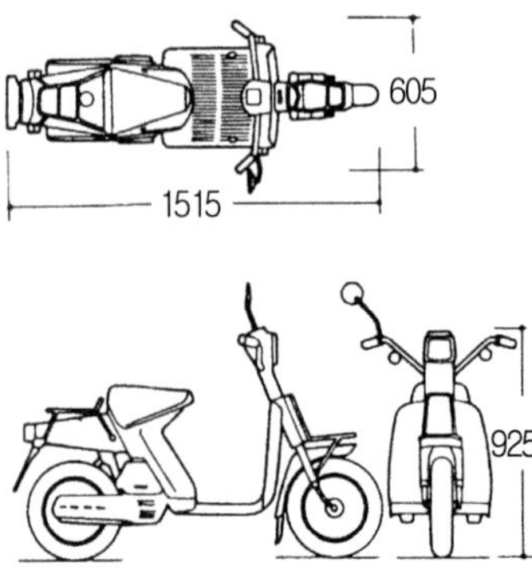

미니바이크 (50cc)

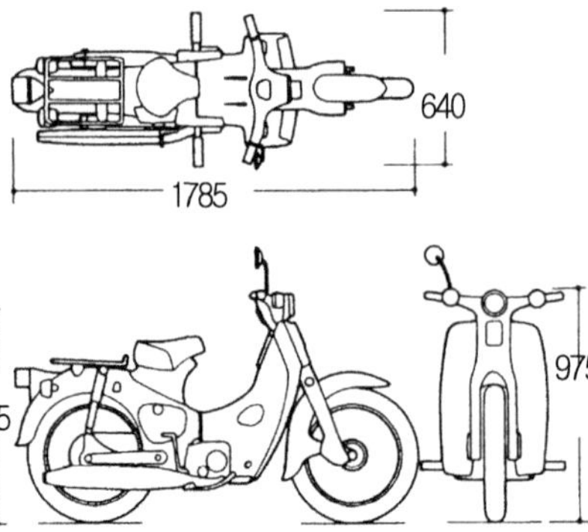

50cc

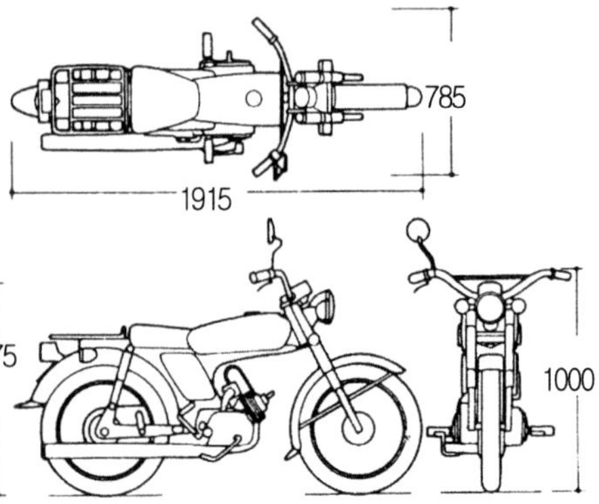

90cc

참고문헌

강병근 역, 건축설계도람, 기문당, 1990.

김명복 외 5인, 건축제도 및 설계, 문운당, 2001.

김형대, 주택계획설계, 기문당, 1999.

박한규, 건축설계의 이론과 실제, 기문당, 1987.

서울산업대학교 산업교육연구소, 건축계획, 교육부, 1997.

서울시립대학교 수도권개발연구소, 건축계획실습, 교육부, 1997.

안영배 외 5인, 건축설계제도, 문운당, 1998.

안창환 외 3인, 건축계획학입문, 도서출판서우, 2000.

유영진 역, 건축계획설계 18 : 건축설계의 진행방법, 산업도서출판공사, 1985.

윤도근 외 7인, 건축제도 · 설계입문, 문운당, 2000.

윤천근 외 4인, 건축계획, 기문당, 2004.

이호진, 건축계획 · 설계론, 산업도서출판공사, 1989.

임만택, 주거환경계획, 기문당, 2000.

전경배 · 윤충렬, 주택계획론, 산업도서출판공사, 1983.

조병수 · 정진원, 건축설계프로세스와 설계실례, 기문당, 1984.

최재순 외 11인, 주거공간의 계획과 설계, 기문당, 2000.

허병이, 최신 건축설계제도, 도서출판서우, 2005.

허병이, 건축의장론, 도서출판광문각, 2005.

高木幹朗 編, 建築計劃 · 設計シリーズ : 設計基礎(計劃 · 製圖 · 單位空間), 朴淑 譯, 圖書出版國際, 1996.

白濱謙一 編, 建築計劃 · 設計シリーズ : 住宅 I, 朴淑 譯, 圖書出版國際, 1996.

小泉正太郎 外3人, 新版 住居學, 建帛社, 1980.

岩井一幸 · 奥田宗幸, 人體尺度에 의한 室內空間計劃, 吳榮根 譯, 圖書出版國際, 1998.

日本建築學會建築設計資料集成委員會, 建築設計資料集成 1-10, 建築設計研究會 譯, 同宇出版社, 1984.

日本建築學會建築設計資料集成委員會, 核心建築設計資料集成 11, 延濟進 譯, 産業圖書出版公社, 1987.

中田清兵衛, 住宅設計の基礎から應用まで, 理工圖書, 1993.

Carl Kemmerich, Graphic Details for Architects, Frederick A. Praeger, Inc., Publishers, New York, 1968.

Donald E. Hepler, Paul I. Wallach, Architecture Drafting and Design, McGraw-Hill, Inc., New York, 1977.

Edward D. Mills, Planning : The Architects' Handbook, Butterworths 10th Edition, London, 1985.

Ernst Neufert, Architects' Data, 2nd English Edition, Granada Publishing, London, 1980.

James W. Wentling, Housing by Lifestyle : The Component Method of Residential Design, Second Edition, McGraw-Hill, Inc., New York, 1995.

Joseph De Chiara, Time-Saver Standards for Residential Development, Edition, McGraw-Hill, Inc., New York, 1995.

Ramsey / Sleeper, Architectural Graphic Standards, Seventh Edition, John Wiley & Sons, New York, 1981.

주택설계

2024년 2월 15일 인쇄
2024년 2월 20일 발행

저 자 허병이 윤천근 신동성 정광호
발 행 인 강 해 작
발 행 처 기 문 당
주 소 서울시 성동구 무학봉28길 4-1
전 화 02)2295-6171(代)~5
팩 스 02)6971-8188
출판등록 1976. 10. 7(1-44)
홈페이지 http://www.kimoondang.com
I S B N 978-89-6225-733-5 93540